国家科技重大专项

大型油气田及煤层气开发成果丛书

（2008—2020）

卷 16

陆上复杂区近地表建模与静校正技术

李培明　张少华　等编著

石油工业出版社

内容提要

本书是国家科技重大专项关于近地表与静校正方面的研究成果，内容包括近地表结构调查方法、面向时域成像的基准面静校正与剩余静校正方法、面向深度域成像的近地表建模方法、近地表 Q 调查与建模技术等。

本书适合石油勘探开发工作者及大专院校相关专业师生参考使用。

图书在版编目（CIP）数据

陆上复杂区近地表建模与静校正技术 / 李培明等编著 .—北京：石油工业出版社，2023.6

（国家科技重大专项·大型油气田及煤层气开发成果丛书：2008—2020）

ISBN 978-7-5183-5704-8

Ⅰ . ① 陆… Ⅱ . ① 李… Ⅲ . ① 复杂地层 – 近地面层 – 系统建模 – 研究 ② 复杂地层 – 近地面层 – 静校正 – 研究

Ⅳ . ① P315.63 ② P421.31

中国版本图书馆 CIP 数据核字（2022）第 195604 号

责任编辑：金平阳　钟思源　陈　露
责任校对：张　磊
装帧设计：李　欣　周　彦

出版发行：石油工业出版社
　　　　　（北京安定门外安华里 2 区 1 号　　100011）
　　　　　网　　址：www.petropub.com
　　　　　编辑部：（010）64523736　图书营销中心：（010）64523633
经　　销：全国新华书店
印　　刷：北京中石油彩色印刷有限责任公司

2023 年 6 月第 1 版　2023 年 6 月第 1 次印刷
787×1092 毫米　开本：1/16　印张：27.75
字数：700 千字

定价：270.00 元

ISBN 978-7-5183-5704-8

《国家科技重大专项·大型油气田及煤层气开发成果丛书（2008—2020）》

◇◇◇◇◇ 编委会 ◇◇◇◇◇

《陆上复杂区近地表建模与静校正技术》

编写组

组　　长：李培明

副组长：张少华　　宋强功　　宁宏晓

成　　员：杨海申　　任晓乔　　董良国　　许银坡　　吕景峰　　耿伟峰

　　　　　马青坡　　刘玉柱　　李建峰　　闫智慧　　李　虹　　金德刚

　　　　　郭振波　　祖云飞　　王海立　　彭　文　　王乃建　　邹雪峰

　　　　　王梅生　　李道善　　王　珂　　肖永新　　黄　超　　王汉钧

　　　　　王光银　　张　亨　　马丰臣　　吴　蔚　　王嘉琪　　李亚昕

　　　　　周振晓　　赵玲芝　　方　勇　　侯喜长　　邹玉华　　侯玉鑫

　　　　　柴军丽　　佟英娜　　王艳娇　　刁文波　　李继伟　　张　璇

　　　　　王天轼

丛书·序

能源安全关系国计民生和国家安全。面对世界百年未有之大变局和全球科技革命的新形势，我国石油工业肩负着坚持初心、为国找油、科技创新、再创辉煌的历史使命。国家科技重大专项是立足国家战略需求，通过核心技术突破和资源集成，在一定时限内完成的重大战略产品、关键共性技术或重大工程，是国家科技发展的重中之重。大型油气田及煤层气开发专项，是贯彻落实习近平总书记关于大力提升油气勘探开发力度、能源的饭碗必须端在自己手里等重要指示批示精神的重大实践，是实施我国"深化东部、发展西部、加快海上、拓展海外"油气战略的重大举措，引领了我国油气勘探开发事业跨入向深层、深水和非常规油气进军的新时代，推动了我国油气科技发展从以"跟随"为主向"并跑、领跑"的重大转变。在"十二五"和"十三五"国家科技创新成就展上，习近平总书记两次视察专项展台，充分肯定了油气科技发展取得的重大成就。

大型油气田及煤层气开发专项作为《国家中长期科学和技术发展规划纲要（2006—2020 年）》确定的 10 个民口科技重大专项中唯一由企业牵头组织实施的项目，以国家重大需求为导向，积极探索和实践依托行业骨干企业组织实施的科技创新新型举国体制，集中优势力量，调动中国石油、中国石化、中国海油等百余家油气能源企业和 70 多所高等院校、20 多家科研院所及 30 多家民营企业协同攻关，参与研究的科技人员和推广试验人员超过 3 万人。围绕专项实施，形成了国家主导、企业主体、市场调节、产学研用一体化的协同创新机制，聚智协力突破关键核心技术，实现了重大关键技术与装备的快速跨越；弘扬伟大建党精神、传承石油精神和大庆精神铁人精神，以及石油会战等优良传统，充分体现了新型举国体制在科技创新领域的巨大优势。

经过十三年的持续攻关，全面完成了油气重大专项既定战略目标，攻克了一批制约油气勘探开发的瓶颈技术，解决了一批"卡脖子"问题。在陆上油气勘探、陆上油气开发、工程技术、海洋油气勘探开发、海外油气勘探开发、非常规油气勘探开发领域，形成了6大技术系列、26项重大技术；自主研发20项重大工程技术装备；建成35项示范工程、26个国家级重点实验室和研究中心。我国油气科技自主创新能力大幅提升，油气能源企业被卓越赋能，形成产量、储量增长高峰期发展新态势，为落实习近平总书记"四个革命、一个合作"能源安全新战略奠定了坚实的资源基础和技术保障。

《国家科技重大专项·大型油气田及煤层气开发成果丛书（2008—2020）》（62卷）是专项攻关以来在科学理论和技术创新方面取得的重大进展和标志性成果的系统总结，凝结了数万科研工作者的智慧和心血。他们以"功成不必在我，功成必定有我"的担当，高质量完成了这些重大科技成果的凝练提升与编写工作，为推动科技创新成果转化为现实生产力贡献了力量，给广大石油干部员工奉献了一场科技成果的饕餮盛宴。这套丛书的正式出版，对于加快推进专项理论技术成果的全面推广，提升石油工业上游整体自主创新能力和科技水平，支撑油气勘探开发快速发展，在更大范围内提升国家能源保障能力将发挥重要作用，同时也一定会在中国石油工业科技出版史上留下一座书香四溢的里程碑。

在世界能源行业加快绿色低碳转型的关键时期，广大石油科技工作者要进一步认清面临形势，保持战略定力、志存高远、志创一流，毫不放松加强油气等传统能源科技攻关，大力提升油气勘探开发力度，增强保障国家能源安全能力，努力建设国家战略科技力量和世界能源创新高地；面对资源短缺、环境保护的双重约束，充分发挥自身优势，以技术创新为突破口，加快布局发展新能源新事业，大力推进油气与新能源协调融合发展，加大节能减排降碳力度，努力增加清洁能源供应，在绿色低碳科技革命和能源科技创新上出更多更好的成果，为把我国建设成为世界能源强国、科技强国，实现中华民族伟大复兴的中国梦续写新的华章。

中国石油董事长、党组书记
中国工程院院士　　戴厚良

石油天然气是当今人类社会发展最重要的能源。2020 年全球一次能源消费量为 134.0×10^8 t 油当量，其中石油和天然气占比分别为 30.6% 和 24.2%。展望未来，油气在相当长时间内仍是一次能源消费的主体，全球油气生产将呈长期稳定趋势，天然气产量将保持较高的增长率。

习近平总书记高度重视能源工作，明确指示"要加大油气勘探开发力度，保障我国能源安全"。石油工业的发展是由资源、技术、市场和社会政治经济环境四方面要素决定的，其中油气资源是基础，技术进步是最活跃、最关键的因素，石油工业发展高度依赖科学技术进步。近年来，全球石油工业上游在资源领域和理论技术研发均发生重大变化，非常规油气、海洋深水油气和深层—超深层油气勘探开发获得重大突破，推动石油地质理论与勘探开发技术装备取得革命性进步，引领石油工业上游业务进入新阶段。

中国共有 500 余个沉积盆地，已发现松辽盆地、渤海湾盆地、准噶尔盆地、塔里木盆地、鄂尔多斯盆地、四川盆地、柴达木盆地和南海盆地等大型含油气大盆地，油气资源十分丰富。中国含油气盆地类型多样、油气地质条件复杂，已发现的油气资源以陆相为主，构成独具特色的大油气分布区。历经半个多世纪的艰苦创业，到 20 世纪末，中国已建立完整独立的石油工业体系，基本满足了国家发展对能源的需求，保障了油气供给安全。2000 年以来，随着国内经济高速发展，油气需求快速增长，油气对外依存度逐年攀升。我国石油工业担负着保障国家油气供应安全，壮大国际竞争力的历史使命，然而我国石油工业面临着油气勘探开发对象日趋复杂、难度日益增大、勘探开发理论技术不相适应及先进装备依赖进口的巨大压力，因此急需发展自主科技创新能力，发展新一代油气勘探开发理论技术与先进装备，以大幅提升油气产量，保障国家油气能源安全。一直以来，国家高度重视油气科技进步，支持石油工业建设专业齐全、先进开放和国际化的上游科技研发体系，在中国石油、中国石化和中国海油建立了比较先进和完备的科技队伍和研发平台，在此基础上于 2008 年启动实施国家科技重大专项技术攻关。

国家科技重大专项"大型油气田及煤层气开发"（简称"国家油气重大专项"）是《国家中长期科学和技术发展规划纲要（2006—2020 年）》确定的 16 个重大专项之一，目标是大幅提升石油工业上游整体科技创新能力和科技水平，支撑油气勘探开发快速发展。国家油气重大专项实施周期为 2008—2020 年，按照"十一五""十二五""十三五"3 个阶段实施，是民口科技重大专项中唯一由企业牵头组织实施的专项，由中国石油牵头组织实施。专项立足保障国家能源安全重大战略需求，围绕"6212"科技攻关目标，共部署实施 201 个项目和示范工程。在党中央、国务院的坚强领导下，专项攻关团队积极探索和实践依托行业骨干企业组织实施的科技攻关新型举国体制，加快推进专项实施，攻克一批制约油气勘探开发的瓶颈技术，形成了陆上油气勘探、陆上油气开发、工程技术、海洋油气勘探开发、海外油气勘探开发、非常规油气勘探开发 6 大领域技术系列及 26 项重大技术，自主研发 20 项重大工程技术装备，完成 35 项示范工程建设。近 10 年我国石油年产量稳定在 $2 \times 10^8 t$ 左右，天然气产量取得快速增长，2020 年天然气产量达 $1925 \times 10^8 m^3$，专项全面完成既定战略目标。

通过专项科技攻关，中国油气勘探开发技术整体已经达到国际先进水平，其中陆上油气勘探开发水平位居国际前列，海洋石油勘探开发与装备研发取得巨大进步，非常规油气开发获得重大突破，石油工程服务业的技术装备实现自主化，常规技术装备已全面国产化，并具备部分高端技术装备的研发和生产能力。总体来看，我国石油工业上游科技取得以下七个方面的重大进展：

（1）我国天然气勘探开发理论技术取得重大进展，发现和建成一批大气田，支撑天然气工业实现跨越式发展。围绕我国海相与深层天然气勘探开发技术难题，形成了海相碳酸盐岩、前陆冲断带和低渗—致密等领域天然气成藏理论和勘探开发重大技术，保障了我国天然气产量快速增长。自 2007 年至 2020 年，我国天然气年产量从 $677 \times 10^8 m^3$ 增长到 $1925 \times 10^8 m^3$，探明储量从 $6.1 \times 10^{12} m^3$ 增长到 $14.41 \times 10^{12} m^3$，天然气在一次能源消费结构中的比例从 2.75% 提升到 8.18% 以上，实现了三个翻番，我国已成为全球第四大天然气生产国。

（2）创新发展了石油地质理论与先进勘探技术，陆相油气勘探理论与技术继续保持国际领先水平。创新发展形成了包括岩性地层油气成藏理论与勘探配套技术等新一代石油地质理论与勘探技术，发现了鄂尔多斯湖盆中心岩性地层大油区，支撑了国内长期年新增探明 $10 \times 10^8 t$ 以上的石油地质储量。

（3）形成国际领先的高含水油田提高采收率技术，聚合物驱油技术已发展到三元复合驱，并研发先进的低渗透和稠油油田开采技术，支撑我国原油产量长期稳定。

（4）我国石油工业上游工程技术装备（物探、测井、钻井和压裂）基本实现自主化，具备一批高端装备技术研发制造能力。石油企业技术服务保障能力和国际竞争力大幅提升，促进了石油装备产业和工程技术服务产业发展。

（5）我国海洋深水工程技术装备取得重大突破，初步实现自主发展，支持了海洋深水油气勘探开发进展，近海油气勘探与开发能力整体达到国际先进水平，海上稠油开发处于国际领先水平。

（6）形成海外大型油气田勘探开发特色技术，助力"一带一路"国家油气资源开发和利用。形成全球油气资源评价能力，实现了国内成熟勘探开发技术到全球的集成与应用，我国海外权益油气产量大幅度提升。

（7）页岩气、致密气、煤层气与致密油、页岩油勘探开发技术取得重大突破，引领非常规油气开发新兴产业发展。形成页岩气水平井钻完井与储层改造作业技术系列，推动页岩气产业快速发展；页岩油勘探开发理论技术取得重大突破；煤层气开发新兴产业初见成效，形成煤层气与煤炭协调开发技术体系，全国煤炭安全生产形势实现根本性好转。

这些科技成果的取得，是国家实施建设创新型国家战略的成果，是百万石油员工和科技人员发扬艰苦奋斗、为国找油的大庆精神铁人精神的实践结果，是我国科技界以举国之力团结奋斗联合攻关的硕果。国家油气重大专项在实施中立足传统石油工业，探索实践新型举国体制，创建"产学研用"创新团队，创新人才队伍建设，创新科技研发平台基地建设，使我国石油工业科技创新能力得到大幅度提升。

为了系统总结和反映国家油气重大专项在科学理论和技术创新方面取得的重大进展和成果，加快推进专项理论技术成果的推广和提升，专项实施管理办公室与技术总体组规划组织编写了《国家科技重大专项·大型油气田及煤层气开发成果丛书（2008—2020）》。丛书共 62 卷，第 1 卷为专项理论技术成果总论，第 2～9 卷为陆上油气勘探理论技术成果，第 10～14 卷为陆上油气开发理论技术成果，第 15～22 卷为工程技术装备成果，第 23～26 卷为海洋油气理论技术装备成果，第 27～30 卷为海外油气理论技术成果，第 31～43 卷为非常规油气理论技术成果，第44～62卷为油气开发示范工程技术集成与实施成果（包括常规油气开发7卷，煤层气开发5卷，页岩气开发4卷，致密油、页岩油开发3卷）。

各卷均以专项攻关组织实施的项目与示范工程为单元，作者是项目与示范工程的项目长和技术骨干，内容是项目与示范工程在2008—2020年期间的重大科学理论研究、先进勘探开发技术和装备研发成果，代表了当今我国石油工业上游的最新成就和最高水平。丛书内容翔实，资料丰富，是科学研究与现场试验的真实记录，也是科研成果的总结和提升，具有重大的科学意义和资料价值，必将成为石油工业上游科技发展的珍贵记录和未来科技研发的基石和参考资料。衷心希望丛书的出版为中国石油工业的发展发挥重要作用。

国家科技重大专项"大型油气田及煤层气开发"是一项巨大的历史性科技工程，前后历时十三年，跨越三个五年规划，共有数万名科技人员参加，是我国石油工业史上一项壮举。专项的顺利实施和圆满完成是参与专项的全体科技人员奋力攻关、辛勤工作的结果，是我国石油工业界和石油科技教育界通力合作的典范。我有幸作为国家油气重大专项技术总师，全程参加了专项的科研和组织，倍感荣幸和自豪。同时，特别感谢国家科技部、财政部和发改委的规划、组织和支持，感谢中国石油、中国石化、中国海油及中联公司长期对石油科技和油气重大专项的直接领导和经费投入。此次专项成果丛书的编辑出版，还得到了石油工业出版社大力支持，在此一并表示感谢！

中国科学院院士 贾承造

《国家科技重大专项·大型油气田及煤层气开发成果丛书（2008—2020）》

◇◇◇◇◇ 分卷目录 ◇◇◇◇◇

序号	分卷名称
卷 29	超重油与油砂有效开发理论与技术
卷 30	伊拉克典型复杂碳酸盐岩油藏储层描述
卷 31	中国主要页岩气富集成藏特点与资源潜力
卷 32	四川盆地及周缘页岩气形成富集条件、选区评价技术与应用
卷 33	南方海相页岩气区带目标评价与勘探技术
卷 34	页岩气气藏工程及采气工艺技术进展
卷 35	超高压大功率成套压裂装备技术与应用
卷 36	非常规油气开发环境检测与保护关键技术
卷 37	煤层气勘探地质理论及关键技术
卷 38	煤层气高效增产及排采关键技术
卷 39	新疆准噶尔盆地南缘煤层气资源与勘查开发技术
卷 40	煤矿区煤层气抽采利用关键技术与装备
卷 41	中国陆相致密油勘探开发理论与技术
卷 42	鄂尔多斯盆缘过渡带复杂类型气藏精细描述与开发
卷 43	中国典型盆地陆相页岩油勘探开发选区与目标评价
卷 44	鄂尔多斯盆地大型低渗透岩性地层油气藏勘探开发技术与实践
卷 45	塔里木盆地克拉苏气田超深超高压气藏开发实践
卷 46	安岳特大型深层碳酸盐岩气田高效开发关键技术
卷 47	缝洞型油藏提高采收率工程技术创新与实践
卷 48	大庆长垣油田特高含水期提高采收率技术与示范应用
卷 49	辽河及新疆稠油超稠油高效开发关键技术研究与实践
卷 50	长庆油田低渗透砂岩油藏 CO_2 驱油技术与实践
卷 51	沁水盆地南部高煤阶煤层气开发关键技术
卷 52	涪陵海相页岩气高效开发关键技术
卷 53	渝东南常压页岩气勘探开发关键技术
卷 54	长宁—威远页岩气高效开发理论与技术
卷 55	昭通山地页岩气勘探开发关键技术与实践
卷 56	沁水盆地煤层气水平井开采技术及实践
卷 57	鄂尔多斯盆地东缘煤系非常规气勘探开发技术与实践
卷 58	煤矿区煤层气地面超前预抽理论与技术
卷 59	两淮矿区煤层气开发新技术
卷 60	鄂尔多斯盆地致密油与页岩油规模开发技术
卷 61	准噶尔盆地砂砾岩致密油藏开发理论技术与实践
卷 62	渤海湾盆地济阳坳陷致密油藏开发技术与实践

在地震勘探过程中，近地表是一个非常特殊的地层区域，虽然不是油气勘探的目标层，但却对深部油气藏勘探存在着巨大影响。我国西部油气勘探区域近地表地震和地质条件极为复杂，主要表现为地表复杂（多为沙漠、戈壁、黄土塬、山地）、地形起伏较大、岩性变化剧烈、低降速带厚度变化大。复杂的近地表条件不仅导致地震激发和接收条件复杂多变、地震波能量衰减严重，也使得近地表建模与静校正问题异常突出，这些因素都直接影响地震资料质量。因此，复杂近地表区问题是陆上地震勘探首先要面临的一大难题，也是制约我国西部油气勘探准确成像的瓶颈之一。尤其是近地表建模与静校正问题如果解决不好，将直接影响地震成像质量与精度。综上所述，开展复杂近地表区问题研究，对提高地震资料质量、降低勘探风险和节约勘探成本有着重要意义。

本书较全面地梳理了近地表建模与静校正技术，总结提炼了"十五"至"十三五"期间多期国家科技重大专项中近地表与静校正方面的研究成果，内容包括近地表结构调查方法、面向时间域成像的基准面静校正与剩余静校正方法、面向深度域成像的近地表建模方法、近地表 Q 调查与建模技术等，系统分析了各种方法的局限性，提出了解决问题的办法，对解决我国复杂区近地表问题具有重要的指导意义。

全书共分为九章。第一章由李培明、张少华、李建峰、王梅生、李道善等执笔，较系统地讨论了近地表对地震波场的影响、近地表吸收衰减作用，以及表层结构对激发子波的影响；分析了长短波长静校正对叠加速度、成像效果的影响，以及"静校不静"问题；通过分析近地表与小圆滑面对叠前深度偏移的影响，提出了判断近地表模型合理性方法，以及近地表与中深层模型融合方法。第二章由吕景峰、李培明、张少华执笔，较全面地解剖、分析了我国西部复杂山地、沙漠、黄土塬、山前带等四种典型的地表类型与近地表表层结构特征。第三章由李培明、王海立、彭文执笔，重点介绍了浅层折射法、微地震测井法、面波勘探法等几种常用表层调查方法及其优缺点。第四章由许银坡、杨海申、宁宏晓执笔，重点介绍了初至自动拾取方法原理、初至波预处理方法与初至质控技术。第五章由祖云飞、李培明、侯玉鑫、王珂、侯喜长、邹玉华等执笔，介绍了基准面静校正概念与假设条件，重点论述了中国石油集团东方地球物理勘探有限责任公司（简称东方公司）创新发明的中间参考面静校正与基于合成延迟时/时间项延迟的折射静校正方法。第六章由任晓乔、李培明执笔，重点介绍了笔者创新研发的基于初至时间/数据驱动的初至波剩余静校正与超级道剩余静校正技术，以及基于反射波的三维地表一致性自动剩余静校正与综合全局寻优静校正方法。第七章由李培明、董良国、刘玉柱、闫智慧、马青坡、郭振波、张亨等执笔，重点论述了基于初至射线层析反演方法、基于程函方程的伴随状态法等几种常用的初至走时层析反演方法，以及基于波动方程的考虑地震子波带限特征的几种反演方法。第八章由耿伟峰、李培明、黄超、肖永新执笔，主要介绍了 Q 估算的理论基础与影响因素、近地表 Q 测量方法、近地表 Q 建模技术等。第九章由吕景峰、李虹、邹雪峰执笔，展示了静校正与近地表建模技术在库车山地山前带、鄂尔多斯盆地黄土塬、塔克拉玛干沙漠等西部复杂区的实际资料应用效果。金德刚、王光银、吴蔚、王嘉琪、李亚昕、方勇、周振晓、赵玲芝、柴军丽、王艳娇、刁文波、李继伟、王天轼等在软件实现与测试方面做了大量工作。全书由李培明、张少华、杨海申统稿。

编写本书的主要目的是汇集静校正与近地表建模发展过程中所形成的技术系列，以便更多的地球物理工作者深入了解这些技术的原理及其应用局限性，并能够根据不同近地表特征选择适当的方法，为解决我国复杂的近地表问题提供参考和指导。同时希望本书不仅能够作为地球物理工作者在处理近地表问题时的工具书，也可以成为在校大学生、研究生从事近地表研究的参考资料。

本书很多内容都是东方公司广大科技人员长期工作经验与智慧的结晶。首先感谢著名地球物理学家、东方公司原总工程师钱荣钧教授，书中的很多理念与方法都是他率先提出的，如浮动基准面、中间参考面、基于合成延迟时的折射静校正方法等。感谢东方公司已故静校正专家冯泽元先生，他为本书收集、整理了很多资料。在此向他们及长期从事静校正与近地表研究的广大地球物理工作者表示衷心感谢。

中国科学院贾承造院士作为"十一五"至"十三五"国家科技重大专项首席技术专家，对我国西部复杂区油气勘探取得重大突破做出了卓越贡献。他高度重视西部复杂区近地表问题，始终将其作为重要内容持续研究，并取得一系列技术成果，成功地解决了塔里木、准噶尔、柴达木等盆地地震勘探中存在的复杂近地表问题。苟量、赵邦六、郝会民、杨举勇、倪宇东等对本书的编写给予了大力的支持和指导；张玮在本书的编写过程中给予了精心指导和认真审核，在此一并深表感谢。

由于笔者水平所限，不足之处在所难免，恳请读者批评指正。

目 录

第一章　地震勘探中近地表的影响与解决思路

地震勘探是进行石油天然气等矿产资源勘探的重要地球物理方法，通过对接收到的地下反射地震波信息的处理分析，推断地下目标的构造形态、岩性及含流体情况。随着地震勘探的不断深入，对勘探精度的要求越来越高，研究复杂近地表对地震波场的影响显得尤为重要。近地表是一个十分特殊的地层范畴，一般指地表以下未成岩的低速介质区，厚度从几米至数百米不等。实际上，除了地面以下的低降速带外，近地表还包括复杂起伏的地表因素。近地表地层除了结构、物性、含水性、风化程度、形成年代等存在差异外，在环境、温度、气候等条件不同时，表现出来的弹性属性也千差万别。近地表特有的"自由面、低速度、高吸收"等特征，以及复杂的地表形态，严重影响着地震资料采集的品质和最终的数据处理质量。其影响因素概括起来主要包括震源激发及接收条件差、地震波能量吸收与衰减和静校正问题突出等方面。震源激发条件不理想必将导致地震子波的品质下降；疏松的近地表地震—地质条件则会引起地震波能量被强烈吸收和衰减；通过近地表介质与自由表面相作用，产生面波、转换波和其他次生干扰等，使波场复杂化，从而降低地震资料的信噪比和分辨率；起伏的地表及复杂的近地表地层结构会带来严重的静校正问题，并由此影响到后续的速度分析、动校正、水平叠加和偏移成像等处理环节的质量。只有深入地研究近地表的低速、低 Q、自由面，以及复杂地表对勘探地震波场的影响，总结近地表对勘探地震波场的影响规律，才能更好地提高地震资料分辨率，进一步提升地震勘探的精度与成功率。

第一节　近地表因素对地震波场的影响

由于地表高程、近地表的岩性、速度等物理参数纵横向变化较大，尤其是自由表面的存在，对地震波场的运动学、动力学特征等造成了较大影响，使其复杂化加剧。地震资料中的虚反射、直达波、折射波、面波、自由表面多次波、散射波，以及地震波能量、频率的衰减等都与近地表因素密切相关，为后续地震资料的处理，如静校正、噪声压制、速度分析及偏移成像等，以及处理成果的解释带来了诸多难题和技术挑战。因此，在地震资料的处理和解释工作中，必须认真分析近地表对地震资料的影响，这样才能够制定出针对性的技术措施，进一步提高地震处理、解释成果的可靠性。

一、与近地表相关的地震波场

在地震波传播过程中，受地面各种地质因素及近地表地震地质条件的影响，地震波的传播会发生相应的改变，地震波的类型、强度和稳定性也随之发生变化。不同的激发岩性，产生的地震子波存在显著差异，当震源激发条件不理想时，将导致地震子波的品质下降；疏松的近地表地震地质条件会引起地震波能量被强烈吸收和衰减，由此产生诸如低频面波等干扰噪声，从而降低地震资料的信噪比和分辨率；起伏的地表及复杂的近地表地层结构带来严重的静校正问题。近地表所产生的地震波类型有直达波、初至折射波、面波、鬼波、自由表面多次波，以及因地表起伏或不均匀体产生的散射波等。每种波都携带着近地表介质的不同特征信息，而且不同的地表起伏情况、近地表结构、物性、风化程度、含水性等表现出来的地震响应特征显著不同。

1. 初至波

地震记录的初至波包含直达波、折射波和回折波（潜波或潜水波）。如图 1-1-1 所示，初至波主要是直达波与折射波。不同性质的初至波反映了不同近地表介质模型及性质，近道的直达波是从震源出发、经地下介质表层最先到达接收点的地震波，其走时数据携带了大量的近地表结构及速度信息，且能量强、易追踪，主要反映近地表表层介质属性；折射波主要沿着反射界面传播，是一种滑行波，它携带了反射界面的速度信息，反映下伏层状介质属性；回折波（潜波或潜水波）则反映了连续介质属性。通常，在反射地震勘探中，初至波被视为一种干扰波予以滤除，以提高浅表层反射波成像的信噪比。但由于初至波具有高信噪比且与近地表的结构、速度密切相关，因此在近地表结构及速度反演中得到了广泛的应用。研究表明，初至波层析反演能适应速度横向变化，可获得精度较高的近地表速度模型，尤其是随着初至波层析反演技术的发展，即从基于高频近似的射线理论发展到更加精确的波动理论，从线性反演方法发展到非线性反演方法，该项技术已逐步成为实际数据处理不可或缺的关键技术。如图 1-1-2 所示，该模型可直接用于野外静校正量的计算，并对数据进行野外静校正处理。将该速度模型的浅层部分作为叠前深度偏移速度建模的初始模型，可以提高叠前深度偏移初始速度建模精度，改善叠前深度偏移成像的质量。

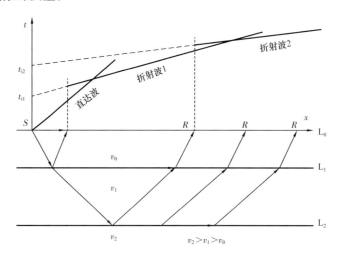

图 1-1-1 水平层状介质初至波形成示意图

S 为震源点；R 为接收点；L_0 为地表；L_1 为低速层底界面；L_2 为反射界面

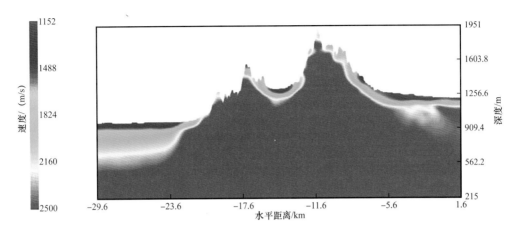

图 1-1-2 初至波层析反演速度模型

2. 面波

面波是陆地地震勘探中的一种强能量规则干扰，它的存在对地震数据的信噪比有较大影响。面波的主要特征是传播速度低（100～1000m/s），振动频率低，在地震记录中能量强，具有一定的频带宽度，面波的时距曲线是直线。如图 1-1-3 所示，箭头所示为面波，可以看出，单炮记录中面波能量很强，反射波能量较弱，单炮记录信噪比很低。

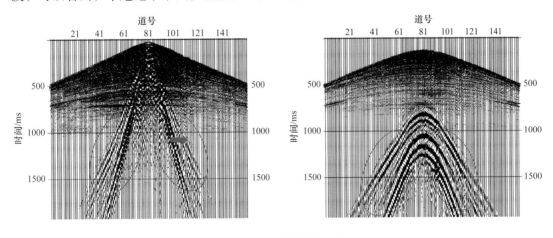

图 1-1-3 原始单炮记录

面波在反射地震勘探中通常被当作干扰波而剔除，但近年来的研究表明，反射地震资料中的面波也是值得利用的一种有效波。面波主要沿地表附近传播，能量强，具有抗干扰能力强，对速度变化反应敏感、探测精度高等优点。在层状介质中面波具有明显的频散特征，其传播速度与横波速度具有相关性，利用瑞利面波的频散与相关性特性可以研究表层结构，推断近地表横波速度。因此，这种传统意义上的"干扰波"频散曲线反演也逐渐在近地表结构及速度建模中发挥积极的作用。其基本原理是首先利用初始横波速度进行正演，然后将得到的面波频散曲线与真实频散曲线进行对比，并根据二者之差修正初始横波速度，经多次迭代直到模拟频散曲线与真实频散曲线趋于一致。

3. 虚反射

虚反射是由于井下激发、地表接收这种特殊的激发—接收模式产生的。如图1-1-4所示，L_0为地表，L_1为低速层底界面，L_2为反射界面，震源点S在低速层以下，接收点R在地表。震源激发时，地震波向各个方向传播，向下传播的地震波遇反射层L_2反射上行，被地表R接收形成一次反射波。而向上传播的地震波，在遇到低速层底界面L_1后反射下行，再经反射层L_2反射上行并在地表被接收，此时接收到的地震波在地震勘探中称为虚反射。因此，虚反射产生的原因就是在激发介质之上存在着波阻抗界面，即虚反射界面。

虚反射紧随一次反射波或折射波之后，两者到达空间上同一点具有一个时间差，这个时间差的存在导致信号叠加为非同相叠加，因而降低了资料的分辨率。从本质上讲，虚反射是一种特殊的多次波。在采集阶段主要是通过选取最佳激发深度达到压制虚反射的目的。据理论研究，当直达下行波和次生下行波时差小于$T/2$时，两个反射波可同相叠加，因此可在L_1界面下的$\lambda/4$处进行激发试验，一般认为激发深度应选择在低速带以下3～5m处的中速层中，这个深度范围具有模糊性。目前生产上采取的方法是：先根据不同深度的试验资料定性地确定虚反射界面。对于要求较高的地区，可以通过双井微测技术较准确地确定虚反射界面。之后，根据需要保护的最高信号频率及震源的爆炸半径，定量地选择最佳激发井深来压制虚反射。

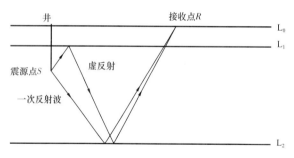

图1-1-4　虚反射形成示意图

实际上，无论如何选择激发深度，只要是采用井中激发、地表接收的采集模式，虚反射总是存在于地震资料中。因此，除了在采集时采取措施压制虚反射外，在资料处理阶段也要对其进行压制处理。目前常采用预测反褶积法压制虚反射，该方法是基于信号反滤波，将混有虚反射的反射波信号看作是经过一次滤波的信号，通过预测反褶积对其进行反滤波，进而达到压制虚反射的目的。

4. 自由表面多次波

自由表面多次波指地下介质反射的地震波到达自由表面（陆地为地表面，海洋为海水面）后，至少在自由表面发生一次下行反射，然后在地下经一定的传播路径后重新返回自由表面所形成的地震波。也就是说，只要地震波传播过程中在自由表面存在下行反射点即可定义为自由表面多次波。图1-1-5为地震勘探常见的多次波传播路径。根据上述定义，除了图1-1-5（g）的下行反射发生在底界面与地层界面间，被定义为层间多次波外，其余多次波均至少在自由界面发生一次下行反射，可定义为自由表面多次波。此图可见，自由表面多次波的类型是相当丰富的，为方便起见，对自由表面多次波进行了分类，将地震波传播路径中最后一次下行反射发生在自由界面，再从低速层底界面向上反射直接被检波器接收的自由表面多次波称为表层多次波，传播路径如图 1-1-5（a）至（d）所示。将传播路径如图 1-1-5（e）（f）类型的自由表面多次波称为非表层多次波。

由于多次波的存在，使得地震资料的信噪比大幅降低，干扰了对有效反射的准确识别，同时也增加了后续速度分析、叠前及叠后偏移成像处理的难度，影响地震成像的真实性和可靠性，并将导致假的成像结果，严重影响地震资料的处理与解释工作。随着对自由表面多次波研究的深入，人们已逐步认识到地震数据中主要的多次波能量是由自由表面多次波引起的，并开展了自由表面相关多次波模拟和消除的理论方法研究工作。如图 1-1-6 所示，深层有效反射完全湮没在自由表面多次波中，几乎无法识别。如果能较好地压制自由表面多次波，也就压制了大部分的多次波能量。因此，地震资料中自由表面多次波压制是地震数据处理的重要环节。

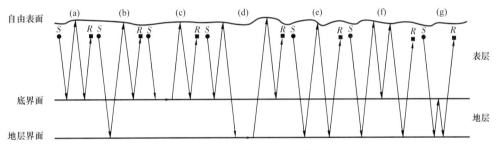

图 1-1-5　多次波传播路径图

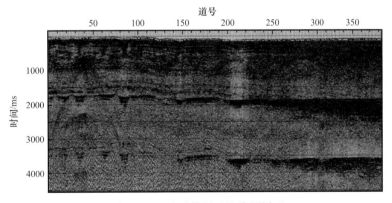

图 1-1-6　地震数据近炮检距剖面

常规的地震资料处理流程，通常把自由表面多次波视为干扰波加以去除。实际上，自由表面多次波与一次反射波相比可以提供更宽的地下照明，根据自由表面多次波的这一特性，综合利用一次反射波与自由表面多次波联合偏移成像，已引起工业界的普遍关注，可有效弥补一次反射波覆盖不足，同时不需要预测分离多次波，为有效利用自由表面多次波提高偏移成像的质量，提供了新的思路和途径，值得进一步深入研究。

5. 散射波

散射波是一种更为广义的全波场概念，散射波的传播符合惠更斯—菲涅尔原理。从物理学角度来讲，如果界面凹凸不平，在凹（或凸）部分的尺度相对于波长很大时，发生波的反射；在凹（或凸）界面相对于波长较小时，可发生散射，形成散射波。对于地震勘探而言，当地震波入射到地面或地下的一个散射体（如崎岖山体、盐丘体、砾岩体、岩性尖灭体等）时，如果散射体的尺度与入射波波长相比很大时，则在散射体边界发生波的反射、折射，形成反射波和折射波；如果散射体的尺度与波长相比很小或相近时，则发生波的散射，形成相干或不相干的散射波列，以散射体为圆心向周围传播。

在散射体为单点的情况下（图1-1-7），产生的散射波为单点散射波，其二维时距曲线方程可表示为：

$$T = T_S + \frac{\left(h^2 + y^2\right)^{\frac{1}{2}}}{v}$$

(1-1-1)

式中　T_S——激发点到散射点的单程旅行时间，s；

　　　y——散射点与测线上投影之间的直线距离，m；

　　　h——接收点到散射点在测线上投影点之间的距离，m；

　　　v——地震波传播速度，m/s。

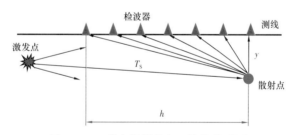

图1-1-7　单点散射激发、接收关系图

不难看出，当 $y=0$ 或 $y \ll h$ 时，上式近似为一条直线，其斜率为 v，截距为地震波由激发点到散射点的传播时间。

单点散射波是散射波的最基本表现形式，其旅行时极小值总是位于散射点（体）的正上方，与激发点位置无关；影响地震散射波强度的主要因素有散射体的形状、波阻抗差、入射波的入射角、地震波长、散射体的尺度比、激发与接收的位置关系等。

广义上讲，反射波、绕射波、直达波等都是散射波相互干涉的结果，反射波实质上是一系列连续的点散射波的波前面，由大尺度非均匀性所引起的走时和振幅变化，是散射波在定向排列的干涉叠加结果。具有特定地质意义的断点、尖灭点、拐点等所产生的散射波就是绕射波，它常与反射波伴生，线性直达波是地表散射体产生的散射波。

在实际地震勘探过程中，散射体的分布可以说是无处不在，不同勘探区域只有散射强度和复杂程度的不同，图1-1-8为西部某区块的地表图片，图中椭圆、箭头所示的崎岖山体、严重切割的复杂地形，都构成了散射体或强散射体，在测线两侧形成复杂的散射体系统，会对地震勘探产生严重的影响。

图 1-1-8　实际复杂地区三维地震勘探散射体示意图

在复杂地区进行地震勘探时，近地表非均匀性引起的散射噪声严重影响了地震资料品质。由于近地表的起伏变化、砾石层的不同厚度及岩性变化的不均匀性形成的散射会沿各个方向传播，产生异常复杂的、不同视速度的近线性散射波，其相互干涉，形成强能量的近线性散射噪声，如图 1-1-9 所示的原始单炮记录，干扰极其发育，类型丰富。虽然噪声类型较多，但以近线性散射为代表的噪声占比最大，严重影响了资料的信噪比。

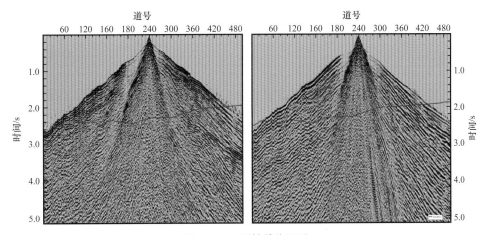

图 1-1-9　原始单炮记录

提高复杂区地震资料信噪比是地震资料处理的重要环节，是生产当中尚未彻底解决的技术难题。除了传统的频率—空间、频率—波数域波场分离等技术，基于波动方程的散射波衰减方法得到了发展和应用，其基本原理就是应用散射波传播理论，通过建立近地表散射模型，对散射波场进行模拟，然后从记录的数据中减去散射波场，实现散射噪声的衰减。

由于不同尺度的非均匀散射体的存在，复杂区地震勘探会形成极为复杂的、多种波相互干涉的地震波场，单一波场（如反射波、折射波等）不能正确描述复杂地震波场，这就要求用广义的地震波散射理论去解决复杂地质问题。目前，国内外关于地震波散射的理论研究已取得了很大进展，但关于非均匀介质散射波地震勘探实际应用技术的研究才刚刚起步，将是今后一个时期内的重要攻关课题，需要进一步深入开展方法研究与探索。

二、近地表吸收衰减作用对地震波场的影响

由于近地表地层具有压实作用弱、结构复杂且疏松、非均质性强、各向异性发育、速度变化快、泊松比高等特点，地震波在其中传播时受大地滤波作用的影响十分严重，往往会引起地震信号的高频成分快速衰减和频带变窄，地震子波的能量也快速减弱并伴随相位畸变，而且近地表地震地质条件越复杂，这种吸收衰减效应越严重。

研究表明：与深部地层介质的吸收衰减效应相比，近地表介质对地震波高频成分的吸收衰减是降低地震资料分辨率的重要因素之一；地表介质对地震波高频成分的吸收约占地层吸收总量的80%。在沙漠地区，尤其是巨厚沙丘地表区，近地表对地震波的吸收非常强烈。宋智强等（2013）指出：对于60Hz以上的地震波，当它穿过80m厚的沙丘时，地震波能量衰减大于38dB。

图1-1-10是野外微测井（微地震测井）40m井底激发、分别在井底和地表记录的地震波形和频谱对比。可以看到近地表对地震波能量具有强烈的吸收衰减作用，从井口到井底短短不到40m的范围，地震波能量的衰减达30dB（宫同举，2010）。

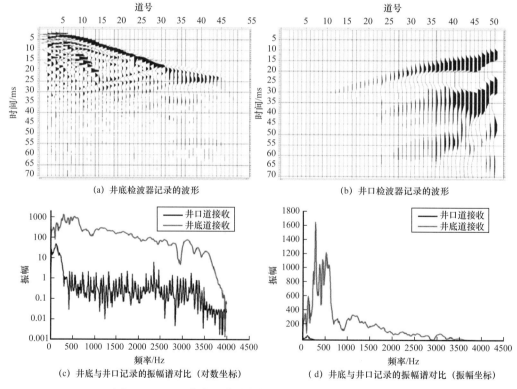

图1-1-10 双井微测井井底与井口记录波形、频谱对比图

如图1-1-11所示，激发井位于圆心位置，激发深度为16m，不同深度的检波器位于同心圆上，深度依次是9m、8m、7m、6m、5m、4m、3.5m、3m、2.5m、2m、1.5m、1m、0.5m、0.2m。如图1-1-12所示，随着传播距离的增加，地震波的频率和振幅衰减逐步增大，主频及频宽降低的特征明显，越接近地表，地层越疏松，衰减也越严重。近地表对地震波

的吸收衰减现象可以被定量测量，0.2m 道比 9m 道地震波主频衰减 240Hz，振幅衰减 8dB，资料特征与理论估算相符；2.5m、1m、0.2m 处三个检波器接收的地震波衰减幅度明显加大，与该点低速层厚度主要在 3m 左右相吻合。

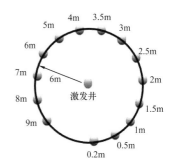

图 1-1-11　微测井野外观测示意图

国内外很多学者探讨了地震波在岩层传播中的各种影响机制，经过实验室研究指出：扩散、岩石颗粒摩擦、孔隙流体移动及岩石的黏性张弛是引起吸收衰减的主要影响因素。关于介质衰减解释的理论包括以下几种：（1）把大地当成黏弹性介质，通过应用 Kelvin-Voigt，Maxwell、SLS 等模型模拟大地性质来研究大地吸收特性；（2）把大地当作双相介质，相关的理论包括 BIOT 理论和喷射流动理论等；（3）把大地当作不均匀介质来研究，用散射理论解释地震波能量的衰减。

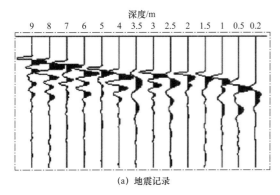

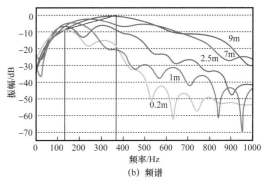

图 1-1-12　不同深度检波器接收的地震记录道波形与频谱

地震波在地下介质中传播时，波的能量吸收因素主要来自介质黏弹性引起的吸收作用。这种介质本身固有的吸收特性通常用吸收参数来描述，如吸收系数、对数衰减率、品质因子等。它与介质内部的结构特征，以及饱和度、孔隙度、渗透率等因素密切相关。而且，在松散的地层或裂隙发育的地层中，地震波的吸收响应要比地震波速响应更为敏感。根据地层吸收性质与岩相、孔隙度、含油气成分等的密切关系，可以用它来预测岩性、砂泥岩分布，在有利条件下还可以直接用来预测石油和天然气的存在。因此，地震波的吸收特性分析研究，在油气、水资源勘探等工程应用领域，具有十分重要的意义。

对复杂近地表介质的非均匀性、各向异性、非完全弹性特性及其对地震勘探的影响的研究备受关注。为了提高地震勘探精度，着力消除近地表地层的影响已成为现今地震数据采集、处理的重要内容。近地表介质吸收衰减补偿处理已成为高分辨率地震勘探成败的关键，其核心是构建精确近地表 Q 模型，而近地表 Q 估算方法是近地表衰减 Q 模型构建的基础。

介质黏弹性引起的地震波衰减特性通常用品质因子来描述，它与介质内部的结构特征以及饱和度、孔隙度、渗透率等因素密切相关。并且，在组成物质松散的地层或裂隙发育的地层中，地震波的吸收响应要比地震波速响应更为敏感。研究黏弹性吸收系数成像技术历经了多年的发展，最初在时间域中利用波的振幅衰减信息进行吸收系数成像，接着提出了在频率域内根据振幅的衰减变化反演品质因子，发展成熟了多种反演计算 Q 的方法，将在第八章介绍。

三、表层结构对激发子波的影响

在地震勘探中，地震波的激发效果直接关系到所采集地震资料的品质，而激发效果的好坏又与表层结构密切相关，因此在野外地震采集生产之前搞清楚表层结构，对于科学选取激发因素、改善激发效果十分重要。

1. 岩性对炸药激发子波的影响

炸药激发作为传统地震采集激发方式，通常采用先钻取井孔，将炸药放入井孔中，之后引爆炸药获取地震波的方法。所获取地震波的能量与频率，或者说产生的地震子波是炸药对围岩作用的结果，因此围岩的岩性直接影响着激发子波的能量和频率。炸药激发后围岩中会形成空腔、破碎区、塑性形变区、弹性形变区。在塑性形变与弹性形变交界处形成地震采集所需的弹性地震波。当炸药在松散地层激发时，围岩所产生的空腔、塑性形变区将会增大，对激发能量的吸收衰减大，进入弹性形变区的能量减少。因此，在松散地层中激发的地震波能量弱、频率低。随着围岩岩性强度增大，空腔、破碎区、塑性形变区对激发能量的吸收衰减会较少，激发地震波的能量和频率都得到提高。但是随着岩性强度进一步增大，爆炸时对围岩破坏所消耗的能量明显增多，进入弹性形变区的能量又开始变小，高频噪声开始增强。

震源子波的波形和振幅谱主要取决于激发岩性的速度、弹性常数和孔穴半径。当药量一定时，岩性速度越大，子波频带越宽；孔穴半径小，子波频率升高。这表明在致密岩性中爆炸时，由于孔穴半径小、岩性速度大，震源子波频率自然高。图 1-1-13 是相同

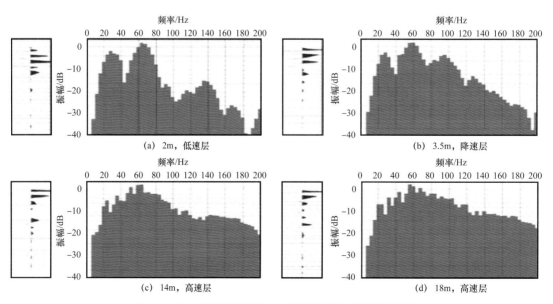

图 1-1-13　不同速度层粉土中激发单道地震频谱对比图

岩性、不同速度层中激发单道地震记录的对比，可以看出，随着速度增大，频带逐渐拓宽，但在高速层中，相同激发岩性，频谱差异不大。

图 1-1-14 是不同岩性激发地震子波的对比，可以看出，在高速层中，相同激发岩性，子波形态相似，如粉质黏土中激发，主频均为 55Hz 左右、频宽为 2～116Hz，虽受到虚反射陷波效应影响，但主频与频宽基本一致；不同激发岩性子波形态和频谱特征差异较大，如粉土中激发，主频为 48Hz 左右，明显低于粉质黏土。

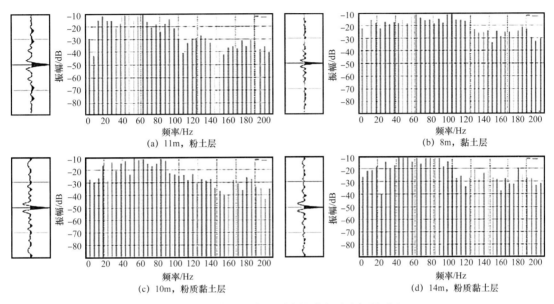

(a) 11m，粉土层　　　　　　　　　(b) 8m，黏土层

(c) 10m，粉质黏土层　　　　　　　(d) 14m，粉质黏土层

图 1-1-14　高速层中不同岩性激发子波频谱对比

因此，通过表层结构调查，选择合理的激发岩性、激发深度及药量等参数，对于提高激发能量、拓展激发频带、改善震源子波的动力学特征、提高地震资料的采集质量有着不容忽视的重要影响。通过大量的试验数据分析发现，在围岩速度为 2000～3000m/s 的地层中激发可以获得较好的资料品质。如图 1-1-15 所示，微测井中的初至可视作激发

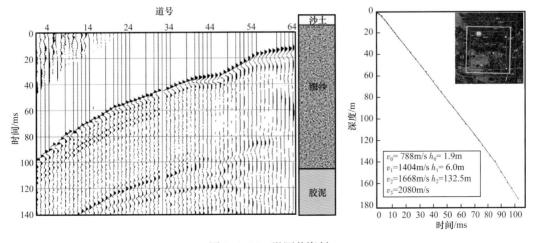

v_0= 788m/s h_0= 1.9m
v_1=1404m/s h_1= 6.0m
v_2=1668m/s h_2=132.5m
v_3=2080m/s

图 1-1-15　微测井资料

子波。在低速层中激发，子波频率很低。随着速度增加，子波频率逐渐提高在速度大于2000m/s之后，子波频率高，波形稳定。

2. 岩相对炸药激发子波的影响

围岩的岩相指围岩由几种介质组成。如果围岩是由单一均匀介质组成，称为单相介质。如果围岩是由两种不同的介质组成，如砾石层，砾石与周围介质岩性有明显差别，称为双相介质。如果围岩是由多种不同岩性的介质组成，则称为多相介质。在炸药激发时，单相介质激发效果明显好于双相或多相介质。因为单相介质各向均匀，炸药激发后所形成的塑性形变区与弹性形变区交界面是一个相对光滑的球面，向下传播的地震子波为这个球面各个子元上的子波的积分。单相介质各个子元的子波一致性好，可以同相叠加，进而地震子波的能量强、频率高。而双相或多相介质，塑性形变与弹性形变交界面凹凸不平，各向差异大，且因岩性的差异，各个子元上的子波能量强弱也不一致，同相叠加性变差，形成地震子波的能量变弱，旁瓣会增大。因此炸药激发要首选在单相介质中激发，尽量避免在岩性差异比较大的双相或多相介质中激发。

3. 流体性质对激发效果的影响

近地表地层多为成岩性不好的地层，孔隙度比较大。即使是老地层，由于地质运动到近地表后，其裂隙或孔隙也较大。裂隙和孔隙多被流体填充。从地震激发角度考虑，不同填充物，对激发效果改变很大。图1-1-16是下药后采用不同方式填井所产生的激发效果，不同填充物激发所得到的原始资料品质相差很大，在填水封井后，目的层反射信噪比明显提高，资料品质显著改善。地层孔隙中不同填充物与此类似。近地表主要填充物为空气、沼气或水。气体的可压缩性大，是水和岩石颗粒的数千甚至上万倍。如果孔隙中含有的气体较多，则爆炸后塑性形变所做的功远大于孔隙中为水等液体，地震波的高频成分被强烈吸收，导致地震波的能量变弱、频率变低。在近地表地层，有时由于腐殖质的存在，会形成沼气，沼气的存在，会使激发效果明显变差，因此应该尽量避免在有沼气的地层中激发。相反，水可以明显改善激发效果。由于水是不可压缩的，如果地层的孔隙中填满水，破碎区和塑性形变区吸收的能量就会明显减小，激发地震波的能量将会增强、频率会提高。因此，从技术考虑，一般要求在潜水面以下激发。通过观察对工区湖面或水坑的调查，可以基本掌握潜水面的深度，通过微测井或小折射也可以得到潜水面的深度。从环保的角度，现在一些地区禁止在潜水面内激发，但这仍然需要将潜水面深度搞清楚。

4. 地层产状与组合对激发效果的影响

如果激发的围岩地层倾角比较大，所产生地震波的子波就会受到地层倾角的影响，不同方向各子元产生的子波波形一致性变差，在初始累加中能量会相互抵消，使所形成的子波会能量小、频率变低，旁瓣增大。通过了解表层结构，尽量选择在地层平缓、均匀性好的地层中激发。如果近地表地层较多，还要注意避开强波阻抗的影响。强波阻抗会形成比较强的反射，如果选择在其上覆地层中激发，能量就会受到强反射界面的影响，向上反射能量明显增强，而向下传播的能量明显减弱。在近地表有强反射界面存在时，应尽量将井孔钻深点，将炸药放置在强界面以下激发，以增强地震波下传能量。

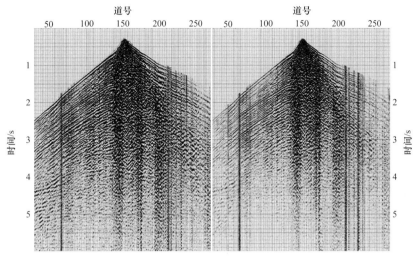

图 1-1-16　不同填充物封井对激发效果的影响

5. 激发井深与表层结构的关系

在炸药激发后地震波会向周围各个方向传播。一部分能量是直接向下传播，而另一部分能量则是先向上传播，在向上传播中遇到强地层界面或自由界面，使地震波改变方向又变成向下传播。先向上传播遇强界面或自由界面又向下传播的地震波被称作虚反射。很显然最后传到地下地层的能量，就是直接向下传播地震波与虚反射的叠加。将炸药置于不同深度激发，虚反射与直接下传地震波的时差就会发生明显变化，下传地震波的能量和频带宽度也将发生明显改变。在掌握表层结构后，可以计算出不同深度激发时虚反射对地震波能量和频率的影响，进而优选出有利于提高激发能量和拓展激发频带的激发井深。

6. 地表条件对可控震源激发的影响

采用可控震源激发时，近地表条件、特别是地表条件对激发子波的影响较大。由于可控震源激发是通过平板将振动能量传入地下，因此平板与地表的耦合质量对下传能量及波形形态有较大影响。在地表起伏较大或地表有砾石地区域，平板与大地耦合较差，振动信号容易产生畸变，激发子波能量和频带宽度都会变差。为了改善激发效果，通常在激发前要先将地面推平，以改善平板与地面的耦合效果。近地表如果低降速带较厚，对地震波的吸收增大，也将降低激发子波能量并使子波主频降低。大量的实践还表明，在潜水面比较浅（小于 1~2m 时，由于水的扰动，子波的旁瓣增大，即激发噪声增大。对于近地表比较松散的地区，地表上冻前后效果也会有一定的差别。在上冻初期，当冻层厚度小于 20~30cm 时，地表的通行能力与地震激发效果会得到一定的改善，但是当冻层厚度超过 1m 时，激发能量下传困难，传入地下子波的能量会明显减弱。与纵波激发相比，横波激发需要的地表岩性更加致密和坚硬，松散地层产生的横波能量很弱。

第二节　近地表对时间域成像处理的影响与静校正方法

　　常规的反射波叠加成像是建立在几何地震学理论的假设条件下，认为当地下介质为均匀层状时，在水平面进行观测，同一点激发的地震波经过某一地层反射后到达地面，对应的时距曲线为一条双曲线。但是在丘陵和山地等地表复杂区，观测面崎岖不平，近地表地层低降速带速度和厚度剧烈变化，这些因素会造成地震波传播时间存在不同程度的延迟。因此，实际反射波并不是一条标准的双曲线，而是畸变了的双曲线，这种扭曲的反射波时距曲线在动校正后，可能不成像或无法精确成像，造成地震剖面上反射波同相轴难以连续追踪或无法正确反映真实的地下地质构造形态。地震资料静校正处理就是研究如何消除由地表地形起伏、近地表低降速带速度和厚度变化对地震波走时造成的影响，将畸变的反射波时距曲线恢复成为正确的双曲线。著名地球物理学家迪克斯教授曾说过："解决好静校正就等于解决了地震勘探中几乎一半的问题。"可见静校正工作的重要性。

　　"静校正"问题是由于近地表地形、地质结构复杂和低速带的影响，使得反射同相轴呈现参差不齐的现象，静校正处理是为了消除近地表因素的影响，实现地下反射信号的同相叠加，得到地下清晰的反射记录。如不能有效地解决静校正问题，则任何后续的资料处理都是徒劳无益的。因此，复杂地表静校正是陆地地震资料常规时间域处理流程中必不可少的一环，也是陆上地震勘探中的一项关键技术难题，直接影响着地震勘探的精度和钻井成功率。静校正问题的解决对于降低勘探风险、节约勘探成本有着重要的意义。

一、近地表对时间域处理的影响

　　在我国西部的山地、沙漠、黄土塬、戈壁等复杂地表区，通常具有地形起伏比较大、表层岩性纵横向变化非常剧烈、低降速带厚度变化大、激发接收条件复杂等特征。这些复杂区的近地表结构会造成严重静校正问题，进而导致反射波不能成像，或地下构造成像发生扭曲（Mike Cox，2004）。

1. 静校正对叠加速度的影响

　　速度被广泛地用于地震勘探的各个方面。包括基准面静校正量的计算、噪声衰减、正常时差计算、多次波衰减、偏移及时—深转换等。因此，了解静校正尤其是不正确的或不精确的校正量对叠加速度的影响是很重要的。Schneider W A（1971）把原始旅行时和它的不同分量之间的关系总结为："旅行时（炮检距 x 处）= 法向入射时间 + 正常时差 + 炮点静校正量 + 检波点静校正量 + 估计误差"。因此，由原始旅行时估算静校正量需要对正常时差进行良好估计；反之，正常时差校正估计，也就是速度估计也需要有良好的静校正估计。

　　在大多数情况下，速度分析是以双曲关系假设为基础的，其定义为：

$$T_x^2 = T_0^2 + \frac{x^2}{v_a^2}$$ （1-2-1）

式中　T_x——在炮检距为 x 的道的双程反射时间；

　　　T_0——零炮检距的双程反射时间；

　　　v_a——叠加速度。

由式（1-2-1）定义的简单关系是基于往返于地表和反射层间的射线路径是直线。这仅对单一的均匀层才是严格合适的。其他地层的存在将会导致折射（对非零炮检距或倾斜反射层，在每一界面上射线路径发生弯曲），这样，式（1-2-1）就变成了一个近似的关系。当弯曲界面存在时，问题将进一步复杂化。

在地质情况不太复杂的地区，对小的炮检距与深度比（小于 1.5~2.0），上述关系是最为适用的。在复杂上覆层地区，假设时差可用简单的双曲线描述一般是不正确的。在地质情况简单的地区，时间偏离双曲线可能是由于静校正的变化所引起的。在炮检距平方—时间平方（x^2—T^2）域中，通过分析原始资料也可以估算叠加速度，通常使用一套速度进行叠加，给定时间上最好的叠加响应就对应于正确的速度。涉及静校正对速度分析的影响主要体现在基准面和短波长、长波长静校正异常的影响。

1）参考基准面

基准面静校正量是相对一个指定的参考面计算的。由于叠加道集整体时移一个常数值会改变叠加速度，进而会改变求出的层速度，因此，在复杂区资料处理中，通常将静校正分成高、低频分量。在进行水平叠加时，首先应用高频分量，将数据校正到中间参考基准面，即 CMP 参考面；叠加后再统一应用低频分量，将数据校正到最终基准面上。这就是说，中间或浮动基准面通常被用作计算和应用叠加速度的参考面。中间参考基准面的原理是尽可能地维持方程所定义的双曲线关系，并确保由叠加速度导出的层速度不受到过分的影响。通常，中间或浮动基准面差不多相当于平滑后的地表或基准面静校正量的表现。应用这样的基准面意味着在正常时差校正前进行小幅值的高频（短波长）静校正，在正常时差校正后再整体时移到基准面。

如果由参考面估算叠加速度，它们将大大不同于那些由中间基准面或浮动基准面估算的值，尤其是当它们之间的时移很大时。为了检验在速度估算前对资料应用小的时移（δt）造成的影响，式（1-2-1）可改写成：

$$\left(T_x + \delta t\right)^2 = \left(T_0 + \delta t\right)^2 + \frac{x^2}{\left(v_a + \delta v\right)^2}$$ （1-2-2）

式中　δv——速度的变化。

式（1-2-2）和式（1-2-1）可改写成确定速度项的形式，然后再合并给出如下关系：

$$\left(v_a + \delta v\right)^2 - v_a^2 = \frac{x^2}{\left(T_x + T_0 + 2\delta t\right)\Delta T_x} - \frac{x^2}{\left(T_x + T_0\right)\Delta T_x}$$ （1-2-3）

式中　ΔT_x——炮检距 x 处的时差，$\Delta T_x = T_x - T_0$。

对于 $v_\mathrm{a} \gg \delta_v$，代入式（1-2-1）导出的 $x^2/\Delta T_x$，式（1-2-3）可以写成：

$$2v_\mathrm{a}\delta v \approx v_\mathrm{a}{}^2\left(T_x + T_0\right)\left(\frac{1}{T_x + T_0 + 2\delta t} - \frac{1}{T_x + T_0}\right)$$

因此：

$$\frac{\delta v}{v_\mathrm{a}} \approx -\frac{\delta t}{T_x + T_0 + 2\delta t} \qquad\qquad （1-2-4）$$

对中等的炮检距—深度之比，T_0 比 ΔT_x 大得多。例如，当炮检距与深度之比为 1 时，$\Delta T_x \approx 0.1T_0$。由于 T_0 远大于 ΔT_x，假定 $T \gg \delta t$，式（1-2-4）可简化为：

$$\frac{\delta v}{v_\mathrm{a}} \approx -\frac{\delta t}{2T} \qquad\qquad （1-2-5）$$

式（1-2-5）确定了常数延迟 δt 造成的速度误差。它表明随反射时间增加速度误差成比例减小。

式（1-2-5）所给出的近似关系表明，基准面的移动使估算的叠加速度发生改变。因此，求出的层速度也被改变。图 1-2-1 中的多层模型说明了这一点。模型的均方根速度和叠加速度列在表 1-2-1 中，其中叠加速度是根据射线追踪到炮检距等于界面深度的 x^2—T^2 分析获得的。正如所预料的那样，叠加速度大于均方根速度。

叠加速度也展示于表 1-2-1 中，其中在分析前对资料应用了 −200ms 的静态时移，相当于速度基准面在地表 200ms 以下。这是根据对资料进行类似的 x^2—T^2 分析计算出来的。也用其他两种方法计算速度，见表 1-2-1 表注。所有三种方法都给出了相似的结果，上部的一些地层除外，因为推导式（1-2-5）时所做的近似假设对它们不成立，这是因为相对于双程时间而言，上部地层的时移是很大的。对静态时移为 200ms 和 −200ms，导出的层速度的变化列于表 1-2-2，其中，叠加速度是由 x^2—T^2 分析估算出来的。例如，在层 3 情况下，两种时移分别使层速度增加了 5.8% 或减小了 8.6%，较深层的百分比变化减小，对于层 6 约为 3%。

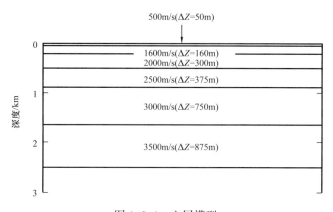

图 1-2-1　六层模型

基于图 1-2-1 中的简单水平层状模型的这些结果意在提供一个特殊的例子，用以说明移动基准面对叠加速度和层速度及调整后的时间偏离双曲线的程度的影响。不同的模型将给出不同结果，尤其是那些有着更为复杂特征的模型。因此，在一个新地区，尤其当速度分析是从一个不接近地表的基准面计算时，进行类似的分析是合适的。

表 1-2-1 地表基准面和地表下 200ms 基准面估算的均方根速度和叠加速度

层	地表基准面		静态时移 =−200ms		
	v_{rms}[①]/（m/s）	v_a/（m/s）	v_a/（m/s）	$v_{rms(1)}$[②]/（m/s）	$v_{rms(2)}$[③]/（m/s）
2	1185	1203	1665	1482	1640
3	1587	1600	1877	1813	1860
4	1907	1923	2138	2098	2119
5	2329	2346	2512	2484	2492
6	2670	2689	2828	2804	2807

注：v_{rms} 为均方根速度；v_a 为叠加速度；

① 根据 x^2-T^2 分析估算的均方根速度；

② 根据 v_{rms} 和式（1-2-5）计算的 $v_{rms(1)}$；

③ 由式（1-2-1）计算的 $v_{rms(2)}$，时差是在等于深度的炮检距上计算的，且新速度是通过此时差和静态时移调整后的 T_0 计算的。

表 1-2-2 地表和地表上下 200ms 基准面的叠加速度和层速度

层序	地表基准面		静态时移 =−200ms		静态时移 =200ms	
	v_a/（m/s）	v_{int}/（m/s）	v_a/（m/s）	v_{int}/（m/s）	v_a/（m/s）	v_{int}/（m/s）
2	1203		1665		990	
3	1600	2011	1877	2127	1417	1838
4	1923	2521	2138	2649	1762	2380
5	2346	3019	2512	3129	2210	2906
6	2689	3523	2828	3614	2569	3427

注：叠加速度是根据 x^2-T^2 分析得到的。v_{int} 为均方根速度；v_a 为叠加速度。

2）静校正异常的影响

短波长静校正异常会使得 CMP 叠加响应和同相轴的连续性变差。这就意味着用于速度分析的资料质量不好，导致不精确的速度估算值。因此，合理的方法是在速度分析前计算和应用剩余静校正。但是，正如前面所述，剩余静校正量的估算需要应用准确的时差校正，因此这就成了一个先有蛋才有鸡还是先有鸡才有蛋的情况。

Al-Chalabi M（1979）给出了在存在方差为 σ_t^2 的随机时移的情况下，叠加速度的方

差 σ_v^2 为：

$$\sigma_v \approx \frac{1.6\sigma_t v_a}{m^{0.5}\Delta T_{max}} \qquad (1-2-6)$$

式中　m——参与叠加的道数；

　　　ΔT_{max}——最大炮检距处的正常时差；

　　　v_a——叠加速度。

下面将描述不同静校正异常引起的叠加速度变化，异常包括在记录排列内一个或几个点上的脉冲和一个台阶，台阶是从某一特定的地表位置开始，在近地表层中的时间增加一个常数。此外，还分析更真实地质形状的异常，这些异常延伸范围相当于一个排列长度。

Al-Chalabi M（1979）给出了静校正量阶梯变化产生的叠加速度曲线。近地表模型［图 1-2-2（a）］包含了一段厚度加大了的近地表低速层。在点 1 处没有任何射线路径穿过这一段较厚的近地表层。分析点 4 在近地表层厚度的变化的正上方，所有的接收点都位于异常之上，但没有任何激发点的位置是在异常之上。在分析点 6 处，所有射线路径都通过了异常。

图 1-2-2（c）展示了在这些点和中间分析点上的反射时间。在点 1，时距曲线表明所有炮检距的时间均位于双曲线上。在点 2 和点 3 处，较厚的低速层使远炮检距出现了附加的时间延迟，附加的时差意味着这两点比点 1 的叠加速度低。这些时移将导致此点的 CMP 叠加出现衰减。在分析点 4，它对称地分布在这个台阶上，所有的炮检距都时移了一常量（τ），因此，时差等于在点 1 的时差。叠加速度（与点 1 类似）可在式（1-2-5）中用 τ 由非异常或正常的速度进行估算。在点 5 处，近炮检距道延迟了 2τ，因为炮点、检波点均位于异常之上，但是在远炮检距道上，资料延迟了一个时间 τ，因为只有接收点位于异常之上。最后 t_0 的微小增加和远炮检距道动校时差的减小导致了比正常叠加速度更高的速度。在点 6 处，所有道均时移了 2τ，因此，叠加速度近似于点 1 处的速度。通过在式（1-2-5）中使用 2τ，由标准（非异常）速度可以计算真实值。

这六个分析点的叠加速度曲线如图 1-2-2（b）所示。当详细分析时，由于 τ 的校正过量或校正不足不能转换成相同的速度差异，这种特征的叠加速度响应不是完全对称的。深层的正常时差比浅层小，固定的时差变化量的影响就较大。

如图 1-2-3 所示，通过近地表斜坡的叠加速度曲线分析，展示了斜坡宽度从零到略大于一个排列长度的区间内。当斜坡宽度增加时，叠加速度变化减小，且叠加速度异常在横向上扩展。图 1-2-4 展示了两个斜坡的叠加速度异常，这两个斜坡组合起来在近地表层中形成了一个凹槽。这些图阐明了速度对凹槽的相对（与排列长度相比）宽度的依赖关系。排列长度、反射层深度和上覆层的速度均与图 1-2-3 中的相同。当凹槽的宽度减小时，两个叠加速度异常相互重叠。组合响应（R_s）差不多等于单个响应中的一个加上另一个响应与其正常响应的偏离值。

图 1-2-5 显示了一个通过近地表层底部的宽度略大于一个排列长度的背斜的叠加速度曲线（Schneider W A，1971）。背斜的高度约为 125m，图 1-2-5（b）中的法向入射到

达时间曲线表明，这个异常导致了 68ms 的双程时间异常。对于三种不同的炮检距，图
1-2-5（c）展示了沿测线的时差变化，其中，最大炮检距还包括了对应的真均方根速度
的时差曲线。在近地表异常中心的上面，叠加速度低于正常值，但真的均方根速度表现
出增大趋势。与近地表异常有关的正常时差的绝对值及其变化均随炮检距增大而减小。
然而，它们的关系是最短炮检距数据转换成了最大速度变化［图 1-2-5（d）］，速度变化
高达约 15%。图 1-2-5（d）中的速度曲线类似于图 1-2-4 中的窄槽模型，只是变化是颠
倒的，因为近地表层变薄而非变厚。

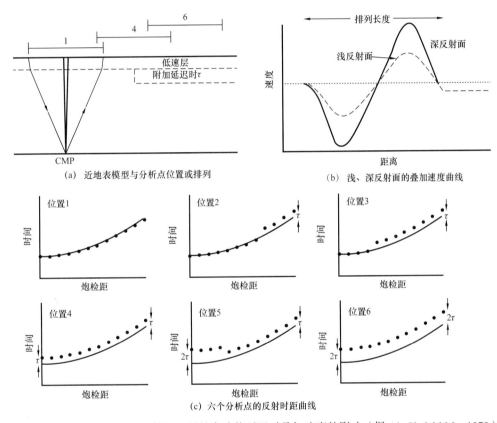

图 1-2-2　简化模型，说明静校正量的台阶状延迟对叠加速度的影响（据 Al-Chalabi M，1979）

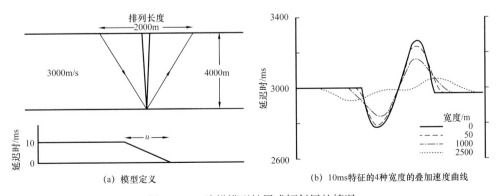

图 1-2-3　阶梯模型扩展成倾斜层的情况

因此，速度异常的关键特点是取决于近地表异常的幅度及其相对于一个排列长度的宽度。该参数是作为双程（反射）时间的函数变化的，直到最大炮检距包含在叠加之中为止。当宽度在空间变化的数量级是一个排列长度时，速度异常通常最为明显。

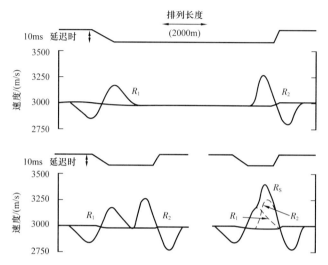

图 1-2-4 近地表凹槽的叠加速度曲线与凹槽宽度的关系（据 Al-Chalabi M，1979）
R_1、R_2 和 R_s 分别指的是左、右异常和它们的组合响应

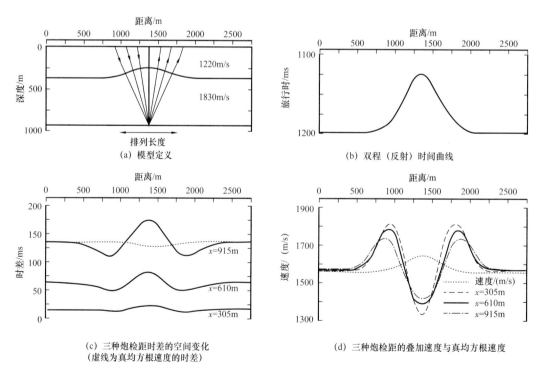

(a) 模型定义

(b) 双程（反射）时间曲线

(c) 三种炮检距时差的空间变化
（虚线为真均方根速度的时差）

(d) 三种炮检距的叠加速度与真均方根速度

图 1-2-5 近地表特征的影响分析

一个给定的近地表异常对较深层的影响更大，因为深层时差较小，在某些情形下，有可能导致负的时差。因此，通常在较深的同相轴上能观测到较大的速度不稳定性，通

常还伴随有信噪比降低。此外，如果深度大于排列长度，则速度误差增加。较深的同相轴与更长的传播路径相关联，长的传播路径增加了遇到其他速度异常的可能性。Merland J（1975）证明：位于近地表层以下的异常在引起叠加速度变化方面与近地表特征相似，但是异常影响水平范围随异常深度的增加而减小。Al-Chalabi M（1979）曾证明那些深层异常能转换成等价的地表延迟。速度异常的幅度取决于反射层深度与异常深度之比，因此接近于地表的异常对速度曲线的影响比深层异常更大。

这一节的例子已经证实：近地表特征会在相当大的水平距离内影响叠加速度的估算。关于这个问题，Lynn W S 等（1982）曾作过如下陈述："一个中心点的叠加速度本质上是与其周围中心点的叠加速度相耦合的。"

如果叠加速度用于深度转换或其他需要更高精度的处理中，任何近地表特征对速度的影响必须在分析前加以消除或削弱。有时，可以通过对一两个排列长度范围内的值进行平均来达到这一目标。但是，如果因近地表特征引起的速度异常很大，就应该先导出剩余静校正量，并将其应用于资料以消除近地表异常的影响。然后重新进行速度分析（假定速度分析没有包含与之相关的近地表异常）并作为速度平滑处理的输入。

总之，静校正误差对叠加速度估算的影响可能会很大，且可伸展到相当大的范围。在确定叠加速度之前应当考虑短波长（高频）静校正量误差。在存在长波长误差的情况下，叠加速度可以用来帮助估算长波长（低空间频率）剩余静校正量。静校正要解决的近地表异常，实际上应该通过速度（动态）校正进行补偿。静校正只不过是在大部分地区有效，但并不是在所有地区都有效的一种便捷处理方式。

2. 地震资料处理对静校误差的敏感性

有关静校误差的讨论必须考虑两个方面：方法假设和数值本身。前者涉及与近地表层中射线路径的非垂直传播有关的问题，第五章第七节介绍的波动方程基准面校正是一种可能的解决方案。后者则关系到静校正量的误差，既可以是基准面校正量本身也可以是一次或多次剩余静校正量估算之后的误差。

目前地震资料处理大致可分成单道、多道处理两大类。静校正误差一般对单道处理（如滤波、增益、单道反褶积、振幅调整等）结果几乎没有影响，除了那些需要设计处理时窗的模块需要给定正确的起始时间外，可以忽略静校正的影响。例如，NMO 或动态校正也是单道处理，然而，动校时差计算与速度参考面，如中间参考面或浮动基准面有关。如果静校正量是错误的，则参考平面的时间位置发生移动，就会导致反射时间给空动校时差有差异，这种差异通常非常小，几乎在任何情况下都可以忽略。

从时间到深度的转换同样是单道处理且需要好的速度控制，速度控制的基础是井资料或者是叠加速度分析。其关键是要改善单个速度谱点的估算精度，且能消除部分或全部的与近地表异常有关的速度畸变。通常在用于深度转换之前，对最终叠加速度估算值要进行平滑以减少由噪声和拾取等所引起的统计误差。此外，在处理过程中，用户必须考虑用于地震数据和叠加速度分析的各种可能的不同参考基准面。

对于需要在不同域进行多道处理的模块和方法，比如道组合、混波、f—k 滤波、拉东变换、DMO 等处理技术，静校正误差会极大地影响这些方法的应用效果。尤其是在一个排列范围内的短波长静校正分量，对这些处理至关重要，在多道处理前，应尽可能消除这些静校正时差的影响。以 $f—k$ 滤波为例，线性噪声在 $f—k$ 域表现为单独的线性分布，如果存在中短波长的静校正异常，那么在单炮记录上会表现出不同于真实噪声的速度，在 $f—k$ 域中，一些噪声可能从压制带移动到了通放带，一些信号可能从通放带移动到了压制带。在叠后多道处理时，长波长静校正的影响也存在同样的问题。在 CMP 道集进行拉东变换去除长周期多次波时，首先进行 NMO 校正，一次波校平，多次波则表现为抛物线。如果存在静校正误差，则按照抛物线规则进行变换后，在 $\tau—p$ 域不能完全将多次波变换为一个点，多次波能量是分散的。不能完全定义在压制范围内。$\tau—p$ 反变换回来后，依然会存在残留的多次波能量。总之，叠前多道处理模块和方法理论上都要求很好地解决静校正问题，以满足信号或噪声的时距曲线规律，否则，这种处理就会带来很大误差，甚至伤害有效信号。

1）多道相干噪声和多次波的衰减

叠前噪声压制首先要做出一个选择，是将处理设计成最优地去除噪声而不顾对信号的影响，还是在保留信号的基础上尽可能多地衰减噪声？在大多数情况下，是选择后者。从静校正观点来看，这一决策是重要的，因为两种途径可能需要对近地表时移作不同的处理。

前期的复杂区地震勘探中，通常采用长组合基距来衰减从短波长到长波长的各种不同噪声，以提高单炮的信噪比。随后的数据处理的目的就是衰减残存的相干噪声。因此，这种作业模式就属于上述的第一方案，其目标在于使噪声得到最大程度的衰减。但是，组合内各点有不同时差使有些信号会遭到衰减，如组合内的静校正量会导致额外的信号衰减，因此，在目前的高精度地震勘探中，这种方法已很少采用。通常的做法是用较短的野外组合作为空间去假频滤波器。与长组合相较，其信号衰减较少，然而，长波长噪声同样也得以保留，需要在资料处理阶段将其衰减。因此，野外采集技术更倾向于采用第二种方案，其目标在于保护信号。

在高保真的资料处理过程中，在基准面静校正较差甚至存在较大剩余静校正量的地区，只要这种大的剩余静校正量可以计算，就应当对整个处理过程进行迭代。然后，使用修改过的静校正量（基准面静校正量和剩余静校正量）实现第二次道组合整形等处理，以把这一过程对信号的衰减减到最小。

但是，如果处理目标是最优去噪，通常是最好先对齐噪声，尤其是使用 $f—k$ 处理之前。例如，如果将折射波波至作为噪声对待，由于在风化层底面或底面以下的异常速度区对噪声到达时间的影响很小或没有影响，则将其校直的时移值就是延迟时。延迟时指的是向下到折射面或从折射面向上的时间，且不包括任何向风化层中垂直传播路径的转换。因此，延迟时同风化层校正有类似性，但是不同于基准面静校正，因为它们都不包括高程校正。

更一般的，应用的时移应当以时间与炮检距关系偏离线性的程度为基础，这需要计算传播距离和近地表速度。因此，把噪声校直所需的时移量类似于，也可能不同于常规的静校正量。为了使这种方法对信号的衰减最小化，设计的噪声滤波器应该有平缓的截频陡度。

图 1-2-6（a）展示了一个例子，道距 2.5m，共 1001 道，它有反射信号和两个速度

为 300m/s 和 1500m/s 的噪声。线性噪声在 f—k 域中表现为单独的线性分布。如果对输入道进行标准差 2ms 的扰动时移，则局部的一道到另一道的速度可能非常不同于实际的噪声速度，在 f—k 域中表现为散射的响应〔1-2-6（b）〕。当数据重新采样到 25m 道距时〔图 1-2-6（c）、（d）〕，其中 2.5m 道距的数据组合起来形成 25m，可以观察到类似的 f—k 差异。这个例子说明扰动同时影响相干噪声和信号。因此，在 f—k 域中一些噪声可能从压制带移到了通放带或接收带，同样，一些信号可能从通放带移到了压制带。

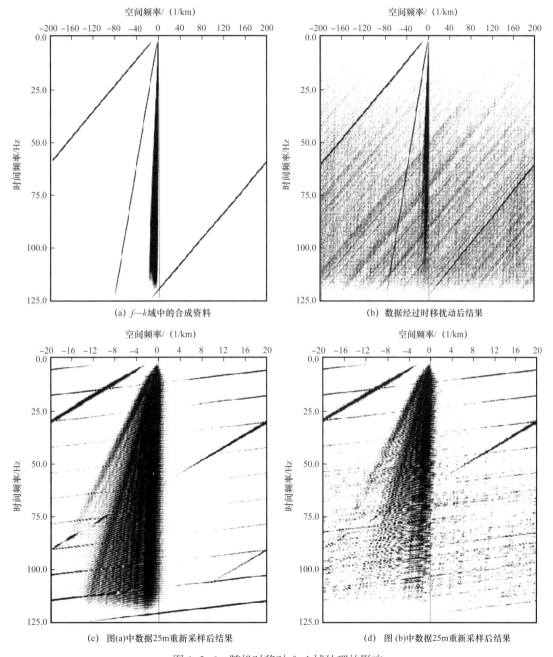

(a) f—k 域中的合成资料   (b) 数据经过时移扰动后结果

(c) 图(a)中数据25m重新采样后结果   (d) 图 (b)中数据25m重新采样后结果

图 1-2-6   随机时移对 f—k 域处理的影响

关于采用最优衰减噪声还是保护信号的问题，同样也可用于多道多次波衰减。由于要使相干噪声和有效信号对齐可能需要不同的时移，这种决策是必要的。可以使多次波对齐的静校正量与使有效信号对齐的静校正量可能相同也可能不相同。例如，对分选到CMP域的资料，需要用一次波的静校正量使一阶地表多次波对齐。对其他类型的多次波，如果一次波对齐了，则多次波的静校正会有误差。这会导致在 $f—k$ 域中产生类似于以前对相干噪声所展示的静校正时移一样的人为假象。多次波压制技术属于多道处理技术，在应用之前，需要采用正常时差校正和差异静校正把一次波校直。在叠加过程中，因多次波有剩余时差而被衰减。如果使多次波对齐所需要的静校正量等于有效波所需之值，则静校正不会改变多次波的衰减。

2）叠加响应

叠加响应是分析常规的共中心点、共炮点、共接收点及共炮检距等不同域中叠加子波的变化情况。静校误差会导致叠加振幅的衰减，而产生不好的叠加响应。为了分析给定的均方根静校正误差对叠加响应的影响，和对某一具体频率衰减的影响。这里考虑了一简单静校正分布的响应，其中的数值是从 $-\Delta S$ 到 ΔS 均匀分布的。时间域中长度为 $2\Delta S$ 的矩形滤波器，转换到频率域的响应 $R(f)$ 是频率 f 的函数（Schneider W A et al.，1968）：

$$R(f) = \frac{\sin(2\pi f \Delta S)}{2\pi f \Delta S} \qquad (1-2-7)$$

式中 ΔS——时移。

由式（1-2-7）给出的响应是一个绕射（sinc）函数，等于一个高截（低通）滤波器。图1-2-7展示了静校正误差在 $\pm 10ms$ 范围内的一个例子。在22Hz处响应下降了3dB，在30Hz下降6dB，而39Hz时为12dB。如果静校正误差的范围减半，则这些频率加倍。

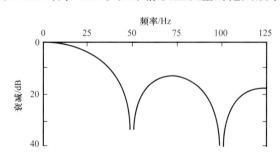

图1-2-7 在 $\pm 10ms$ 间均匀分布的静校正误差的叠加响应

Brown R J S（1969）证明，当存在剩余时差时，在最大炮检距道上，大小为资料主周期四分之一的误差导致叠加响应的衰减略大于10%，即约2dB。当剩余时差加大到资料主周期的一半时，下降幅度增加到大于三分之一，或者约衰减4dB。

在另一个简单静校正模型的响应中，所有各道都对齐了，只有一道例外，其时移等于资料主周期的一半。也就是说，它实际上非常接近于一个极性反转道。对 n 次覆盖资料，这一道造成的结果是接近于 $n-2$ 次覆盖叠加。

上述简单关系给出了几种类型静校正误差分布可能造成的衰减的明确概念。其他的响应也可以计算，但是，如果它们太特殊，则它们很可能只与分析点处的分布直接相关。一旦地区的目标和最大可获取的地震频率已知，这些响应就可以用来指示可接受的高频（短波长）静校正误差。通常，对长波长分量静校正的精度要求，更多地受勘探目标和构造因素所控制。

对于任何高频（短波长）静校误差来说，CMP 叠加的作用就像一个平滑滤波器。所以叠加后剩余的误差主要是长波长分量。但是，叠加次数随双程时间变化而变化，意味着"长""短"的定义是随时间而变。因此，即使深层反射表现得很平滑，浅层反射可能并不是这样，因为浅层求和的道数较少，使用的平滑算子与深层不同。由于参与 CMP 叠加的炮检距分布的变化，使此特征在水平方向上拓宽而时间幅度减小，造成近地表异常或静校误差产生了一个具有时变响应的明显的地下结构特征。

因此，静校误差能引起拾取的反射层时间的失真。当两个层使用的炮检距范围不相同时，也会影响两层之间的时间。时变响应也将影响随后的时深转换，如果速度信息是被近地表异常所污染的叠加速度，这种误差可能会掺和进去。

3）偏移

叠前时间偏移也是一个叠加的过程，从运动学的概念上来讲，偏移是在偏移孔径内把散布在一定轨迹上（等时面）的振幅值，加权叠加得到相应的成像点的像。当存在静校正量误差时，按照计算出的空间轨迹得到的振幅值，并非该成像点真正需要的振幅值，因而不能实现正确的偏移成像。

由于叠前偏移的偏移孔径通常比 CMP 叠加、DMO 的空间孔径更大，这意味着与后两者相比静校正量必须在更大的空间波长范围内是精确的，并且涉及比一个排列长度更长的分量。与 CMP 叠加、DMO 一样，许多偏移算法都假设资料是在水平地面上记录的。因此，有必要应用合适的时移或静校正。如果涉及大的时移，例如那些从中间或浮动基准面到参考基准面上的时移，则有必要运用波动方程方法。对静校正技术的主要要求是：使用比垂直透过近地表层更好的实际射线路径近似。垂直传播是基准面静校正所做的假设。偏移所使用的速度必须和所用的实际基准面相对应。但是，应当注意的是，虽然基准面的倾角对 DMO 只有很小或可以忽略的影响，但是对其他偏移，影响却很大。这是因为时间偏移将资料映射为沿成像射线（基准面的法向射线）传播的旅行时间，而深度偏移将资料映射为沿铅垂射线传播的旅行时间。DMO 则将非零炮检距资料映射成法向入射时间。

以目前工业化应用最广泛的克希霍夫叠前时间偏移为例，通常是在每个共炮检距体进行空间轨迹计算、求和，逐个炮检距计算后得到成像点的像。很显然，无论存在长波长静校正异常还是短波长静校正异常，都会造成每个炮检距体上计算出的偏移轨迹与实际旅行时轨迹存在偏差，从而降低偏移成像效果，当静校正问题严重时，还会导致偏移成像完全失败。因此，叠前时间偏移对静校正的精度要求更高。对地形起伏地区资料进行叠前时间偏移时，为了保证一个孔径内所有地震道的炮点和检波点处于同一水平面，还需要在一个孔径内进行低频静校正量的重新计算。同样，长波长静校正不准确，也会影响叠前时间偏移剖面的构造形态。

3. 静校正与多次波

目前资料处理的流行做法是得到并加强一次反射波，去除或压制多次反射波，即使后者的确包含有潜在的有用地震信息。静校正应当补偿近地表异常，把一次反射波校直，然而，这并不一定能使多次波校直。近地表时移对多次波的影响与多次波的类型有关，下面就层间多次波或微屈多次波和全程多次波进行讨论。

对图 1-2-8（a）中的层间多次波而言，通过近地表层的射线路径类似于一次反射的射线路径，只有与炮检距有关的微小差别。因此，一次波的静校正量应当既能校直一次波又能校直层间或微屈多次波。

对于全程多次波［图 1-2-8（b）］，穿过近地表层的附加射线路径很可能给资料引入附加的时移。这意味着，应用基准面静校正对炮点、检波点处的近地表进行补偿后，炮记录上应当展现出一次波校直，但多次波没有校直。此外，两者的"错动量"可能随多次波反射的次数而变化，也就是说，随穿过近地表层的反射路径的数量而变化。

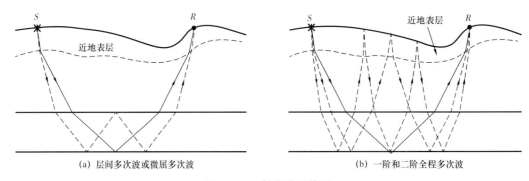

(a) 层间多次波或微屈多次波　　　　　　(b) 一阶和二阶全程多次波

图 1-2-8　射线路径简图

但是，如果把资料抽成 CMP 道集，则一阶多次波将全部时移了一个常数时移量，因为除了先前提到的微弱的炮检距影响之外，它们在近地表拥有相同的路径。原理上讲，这意味着它们可以用于基于 CMP 的剩余静校正技术。但是，需要保证正确地协调一次波和多次波叠加速度的差异。然而，对更高阶的全程多次波，情况就不是这样。在应用基于一次波的静校正量后，炮点、检波点和 CMP 域中的多次波仍然可能有错动。

衰减多次波的技术包括单道处理（如反褶积）和多道处理（如 CMP 叠加、拉东变换去多次波和各种 $f-k$ 技术）。多次波的时间对不齐不会影响单道处理。然而在 CMP 叠加情况下，多次波不同的近地表时移量可能提高或降低由剩余时差产生的衰减量。数据如果对不齐可能会在 $f-k$ 域中引入人为的假象，这种时间错动多半发生于一阶全程多次波以外的其他全程多次波上，因为静校正只校直了一次波。多次波和它的时间错动对陆地资料的有害影响常常因其振幅较低而削弱。但是，在海洋勘探中，全程多次波可以非常强，尤其是在水底很硬的地区，可以扩展到二阶和更高阶次的全程多次波。

二、长短波长静校正对成像效果的影响

反射波时距方程的推导是假设观测面为一个水平面、地下介质为均匀介质。但是，这两个条件实际上都不满足。野外采集时，通常炮检点不在一个水平面上，而是分布在起伏不平的面上。此外，近地表低降速带的厚度、速度也通常是横向变化的，甚至在很多地区变化非常剧烈，这些因素使得野外观测到的反射波不再满足双曲线的假设。对于水平叠加来说，静校正的目的就是满足动校正速度求取、一个共中心点道集内同相轴同相叠加。基准面静校正量的计算一般分为两步，第一步是以低降速度由地表校正到高速层顶界，第二步是以替换速度由高速层顶界校正到水平基准面。为了使每个 CMP 道集速度分析和叠加尽量在靠近地表的水平面上进行，通常把静校正量分为长波长静校正量和短波长静校正量。

不同的处理软件对长、短波长静校正的分离有不同的做法。有些是按一定的横向距离（通常不低于一个排列长度）对检波点静校正量进行平滑，平滑后的值作为长波长分量，称为每个 CMP 道集的 CMP 校正量。每个 CMP 道集中的每一道炮、检点基准面静校正量分别减去该道集的长波长静校正量的一半，得到每个地震道炮、检点的短波长静校正量。更常用的分离方法是直接对 CMP 道集中的每一道的炮、检点静校正量进行求和，除以 CMP 道集的总道数，得到该 CMP 道集的 CMP 校正量，而后得到每一道炮、检点的短波长静校正量。

静校正量存在误差，说明建立的表层结构不准确。长、短波长静校正分量分别从不同角度反映出了静校正量误差对叠加成像的影响。短波长静校正量不准确，使得一个道集内的反射时距曲线不是双曲线，无法进行准确的速度分析，使动校正存在误差，不能按照双曲线时差拉平炮检距。导致道集内不能同相叠加，该 CMP 道集叠加质量变差、高频信号受到伤害，纵向分辨率降低。长波长静校正量不准确，会使得校正到水平基准面上的叠加剖面或叠后偏移剖面存在构造形态误差，导致构造解释出现偏差，严重影响资料解释成果的可靠性。

总之，静校正对水平叠加成像、叠前时间偏移成像、叠前深度偏移成像、叠前多道处理等过程都会造成影响。静校正量是由定义的近地表模型计算得到的，静校正量的高频分量和低频分量在每种成像技术中对成像的影响也有不同表现。

1. 静校正波长划分

如其他波形数据一样，静校正量曲线也可以转换到空间—频率域，并分别对高频和低频分量进行观察。高频和低频分量就是常说的短波长和长波长分量，波长划分的依据是排列长度（最大炮检距）。多数文献认为长、短波长的划分是以一个排列长度为界（有些认为是半个到一个排列长度之间），即波长小于一个排列长度的为短波长（高频）分量，大于一个排列长度的为长波长（低频）分量。实际上，这种理论上的划分主要考虑了满覆盖情况下共中心点叠加的响应，而忽略了动校正和切除等因素的影响。众所周知，经过切除和动校正后，有些层甚至主要目的层的反射波不是满覆盖的，并且在不同深度

反射层的覆盖次数也不同。

当覆盖次数随着深度变化时，相同波长的静校正变化对不同深度反射波的影响是不一样的。图1-2-9为相同波长静校正变化对深、浅层资料影响的实例（Robert Garotta et al.，2004）。当存在1.7km波长的静校正异常时，对浅层而言，排列长度L远小于静校正异常波长λ（$L/\lambda = 0.25$），主要表现为长波长静校正问题，严重影响着构造形态［图1-2-9（a）］。而对于深层来说，静校正异常波长等于有效排列长度，主要表现为短波长静校正问题，叠加效果明显变差［图1-2-9（b）］，而对构造形态影响较小。因此，长、短波长分量应按主要目的层的有效排列长度划分。

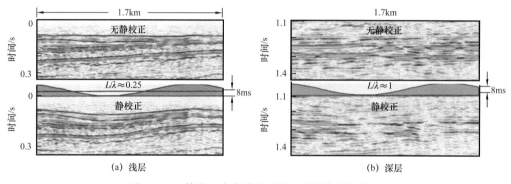

图1-2-9　静校正变化波长对浅、深层资料的影响

2. 短波长分量对叠加效果的影响

短波长静校正分量通常是由近地表的剧烈变化引起，对地震资料的叠加效果有两个方面影响：一是由于短波长静校正分量误差的存在，使共中心点的各道数据不能同相叠加，叠加后地震道的能量无法达到完全同相叠加的效果，造成相邻叠加道之间的反射波同相轴很难连续追踪，影响了资料的信噪比。二是叠加后地震道的反射波主频降低、频带变窄，影响了地震资料的分辨率。图1-2-10（a）为动校正后无静校正问题的道集和叠加结果，雷克子波的主频为50Hz，叠加后振幅加强、相位与叠加前完全一致；图1-2-10（b）频谱分析表明资料主频仍为50Hz，频带4～125Hz。对图1-2-10的道集加上±5ms的随机校正量（图1-2-11），叠加后的地震道振幅变小、波形产生畸变，频谱显示主频为43.7Hz，降低了6.3Hz，频带为4～98Hz，窄了27Hz。可见，短波长静校正量同时影响叠加剖面的信噪比和分辨率。

短波长静校正问题的识别相对较容易，可以通过共炮点道集、共接收点道集和共炮检距道集的初至变化来识别，还可以通过叠加速度谱、共中心点道集和叠加剖面的反射波成像情况来识别。如果各道集上的初至波变化明显（不光滑）、速度谱上的能量团不集中、共中心点道集和叠加剖面上的反射波同相轴不连续，则表明存在明显的短波长静校正问题。反之，说明短波长静校正问题被较好解决。

目前，一般通过基准面静校正解决校正量幅度较大的短波长静校正问题，尽量使静校正量误差小于反射波周期的二分之一。后续可在基准面静校正的基础上，应用初至波剩余静校正技术，进一步提高短波长静校正精度，再通过反射波剩余静校正进一步解决较小幅度的短波长静校正量，使其能较好满足反射波剩余静校正要求，确保最终剖面的成像效果。

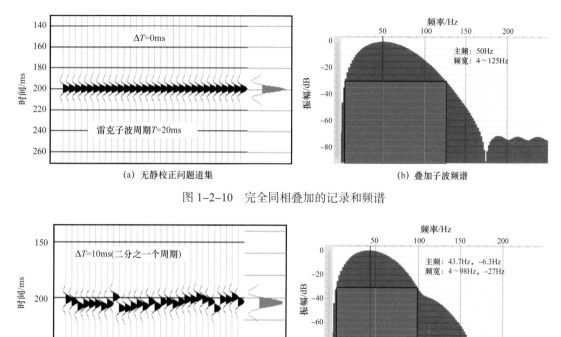

图 1-2-10　完全同相叠加的记录和频谱

图 1-2-11　不能完全同相叠加的记录和频谱

3. 长波长分量对叠加效果的影响

长波长分量通常是由近地表渐变造成，它对地震资料的影响主要表现在造成构造形态的歪曲，对叠加效果的影响很小。但当长波长分量的波长为一个排列长度左右时，同样会对叠加效果产生一定影响，只是影响较小；只有当波长达到两个或三个排列长度甚至更大时，才对叠加效果基本没有影响，而只影响构造形态。有些文献将静校正变化波长达到两个排列长度以上的情况，称为超长波长分量。图 1-2-12 为层间关系系数法（a）和层析反演法（b）计算静校正量后得到的水平叠加剖面，可见，层间关系系数法处理的剖面浅、深层构造形态一致并呈周期性变化，存在明显的长波长静校正异常。而层析反演方法剖面上的反射波同相轴较平缓，构造形态更真实。但剖面的叠加效果不太理想，说明存在较大的短波长静校正误差。

通常长波长静校正问题的识别要比短波长复杂。首先，长波长静校正问题能够引起构造形态的歪曲，但构造形态的歪曲不一定都是长波长静校正问题造成的。其次，短波长静校正问题可以通过叠前和叠后、甚至中间成果的资料识别，而长波长静校正问题很难通过叠前资料识别。最后，水平叠加剖面上的构造形态并非地质构造形态，靠地质认识判断长波长静校正问题存在与否也可能产生误导。因此，判断长波长静校正问题很难有一个确定的准则，需要在处理和解释环节通过很多试验分析确定。常用的长波长静校正问题识别方法有以下几种（Mike Cox，2004）。

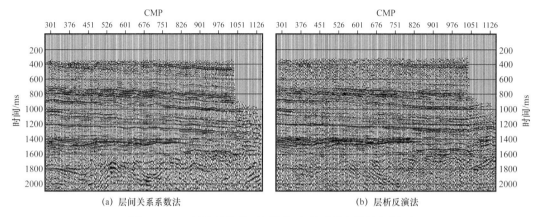

（a）层间关系系数法　　　　　　（b）层析反演法

图 1-2-12　长波长静校正问题解决前后的水平叠加剖面

1）不同深度反射层构造形态的一致性

通常认为，地震剖面上浅、中、深反射层构造形态的一致性（起伏幅度相等并且拐点位置相同）是怀疑存在长波长静校正问题首要准则，如图 1-2-13 中，不同深度的反射层的构造形态有着很好的一致性，它的确是由长波长静校正问题造成的。但也不能仅靠此现象就确认存在长波长静校正问题，有些地区的浅、中、深层的构造形态本身就存在很好的一致性，还必须满足各层覆盖次数（有效最大炮检距）一致的条件。因此，若剖面上反射同相轴的构造特征表现为从浅到深幅度基本一致，极有可能是近地表异常没能得到有效消除，造成的构造假象。当然，区分真假构造问题，还需结合地质资料，甚至进行必要的处理试验等综合分析来加以判断。

2）构造形态与地形起伏的相关性

地下构造形态与地形起伏的相关性，也是长波长静校正的表现形式。如图 1-2-14 所示，地形高部位，地下界面下凹；而地形低部位，界面上凸。构造形态与地形起伏变化位置基本对应，这时应怀疑存在长波长静校正问题。

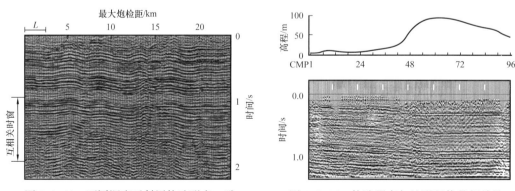

图 1-2-13　不同深度反射层构造形态一致　　　图 1-2-14　构造形态与地形起伏的相关性

3）同相轴的周期跳跃

由于高频（短波长）剩余静校正分量的存在，激发点和接收点静校正曲线上的周期跳跃现象难以识别。一般将最终叠加剖面上的周期跳跃问题归罪于剩余静校正程序，但实际上，引起周期跳跃的主要原因是质量低劣的基准面静校正量。在初叠加剖面上已经存在的周期跳跃问题，只是因为估算的静校正量精度差而不容易识别。应用剩余静校正解决了高频静校正问题后，周期跳跃问题就显现出来了。图1-2-15（a）为包含了一个周期跳跃的静校正量曲线；图1-2-15（b）显示出周期跳跃的形态。因此，同相轴周期跳跃也是长波长静校正问题存在的表现。

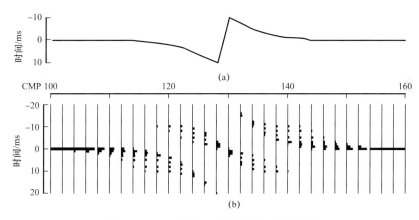

图1-2-15 在叠加剖面上周期跳跃的形态

4）分炮检距叠加剖面

图1-2-16展示了沿测线方向从几个激发点到接收点的射线路径。存在一个风化层厚度异常并且在反射界面上有一个台阶。射线路径以简化的直线表示，忽略了风化层和高速层之间的折射效应。在动校正后，从S_1到R_4的旅行时要大于到R_3的旅行时；同样，从S_3到R_4的旅行时也要大于到R_3的旅行时。也就是说R_4和R_3之间的旅行时差在各激发点上都存在，而且其位置与风化层厚度异常位置一致。从S_9到R_{12}的旅行时要小于到R_{11}的旅行时，而S_{10}到R_{11}和R_{12}的旅行时没有差别，其旅行时差异在R_{10}和R_{11}接收点之间。如果再考察其他激发点的时间差，会发现时移总是和两个特殊的CMP有关。因此，在地下构造特征存在差异的情况下，反射时移是CMP位置的函数，而不是地面位置的函数；只有在近地表异常存在的情况下，反射时移才是地面位置的函数。

通过上述分析可知，近地表异常导致的反射波时移与地面位置有关，这时用不同炮检距数据叠加的剖面构造形态不同；而地下异常导致的反射波时移与CMP点位置有关，与叠加中使用的炮检距范围无关。因此，在不同炮检距的叠加剖面上出现不同的视构造，就意味着存在中、长波长静

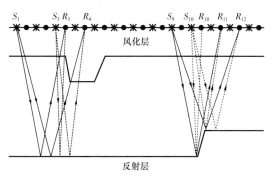

图1-2-16 分炮检距叠加的影响分析示意图

校正问题（图 1-2-17）。分炮检距叠加是识别近地表导致的长波长静校正问题的有效手段。但对于因大范围近地表异常未被准确描绘导致的超长波长静校正问题，此识别办法也可能是无效的。

通过理论分析并结合实际应用表明，使用分炮检距 CMP 叠加可以有效区分近地表异常产生的假构造和地下真实构造，根本原因在于真实地下构造位置在 CMP 叠加后不会随炮检距的改变而发生变化，而近地表异常所产生的假构造位置却随着炮检距的改变而变化。具体原因是：在反射波地震勘探中，地震波旅行时与射线穿过近地表的距离和速度密切相关，当近地表存在局部异常时，同一炮点激发的地震波，其远、近炮检距的反射波穿过近地表时会产生不同的时延。近炮检距只在地面异常区范围的接收点存在时延；当近地表异常厚度较大时，远炮检距穿过异常区的射线路径是倾斜的，会有一定的偏离，导致地面上接收点的异常范围扩大，而较深的反射层偏离并不大，因为最终射线是以近似垂直入射的；对于较浅的反射层，范围要更大些，但总体是以异常区位置为中心变化的。从上面的分析可知，近地表异常可以通过对比远、近炮检距剖面进行判别。

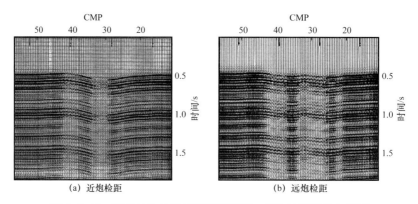

图 1-2-17　存在长波长静校正问题的近、远炮检距的叠加剖面

5）长波长静校正问题的解决

长波长静校正问题主要通过基准面静校正手段来解决，必须建立合理的近地表模型。众所周知，静校正工作主要是解决近地表低速介质异常导致的反射波时移，如果在风化层以下介质中存在异常，同样会带来构造形态的畸变，这个问题就很难通过基准面静校正手段解决了，而是需要资料处理环节来识别、描述这些异常变化并加以解决。另外，替换速度不同导致的构造形态畸变和有效排列长度差异导致的不同深度反射层的构造形态畸变，多数都需要在深度域处理或解释环节来解决。再有，基准面静校正计算选择的标志层（高速层）不同，得到的静校正量也不同，在水平叠加剖面上的构造形态也会有差别，这种差别不一定是长波长静校正问题。如果通过解释环节的时深转换或进行深度域处理后，其构造形态是一致的，就说明不存在长波长静校正问题。

对于存在近地表异常的地区，首先应加强近地表参数调查工作，加密控制点，建立精度较高的近地表结构及速度模型；其次，进行剩余静校正处理时，尽量选取近炮检距的浅层数据进行剩余静校正量的求取，通过综合应用多种静校正处理方法，有效消除近地表异常导致的假构造问题。

三、"静校不静"问题

复杂山地的静校正问题，除个别地区（如大范围的疏松砂岩、石灰岩等出露地区）外，由表层低降速带引起的静校正问题不是十分严重，静校正问题主要还是针对地形校正。尤其是地形起伏很大，一个小工区甚至一条地震剖面上的高差有时达几百米甚至上千米，这种情况必须先做好地形校正。目前进行地形校正的方法是：先选定一个统一的水平面作为校正基准面，剥离低降速带，将炮点和检波点校正至高速顶面；再计算炮点和接收点高速顶相对于校正基准面的高差；假设高速顶至基准面之间，地震射线垂直于基准面传播，计算其静校正量，一般使用的校正速度是给定的替换速度。

很明显，上述校正方法对山区不是严格适用的。一方面，由于射线垂直传播的假设只是在低降速带与高速顶存在较大速度差异，且低降速带厚度不大时的一种近似，但当降速层与高速层速度差别不太大，或低降速带较厚时，对地震射线做垂直基准面传播的假设是不符合实际的，会带来一定的误差；另一方面，使用统一的校正速度也与速度是不断变化的实际情况不相符，速度不准确也会带来一定的误差。

因此，严格意义上讲，这种时间域的校正是随着偏移距与深度的变化而变化，按照射线垂直传播假设计算的静校正量，会与理论的校正量存在一定的偏差，即通常所说的"静校不静"的问题。图 1-2-18 所示为上倾方向激发、下倾方向接收的二维观测系统示意图，深层为一简单的倾斜地层，为避开速度因素的影响，假定倾斜地层以上的速度为 v。

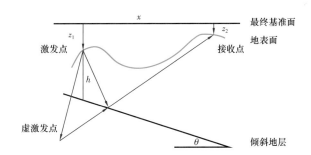

图 1-2-18　上倾方向激发下倾方向接收的二维观测示意图

众所周知，地震反射波时距曲线方程可以表达为：

$$t = \frac{1}{v}\sqrt{\left(x-x_0\right)^2 + \left(y-y_0\right)^2 + \left(z-z_0\right)^2} \qquad (1\text{-}2\text{-}8)$$

对于沿地层倾向施工的二维观测系统，激发点在上倾方向，接收点在下倾方向，可以求出虚激发点位置参数：

$$x_0 = -2\left(h-z_1\right)\cos\theta\sin\theta$$

$$y_0 = 0$$

$$z_0 = 2\left(h-z_1\right)\cos\theta\cos\theta$$

将上述的 x_0、y_0、z_0 代入式（1-2-8）后，假设地震射线在基准面和地面之间沿垂直方向传播，可计算出该激发接收情况下进行地形校正后的旅行时与理论旅行时之间的误差：

$$\Delta t = \frac{1}{v}\left\{x^2 + 4x\cos\theta\sin\theta(h-z_1) + 4\cos^2\theta\left[h^2 - h(z_1+z_2) + z_1 z_2\right] + (z_1-z_2)^2\right\}^{\frac{1}{2}}$$
$$+ \frac{z_1+z_2}{v} - \frac{1}{v}\left(x^2 + 4hx\cos\theta\sin\theta + 4h^2\cos^2\theta\right)^{\frac{1}{2}}$$

（1-2-9）

式中　z_1、z_2——分别为激发点和接收点相对于基准面的高差；

　　　x——炮检距，取正值；

　　　h——从基准面起算的反射界面深度；

　　　v——反射界面以上的速度；

　　　θ——地层倾角。

对于激发点在下倾方向、接收点在上倾方向的情况，可以求出虚激发点的位置参数：

$$x_0 = -2(h-z_2)\cos\theta\sin\theta，\quad y_0 = 0，\quad z_0 = 2(h-z_2)\cos\theta\cos\theta \quad （1-2-10）$$

将式（1-2-10）代入式（1-2-8）后，以同样的垂直传播假设，可计算出下倾方向激发上倾方向接收情况下进行地形校正后的旅行时与理论旅行时之间的误差

$$\Delta t = \frac{1}{v}\left\{x^2 - 4x\cos\theta\sin\theta(h-z_2) + 4\cos^2\theta\left[h^2 - h(z_1+z_2) + z_1 z_2\right] + (z_1-z_2)^2\right\}^{\frac{1}{2}}$$
$$+ \frac{z_1+z_2}{v} - \frac{1}{v}\left(x^2 - 4hx\cos\theta\sin\theta + 4h^2\cos^2\theta\right)^{\frac{1}{2}}$$

（1-2-11）

通过式（1-2-11）可以看出，校正误差是 z_1、z_2、x、h 和 v 的函数。图 1-2-19 为假设炮点在基准面上，不同激发接收方向时，以炮检距 x 为参数，对模型进行误差分析得到的曲线。图 1-2-19 显示，校正误差随地形高差接近于线性变化，在高差一定时，校正误差随炮检距增大急剧增大。如图 1-2-19（b）所示，校正误差明显大于图 1-2-19（a），即在复杂山地区，上倾方向接收的数据通过地形校正带来的误差大于下倾方向接收的数据通过地形校正带来的误差。且相同炮检距情况下，误差随着高差的增加逐渐增加，相同高差情况下，误差随着炮检距的增加而增加。静校正问题不再是同一检波点位置静态不变，而是"静校不静"。

"静校不静"的另一个现象是在叠加剖面上浅层和深层同相轴表现的静校正时差不一致（罗俊松等，2005）。以某山前沙漠戈壁区的地震资料为例，大沙丘低速带速度范围为 500~800m/s，降速带的速度范围为 1000～1800m/s，地下地层为古近系—新近系到上古生界的砂岩和泥质岩石，根据测井资料，地下地层速度范围为 2500～5500m/s。经过静校正、反褶积和叠前处理、动校正叠加，得到的叠加剖面如图 1-2-20 所示，两条黑色实线之间的反射波同相轴出现了幅度较大的下弯现象，但浅、中、深层弯曲幅度有差异，在

500ms 附近向下弯曲约 80ms，在 900ms 附近下弯约 50ms，在 1300ms 附近下弯约 40ms，地层越深则弯曲越小。同时，同相轴弯曲的范围也有差异，500ms 附近范围约为 750m 左右，1300ms 附近范围约为 2000m。整体表现为浅层反射弯曲幅度大、范围小；深层弯曲幅度小、范围大的非一致性变化。

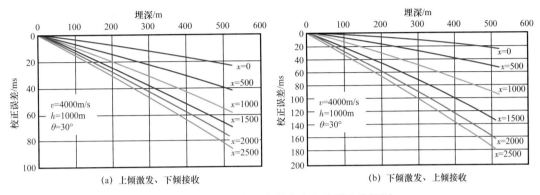

图 1-2-19　不同激发与接收方向的误差分析图

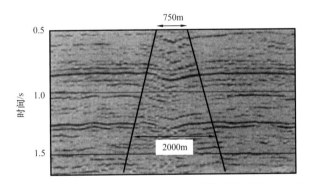

图 1-2-20　某沙漠戈壁区叠加剖面（据罗俊松等，2005）

当固定炮检距、地层倾角、地层速度时，利用上倾和下倾的误差公式对比不同埋深地层的校正误差。如图 1-2-21 所示，无论是上倾激发下倾接收还是下倾激发上倾接收，随着地层埋深的增加，校正误差是在逐渐差小，例如下倾激发，在高差为 100m 时，

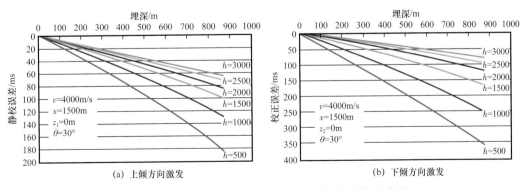

图 1-2-21　上倾、下倾方向激发时不同埋深的误差分析

500m 埋深地层的校正误差为 50ms，而 3000m 埋深地层的校正误差仅有 8ms，与浅层同相轴的弯曲幅度较大、深层弯曲幅度较小的现象吻合。

目前的地形校正方法主要立足于"静"，也就是假设地震波从高速顶到达基准面之间垂直传播，用这种方法解决实际"不静"的地形影响问题，当高速顶与基准面距离较大时，即使校正速度用得很准，在炮检距较大或者反射层较浅时，也会产生较大的误差，严重影响叠加效果。

第三节 近地表对深度域成像的影响与融合建模方法

静校正其实是时间域解决近地表影响成像质量的一种方法，但由于其基于射线垂直传播的假设、"静校不静"等局限，导致采用简单的静校正方法不能较彻底解决近地表问题。只有进行叠前深度偏移，将近地表问题作为速度建模的一部分统一考虑，才能较彻底地解决近地表问题的影响。对叠前深度偏移来说，不能简单称之为静校正问题对成像的影响，而应该是近地表模型对叠前深度偏移的影响。在叠前时间偏移处理中，对某一深度的某个成像点来说，假设在孔径范围内该成像点以上介质的速度是均方根速度，是一个常数，旅行时计算不需要进行射线追踪。而对于叠前深度偏移来说，旅行时计算，需要通过射线追踪来实现，而且要保证炮点、检波点在地表面上，或者在地表的小圆滑面上。采用小圆滑面时，需要将地震数据从地表校正到小圆滑面上。无论真实的地表面还是小圆滑面，都称作偏移基准面，也就是旅行时计算的起始面。作为整体旅行时计算的速度模型的一部分，而且是最开始的部分，如果近地表模型存在误差时，无论长波长误差还是短波长误差，都会使旅行时计算的起始速度不正确。一方面导致射线追踪错误，不能从真正的偏移轨迹上获得振幅值，不能进行准确的求和成像。另一方面随着误差的逐步累积，从浅至深求取的速度模型都会出现偏差，而且越到深层累积的误差越大，速度模型的扭曲越严重，从而导致对地下介质的各向异性参数描述都出现畸变。

一、近地表对深度域处理的影响

Jones I F（2015）研究了近地表小尺度速度异常对叠前深度偏移成像的影响，他指出，所有经过近地表速度异常体的射线都会受其影响，影响范围大约在异常体任一边界起算半个排列内，在这个范围内，地下的反射受到扭曲。因此，深度域处理的关键是速度模型的建立，偏移成像精度高度依赖于速度模型，对深层和浅层的速度精度要求高。浅层速度模型不精确时，对地震波场引起的误差会传递到深层，最终导致成像质量下降。因此必须将近地表的速度模型建模与整体建模融合在一起考虑。对深度偏移来说，应采用初至波或回折波层析反演表层建模技术，尽可能将表层或浅层的速度异常刻画准确，再与中深层速度模型一起进行整体深度偏移速度建模，求取准确的近地表—中深层速度模型。

图 1-3-1 所示的二维地质模型中，近地表速度横向变化较大，在不考虑近地表速度横向变化的情况下，进行分炮检距叠前深度偏移处理，可以看出，近炮检距（h_1）、远炮

检距（h_2）成像结果中，两个水平反射层成像都产生了明显的构造假象，且假象范围远大于近地表异常范围。

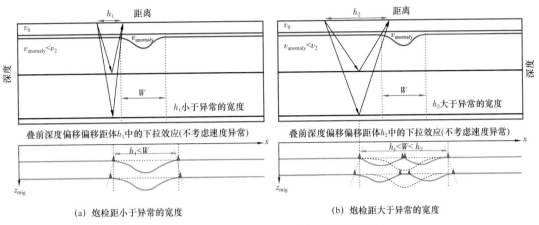

图 1-3-1　近地表异常对叠前深度偏移的影响

图 1-3-2（a）是根据西部地区实际地震资料建立的二维地质模型，模型的中部发育两条大的逆掩断层，逆掩断层两侧地层速度横向变化较大。为测试浅层速度模型精度对叠前深度偏移成像的影响，分别以准确速度的 80%、120%，对浅层的三层速度进行了处理，结果如图 1-3-2（b）（c）所示，对应的叠前深度偏移结果如图 1-3-3（b）（c）所示，与准确速度的叠前深度偏移结果［图 1-3-3（a）］相对比，由于浅层速度不准确，导致其他速度偏移结果剖面上偏移噪声严重，反射同相轴成像变差、深层反射的成像效果更差，且空间位置存在较大偏差等问题，测试结果表明，获得精确的近地表速度模型对于复杂地区的地震成像精度具有十分重要的意义。

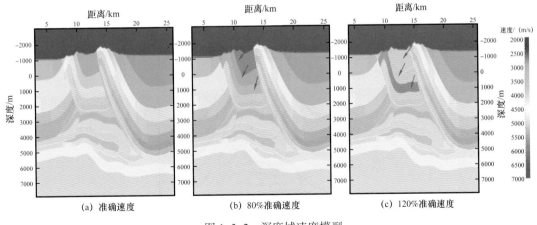

图 1-3-2　深度域速度模型

对于复杂近地表实际数据的处理，在浅层反射信噪比较低，依靠反射波不能获取准确层速度信息的情况下，融合初至波层析反演结果，可以提供较高精度的浅层速度模型。图 1-3-4 为近地表速度融合前后的速度剖面，图 1-3-5 为与之相对应的叠前深度偏移成像结果，从偏移成像效果上看，近地表速度融合后，浅、中层反射波成像质量明显改善。

二、判断近地表模型建立合理性的方法

1. 近地表模型的评价

微测井测量的目的是获得工区内某些特殊位置的详细近地表信息，包括井点位置的高程、近地表岩性、近地表的速度和厚度信息等。通过地质解释微测井调查得到的信息，可以基本确定低降速带厚度和速度在纵、横向空间的变化规律。

地震资料处理人员可以根据野外微测井解释成果对层析反演的表层速度模型进行合理性评价。评价的基本准则是检查层析反演得到的近地表模型中，低速带的范围、速度、厚度变化规律是否与微测井解释成果相符，若在微测井点位置的速度和厚度与微测井调查的结果基本一致，则可以判断层析反演得到的近地表模型是合理、准确的。

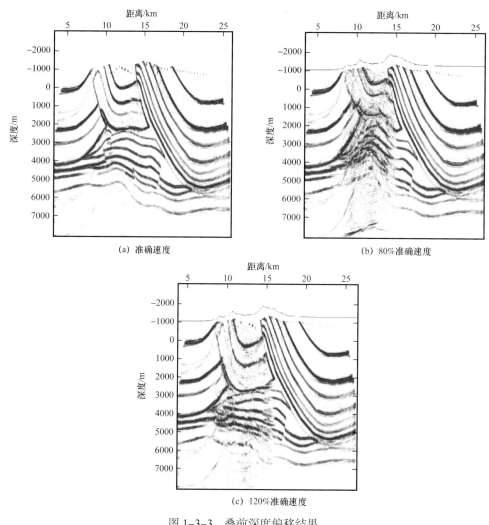

(a) 准确速度　　　(b) 80%准确速度

(c) 120%准确速度

图 1-3-3　叠前深度偏移结果

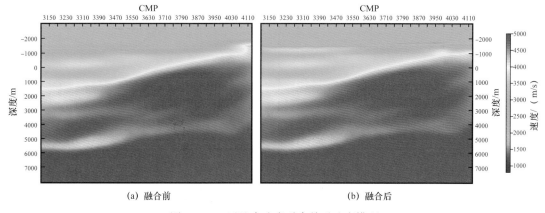

(a) 融合前　　　　　　　　　　　　(b) 融合后

图 1-3-4　近地表速度融合前后速度模型

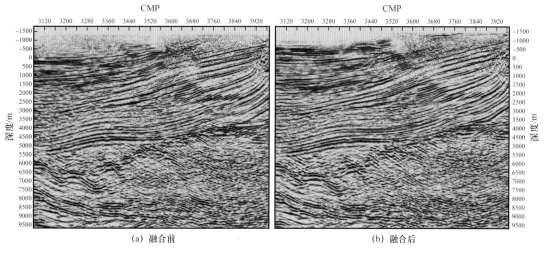

(a) 融合前　　　　　　　　　　　　(b) 融合后

图 1-3-5　近地表速度融合前后叠前深度偏移结果

2. 静校正应用效果验证

利用表层模型计算静校正并在地震数据中应用，通过检查静校正应用效果，评价表层速度模型的合理性。使用该模型进行静校正计算与应用时，重点检查以下内容。

（1）在炮集和共炮检距道集上检查初至是否光滑，是否与高速顶变化规律存在一致性。如果应用层析静校正后，初至变得光滑且初至起伏变化规律与高速顶变化规律基本一致，则认为速度模型基本准确。在炮集和共炮检距道集上检查层析静校正的应用效果时，需要选择合适的速度进行线性动校正，将初至基本拉平或校正在一个较窄时窗范围内，以消除炮检距对初至时间的影响，在此基础上应用静校正，会消除近地表地形起伏和低降速带变化引起的初至抖动现象。因为炮检距是连续的，所以在视觉上初至变得光滑，有时初至会有平缓的起伏，但起伏的形态应与高速顶的起伏形态基本一致。如图 1-3-6 所示，静校正应用后初至平滑了很多。

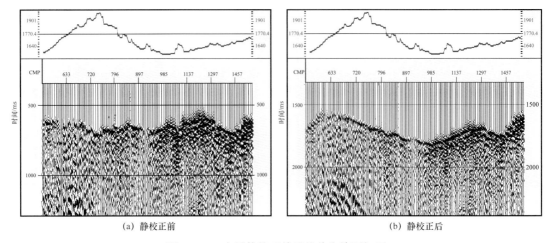

(a) 静校正前   (b) 静校正后

图 1-3-6　应用静校正前后的共炮检距初至

（2）对比叠加剖面成像质量是否优于高程静校正。从计算过程可知，高程静校正不能消除低降速带速度和厚度变化带来的影响，如果表层模型准确，则可以通过静校正处理消除低降速带对反射波旅行时的影响，动校正后可实现同相叠加。因此层析静校正后的叠加剖面的成像质量应优于高程静校正，否则，表示静校正精度不够，即表层模型不准确。

（3）分析是否存在长波长静校正问题。在确保高频静校正成像质量的基础上，可以利用叠加剖面进行长波长静校正问题的分析，若叠加剖面上反射同相轴表现为从浅至深具有一致的幅度，则可能存在长波长静校正问题，但在地质上也可能存在这种现象，因此需要结合地质资料来进一步判断。判断长波长静校正的一个重要方法是采用不同炮检距的叠加剖面对比分析，若不同炮检距叠加剖面的构造形态一致，则表明不存在长波长静校正问题，反之有可能存在长波长静校正问题，说明存在还未解决的长波长尺度变化的速度异常。

如图 1-3-7 所示，画圈位置上下同相轴同时向上或向下弯曲的现象就是典型的存在长波长静校正问题的表现。如图 1-3-8 所示，选用不同范围的炮检距进行叠加后，将叠

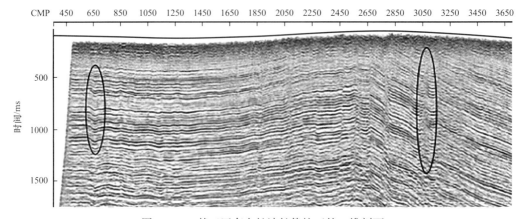

图 1-3-7　某工区存在长波长静校正的二维剖面

加段进行交替对比显示，如果存在长波长静校正，则不同叠加段重叠位置会存在明显的时差，同相轴会出现错断现象，如果同相轴仍能无时差连续追踪，则说明没有长波长静校正问题。

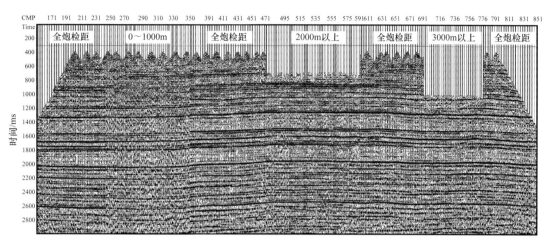

图 1-3-8　不同炮检距叠加段交互显示对比

如图 1-3-9 所示，选用不同炮检距范围进行叠加后，将不同叠加数据进行互相关得到叠加数据的互相关剖面，如果互相关的波峰不在零线上，则说明存在长波长问题。两个互相关函数的峰值都在零线上，说明不存在长波长静校正问题。

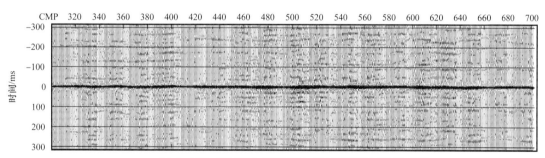

(a) 0～1000m炮检距叠加剖面与2000m以上炮检距叠加剖面的互相关

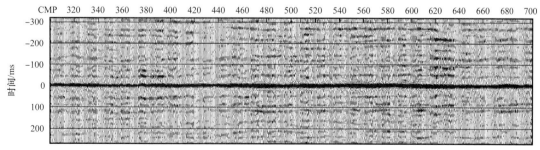

(b) 2000m以上炮检距叠加剖面与3000m以上炮检距叠加剖面的互相关

图 1-3-9　不同炮检距范围的叠加数据的互相关函数

三、小圆滑面对叠前深度偏移的影响与确定方法

1. 小圆滑面对"真地表"偏移的影响

从真地表直接进行偏移是目前叠前深度偏移发展的方向，在已知地下介质参数（速度、各向异性参数）的情况下，采用积分法或波场延拓法等叠前深度偏移成像技术，可以对地表观测到的反射信号进行准确成像。但在实际复杂地表情况下，速度模型很难达到足够的精度，特别是近地表速度精度还不能完全满足直接从真实地表进行偏移的要求，不能消除近地表高频扰动对深度偏移的不利影响。因此在时间域预处理过程中必须消除道间时差引起的高频静校正量，需要采取剩余静校正处理，来校正表层模型精度不够引起的旅行时计算误差，剩余静校正处理的前提是基准面静校正和准确的叠加速度分析。基准面静校正处理包括了对地表起伏校正的部分。对时间域的地震数据进行速度分析前，通常需要进行静校正高、低频分离处理，使得所有 CMP 道集的 T_0 时间位于接近地表的一个平滑面上，其中每个 CMP 道集内部的炮检点都校正到该 CMP 所在的 T_0 时间面上。在叠前深度偏移处理时，需要将地震数据校正到偏移基准面上，尽量靠近地表，通常选择尽量靠近地表高程的某个尺度的平滑面作为偏移基准面。由于对地震数据做了一定的高频静校正处理，因此是不能直接再校正到真实的地表面。而需要校正到一个地表的小尺度平滑面上。这个需要平滑的"尺度"很难定量确定，只能定性评估，总的原则是尽量选择小尺度平滑，尽量减小由于数据的直接校正造成的对地震波场的改造。为了直观地分析偏移基准面的影响，设计了正演模型并分析了不同的平滑尺度对叠前深度偏移的影响。图 1-3-10 为依据塔里木盆地库车山地构造设计的速度深度模型，图 1-3-11 为不同偏移基准面对模型数据的影响。即使很小尺度的平滑（100m）也会引起成像质量变差。随着平滑尺度增大，偏移成像噪声也增大，成像质量急剧下降。图 1-3-12 为不同尺度平

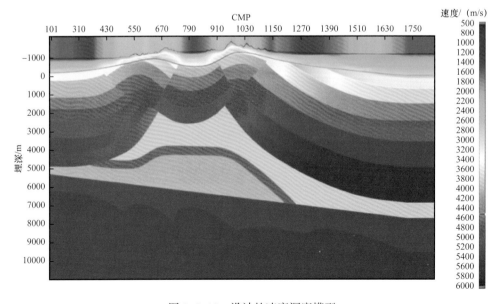

图 1-3-10　设计的速度深度模型

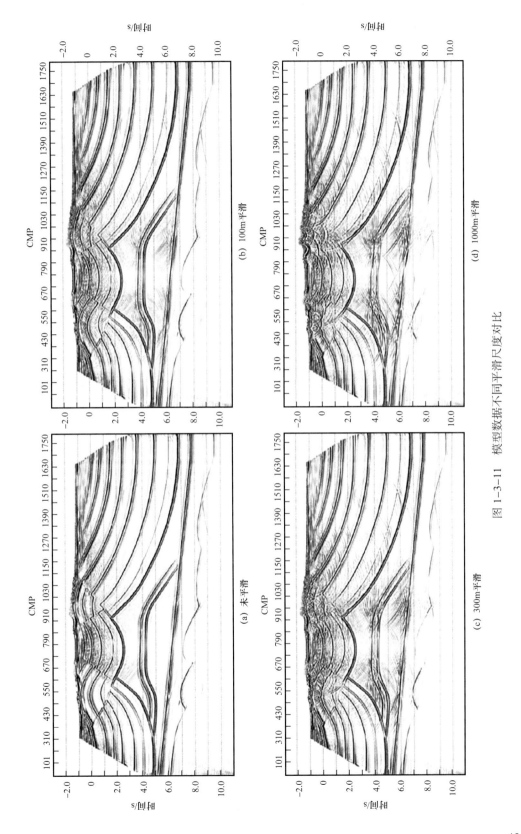

(a) 未平滑　　(b) 100m平滑　　(c) 300m平滑　　(d) 1000m平滑

图 1-3-11　模型数据不同平滑尺度对比

滑的偏移基准面对实际数据的影响，由于实际资料速度模型不是很精确，因此差异的表现没有那么突出，但仍然可以看到随平滑尺度的增大，同相轴聚焦变差，成像质量下降。因此，偏移基准面的选择有一个基本原则，就是尽可能地贴近地表，这也符合叠前深度偏移的理论要求。当然，与之配套的还包括时间域数据校正、表层模型应用等实际问题。

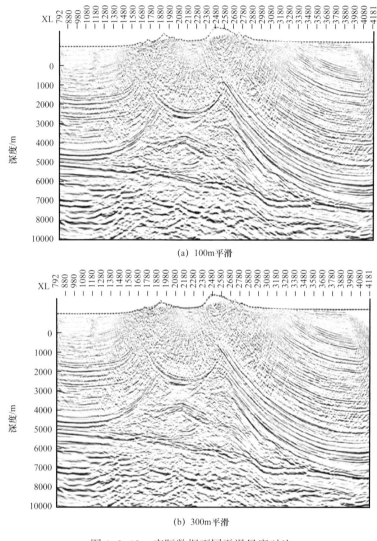

(a) 100m平滑

(b) 300m平滑

图1-3-12　实际数据不同平滑尺度对比

2. "小圆滑面"的建立方法

严格地讲，复杂地表区的叠前深度偏移应从地表实际的炮点和检波点位置出发，按所建立的地下速度模型进行偏移。但目前较普遍的做法是在叠前深度偏移之前先作时间域的处理，完成静校正速度模型后再作深度偏移。而静校正会改变反射时间，就不能从实际炮点、检波点位置作偏移，因而产生了如何选取偏移基准面和静校正后的数据如何使用的问题。

深度偏移应使用实际的地下速度模型，从地表或地表圆滑面开始计算。如果用远离地表的基准面或用高速层速度替换低速层速度，都会造成射线追踪时射线和实际不符。为了尽量减小射线歪曲和偏移误差，钱荣钧（1999）提出以下近地表问题的处理方案：

（1）把 CMP 基准面换算为近地表的圆滑面。这个面和低速层底界面之间应是实际的低速层速度 v_0，而不是替换速度 v_R。叠前深度偏移时，应把已校正到统一基准面上的数据再校正到这个地表圆滑面上，从这个面开始偏移。从基准面到地表圆滑面的校正量 Δt 为：

$$\Delta t = \frac{h_1 - h_3}{v_R} + \frac{h_2 - h_3}{v_0} \qquad （1-3-1）$$

式中　　h_1——基准面高程；

　　　　h_2——地表圆滑面高程；

　　　　h_3——低速层底界面高程。

如果作叠后深度偏移，可用 CMP 基准面作为时间零线，并从该方法换算的地表圆滑面开始进行偏移处理。

（2）在地表高差较大的地区，当野外排列较大时，上述方法得到的近地表圆滑面可能和地表相差较大，会影响偏移效果。此时可不受 CMP 基准面的限制，根据地表高程进行圆滑，得到尽量接近地表的圆滑面，然后用同样的方法把数据校正到该圆滑面上再作偏移处理。

（3）当低速层较薄时，深度偏移可从高速顶界面或其圆滑面开始。因为地震波射线在低速层中接近垂直方向传播，当低速层较薄时可忽略它对偏移的影响。一般替换速度 v_R 接近高速层速度，可简化由基准面到高速层顶界面或其圆滑面校正量的计算，则校正量为

$$\Delta t = \frac{h_2 - h_1}{v_R} \qquad （1-3-2）$$

可能还有其他更好的方案，但基本原则是：偏移应从近地表开始，且尽量不改变实际速度模型。

四、近地表与中深层模型融合方法

叠前深度偏移时，近地表模型与深部模型的融合需要考虑偏移基准面的确定以及地震数据的校正。首先确定近地表小平滑面作为偏移基准面；然后，采用层析反演建立浅表层速度模型；最后，在偏移前消除时间域静校正引起的误差。总体来说，需要实现偏移前共中心点道集、偏移基准面和浅表层速度模型三者统一，尽可能消除静校正造成的误差。

1. 建立准确的表层速度模型

通常采用微测井约束的初至层析反演方法，获得与实际介质真实速度场接近的表层速度模型。首先，进行高质量初至拾取，提高初至观测值的精度；其次，利用工区已有的微测井数据，建立离散的表层约束结构模型；最后，在层析反演中，将约束结构模型作为反演矩阵中的约束条件，弥补最小炮检距分布稀疏和大炮检距范围选择较大对反演速度的等效作用，保证反演出的速度模型接近真实速度。通过层析反演的射线密度属性，监控层析反演有效深度、有效速度的大小。

2. 浅层与中深层速度融合建模

在中深层速度模型上充填浅层速度，建立融合后的全深度整体速度模型。充填前需要对反演出的表层模型进行一定程度的空间平滑，消除高频抖动。结合地质人员提供的表层构造特点和解释模式，利用近地表速度模型最大有效反演深度作为与中深层速度模型的拼接界面，拼接处保持自然过渡。拼接完成后，利用该模型继续进行深度偏移处理，以偏移后反射同相轴平直程度、剖面效果、与井速度趋势进行标定等为判定准则，最终建立符合地质规律、井震趋势吻合的深度—速度模型，进行后续的速度迭代处理。

3. 面向深度偏移的数据校正处理

"真"地表叠前深度偏移射线追踪是从"真"地表面开始计算旅行时的。近地表速度模型中包含变化快的部分和变化慢的部分，从叠后偏移成像的角度或 CMP 道集的速度估计来看，变化快的部分主要影响叠加效果，变化慢的部分主要影响构造形态；而从叠前深度偏移成像的角度来说，快和慢的变化都会影响成像聚焦。目前叠前深度偏移技术还不能消除近地表高频扰动带来的不利影响，因此在时间域预处理时，必须消除道间时差引起的高频静校正量，在深度域处理时，输入的 CMP 道集中需要将时间域处理所应用的高频静校正量反掉，以保证数据与速度模型的匹配。

第二章 复杂近地表类型

在复杂地区实施地震勘探是一项集高难度、高技术、高投入、高风险于一体极富挑战性的工作。在复杂的地表与地下地震地质条件下获得较高品质的地震剖面，不仅要克服复杂地表条件和其他不利因素给野外施工作业带来的影响；还必须要较好地解决因复杂近地表因素造成地震勘探方法和技术上的各种难题，如复杂地区地震资料的信噪比低、干扰类型复杂、静校正问题严重等，速度分析、叠加成像和偏移归位及构造成图等诸多难题。地震勘探所涉及的复杂地区的含义可概括为两点：（1）近地表与地下地质结构的复杂性；（2）地表自然和人文地理环境的复杂性（特殊地貌、恶劣的气候、交通不便、地表和地下各种设施和障碍物、人为环境噪声等）。相比较而言，前者对地震勘探产生的影响更加严重。本章将对中国陆上复杂地区近地表特征和表层结构进行深入系统的解剖、分析，旨在为复杂地区的野外采集施工提供一定的帮助和指导，并采取有效的技术对策最大限度地减少或消除近地表的影响。

依据地貌特征、地表物质组成、地表复杂类型和表层结构构型等，可将我国西部地震勘探复杂作业区的地表划分为山地、沙漠、黄土塬、山前带戈壁与冲积扇等具有代表性的类型。以下对其总体特征逐一进行概括和描述。

第一节 山　　地

山地的准确定义是海拔 500m 以上，峰峦起伏，坡度陡峭的地区。山地多位于构造挤压和隆升幅度强烈的地带，如西部高大山系（天山、昆仑山、祁连山、阿尔金山等）和盆周山麓（塔里木盆地的库车、塔西南山地等）。受气候和其他因素影响，我国西北地区和南方地区的山地特征存在较大差异（表 2-1-1），地震地质条件有所不同，但具有山地所固有的共同特点（夏竹等，2003）：

表 2-1-1　我国西北和南方山地地表特征差异对比一览表

地区	气候	植被	风化方式	风化速度	风化强度	沟口沉积物	水系	山体特殊形态
西北	炎热干燥少雨，温差大	基本不发育	物理风化为主（风蚀、岩石机械崩塌等）	快	大	洪积扇为主（暂时性水流突发性成因）	不太发育（常发育少数规模较大的河流）	风蚀残丘、单面山、刀片山、锯齿山
南方	温暖潮湿多雨，温差小	很发育	化学风化为主（水蚀作用）	慢	小	冲积扇为主（河流成因）	小—中—大型河流均发育	喀斯特地貌

（1）地表地形起伏剧烈（地势突兀、地形切割剧烈、峭壁林立）且平均海拔较高，在一个排列范围地表相对高差能够达到150～500m。目前已实施的山地地震勘探中，山地平均海拔都在1800m以上，最高海拔达4500m；地形起伏剧烈，沟壑纵横；各种小、中、大型冲沟极为发育，沟底与山顶落差40～400m不等（玉门石油河落差大于200m）；沟坡和山体的坡度30°～85°，有些成直立状，陡崖、陡坎、陡坡、绝壁常见，野外施工作业异常困难。由于相对高差常在200m以上，加之地形起伏大，在一个排列最大炮检距范围内，地形起状远超过自身1/2波长。

（2）气候恶劣。海拔3000m以上的高山终年积雪，气候寒冷，风力强劲。夏季常突发泥石流、洪水（西北地区）和山体滑坡等地质灾害，同时伴以高原缺氧，施工的季节短、勘探风险大。

（3）基岩（有时包括胶结致密的第四纪砾石层）常裸露于地面，地表岩层倾角变化大，有些近直立。断裂、地层褶曲和倒转发育，断裂带岩性破碎，且地表常出现成排的高陡背斜和逆掩推覆构造，导致地震波射线畸变和存在地震信号接收盲区。

（4）表层岩性多样且风化严重，厚度、速度纵横向变化大。特别是由第四系弱胶结砾石层构成的砾石山体，不具备好的折射界面，难以求准静校正量，且地震波能量吸收衰减严重。出露基岩的地层速度多大于2500m/s，有些甚至达到6000m/s以上（碳酸盐岩地层、岩浆岩、火山岩和变质岩等，表2-1-2）。地表风化层薄，或无低速层，激发接收效果差。

（5）在一个排列内有不同年代、不同岩性交替出现时，除因岩石结构差异引起地层速度不同外，由于岩石抗风化强度的差异性和机械垮塌作用（山体坡角的乱石堆、低凹处的疏松浮土），常在地表形成沿横向厚薄不一、速度不同的低速带，增加了表层结构的建模难度，使激发接收条件复杂化。

根据岩石的固结程度，可以将山体简单分为岩石未固结的砾石山体和岩石已固结的基岩出露山体两种类型。因岩石固结程度不同，近地表特征差异较大。

表2-1-2 山地单层结构的基岩裸露区岩石速度参考表

岩石类型	速度/（m/s）	岩石类型	速度/（m/s）	岩石类型	速度/（m/s）
泥岩	1200～2500	结晶碳酸盐岩	4500～7200	玄武岩	4500～8000
砂岩	2000～4000	泥灰岩	2000～3500	变质岩	3500～6500
砂质泥岩	1500～3000	盐岩	4200～5500	火山岩	3000～5800
石灰岩、白云岩	2500～6100	花岗岩	4500～6500	煤层	1600～2700

一、基岩出露山体

基岩出露山体区山体高大陡峭、沟壑纵横、断崖林立，地形起伏剧烈、相对高差大，部分工区在2～5km的范围内相对高差超过1000m，最大甚至达到4000m以上。地表坡度大，有些地区可达 70°～90°，出露的地层倾角最大也可达到 90°甚至反转。高速层速度顶界面为岩性界面，其形态随着地表起伏，变化剧烈。

基岩出露山体包括古近系—新近系砂泥岩山体及中生界甚至古生界出露的山体。以塔里木库车前陆盆地为例，山体的主要组成部分是古近系—新近系砂泥岩，主要分布在库车前陆盆地南部的却勒塔格山区和北部山体区。南部却勒塔格山区的古近系—新近系砂泥岩山体南北两侧与第四系的砾石山体或砾石戈壁相接，北部山体区古近系—新近系砂泥岩山体北部一般为老地层出露山体，南部一般与第四系的砾石山体或砾石戈壁相接。古近系—新近系砂泥岩山体地表起伏剧烈、山体高陡、地层倾角大、断崖和冲沟发育，相对高差可达数百米。古近系—新近系砂泥岩山体地表出露新近系库车组（N_2k、N_2k—Q_1）、康村组（$N_{1-2}k$）、吉迪克组（N_1j），古近系苏维依组（$E_{2-3}s$）、库姆格列木群（$E_{1-2}k$）。库车组为灰黄色、浅黄色、浅褐色泥岩与浅灰色粉砂岩；康村组为浅灰色、灰色粉砂岩与浅灰褐色、褐色泥岩互层；吉迪克组以泥岩为主，夹灰色粉砂岩及灰绿色泥岩；古近系一般是棕褐色泥岩及棕红色粉砂岩（图 2-1-1）。

(a) 库车组　　　　　　　　(b) 康村组　　　　　　　　(c) 吉迪克组

图 2-1-1　库车前陆盆地新近系地层出露山体典型照片

中生界及古生界山体地表出露中生界白垩系 [上白垩统巴什基奇克组（K_1bs），下白垩统巴西盖组（K_1b）、舒善河组（K_1s）、亚格列木组（K_1y）]、侏罗系 [上侏罗统喀拉扎组（J_3k）、齐古组（J_3q）、中侏罗统七克台组（J_2q）、克孜勒努尔组（J_2k），下侏罗统阳霞组（J_1y）、阿合组（J_1a）]、三叠系 [上三叠统塔里奇克组（T_3t）、黄山街组（T_3h），中三叠统的克拉玛依组（$T_{2-3}kl$），下三叠统俄霍布拉克群（T_1eh）]，以及小范围出露的上古生界石炭系—二叠系。总体以粉砂岩、细砂岩、含砾砂岩、岩屑砂岩、砂岩、泥岩为主，风化程度较低，表面坚硬（图 2-1-2）。

图 2-1-2　库车前陆盆地老地层出露山体典型照片

地表岩层倾角变化大，有些近似直立状，断裂和地层褶皱倒转发育，地表常出现成排的高陡背斜和逆掩推覆构造，断裂带岩性破碎。主要分布在南天山山前，具有海拔高、山体高陡、地表坚硬、常有积雪和天气多变的特点（图2-1-2、图2-1-3）。

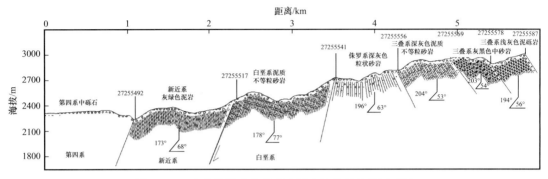

图2-1-3 库车前陆盆地基岩出露山体典型地质剖面图

由于岩石致密，外力作用对基岩出露山体的表层影响非常小，表层基本为层状介质结构，垂向上多为低速层加高速层的两层结构（图2-1-4、图2-1-5），低速层由抗风化性较弱的基岩表面风化碎石组成，厚度一般在5m范围内，基本不超过10m，速度范围在350～1600m/s之间；高速层系未被外力作用影响的基岩，速度在3000～4000m/s之间，甚至更高。由于基岩结构致密，几乎没有风化层，仅存在高速层的单层表层结构，其速度就是岩石的速度（表2-1-2）。

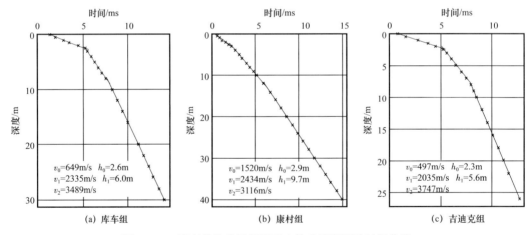

图2-1-4 库车前陆盆地新近系山体典型微测井时深曲线

通过分析库车前陆盆地基岩出露山体典型近地表结构（图2-1-7）发现，新近系康村组地表高程范围在1511.5～1696.6m之间，最大相对高差为185.1m；高速顶界面高程范围在1509.0～1687.7m之间，低速层厚度非常薄，在2.1～2.7m之间，速度范围在354～1498m/s之间；存在降速层缺失现象，厚度小于7.5m，降速层速度范围在578～1954m/s之间；高速层速度在2600～3560m/s范围内变化。

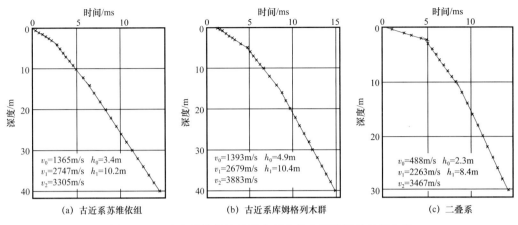

图 2-1-5 库车前陆盆地基岩出露山体典型微测井时深曲线

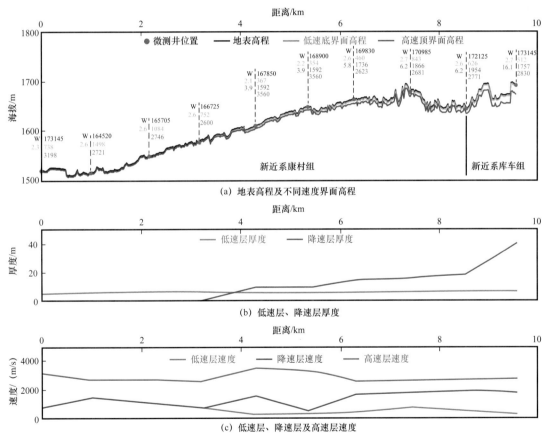

图 2-1-6 库车前陆盆地基岩出露山体典型近地表结构

二、砾石山体

砾石山体区地表出露地层距今较近，主要是第四系西域组（Q_1x）的砾石，也包括新近系弱胶结、成岩程度低的砾石（N_2k—Q_1），主要分布在古近系—新近系砂泥岩山体向戈壁的过渡区域，地表起伏相对较小，多发育小型冲沟，高差一般在20m左右。砾石山体区由黏土、砂、碎石、砾石构成，具有岩性松散、胶结成岩和分选较差的基本特征，地表为浅黄色散砂（图2-1-1），一般是原岩风产物经过各种外力地质作用而成的沉积物，形成于喜马拉雅运动晚期，至今为止沉积历史不长（周翼等，2017）。

由于风化物质的物源和沉积环境在局部范围内相对稳定，砾石山体的分布范围也相对稳定。但是外力作用对砾石山体区的地表形态影响非常大，风化、剥蚀、搬运、填充、冲刷作用等综合左右着地表形态，表层低降速带厚度差异较大，在压实作用的影响下，低降速带速度在纵、横向上变化大。砾石山体区多表现为连续速度介质特性，垂向上表层结构多为低速层＋降速层＋高速层［图2-1-7（a）］及低速层＋多层降速层＋高速层［图2-1-7（b）］的近地表结构。但是在外力较为严重区域，也存在低速层＋高速层的近地表结构［图2-1-7（c）］。低速层的厚度大体在1～15m之间，速度在150～900m/s之间；降速层的总厚度一般在0～90m之间，多层降速层每一层的厚度在15～40m之间，速度在900～1800m/s范围内变化；高速层速度多在1900～2500m/s之间，局部可达3000m/s。

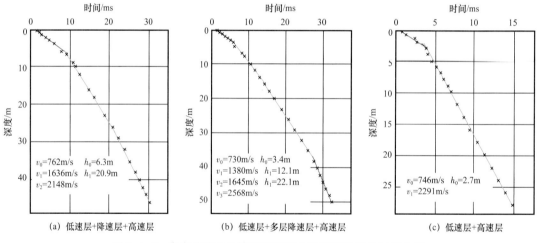

图2-1-7　库车前陆盆地第四系砾石山体典型微测井时深曲线

砾石山体区总体上地势起伏不大，高速顶界面不是岩性界面，而是因压实作用导致速度逐渐变化的速度界面，其形态整体上随地势起伏，与地表高程起伏具有一定的相似性。2005年，东方公司在砾石山体区开展表层调查攻关，在9km范围内的砾石山体区布设了113口微测井表层调查控制点，根据微测井解释结果建立了砾石山体区的近地表模型（图2-1-8）。通过分析发现，砾石山体区地表高程在1806.8～2215.8m之间，最大相对高差达409.0m；高速顶界面高程在1798.4～2207.1m之间；低速层厚度在1.5～13.2m之间，低速层速度在253～855m/s之间；降速层厚度在3.0～40.7m之间，降速层速度在907～1883m/s之间；高速层速度在1931～2793m/s之间。可见，砾石山体区近地表结构复杂，表层厚度与速度在空间上变化十分剧烈。

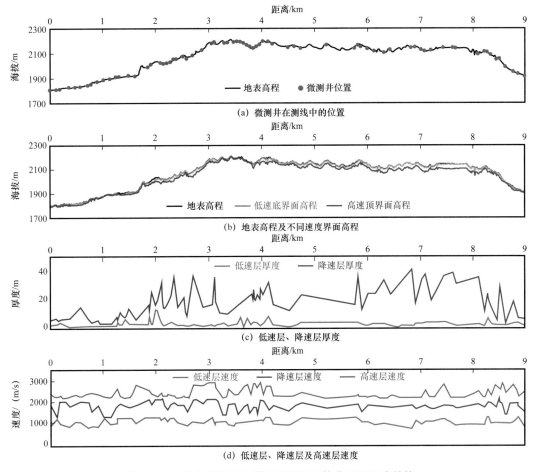

图 2-1-8　库车前陆盆地第四系砾石山体典型近地表结构

第二节　沙　　漠

　　沙漠是极端干燥炎热气候条件下典型的风成作用的产物，由第四系风成沙粒和尘土组成，具有明显的风成沉积特点。沙漠多分布于较大盆地的中心部位，受风力强度、风的稳定性、持续作用时间等因素影响，以及风向的变化和风的组合类型不断改造着沙漠中的各种沙丘形态。我国西北地区最具代表性的沙漠有位于塔里木盆地中心的塔克拉玛干沙漠和准噶尔盆地的古尔班道古特沙漠等。它们的基本特征是：

　　（1）风成沙的平均堆积厚度大于40m（大沙），气候干旱燥热，表层和浅层沙呈极松散的自由颗粒状。如塔克拉玛干沙漠的低速带平均厚度范围为20～60m，最厚可达250m。小沙的沙丘规模和峰谷落差较小（10～50m），地表沙层平均堆积厚度范围为20～50m，低速带平均厚度较薄（如塔克拉玛干沙漠北部、西部及周边、鄂尔多斯盆内沙漠等）。因地表蒸发量大，大气水源补给少，除塔克拉玛干沙漠有一个较稳定的潜水面外（相当于高速层顶），大多数沙漠的潜水面埋藏较深，且潜水面变化不定。

（2）沙丘表层具有连续速度介质特征。由于压实作用和含水度的不同，表层介质的物性表现为横向上相对均匀、垂向上速度随着深度增加而逐渐增大的特点，但是速度与深度的变化呈非线性关系。

（3）各种形状的沙丘组成沙漠的基本形态结构单元，沙丘形成、发育、变化和迁移严格受控于风的影响。如走向性差的金子塔形沙丘、穹状沙丘和蜂窝状沙丘是长期受变向风力作用形成的，这类沙丘峰谷间相对高差一般为 40~150m。

（4）当持续稳定地受到某一单向高强度风作用时，沙脊常形成走向性很强的沙垄、沙梁、沙带，发育带状沙丘链和新月形、波状、鳞片状沙丘复合体，峰谷间相对高差大（50~250m）。如塔克拉玛干沙漠由西向东，沙包逐渐增大，高大沙梁的长度为 20~100km，宽 2~3km，沙梁与低谷相对高差达 100~250m，低谷宽 1~2km。

（5）沙漠中地形变化幅度和切割强度虽没有山地那么剧烈、明显，但局部地段仍可显示出较大的起伏度和较高的起伏频度。此外，风成沙丘质地相对较硬的迎风坡与较软的背风坡引起地表沙层速度的变化将会产生高频静校正问题；地形低洼处和沙丘丘顶同样存在激发效果和记录面貌不同的问题。

（6）风成沙的成分成熟度和结构成熟度较高，沙粒绝大部分由石英颗粒组成，含云母片和黏土矿物（尘粒）。沙粒大小变化于 0.0625~2.0000mm（细粉粒—极粗粒级）之间，分选良好；空间上不同粒级的沙粒分布无特定规律，具有非均一性，有些地区为粗沙，有些则为细粉沙。地表沙体呈干燥疏松易流动状态，随着湿度（含水量）缓慢增大，颗粒间略现微弱胶结性和弱成层性。

（7）游动型沙丘是沙漠中的一大特色，由于干燥疏松的地面沙粒和沙丘极易被风随时再度搬运与改造，给野外采集带来诸多的不便。

我国西北地区塔里木盆地腹部的塔克拉玛干沙漠，是形成于 530 万年前的古老沙漠。地势总体呈东南高西北低，北、西、南三面分别被天山、帕米尔高原、昆仑山阻挡，东面逐渐过渡到罗布泊沼盆。海拔高程介于 800~1300m，沙丘起伏剧烈。东西跨度约 1000km，南北宽约 400km，总面积约 33.76×10^{4}km^2，占盆地面积的 60.3%，占全国沙漠面积的 47.3%，是中国第一、世界第二大流动沙漠，流动沙丘占整个沙漠的 85.0%，流沙面积世界第一，植被稀少。沙丘类型复杂多样，呈新月形、复合型、长条状的复合型沙山、沙垄连绵起伏，由西向东，沙丘逐渐增大，高大沙梁的长度 20~100km，宽度一般在 2~3km 之间，低谷宽度 1~2km；塔形沙丘群呈蜂窝状、羽毛状、鱼鳞状（图 2-2-1）。其中，新月形沙丘主要分布在沙漠区的北部，条带状沙丘分布在沙漠区中部，蜂窝状沙丘分布在沙漠区的东南部及玛山北部。这些沙丘基本是以流动性沙丘为主，结构非常疏松，尤其是沙丘的背风面及沙窝更加松软。

塔克拉玛干整个沙漠区大多都具有一个稳定的潜水面，整体上是呈东南高西北低的曲面 [图 2-2-2（a）]，该界面即为沙漠区的高速顶界面，在局部范围内表现为较为平直的单斜面，与沙丘的起伏没有对应的关系。潜水面以上为沙丘，同时也是风化层。小沙区沙丘厚度相对较小，一般在 2~50m 之间；大沙区沙丘平均厚度为 20~60m，最厚达 80m；复合沙丘峰谷之间相对高差较大，为 50~250m。

(a) 蜂窝状   (b) 新月形   (c) 鱼鳞状

(d) 沙山   (e) 沙垄   (f) 沙墙

图 2-2-1 塔克拉玛干沙漠典型沙丘类型照片

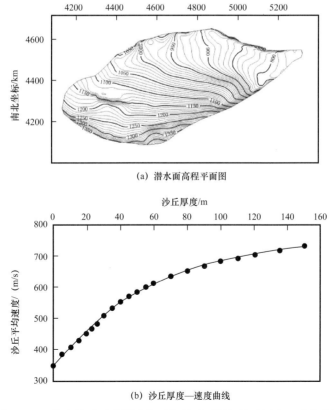

(a) 潜水面高程平面图

(b) 沙丘厚度—速度曲线

图 2-2-2 塔克拉玛干沙漠潜水面高程平面图与沙丘厚度—速度曲线

根据塔克拉玛干沙漠的典型特征，可以建立沙丘厚度—速度曲线量板[图 2-2-2（b）]。结合该区具有稳定潜水面且小范围内形态为较为平直的单斜面的特性，可以根据静水面调查以及微测井调查等方法获得沙丘的厚度，通过沙丘厚度—速度曲线量板即可获得沙丘的速度。塔克拉玛干沙漠垂向表层结构可以简单地描述为双层结构，潜水面以上具有连续速度介质特性的沙丘低速层和潜水面以下富含饱和水的高速层。自上而下沙丘速度在 200~1100m/s 之间，平均沙丘速度在 350~750m/s 之间（图 2-2-3）。潜水面以下为富含饱和水砂层，速度分布较为稳定，一般在 1600~1900m/s 之间，在巨厚沙丘区可达 2300m/s（图 2-2-4）。

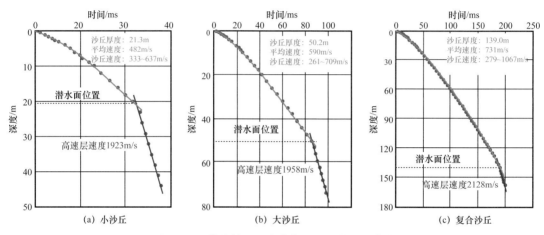

图 2-2-3　塔克拉玛干沙漠典型微测井时深曲线

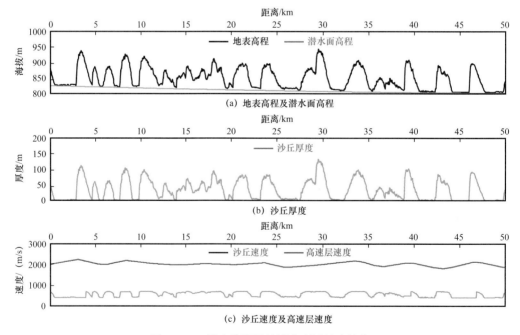

图 2-2-4　塔克拉玛干沙漠典型近地表结构

塔克拉玛干沙漠沙丘下伏为富含饱和水的砂层，除此之外，在玛扎塔格山北部风成堆积沙丘区的沙丘以下还存在砾石、砂泥岩以及基岩的岩性界面。在类似地区，高速顶界面的形态与沙丘的起伏没有一定的对应关系，总体上仍为相对稳定的单斜界面或曲面，但是在沙丘下伏为山体时，高速顶界面的形态与下伏山体趋势密切相关。在玛扎塔格山北部，高速顶界面逐渐由岩性界面过渡为潜水面，高速层速度也因沙丘下伏地层的岩性不同而发生变化，范围一般在 1700～3000m/s 之间（图 2-2-5）。

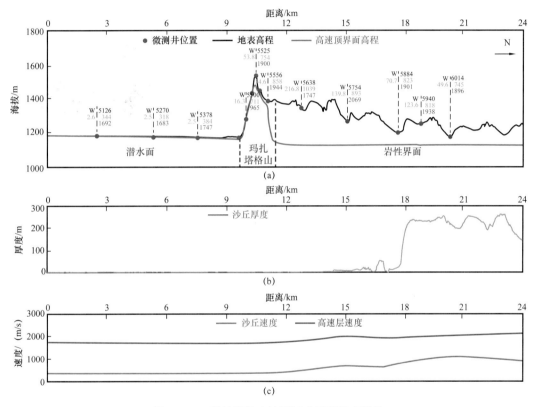

图 2-2-5　玛扎塔格山沙漠区典型近地表结构

第三节　黄　土　塬

黄土塬是在内陆干燥气候条件下，由风力作用逐渐堆积形成的，主要成分系第四系松散黄沙土、亚黏土、亚沙土、硬黄土、麻黄土、亚粉砂、亚细沙等，砂粒为石英质成分。受河流切割和暂时性地面径流的冲刷侵蚀，黄土地表形成以塬、墚、峁、沟、川交替出现的奇特侵蚀地貌（图 2-3-1），按照不同地表外形可分为"塬、墚、峁、坡、沟、川"等六种地表。黄土塬：又称黄土平台，黄土桌状高地，表部平坦或微有起伏，黄土堆积厚度最大，面积从几平方千米到上千平方千米不等。黄土墚：平行于沟谷的长条状高地，墚长一般可达几千米或十几千米，墚顶宽阔略有起伏，宽度几十米到几百米，呈鱼脊状往两面沟谷微倾。黄土峁：呈孤立的黄土丘，浑圆状形如馒头。大多数峁是由黄土墚进一步侵蚀、切割形成的，但也有极少数是晚期黄土覆盖在古丘状高地上形成的。塬、墚、峁之间的关系基本上代表了黄土丘陵区流水对黄土的侵蚀强度和地貌的演化过程。黄土坡是塬、墚、峁边部的斜坡地形，大部分由于受雨水冲蚀而形成，坡度从几度到几十度不等。坡边部次生黄土发育，风化破碎严重。由于黄土结构疏松，造成黄土塬地区沟谷特别发育，规模较大的沟被称为川，是人民生产和生活的主要区域。黄土沟在黄土塬的地震勘探历史上占有十分重要的位置。

(a) 黄土山全貌　　　　　　　(b) 黄土山　　　　　　　(c) 黄土山及切面

图 2-3-1　黄土塬典型地表照片

黄土塬是我国特有的一种地表类型，主要分布在两个地区，一个是我国中部的黄土高原，包括太行山以西、日月山以东、秦岭以北和长城以南的广大地区。另一个是在塔里木盆地南缘、昆仑山北缘山前自东向西的带状分布区，代表地区有宁夏六盘山盆地大部分区域、青海民和盆地、陕甘岭盆地南部、塔里木盆地西南甫沙和却勒—中喀等地区。黄土塬基本特征是：

（1）黄土分原生和次生两种，前者较为致密，具一定的成形和成层性；后者是经过风和流水再次侵蚀搬运沉积而成，其结构极为疏松、多孔。黄土成分在垂横向并非均匀分布，常夹杂多层砾石层、盐碱层（20～30cm）和红胶泥等，当它们在排列上交替出现时，地震信号特征变得十分复杂。

（2）由地表向地下深处，许多地段的巨厚黄土层的分层性并不明显，随着黄土湿度的增大和胶结性逐渐变好，速度随深度表现为连续介质特征。在雨季，雨水可使黄土的黏结性和成层性增强，显示出分层特点。黄土层在空间上并非构造均质体，各种溶缝、溶孔、黄土层所特有的柱状节理裂缝及其他构造裂隙较发育，地震勘探时可形成很强的散射干扰源。

（3）黄土覆盖区的地形变化复杂，当横向上塬、墚、坡、峁、沟交替出现时，有时相邻检波点高差可达 50m 以上，局部甚至高达 100m 以上，加上激发岩性的差异，有时地震记录面貌相差很大，时距曲线会严重失真变形。

（4）潜水面埋藏深、横向变化大。巨厚黄土层分布区的潜水面可达几百米深。地表干燥的黄土速度很低，但仅从湿度上看，地表以下黄土速度随含水性的增加而呈非线性递增关系（250～1800m/s）。黄土层的底界面起伏不定，区域上存在黄土湿度、胶结性、成层性、结构特点、物质均质性等方面的差异，表现在速度和厚度上的微小起伏都将引起静校正量的较大变化，尤其影响对中—深层低幅度构造的准确识别。

塔西南黄土覆盖区整体地表海拔高程在 1800～3100m 之间，东西跨度约 200km，南北约 70km（图 2-3-2），该区除黄土外，还存在戈壁砾石和基岩出露等（图 2-3-3）。黄土由地表向下分层性较差，但是随着黄土的胶结性渐渐变好，黄土表层结构整体表现为连续速度介质特性，在压实作用下，随着深度的增加，地震波传播速度逐渐增大。黄土表层结构在垂向上可简单分为三层结构：低速层为松散黄土，厚度一般为 4～15m，速度一般为 200～600m/s；降速层为黄土、亚黏土，厚度 12～600m，速度 600～1700m/s；高速层为砾石、砾岩、砂泥岩、泥岩或中生界基岩，速度 2000～4000m/s（图 2-3-4）。

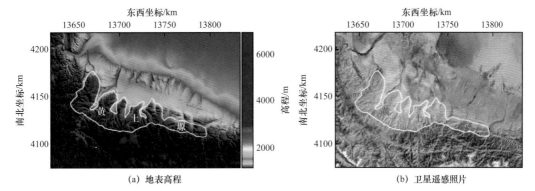

图 2-3-2　塔西南黄土区高程—地表图

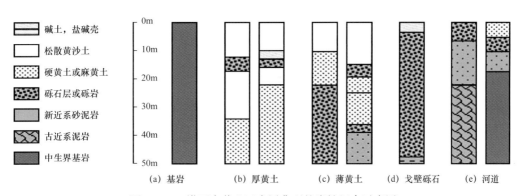

图 2-3-3　塔西南黄土区表层典型的岩性组合示意图

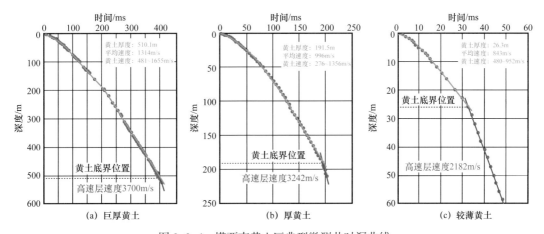

图 2-3-4　塔西南黄土区典型微测井时深曲线

该区的高速顶界面并不是由于压实作用或者因黄土胶结程度的不同而产生的速度界面，而是因为岩性的变化导致速度突变的岩性界面。界面的形态总体与地表高程没有太大的对应关系，其形态并不完全是较为平直的单斜界面或曲面（图2-3-5）。

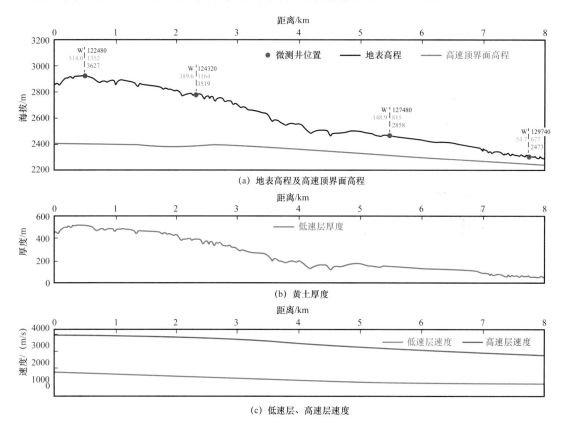

图 2-3-5　塔西南巨厚黄土区典型近地表结构

第四节　山前带戈壁与冲积扇

山前带总体上地势相对较低、地形起伏较小，并由山体靠近盆地的一侧向盆内方向逐渐过渡，如中国西部各类盆地的边缘与山地间的过渡带。山前带以发育第四系戈壁砾石滩最为常见，局部可见戈壁沙滩（与物源性质和扇体发育部位有关）或戈壁盐碱滩（地表强蒸发），其物质成因是干旱气候下发生暴雨，洪积（如泥石流）和冲积（河流）作用在山系冲沟沟口或山区河流出口处的开阔地带堆积形成，并遭受后期反复改造（剥蚀、搬运、再沉积和蒸发作用）。在平面上，沿山体周缘发育大小不等的、向盆地方向呈放射状的洪积扇或冲积扇体（锥形、朵状或扇形），这些扇体可以彼此相连和重叠，形成沿山麓分布的带状或裙边状洪积扇群，但很多地面复合扇体受后期侵蚀改造，保存不完整，肉眼不易识别；在垂向上，不同年代、不同大小的扇体相互叠置、镶嵌堆积成复合体。因此复合洪积扇体是山前带的主要物质结构单元。

洪积扇体多发育于构造活动濒繁、地形起伏较大的盆地边缘，具有搬运近、沉积快的特点。其中砾石成分大多与邻近山系出露的岩石类型有关或相近，但大多数山前带砾石为复成分（副砾石），其原岩来自被风化剥蚀的不同年代的岩浆岩、变质岩、火山岩、沉积岩（碳酸盐岩及碎屑岩）等复杂岩类，这是导致第四系的砾石层速度纵、横向异性的重要原因之一，单个洪积扇可进一步划分为扇根、扇中、扇端三个亚相（表2-4-1）。

表2-4-1 西部山前带单个洪积扇体亚相划分及特征一览表

亚相	分布位置	堆积物特点	颗粒结构	沉积作用
扇根（扇后）	山前冲沟出口处，邻近洪积扇顶部，沉积坡度最大，是冲积扇中地势最高的部分	砾石层、沙质砾石层，基本不含黏土。有时砾石呈叠瓦状排列。堆积厚度最大，局部可达千米	分选极差—差。砾石多为棱角状—次棱角状，平均砾径大，砾石形态多样	泥石流筛积作用河道沉积
扇中	逐渐远离沟口，位于洪积扇中部，沉积坡度较低—中等。地势较高	沙层、砾状沙及砾石层，含部分黏土、亚黏土及亚沙土成分。堆积厚度较大	分选中等—较差。颗粒磨圆度为次棱角—次圆状，平均粒径比扇根部位略小，砾石形态以椭球、圆球形为主	河道沉积泥石流筛积作用
扇端（扇缘）	远离沟口向盆内延伸。最低缓的沉积坡度，地形平缓	细沙层、含砾沙层，间夹粉沙、黏土、亚黏土及亚沙土，偶形成盐碱壳或夹盐碱层。沉积厚度相对较薄	分选中等—良好。碎屑磨圆度为次圆状—圆状，平均粒径多为沙粒级（<1mm），颗粒形态以球、近球形为主	片汜作用

冲积扇是河流沿山口处向外伸展的巨大扇形堆积体。它是山间河流沿途冲刷，流出谷口时摆脱侧向约束，将所携带的大量风化物质由地势较陡的山口向外扩展沉淀堆积而成。沉淀物质是典型的水成无胶结或半胶结、胶结程度差的沉积物质。冲积扇平面上呈扇形，空间上大致呈半埋藏的锥形，规模大小不等，从数百平方米至数百平方千米。如图2-4-1所示，可以分辨出冲积扇的位置和范围。

山前带戈壁砾石滩（戈壁沙滩、戈壁盐碱滩和风蚀残丘）中常发育中小型冲沟，沟底与沟顶落差一般小于20m，冲沟由扇顶向盆内成树状（放射状）延伸，沟宽1~20m，沟深逐渐变浅。山前带潜水面一般埋藏很深，且无稳定的潜水面（图2-4-2）。风蚀残丘是发育于山前带的一种典型的风蚀地貌（图2-4-3），主要由出露地表的古近系—新近系或第四系细粒沉积物（抗风化较弱的泥岩、泥质胶结的细粉砂岩等）受强烈的风力（裹以飞沙走石）吹蚀作用，加之间歇性冲刷改造而形成的低矮的丘状隆起，有时也可组成蜂窝状残丘群。当沉积物中富含盐碱成分时，表层即可形成一层致密坚硬的盐碱壳。丘谷间地表通常覆盖着疏松的风成沙土或砾沙土混合堆积物，当沉积物为致密或致密、非致密互层组成的岩石时，差异风蚀（风化）可形成岩漠或奇形怪异的雅丹地貌（柴北尕丘地区）。地质勘探时，该地貌的表层激发接收条件横向变化较大，会产生许多次生干扰。

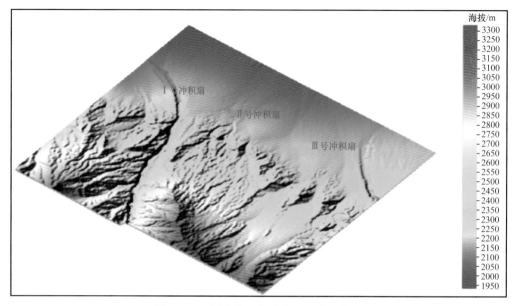

图 2-4-1 酒泉盆地老君庙地区冲积扇图

图 2-4-2 戈壁砾石层复杂的砾石成分和组构

图 2-4-3 风蚀残丘地貌

戈壁砾石区的地表 0.2～3.0m 厚的砾石层（含砂砾石层或砾质砂层）通常极为松散干燥，并遭受强风化作用，据统计，扇体中砾石砾径 2～400mm，平均砾径 20～150mm，最大砾径可达 4m（祁连山山前带）。从总体上看，砾石分选较差。由表层向深部，砾石层逐渐变为弱胶结或具一定的成层性，有些却没有分层性。山前带砾石戈壁滩的这一特点严重影响地震波能量下传，同时产生各种类型的干扰波，噪声能量强，有效信号变弱。

山前扇体内砾石层堆积厚度由扇根向扇中到扇端逐渐变薄，如玉门青西地区山前戈壁砾石滩的扇根部位砾石层堆积厚度达 800m。但受盆地边缘多期构造升降影响，无论平面或垂向上，山前带都是由各种洪积扇体相互叠合改造而成，导致空间上砾石层沉积厚度、粒度变化趋于复杂化。有些山前带砾石层厚度（新疆拜城凹陷、塔西南）达到近千米（钻探证实），地下砾石层结构并不均匀，无明显分层性，而是出现连续速度介质性质。由于冲积扇是一种相对疏松的地质沉积体，速度偏低，低降速带巨厚，地震波能量衰减较快，对地震波的激发、接收及静校正都带来了不利的影响。特别是巨厚的低降速带容易引起中、长波长静校正问题，不加以甄别会产生一些假构造。

一、地质结构特点

（1）平面上冲积扇体一般分为扇根、扇中、扇缘三部分。扇根位于山口处，海拔相对要高，扇根至扇缘的地势逐步由高到低，一般扇根至扇中沉积厚度较大，扇中至扇缘沉积厚度逐渐减小（图2-4-4）。

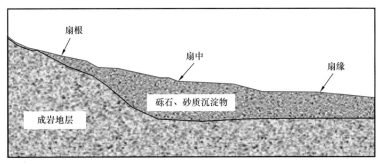

图 2-4-4　冲积扇地质结构剖面

（2）冲积扇扇根的沉积物大都是砾石等粗颗粒物质；由扇根至扇缘，沉积物颗粒由粗变细。

（3）冲积扇体受水流的间歇性影响，一般沉积物无明显的层状结构。

（4）西部地区冲积扇体主要分布在盆地周围山前带。在冲沟发育的山前，来自不同时期不同山口的沉积物容易形成多个冲积扇体的叠合分布，在高清卫片上可以清晰看见冲积扇的位置、形态、分布范围等特征（图2-4-5）。

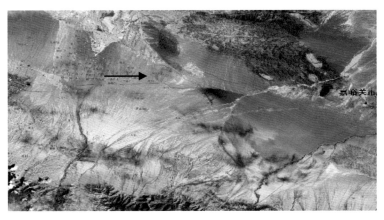

图 2-4-5　酒泉盆地祁连山前冲积扇在卫片上的分布

二、表层地震属性特征

（1）冲积扇扇体在沉积底界之上一般无明显的速度分层结构。冲积扇体是相对疏松的地层，呈典型的连续介质地球物理特征。冲积扇不同部位的速度不一样，时深关系有一定的区别。如图2-4-6所示，红色为靠近扇中地区微测井时深关系曲线，蓝色是靠近扇缘地区的微测井时深关系曲线，可见扇缘速度相较扇中速度高一些。

（2）冲积扇体具有明显的各向异性特征。受水流搬运作用的影响，扇体在不同方向的沉积物分选程度和磨圆度、孔隙度、胶结程度等都不一样，并且沿扇体方向具有明显的下倾特征，因此，地震波在不同方向传播过程中的视速度也不一样。在相同位置进行小折射调查时，排列垂直扇体方向与平行扇体方向的解释结果是不一样的，沿扇体方向低速层的速度明显小于垂直方向，而降速层的速度却正好相反，两个方向解释的低、降速层厚度也有很大差别（表2-4-2）。因此，冲积扇地区一般采用微测井调查方式，采用小折射做表层调查时要注意排列方向性。

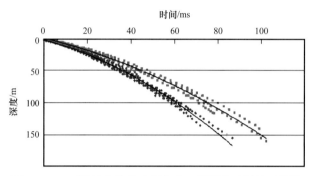

图 2-4-6　西部某山前带冲积扇多口微测井时深关系曲线

表 2-4-2　垂直扇体与平行扇体小折射调查成果表

小折射方向	v_0/（m/s）	h_0/m	v_1/（m/s）	h_1/m	v_2/（m/s）
垂直扇体	664	1.8	1336	22.6	1645
沿着扇体	609	2.4	1446	47.7	1710

注：v_0、v_1、v_2 为各层的速度；h_0、h_1 为低降速层厚度。

（3）冲积扇体存在低速、巨厚特征，与周围地层差异明显。冲积扇体胶结程度低，表层速度较周围地层速度明显偏低，如图2-4-7所示，冲积扇体表层速度为1300～1500m/s，周围地层速度为1500～2500m/s；扇体区低降速带厚度较周围地层更厚，如图2-4-8所示，表层厚度250～400m，周围地层厚度主要在100～200m之间。在平面上速度、厚度属性均与周围地层差异明显。

（4）下伏高速地层与扇体波阻抗差异明显，速度相对稳定，与扇体之间存在明显的速度界面。下伏地层一般为胶结程度较高的老地层，速度相对较高，是明显的表层速度分界面，有利于表层模型的建立（图2-4-9）。

塔里木库车前陆盆地广泛分布山前带戈壁，主要是由山里向山外方向的河流冲积并经过后续长期的剥蚀、搬运、再沉积和蒸发作用而成，主要分布在南天山与却勒塔格山之间，此外在盆地东部以及西部山南区域也有冲积扇和砾石戈壁分布（图2-4-10）。

塔里木盆地戈壁大多为堆积类型，形成过程以堆积作用为主。天山、昆仑山等高大山体，在干燥气候区发生暴雨条件下，冲积和洪积作用将第四系物源堆积在冲沟或者山

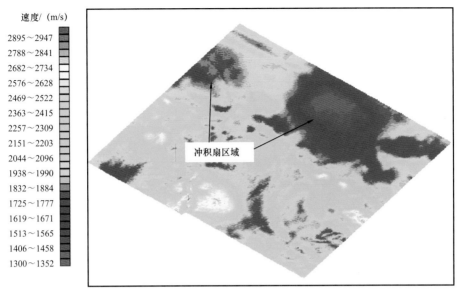

图 2-4-7 酒泉盆地山前带某区域表层速度平面图

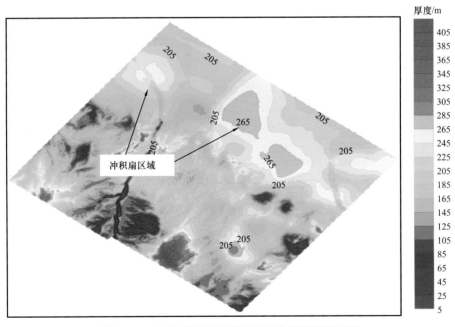

图 2-4-8 酒泉盆地山前带某区域表层厚度平面图

体河流出口处，后期经过长期剥蚀和侵蚀，产生大量的岩屑和碎石，这些是形成戈壁的丰富物源。第四系戈壁滩，在平面上沿山体周缘向盆地内侧形成锥形、扇形或朵形冲积扇体以及放射状的洪积扇体。在垂向上，大小不一、不同时间的扇体相互叠置、堆积成复合洪积扇体。堆积戈壁可以进一步分为坡积—洪积碎石和砾砂戈壁、洪积—冲积砾石戈壁等。戈壁海拔相对较低，在山体一侧地势相对稍高，远离山体方向相对稍低，由山

体向盆地内侧逐渐平稳过渡。戈壁滩中往往发育小型冲沟，冲沟总体较浅，一般在 20m
以内，宽度 1～20m，由扇根向盆地内侧呈树状延伸，而且冲沟深度逐渐变浅。

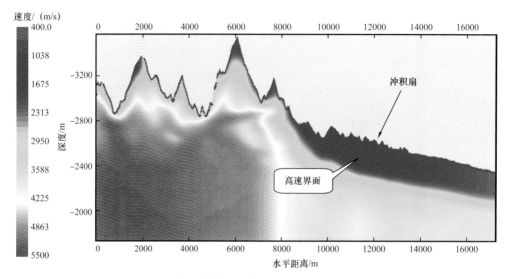

图 2-4-9　冲积扇体与下伏地层有较明显的速度界面

图 2-4-10　库车前陆盆地山前带戈壁分布

　　山前带戈壁砾石区近地表砾石层一般由砾石、碎石、砂和黏土构成，从地表向下 3m
内通常极为松散干燥，胶结程度较差。表层砾石砾径不均匀，由冲积扇的扇根向扇中到
扇端，总体上砾石砾径呈现逐渐减小的趋势。扇根的砾石大多是粗砾，含有中砾和巨砾，
砾径主要集中在 20～50cm 之间，一般在 20～200cm 范围内，成分较为复杂。扇中主要
为中砾，砾石砾径多在 5～15cm 之间，总体范围在 5～50cm 之间，成分主要以安山岩和
花岗岩为主。扇端主要是细小砾石和细砾岩，砾石的砾径范围在 2～20cm 之间，发育花
岗岩、石英岩和石灰岩等，呈正韵律分布，分选性、磨圆度较好（图 2-4-11）。整体上山
前带戈壁的砾石分选性较差。从地表向地下，砾石层逐渐变为弱胶结性，局部具有一定
的成层性，但多数无明显的分层性。冲积扇体砾石层的堆积厚度由冲沟或山体河流出口
处向盆地内侧呈逐渐变薄的趋势，即由扇根向扇中至扇端，砾石堆积越来越薄。但是受
盆地边缘多期构造升降影响，山前带多是由不同的洪积扇体在纵、横向以及垂向上相互
叠置改造而成，致使砾石层在空间上的沉积厚度、粒度变化非常复杂。一些山前带具有
巨厚的砾石层，从地表向下堆积厚度可达 4km，甚至更厚。

(a) 扇根砾石　　　　　(b) 扇中砾石　　　　　(c) 扇端砾石　　　　　(d) 河床砾石

图 2-4-11　库车前陆盆地山前带戈壁砾石典型照片

　　山前带戈壁地下砾石层结构不均匀，分层性非常差，总体上表现为连续速度介质特性。垂向上连续速度介质的速度一般在 200～1800m/s 之间连续变化，戈壁砾石层的低降速带平均速度一般为 400～1500m/s，低降速带厚度大体范围为 1.5～200m，且在冲积扇的扇根区域最厚，扇中部位稍薄，扇端附近最薄（图 2-4-12）。由于山前带戈壁总体表现为连续速度介质，在压实作用下，地震波传播速度随着深度的增加而逐渐变大，当速度达到一定程度，即界定为高速。因此在下伏没有成岩岩层而是连续速度介质的情况下，该区域的高速顶界面系人为界定的速度界面。冲积扇体在扇端附近砾石砾径逐渐变小，黏土含量增多，常有农田出现，农田区地表以下具有含水砾石层，多存在潜水面，该潜水面即为高速顶界面，速度一般在 1700m/s 以上，潜水面上覆的低速带厚度相对较薄，一般为 2～20m。山前带戈壁的高速顶界面自农田区的潜水面向扇根方向逐渐过渡为速度界面，总体形态较为平缓，在平面上平稳渐进过渡。由于第四系山体的崩塌及快速堆积，一般在山根附近聚集了大量的物源，因此，由冲积扇向山体过渡的区域，高速层顶界面抬升较快（图 2-4-13）。高速层速度一般在 2000m/s 左右，总体在 2000～2500m/s 范围内。在靠近南天山北部基岩山体区的戈壁，总体砾石层较薄，其下伏地层往往是新近系、古近系泥岩、砂岩及砂泥岩，甚至出现侏罗系砂砾岩、砂岩等，这时戈壁的高速顶界面为岩性界面，速度基本在 2500m/s 以上，甚至达到 4000m/s。风化层厚度较薄，范围一般在 2～20m 之间。

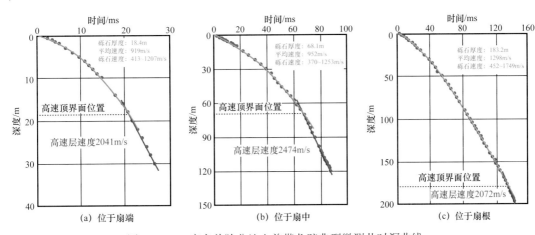

图 2-4-12　库车前陆盆地山前带戈壁典型微测井时深曲线

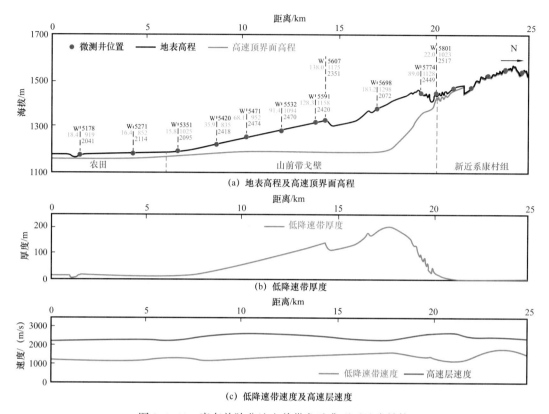

（a）地表高程及高速顶界面高程

（b）低降速带厚度

（c）低降速带速度及高速层速度

图 2-4-13　库车前陆盆地山前带戈壁典型近地表结构

第三章 近地表结构调查方法

通过野外采集（地震和非地震）手段获取近地表地层地球物理参数（速度、深度、时间）的过程称为表层调查，主要包括表层资料采集及解释。表层调查方法主要分为地震和非地震两类。基于地震的方法包括浅层折射法、微地震测井法、山体速度调查法、浅层反射法、面波勘探法、陆地声呐法等；非地震方法包括地质露头调查、地质雷达法、高密度电阻率法、电导率成像法等。

第一节 表层调查的作用与控制点布设方法

一、表层调查的作用

在地震数据采集过程中，近地表结构调查是一项非常重要的基础工作。近地表激发岩性不同会造成震源激发的子波、频率、能量等存在较大差异，而接收条件不理想则会产生严重的干扰噪声。为了能够采集到高品质的地震数据，必须选择合理的采集参数，而近地表结构是合理选取激发与接收参数的重要依据。此外，在地震波传播过程中，受地面各种地质因素及近地表地震地质条件的影响，地震波的频率与强度会发生相应的改变。不同的地表起伏情况、近地表结构、物性、风化程度、含水性等表现出来的地震响应特征显著不同。为了有效消除近地表因素导致的地震波能量吸收衰减、波形畸变、旅行时延迟等问题，需要获得准确的近地表结构，如速度、Q 等参数模型，并进行有效的补偿、校正或处理（沈鸿雁等，2019）。

最初表层调查的主要目的是为了计算静校正量，采用的方法多是基于表层调查资料的模型内插方法。但随着勘探区域地表条件越来越复杂，仅利用近地表调查资料建模和计算静校正量的成果越来越难以满足精度要求。静校正问题在酒泉盆地窟窿山地区非常突出，是地震资料处理首先要解决的难题。为此，地震采集时非常重视表层调查工作，表层调查点的平均密度达 3.1/km^2。如图 3-1-1 至图 3-1-3 所示，不同控制点密度得到的静校正量差为 –21～15ms，范围较大，但是绝大部分分布范围为 –5～5ms，小于有效波 1/4 波长，不同控制点密度得到的静校正差异较小，并且效果都比较差，说明仅靠表层调查资料很难解决此类复杂地区的静校正问题。

随着初至波走时静校正方法的规模化应用，近地表调查资料的作用越来越弱。表层控制点的主要作用是用作初至反演的约束条件，但是约束反演对控制点的密度并没有特殊要求，只要控制点分布能大致控制表层变化，不同控制点的密度反演效果差别不大。如图 3-1-4、图 3-1-5 所示，高（1.76 个 /km^2）、低（0.5 个 /km^2）密度控制点计算的静校正误差为 –4～15ms，相差不大。

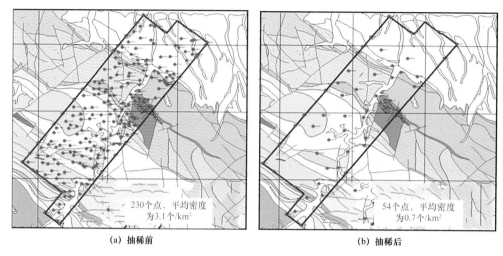

（a）抽稀前　　　　　　　　　　　　　　　　　　　　（b）抽稀后

图 3-1-1　酒泉盆地窟窿山地区表层调查分布图

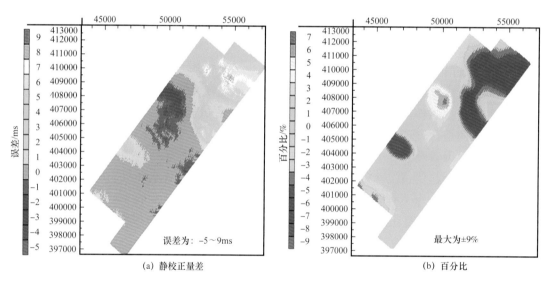

（a）静校正量差　　　　　　　　　　　　　　　　　　　（b）百分比

图 3-1-2　酒泉盆地窟窿山地区两种控制点密度静校正量差与百分比

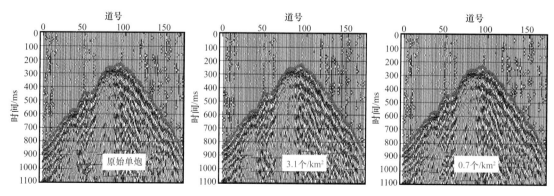

图 3-1-3　酒泉盆地窟窿山地区不同控制点密度单炮效果对比

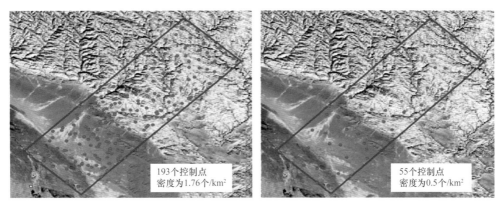

图 3-1-4 英雄岭某地区不同控制点密度分布图

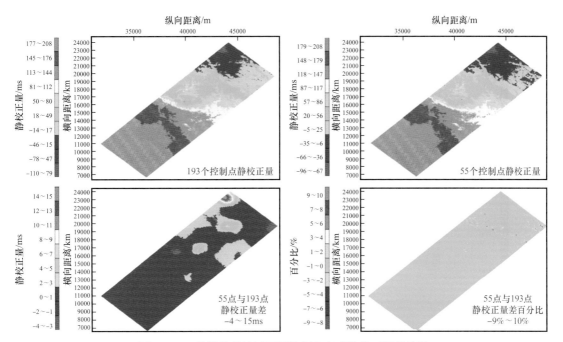

图 3-1-5 英雄岭某地区不同控制点密度静校正误差分析

随着复杂区油气勘探的深入，叠前深度偏移处理技术对表层模型提出了更高的要求。现阶段的表层调查作用的定位主要考虑了静校正量计算和叠前偏移建模两个方面的需求：（1）从静校正量计算需求方面看，需要表层提供约束和质控数据，不同静校正方法对近地表调查控制点密度要求不同；（2）如果考虑叠前偏移建模需求，则需要初至反演的等效模型尽量接近实际地表模型，对近地表调查又有着明显不同的要求（如复杂区域加密），所以控制点密度、位置、调查深度设计应满足叠前深度偏移建模的需求。

对于叠前偏移建模而言，应该充分利用表层调查资料建立近地表模型，在层析反演过程中进行约束。如图 3-1-6 至图 3-1-8 所示，当采用理论模型作为约束条件后，反演结果与理论正演模型是非常接近的，可见采用精确的表层调查数据更有利于高精度表层模型的建立。因此，对于叠前深度偏移建模，仍然需要从基于初至波信息的建模方法入

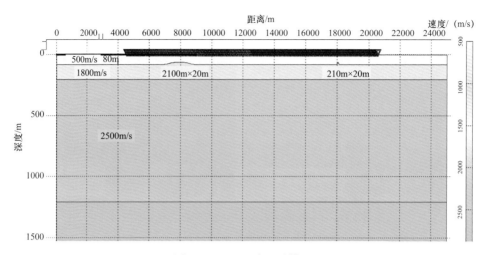

图 3-1-6　近地表理论模型

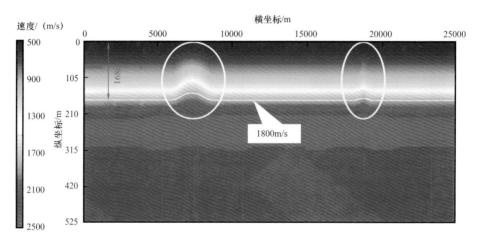

图 3-1-7　层析反演模型（无约束）

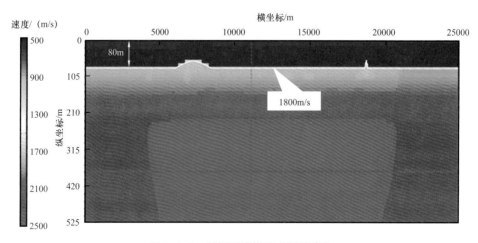

图 3-1-8　层析反演模型（层约束）

手，注重表层调查的应用，通过联合表层资料建立近地表模型，其中表层调查资料要起到约束和标定的作用（就像测井资料对资料处理和解释成果的标定一样）。重要的是，表层调查应探测到足够的深度，纵向上的速度刻画应满足要求。否则，出现"欠约束"情况，影响反演精度，如图3-1-9所示。

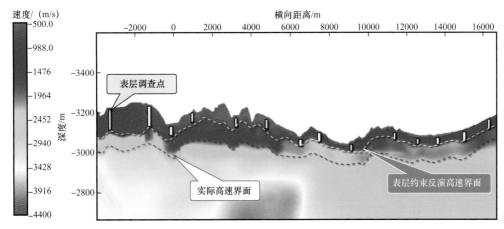

图 3-1-9　表层调查深度不够影响层析约束反演模型结果

二、表层调查点布设方法

表层调查是静校正工作中一项重要的基础工作。对于复杂地区，表层调查控制点密度和位置的布设非常重要，合理布设控制点不仅可以提高调查质量和静校正精度，同时还可以提高工作效率、降低采集成本。

1. 表层调查控制点布设对建模精度的影响

为了研究表层调查控制点的合理分布位置，根据实际微地震测井调查结果建立的近地表结构构建了正演表层模型，来分析表层调查控制点布设对建模精度的影响。在建模过程中，将戈壁砾石区及砾石山体区的近地表结构采用对称的方式构建（图3-1-10）。模型横向长度24km，纵向深度4km。采用7495-5-10-5-7495的观测系统、道间距10m、炮间距60m进行波动方程正演，获得模拟单炮记录400张，并开展了大炮初至时间拾取工作。

根据正演模型的近地表结构，可以对比不同微地震测井密度下建模的精度。首先以1口/2km的密度均匀布设微地震测井，共计13口微地震测井进行表层建模[图3-1-11（a）、（b）]，与理论模型数据相比，风化层厚度误差在-13.7~35.2m之间，风化层速度误差在-54~143m/s之间，精度相对较低。同样采用13口微地震测井，但是微地震测井的位置分布并非是等间距，而是在风化层厚度、速度突变的位置布设控制点，其他相对较为稳定的近地表结构稀疏布设，建模后发现风化层厚度误差为-7.6~13.4m，风化层速度误差在-27~29m/s之间。与微地震测井等密度均匀布设相比，关键点位置加密布设微地震测井的表层建模精度更高。

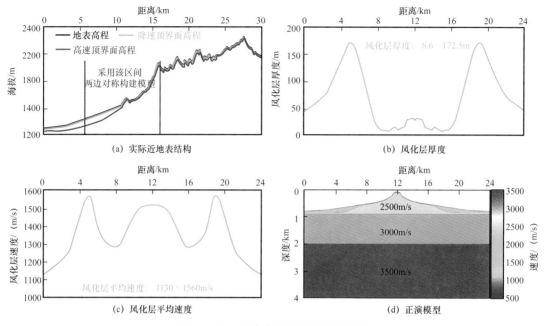

图 3-1-10　正演模型浅层及深层结构

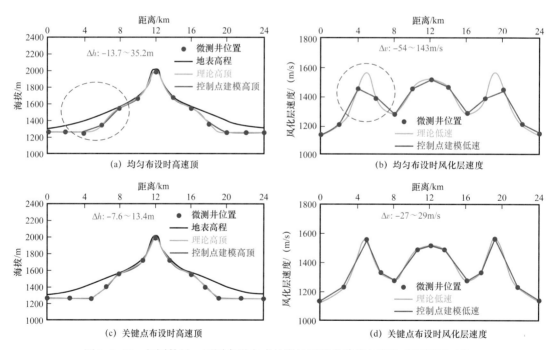

图 3-1-11　相同数量、不同布设方式的微地震测井建模与理论表层模型对比

　　分别采用等密度均匀布设以及关键点位置加密布设微地震测井所建立的近地表模型作为层析反演的初始约束速度模型，根据层析反演结果提取高速顶界面、计算静校正量，与理论模型数据对比发现（图 3-1-12），基于关键点加密布设的层析反演精度更高，无论是静校正量还是风化层厚度、风化层速度与理论数据的误差，关键点加密布设微地

震测井所建模型的误差线都更靠近零线，可见关键点加密布设微地震测井约束反演效果略好。

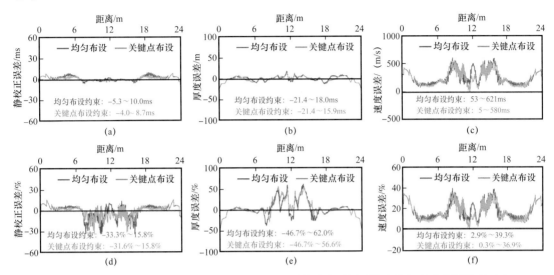

图 3-1-12 相同数量、不同布设方式的微地震测井约束层析反演建模与理论表层模型对比
（a）（d）为静校正量误差对比；（b）（e）为风化层厚度误差对比；（c）（f）为风化层速度误差对比

表层调查工作的主要目的是查明近地表结构的变化规律，所以在布设表层调查控制点时，没有必要追求表层调查控制点的密度和数量，关键是要控制模型变化趋势。因此，在岩性变化剧烈、低降速带厚度及速度变化较大的区域，适当加密控制点，而在同一岩性且表层结构比较稳定地段，表层调查控制点的密度可适当降低。

2. 表层调查控制点布设的原则

表层调查控制点密度、点位的选取和布设首先考虑工区采用的静校正方法，如果采用表层调查模型静校正方法（不采用地震记录初至时间），则控制点应该足够密，以确保控制短波长静校正变化，但对于复杂地区仅采用表层调查控制点的结果很难内插出准确的、反映短波长静校正变化的表层模型，必须依靠初至静校正方法解决；而对于山前带等地表平坦地区，往往低降速带巨厚、高速层顶界面起伏较大，表层结构相对较复杂，容易产生一些长波长静校正问题，这时由于地表平坦，表层结构变化未知，控制点很难布设，单靠表层调查资料也很难解决这些地区的长波长静校正问题。因此，不论是复杂地区还是地表相对平坦的简单地区，常规表层调查控制点布设方法都存在一些问题。需要明确的是，表层调查工作的目的是控制中、长波长静校正变化，需要根据具体情况通过分析与论证制定控制点的布点原则和方法。

布点原则：根据表层岩性变化布设控制点，以控制不同岩性区域内速度和厚度的变化规律为目的，参考地震采集的最大炮检距，设计表层调查控制点密度和位置，不追求控制点的排列方式、密度和数量。

布设方法：研究发展选点技术，建立系统的选点程序，遵循先室内设计，后野外实施的原则，确保选择合理的控制点，提高单点调查精度。

调查方式：冲沟和平缓的地段用浅层折射法，山地区用微地震测井。对于复杂山地而言，微地震测井是主要调查手段。对于地形陡立区的点，采用露头微测井方法；在岩性变化较大的地区，全面开展地面地质露头调查工作。

控制点布设应遵循以下具体要求：

（1）按表层岩性分区布设控制点位置和设计点密度，调查不同岩性的速度和厚度的变化规律。一般同一岩性区域内有 3～5 个表层调查控制点，一是增加统计效应；二是为了了解速度变化情况。如果速度变化不大，控制点可稀疏，即使同一岩性的面积较大也不需要很多控制点。如果速度变化较大，控制点可相对密集。但在复杂区想靠控制点搞清楚表层模型的细节变化是很困难的。

（2）长波长静校正是相对最大炮检距而言的，因此控制点密度应参考最大炮检距设计，一般在最大炮检距范围内应不少于 3 个控制点，即可达到控制中、长波长静校正变化的目的。

（3）地形起伏往往直接影响近地表速度模型纵横向变化。地形变化点处受重力、风和雨等自然现象的影响往往与众不同；另外，地质作用造成的构造变化点在地表一般也有所反映，因此，地形起伏变化点很多情况下也是模型变化点，所以在地形变化点附近一般需要布置一些表层调查控制点。

（4）控制点的布设还要与采用的静校正方法结合起来，如果采用初至静校正方法，则不过分追求控制点的密度、数量；若想采用表层模型内插法建立表层模型，必须有足够数量和密度的表层调查控制点。

（5）对于二维地震勘探，表层调查点的布设要考虑测线交点位置的布设，以提高表层成果的应用效率；也应考虑测线端点的布设，以减弱内插模型的边界效应。

依据上述布点原则、方法，形成的表层调查控制点设计流程。如图 3-1-13 所示，首先收集地质图、地形图和卫星遥感数据等三种图，将炮点和检波点投到三张图上，根据地质图划分岩性分区，设计表层调查控制点的初步位置；然后把岩性分区和控制点位置投到卫片图和地形图上，根据卫片图的颜色和地形图的等值线分布设计每个点的表层调查方法，形成表层调查方法分布图；再根据设计的方法下达施工任务书，野外根据任务书逐点实施，实施时首先判断该点附近一定范围内是否可以按设计的方法施工，如果设计是小折射方法而该点附近无法实施，则反馈到室内，解释组重新下达任务书改为微地震测井法实施。

表层调查资料是一项重要的基础资料，就像探井资料用于地震资料的解释和标定一样，它主要用于提高近地表建模的精度，指导近地表模型的解释和标定，加强表层调查工作应从以下几方面入手：

（1）改进微测井钻井和采集工艺，提高表层调查资料的采集精度。如用水钻工艺会改变井周围介质物性，其调查结果可能与大炮采集时的情况存在较大差异。

（2）开展适用于复杂地表区的表层调查资料解释方法研究，提高控制点上资料的解释精度。如基于起伏地表的解释方法，考虑动力学特征的表层调查与大炮初至信息联合解释方法等。

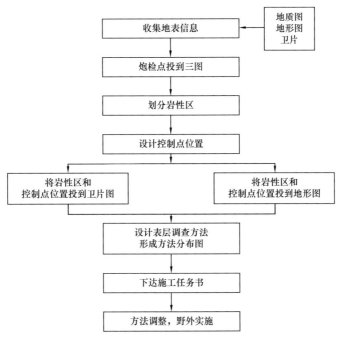

图 3-1-13 表层调查控制点设计流程图

（3）根据需要合理布设控制点密度和位置，不追求控制点的均匀性和数量。适当加大调查深度，确保调查出所需的、甚至更高的速度层，使表层调查资料更好地起到约束、质控与标定的作用。

（4）加强地震与非地震的联合表层调查方法研究与资料综合解释技术研究。

第二节　浅层折射法

浅层折射法是利用直达波和折射波初至测定风化层（低降速带）速度、厚度及高速层速度的方法。由于调查深度浅、排列长度短，被称为小折射。浅层折射法是一种横向观测方式，它受地形起伏的影响较大。因此，该方法适合于地形平坦、速度从浅到深增加的层状介质地区。浅层折射法具有简单易行、成本低等优点，但解释结果可能存在多解性。

一、基本原理

地震波在地下介质的传播过程中，如果遇到存在速度差异的界面时，其传播方向会发生改变。如图 3-2-1 所示，当下伏地层速度 v_2 大于上覆地层速度 v_1 时，其出射角 θ_2 将大于入射角 θ_1，随着 θ_1 的增大，θ_2 也在增大；当入射角达到某一角度 θ_c 时，θ_2 等于 90°，产生了沿界面以 v_2 传播的滑行波，这就是折射波。使 θ_2 等于 90°时的入射角叫作临界角。根据直达波和折射波的到达时与传播距离曲线，可以计算出近地表低降速带的厚度和速度（Mike Cox，2004）。

1. 两层水平层状介质

首先以一个水平层的简单模型为例，低速层厚度为 Z、速度为 v_1，高速层速度为 v_2，O 为激发点，得到的初至波时距曲线如图所示 3–2–2 所示。

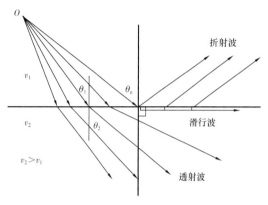

图 3–2–1 折射波示意图

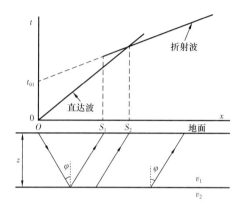

图 3–2–2 水平层状介质的初至波时距曲线

直达波时距曲线方程为：

$$t = \frac{x}{v_1} \qquad (3\text{--}2\text{--}1)$$

式中　t——直达波初至时间；

　　　x——炮检距；

　　　v_1——第一层速度。

折射波时距曲线方程为：

$$t = \frac{x}{v_2} + \frac{2Z\cos\varphi}{v_1} \qquad (3\text{--}2\text{--}2)$$

式中　φ——临界角，$\varphi = \arcsin\dfrac{v_1}{v_2}$；

　　　v_2——第二层的速度；

　　　Z——第一层厚度。

直达波和折射波的速度根据时距曲线斜率的倒数求得，即

$$v_1 = \frac{1}{k_1}$$

$$v_2 = \frac{1}{k_2} \qquad (3\text{--}2\text{--}3)$$

式中　k_1、k_2——分别为直达波和折射波时距曲线的斜率。

令折射波时距方程中 $x=0$，得 $t=\dfrac{2Z\cos\varphi}{v_1}$，该时间就是折射波时距曲线的延长线与时间轴的交点时间，因此称为交叉时，表示为 T_{01}，即：

$$T_{01}=\frac{2Z\cos\varphi}{v_1} \tag{3-2-4}$$

由式（3-2-4）转换后，可求得风化层厚度：

$$Z=\frac{v_1 T_{01}}{2\cos\varphi}=\frac{v_1 T_{01}}{2\sqrt{1-\left(\dfrac{v_1}{v_2}\right)^2}} \tag{3-2-5}$$

2. 两层倾斜层状介质

如图 3-2-3 所示，速度分别为 v_1、v_2，界面倾角为 α，两个炮点到界面的垂直厚度分别为下倾厚度 h_d 和上倾厚度 h_u。由此可以算出下倾方向激发的总旅行时（t_{x_d}）：

$$t_{x_d}=\frac{h_d}{v_1\cos\theta_c}+\frac{x\cos\alpha-h_d\tan\theta_c-h_u\tan\theta_c}{v_2}+\frac{h_u}{v_1\cos\theta_c} \tag{3-2-6}$$

同时，h_u 与 h_d 存在如下关系：

$$h_u=h_d+x\sin\alpha \tag{3-2-7}$$

利用式（3-2-7），可将式（3-2-6）简化为：

$$t_{x_d}=\frac{x}{v_{2_d}}+\frac{2h_d\cos\theta_c}{v_1} \tag{3-2-8}$$

其中：

$$v_{2_d}=\frac{v_2}{\sin(\theta_c+\alpha)} \tag{3-2-9}$$

可以看出，式（3-2-8）为直线方程，其斜率为 $1/v_{2_d}$，其截距时间为：

$$t_{0_d}=\frac{2h_d\cos\theta_c}{v_1} \tag{3-2-10}$$

由式（3-2-8）可以看出，当折射界面倾斜时，折射波时距曲线斜率的倒数并非折射层的真实速度，而是在地表面观测到的视速度。这时，不能像水平层状介质一样仅采集一炮便能求折射波速度，一般需要相遇观测，根据两个方向（上倾和下倾）观测的视速度来求取折射层速度。根据互换原理可知，在均匀介质情况下，同一界面上的反射波或折射波应具有相同的路程和波形、相等的传播时间，也称为互换时间。图 3-2-3 示意了倾斜界面时的相遇观测方法，S_1 点激发 S_2 点接收、S_2 点激发 S_1 点接收两种情况下的直达波与折射波时距曲线。

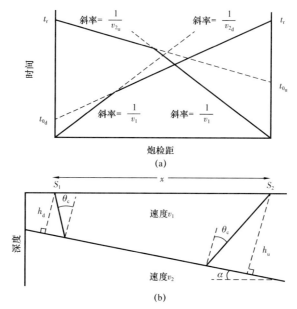

图 3-2-3　两层介质倾斜界面模型的相遇射线路径（a）和时距曲线（b）

t_{0_d}、t_{0_u}—分别为下倾和上倾激发的截距时间；v_{2_d}、v_{2_u}—分别为下倾和上倾视速度；h_d、h_u—分别为下倾和上倾激发点处垂直于界面的厚度；α—界面倾角；t_r—互换时间

类似地，上倾激发的总旅行时 t_{x_u} 可以表示为：

$$t_{x_u} = \frac{x}{v_{2_u}} + \frac{2h_u \cos\theta_c}{v_1} \qquad (3-2-11)$$

其中：

$$v_{2_u} = \frac{v_2}{\sin(\theta_c - \alpha)} \qquad (3-2-12)$$

上倾截距时间 t_{0_u} 与下倾类似，可以表示为：

$$t_{0_u} = \frac{2h_u \cos\theta_c}{v_1} \qquad (3-2-13)$$

由式（3-2-7）和式（3-2-10）可知，当 $0 < \alpha \leqslant \theta_c$ 时，$v_{2_d} < v_2 < v_{2_u}$。

为了估算折射层速度与深度，需要利用式（3-2-7）和式（3-2-10），由速度 v_1、v_{2_d} 和 v_{2_u} 计算 $(\theta_c + \alpha)$ 和 $(\theta_c - \alpha)$，然后再根据这些数值计算出临界角 θ_c 和倾角 α。根据两个方向观测的视速度与倾角，可得到第二层的速度为：

$$v_2 = \frac{2\cos\alpha}{\dfrac{1}{v_{2_u}} + \dfrac{1}{v_{2_d}}} \qquad (3-2-14)$$

根据式（3-2-11），下倾激发的深度为：

$$h_{d} = \frac{t_{0_{d}}}{2} \frac{v_{1}}{\cos\theta_{c}} \qquad (3-2-15)$$

深度 Z_{d}（由 S_1 点垂直向下的深度）为：

$$Z_{d} = \frac{h_{d}}{\cos\alpha} \qquad (3-2-16)$$

由于折射界面倾角是个未知数，因此，当地层倾角较小时，可将 $\cos\alpha$ 项省略。实际应用中折射层速度 v_i 的计算公式为：

$$v_{i} \approx \frac{2}{\dfrac{1}{v_{i,u}} + \dfrac{1}{v_{i,d}}} = \frac{2v_{i,u}v_{i,d}}{v_{i,u} + v_{i,d}} \qquad (3-2-17)$$

式中　$v_{i,u}$、$v_{i,d}$——分别为第 i 层上倾、下倾视速度。

从基本原理可知，浅层折射法是建立在地表水平、地下界面倾角较小的基础之上的。

3. 多层水平层状介质

多层水平层状介质情况下，截距时间 $t_{0_{n-1}}$ 可表示为：

$$t_{0_{n-1}} = \sum_{i=1}^{n-1} \frac{2Z_{i}}{v_{i}} \cos\theta_{i,n} \qquad (3-2-18)$$

式中　v_i——第 i 层的速度；

$\quad\quad\ Z_i$——第 i 层的厚度；

$\quad\quad\ n$——层状介质个数。

计算折射层深度需从顶层开始逐层地导出层厚度。只有当介质速度随深度逐渐增大时，才能获得来自每一层的折射波。在薄层的极端情况下，多层介质可视为速度随深度连续变化。如果有一层或几层不够厚，或者出现速度反转时，该层的折射波将不会成为初至波，这种层被称为隐蔽层。

如果有多个水平层时，可根据各层速度及交叉时自上而下地求取各层的厚度

$$Z_{n} = \left(\frac{T_{0n}}{2} - \sum_{i=1}^{n-1} \frac{Z_{i}\cos\alpha_{i}}{v_{i}} \right) \frac{v_{n}}{\cos\varphi} \qquad (3-2-19)$$

式中　T_{0n}——第 n 层折射的交叉时；

$\quad\quad\ \alpha_i$——入射角；

$\quad\quad\ \varphi$——临界角。

二、资料采集方法

早期勘探的地形平坦，多采用单边放炮观测系统。现在通常采用双边放炮相遇观测

系统［图 3-2-4（a）］，每道一个检波器接收，道距不等，即排列两边靠近炮点的部分道距较小，一般为 0.5～1m；排列中间道距较大，一般为 10～20m。道距主要根据表层低降速带厚度而设计，以保证第一层直达波和每层折射波有足够的控制道数，通常要求每层不少于 4 道。

由于浅层折射仪器一般为 24 道接收，当风化层较厚时，为了同时保证追踪较深的高速层和每层有足够的控制道数，可采用追逐放炮方式，该方法的优点是增加了排列长度。追逐放炮有移动炮点追逐法［图 3-2-4（b）］和移动排列追逐法［图 3-2-4（c）］两种，最常用的是移动炮点追逐法，但仍然采用相遇观测法。近年来，浅层折射仪器发展到 48 道，在低降速带较厚地区也可不必采用追逐放炮法。

浅层折射法的偏移距不宜太大，一般为 0.5～2m，主要根据低速层厚度设计。低降速带厚度小时，偏移距应小；反之，偏移距可稍大。激发方式一般为浅坑炸药和地面锤击两种。在保证初至波清晰、起跳干脆的基础上，激发药量或锤击力量应尽量小，避免由此带来的负面影响。

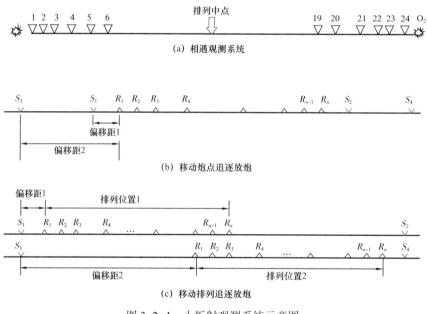

图 3-2-4　小折射观测系统示意图

观测系统设计时，需要考虑两个关键因素：临界距离、超越距离。只有当炮检距大于临界距离时，才能接收到折射波，折射波只有在大于超越距离时才能成为初至波。因此，小折射排列长度需要能够追踪到高速层折射波时距曲线控制距离，一般要大于超越距离，且不小于 40m。

在低降速带巨厚地区，即使使用 48 道浅层折射地震仪器，也很难一次追踪出所需高速层。解决巨厚低降速带地区表层调查的常用而有效的两种方法如下。

（1）长排列折射法：长排列折射法一般利用地震采集仪器，按等道距高密度采集，道距 2～10m，排列长度 500～2000m。有两种观测方式：第一种方式是布设一个固定排列，在排列两边一定偏移距处各放一炮，或按一定炮点距在某些道间放若干炮；第二种方式是炮点和检波点按固定移动距离进行连续观测，类似于常规二维浅层采集。无疑长排列折射法施工相对比较复杂，成本也较高，这种特点以第二种观测方式更为突出。

（2）浅层折射与地震记录初至联合解释方法：浅层折射与地震记录初至联合解释方法的重点在室内资料解释方面，对于采集而言，需要注意设计的浅层折射观测系统与大炮采集观测系统相匹配。浅层折射的排列长度必须大于大炮采集的最小偏移距，并保证两种方法的同位置激发点有一定数量的同地面接收道。近年来实施的嵌入式排列表层调查也是基于这种方法。浅层折射法最好采用与大炮相同的中间放炮观测系统，以便更好地与大炮初至相接，并且相接后能形成一个连续的观测系统。如图3-2-5所示，A浅层折射点的右支与大炮相接后，和B浅层折射的左支与大炮相接后形成相遇观测；B浅层折射点的右支与大炮相接后，和C浅层折射的左支与大炮相接后形成相遇观测；如此形成整条测线的连续观测系统。

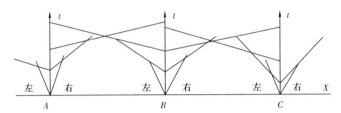

图3-2-5　浅层折射与地震记录初至联合解释的观测系统示意图

三、资料解释方法

传统的浅层折射资料解释方法为截距时间法，后来由于复杂区小折射排列范围内可能存在一定的地形起伏，又采用减去法（ABC法）和广义互换法（GRM法）。每种方法根据资料差异确定折射层变化点位置的方式有所不同，但速度求取都是采用拟合时距曲线的方法，只是采用的数据有所不同。

1. 截距时间法

截距时间法是先根据折射波时距曲线与时间轴的交点时间求取交叉时，然后与折射层速度一起计算折射层埋深。一般用于近地表地质情况较为简单、且在记录排列内的静校正量（道与道之间的时移）变化较小的地区，常用于由相遇剖面得到的资料。该方法的关键是对折射初至进行分层，包括自动分层和人工分层两种：（1）自动分层是根据用户给出的分层速度误差，从最小炮检距的道开始扫描，直到某两道之间的视速度与前两道的视速度差大于分层速度误差时，确定该点为两层折射波时距曲线的拐点。如此找出所有层时距曲线的拐点。（2）人工分层法是人为指定某些道位置附近为两层折射波时距曲线的拐点。按上述两种方法确定拐点后，对两拐点之间的原始初至时间和炮检距按最小二乘法进行拟合，得到时距曲线，时距曲线斜率的倒数就是折射层的视速度；根据左右支的视速度按式（3-2-14）即可计算出折射层的速度，最后根据式（3-2-16）计算出折射层的厚度。

2. ABC 法

ABC 法利用相遇观测的数据计算风化层的延迟时，是在共地面点上对数据进行分析（图 3-2-6）。根据延迟时的定义，B 点的延迟时为：

$$t_{d_B} = \frac{1}{2}\left(\frac{EB + FB}{v_1} - \frac{EF}{v_2}\right) \tag{3-2-20}$$

式中　t_{d_B}——B 点的延迟时；

　　　EB、FB、EF——两点间距。

式（3-2-20）可转换为下面形式：

$$t_{d_B} = \frac{t_{AB} + t_{CB} - t_{AC}}{2} \tag{3-2-21}$$

式中　t_{AB}、t_{CB}、t_{AC}——两点间的初至折射波旅行时。

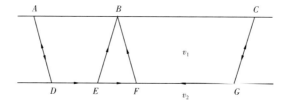

图 3-2-6　ABC 方法原理示意图

根据式（3-2-21）可求得 B 点的延迟时，它只包含时间项，不受速度的影响，与截距时间法相比，提高了延迟时的计算精度。ABC 法可以计算左右两支高速层折射波时距曲线重复段内各道的延迟时。在较短的小折射排列范围内，可认为速度横向不变且折射界面无高频起伏，因此延迟时主要反映了地形起伏与低速层的影响。用原始初至时间减去对应道的延迟时，得到校正后的初至时间，再对校正后的初至时间进行最小二乘拟合，从而求得折射层速度。ABC 法对初至时间所做的校正相当于消除地形起伏的影响，提高了折射层速度的精度。

3. GRM 法

GRM 法是对 ABC 法的扩充，它也是用于计算延迟时的一种方法，主要适用于计算的点处没有接收点的情况。小折射排列中点一般没有接收点，利用 GRM 法正好可以求取小折射排列中点的延迟时。如图 3-2-7 所示，A、C 为小折射左、右支的炮点，X、Y 为小折射排列中点 B 前、后的两个接收点，其间距为 XY，要计算排列中点 B 的延迟时：

$$t_{d_B} = \frac{1}{2}\left(t_{AX} + t_{CY} - t_{AC} - \frac{XY}{v_2}\right) \tag{3-2-22}$$

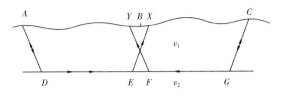

图 3-2-7　GRM 法资料解释示意图

由式（3-2-22）可知，计算 B 点的延迟时需要对 XY 距离作滑行波传播时间的校正。因此，在计算延迟时之前，需首先求出滑行波的速度。一般根据 ABC 法，对初至时间校正后求得左右支的视速度按式（3-2-14）即可计算出折射层的速度，再按照 GRM 法求取排列中点的交叉时，最后根据式（3-2-15）计算出折射层的厚度。

根据延迟时的定义可知，交叉时等于延迟时的两倍，因此知道了延迟时就可求出交叉时。GRM 法计算排列中点的延迟时，考虑了排列范围内的地形起伏情况，比截距时间法的精度高。该方法对 20° 以内倾角不敏感，并可用于速度梯度的情况。另外，如果能测出具有足够精度的折射层的移距或位移（即从折射面上的出射点到地面检波点的水平距离），则可以检测到隐蔽层和速度反转层。

四、浅层折射法的局限性

折射产生的条件是上覆地层的速度要低于下伏地层。当地震波速度随深度正常递增时，速度分界面能够产生折射波，就可以用折射波法求取各地层的参数。如果地层的介质速度是非递增的，比如出现速度倒转的情况，就不能产生折射波，因此就不能用该方法得到正确的表层结构。

浅层折射法首先要拾取初至，再根据初至解释各层的折射波，即只有能形成初至波的折射波才能够被识别和解释。有时虽然地层的速度是递增的，但当地下某一地层厚度相对较薄，或地震波速度与上覆地层速度差不大时，折射波在观测地面不足以形成初至波，或形成初至波的范围很小。这样用常规初至折射法就无法形成初至，也就无法解释出该层，该地层被隐蔽起来，称为折射隐层，如图 3-2-8 所示。

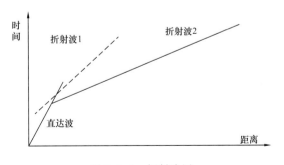

图 3-2-8　折射隐层

隐层的地层厚度有时可达几十米，这给折射法勘探精度带来很大的影响。用常规初至折射法解释将会导致错误的结论。因此，应用该方法要注意应用范围。对于比较复杂的地表条件，微地震测井方法能够得到更高精度的解释结果。

第三节 微地震测井法

微地震测井法是通过在近地表地层中的钻孔，采用井中激发、地面接收（地面微测井）或地面激发、井中接收（井中微测井）方式采集地震波信息，利用直达波信息研究近地表地球物理参数的方法，简称微测井，又称为微VSP测井。通常是利用采集的数据，得到地震波从炮点传播到检波点的时间，通过时间—深度曲线，获得地层的速度信息。同时，也可以根据初至波振幅随深度的变化，获得近地表的吸收衰减因子信息。微测井表层调查方法不同于小折射，它是一种纵向观测方式，因此不受地形起伏的影响，精度较高。微测井是目前复杂区主要的表层调查方法，适用于地形起伏剧烈小折射无法实施的地段，对于存在速度反转和具有连续介质特征的地区，也应采用微测井方法调查。

微测井测量是在井孔中进行的，钻井深度一般在几十米至几百米，测量的深度要足以保证能采样到所有相关的近地表地层，包括风化层、降速层和风化层附近的高速层，以获得完整、可靠的近地表速度数据。

浅层的速度异常会造成解释成果中出现假构造，尤其在低幅度构造发育的探区，充分利用微测井信息可以从根本上减少假构造导致的钻井失误。但是，必须认识到钻探施工过程通常造成井孔周边地层的改变，因此获得的近地表速度只是一个估算值，微测井获得的信息只适用于井孔附近的范围；对于更远的区域，则需要利用多口微测井（或）控制点信息进行内插或外推得到。

一、资料采集

1. 地面微测井

早期的微地震测井资料采集方法是采用井中激发、地面接收的调查方式，称为地面微测井，如图3-3-1所示。该方法在井中不同深度布设激发点，采用炸药震源（井浅时可只用雷管）激发，也可以采用电火花激发。井中激发点间隔随着深度的增加而逐渐加大，一般为0.5～5m。若使用炸药震源，则药量取决于近地表地质情况和爆炸深度，因此在新区要做一些试验工作。普通雷管可满足20m深度的勘探，而强力雷管则可以达到50m。若要更强的能量则可以用少量炸药、较短的导爆索或几个雷管扎在一起；要注意当爆炸深度（井深）过深时，受导线电阻影响，可能会发生难以引爆或延迟现象。激发初至时间受炸药量的影响，药量越大，时间异常越大。因此，为了得到干脆清晰的初至信息，保证地面上能接收到的信号有足够的信噪比的前提下，药量越少越好。采用电火花激发时，井中必须充满液体（流体）介质，并确保采集过程中不漏井。

在激发井周围不同地面位置布设一定数量的接收点，接收道数一般为6～12道，接收点距井口0.5～6m。常用的有一字排列、直角排列、扇形排列、十字排列等形式，具体接收的排列形式可根据井周围的地形起伏情况确定。如前所述，每一个检波器须置于离井口几米远的地方，若检波器太接近井口，记录会受到通过钻井液和侵入带（钻井液侵入到井壁四周的岩层）的地震波的干扰。另外，在钻井过程中，井口四周地面被破坏，可能使上行波场的到达时间延迟几毫秒（Kragh J E et al., 1991）。检波器要有较好的高、低频响应以得到理想的宽带记录，因此需要自然频率低于10Hz的低频检波器。

地面微测井采集方法的优点主要有：（1）采用井中炸药震源激发，可以确保足够的观测深度和激发能量；（2）可采用多方位和多个偏移距同时接收，增加了采集的信息量。由于地面微测井的优点，使它沿用至今；但它也存在一些缺点，如采集成本高、不环保等。

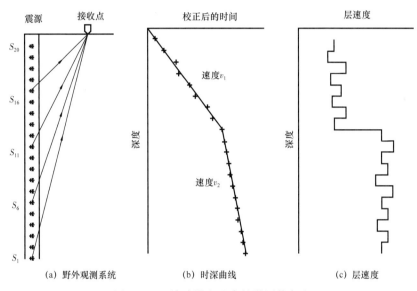

图 3-3-1　检波器在地表的微测井方法

2. 井中微测井

井中微测井采用地面激发、井中接收的方式。井中微测井需要配套的井中接收检波器，图 3-3-2 展示了东方公司研制的井中接收三分量检波器。激发源一般采用重锤，近年来也开始采用可控震源，有时也使用炸药震源。无论是炸药震源或者非炸药震源，都被放置于地表。震源必须具有较好的重复性，因为在许多测量中，一串检波器要放在井中多个不同的深度位置上才能完成整个深度范围的测量。炸药震源置于离井口几米远的浅井之中，保持一定井源距，这是为了尽量减少侵入带的影响。

它的优点主要有：（1）井中采用多分量接收，可进行多波表层资料采集，又被称为微VSP测井；（2）采用重锤或可控震源激发有利于环保；（3）采用生产井进行微测井资料采集，井孔可重复利用，降低了采集作业成本；（4）采用生产井采集，可以根据需要适当增加表层调查控制点密度，提高了对表层模型的控制能力；（5）采用可控震源可以调查更深层速度信息，特别是横波可控震源在多波表层资料采集方面优势明显。井中微测井采集方式也有缺点，如利用生产井进行微测井采集，调查深度往往受到限制；受重锤激发本身的能量限制，对深井实施井中微测井采集也较困难；需要选择满足能量要求的小型可控震源，采用常规用于大炮生产的可控震源采集微测井可能会影响大炮生产节奏。另一个突出的缺点是：若在工作完成之前井壁塌陷，检波器容易卡在井里，将带来施工难度。与炸药在井中的技术相反，一旦将炸药置于井中，井壁塌了，余下的炮仍然可以放。

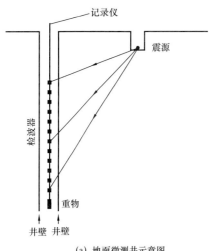

(a) 地面微测井示意图   (b) 井中接收装置

图 3-3-2 地面微测井示意图与井中接收装置

地面微测井和井中微测井各有优缺点，目前都在生产中使用。一般情况下，在低降速带较薄的山地区，生产井都能实现在高速层中激发，这时通常采用地面微测井采集方式；而在低降速带较厚的地区，可采用井中微测井采集方式。2001 年物探局（东方公司的前身）在塔里木盆地塔西南黄土塬地区地震勘探工作中，采用井中微测井采集方法开展了超深井表层调查，最大调查深度达 530m，首次揭示了该区巨厚的黄土塬区表层结构，有效地解决了静校正问题，为该区地震勘探攻关的突破奠定了坚实的基础。

微测井的目的是估算近地表层的厚度和时间，进而计算其速度。为得到尽可能精确的时间，震源、检波器要有尽可能宽的频带，且资料要有较高的信噪比。这就是说，理想震源应当是持续时间很短的脉冲。要求记录系统无延迟，这意味着除了用于数字记录的去假频滤波器以外，尽可能不采用滤波处理。为了避免激发延迟造成的误差，可以在地面激发点附近固定位置安置一个验证检波器，估算出每炮的延迟时间，通过时间校正使其起爆时间达到一致。拾取一般精确到 0.5ms，以保证拾取的数据能够进行高精度速度解释，对于观察点间的深度间隔比较小的高分辨率勘探，精度要更高一些。

3. 采样原则

近地表的空间和纵向采样与勘探目标、近地表复杂性有关，往往不同地区变化很大，通常要考虑探区或测线的空间采样、纵向的深度采样以及记录的时间采样率。

空间布署原则：三维微测井一般按表层岩性分区布设控制点位置和密度，调查不同岩性的速度和厚度的变化规律。如果速度变化不大，控制点可疏些，即使同一岩性的面积较大也不需要很多控制点。如果速度变化较大，控制点可相对密些。一般控制点密度不高于 1 个 /km²。

二维微测井布署原则：一般在最大炮检距范围内有 3～5 个控制点，即达到控制中、长波长静校正变化的目的；尽量在测线的交点部署微测井，使得信息能用于两条或多条的相交测线，以及取得不同的近地表岩性。如果采用初至静校正方法，则不过分追求控制点的密度、数量；若想采用表层模型内插法解决静校正问题，必须有足够数量和密度的表层调查控制点。

深度采样必须充分，以保证有足够的、能正确定义每一地质层位的时深拾取值。每一层至少要求有 3 个或者更多的拾取值进行合理的速度估算。大多数地区深度采样为 2～3m，可以估计厚 5～10m 地层的速度。在新区，第一个微测井应该是过采样的，目的是确定以后该地区进行微测井时的深度采样。

采样间隔要小到足够保留尽可能多的高频信号，以便能得到好的初至信号。若用炸药震源，采样间隔为 0.5ms 或者更小；在浅层高频细测时则需要更小的值。由于在野外采集的（微测井）数据有限，用较小的采样间隔时，为存储数据所花的费用也是微不足道的。

二、资料解释

地面微测井和井中微测井的资料解释方法相同，一般分为三步。

（1）标准道的选取：如果地面采用了不同偏移距的点接收，一般是在保证初至清晰、起跳干脆情况下，尽量选择近井口道，这样可以减少单程垂直传播时间 t_0 转换误差，但同时也要考虑到钻井过程中对周围介质的破坏。如果接收道的初至质量较差，也可采用不同偏移距的道分别进行 t_0 转换，然后将同深度的 t_0 平均后再解释，以增加统计效应，减小误差。

（2）拾取每一深度的初至：对于常规微测井资料分析而言，一般拾取初至起跳时刻。但有些情况下，在波峰、波谷或过零点上拾取井口时间。这些都不是绝对时间，但间隔时间可以用来估计层速度。要保证这种方法有足够的精度，波形从一个（炮点）深度到下一个深度一定不能发生变化。对同一井检距不同方位的记录，观测到的时间常有一些变化。这些可能是由于检波器附近的近地表变化、检波器与地面耦合的变化、震源与接收点之间侵入带的变化或者是钻井时引起井口周围的变化造成的。

（3）垂直 t_0 转换：微测井采集的初至时间是具有一定偏移距的倾斜传播时间，解释前需将不同深度得到的初至时间转换为垂直时间。通常认为地面激发点或接收点与井口是在一个水平面上（图 2-3-3 中的 A 点和 C 点），其 t_0 转换公式为：

$$t_0 = t \frac{Z_1}{\sqrt{Z_1^2 + x^2}} \qquad (3-3-1)$$

式中　t——初至时间；

　　　Z_1——井中激发点或接收点深度；

　　　x——地面接收点或激发点与井口间距离。

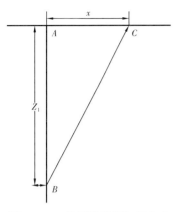

图 3-3-3 微测井常规解释方法

进入地形起伏剧烈的复杂区后，地面激发点或接收点与井口之间有时会有较大的高差（图 3-3-4），而且在采集过程中，为了压制干扰，甚至将地面检波器埋到一定深度接收。在这种情况下，如果仍按式（3-3-1）进行 t_0 转换，将带来一定转换误差，因而影响解释精度。为了消除地面激发点或接收点与井口之间高差和检波器埋深的影响，确保 t_0 转换精度，现在一般用下式进行 t_0 时间的转换，即：

$$t_0 = t \frac{Z_1 - Z_2}{\sqrt{(Z_1 - Z_2 + \Delta E)^2 + x^2}} \qquad (3-3-2)$$

式中 Z_1——井中激发点或接收点的深度；

Z_2——地面接收点或激发点的深度；

ΔE——井口与地面接收点（或激发点）之间的高差。

几何校正式（3-3-1）和式（3-3-2）的基本假设是：在任何速度界面上射线没有发生折射。若检波器（或震源）到井口的距离仅为几米时，这是一个合理假设，同时也要求界面倾角较小。若不是这种情况，则可能需要更复杂的校正，例如以简单射线追踪为基础的校正。大井检距的校正后时间与接近井口的检波器的校正后时间的差别来自以下几个方面：

（1）近地表介质横向变化。这可能会引起大井检距的校正后时间大于或小于小井检距的时间。

（2）从震源到接收点直射线传播的假设是不正确的。这一般表现为当井检距增加时，校正后的时间之差逐渐增加。

（3）井内的破坏。钻井过程中可能会产生空洞，常常会引起小井检距不正常的时间。若钻井时使用了水或钻井液，它们会渗透到井壁四周的地层中。对松散压实的干沉积层，远井检距的校正后时间可能小于近井检距的校正后时间。

以上这些因素经常共同起作用，影响的程度取决于近地表情况、地质沉积现状、钻井的方式。总之，微测井测量仍然会存在一定的误差，它们有试验的误差以及由于钻井过程中近地表的变化和井口以外近地表的快速变化带来的误差。

（4）时深解释：将转换后的垂直时间和对应的深度绘在时间—深度坐标系内（图 3-3-4），当不同深度点位于同一速度层内时，点的分布为一直线，不同速度层对应的直线斜率不同。根据其分布规律，划分出各层的位置，每一层用最小二乘法拟合直线，直线斜率的倒数为介质的层速度，两直线的交点位置对应介质的分界面（图 3-3-5）。

由于各种误差的存在，有时会导致多解现象，即多种分层结果但都比较合理，为了使微测井解释结果能够与表层地质现象吻合，可参考录井岩性资料和初至波的动力学特征资料（能量、频率等）辅助分层。一般情况下岩性的变化点往往就是速度的分界面，动力学特征突变点也与速度分界面对应。另外，分析一个地区的表层特征，对比相邻位置的解释结果，可得到更为合理的解释。

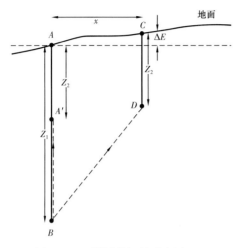 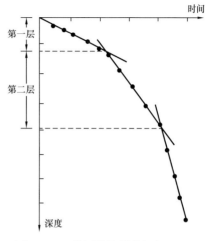

图 3-3-4 微测井解释示意图   图 3-3-5 微测井资料的解释

第四节 面 波 法

面波是沿着"自由"表面传播的一种波，如图 3-4-1 所示，有两种基本类型：一种是质点在波传播方向的垂直平面内振动，质点的振动轨迹为逆时针方向转动的椭圆，且振幅随深度呈指数规律急剧衰减，传播速度略小于横波，英国数学物理学家 Rayleigh 于 1887 年给予了理论证明，所以称为瑞利波、瑞雷波或 R 波；另一种是质点在垂直于波传播方向的水平面内振动，它是由 Love 发现的，称为勒夫波或拉夫波。常规地震勘探使用垂直分量检波器接收地震波，记录中存在的主要是瑞利波。

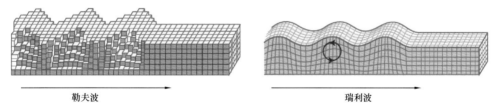

图 3-4-1 勒夫波与瑞利波在传播中质点的偏振方向示意图

面波是地震记录中主要的规则干扰波之一。从第一张石油地震模拟记录开始，勘探地球物理学家们就一直不断地与面波作斗争，采取各种手段压制面波。众所周知，在类似于新疆戈壁滩、沙漠等低降速带发育地区，面波非常强烈，严重影响了反射波的接收。当前地震勘探野外施工中，人们主要通过检波器组合、高速层中激发，以及采用各种信号处理手段滤除面波。因此，石油地球物理工作者主要想如何压制面波、滤除面波，较少考虑如何利用面波，使其变废为宝。

面波具有三个明显特性：一是强振幅、低速和低频；二是频散特征，即在层状介质中传播速度随着频率变化；三是传播速度与横波速度具相关性。利用瑞利波的频散和相关性特性可以研究表层结构，推断近地表横波速度，这种面波勘探方法已成为工程地震勘探中的常规技术。

人工源瑞利波勘探方法有两种，即瞬态瑞利波勘探和稳态瑞利波勘探。瞬态法与稳态法的区别在于震源的不同，前者是在地面上产生一瞬时冲击力，产生一定频率范围的瑞利波，不同频率的瑞利波叠加在一起，以脉冲的形式向前传播；后者则产生单一频率的瑞利波，可以测得单一频率波的传播速度。所以，瞬态记录的信号要经过频谱分析，把各个频率的瑞利波分离开来，从而得到的速度频散谱，由此推断地下介质的信息。

常规石油地震勘探通常采用较大的空间采样间隔（20～50m），对浅地表的面波采样不足，可能出现空间假频，使得利用面波数据估算近地表横波速度的潜力没有得到充分发挥，但随着高密度地震勘探技术的广泛应用，面波用于近地表结构反演成为可能。

一、多道瞬态法面波反演

瞬态法又称瑞利波谱分析法，是由美国得克萨斯大学首先提出。1973 年，两位美国人奇恩（F.K.Chang）和巴尔莱德（R.F.Ballard）进行了一次瞬态瑞利波勘探试验，并在第 42 届 SEG 年会上报告了该成果，但当时未引起人们的关注。1985 年，斯托克（Stokoe）和纳扎利安（Nazarian）采用了冲击震源，通过两个检波器之间波的互谱相位信息求出了不同频率面波的相速度，进而求出道路断面的瑞利波速度分布。正是这次最初的瞬态瑞利波勘探试验，才引起了瞬态瑞利波勘探方法的真正兴起。

如图 3-4-2 所示，多道瞬态面波分析方法（Multi-channel Analysis of Surface Waves，简称 MASW）是以多道记录为分析基础，首先，将时间—偏移距域中的多道记录变换到速度—频率域，得到速度—频散谱；再通过拾取频散谱中的极大值，得到瑞利波的频散曲线；然后利用频散曲线进行横波速度、密度反演，其中包括基于初始模型进行正演模拟，最后根据正演频散曲线与实际频散曲线之差，迭代反演得到近地表的横波速度、厚度等参数。

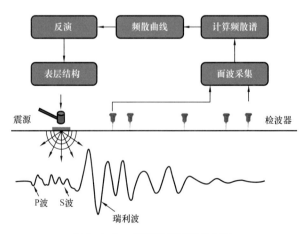

图 3-4-2 多道瞬态面波分析法

1. 频散曲线计算

通过提取频散谱的最大能量可以得到瑞利波的频散曲线。在频散谱方面，已取得了较丰富的研究成果，包括 $f—k$、$\tau—p$ 和相移（图 3-4-3）。可以看出：相移法的结果比其他两种方法具有更宽的频谱。$f—k$ 方法在计算 $v=f/k$ 时，重采样可能会带来误差，在地震道间距不相等时也会出现问题。在实际应用中，$\tau—p$ 计算量大，因此相移法是三种方法中的首选。一种精确的频散曲线提取方法对瑞利波反演非常关键。实际数据的频散谱通常分辨率较低，需要对频散谱进行归一化处理，比如进行两步法归一化：即对每个频率的频散谱沿相速度方向归一化，然后对上一步的结果应用指数归一化。该方法能够产生适合于频散曲线拾取的高分辨率频散谱。从图 3-4-3（e）中可以发现，归一化结果分辨率得到大幅度提高（Li et al.，2016）。

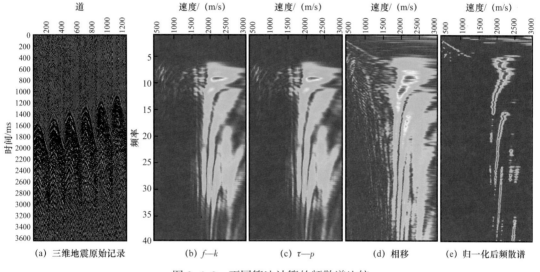

（a）三维地震原始记录　（b）$f—k$　（c）$\tau—p$　（d）相移　（e）归一化后频散谱

图 3-4-3　不同算法计算的频散谱比较

2. 模型正演算法

一种好的正演模拟方法是提高反演精度的关键。瑞利波相速度可以用一个非线性的隐式方程表示，它是 v_p、v_s、密度和层厚的函数。对于层状模型，瑞利波频散曲线可以用 Knopoff 方法计算（夏江海，2015），这是一种递推估计。在近地表存在低速层时传统的 Knopoff 模型存在一些缺陷。例如图 3-4-4 中的模型在表层以下存在一个低速层，测得的频散曲线（小圆点连成的曲线）与传统的 Knopoff 方法（小方框连成的曲线）有较大的差异。这是因为用传统的 Knopoff 算法计算的高频区瑞利波相速度接近最低的 S 波速度，而不是表层的 S 波速度。为了解决这一问题，可以在高频段计算相速度时，建立一个以最低横波速度层为半空间的替代模型。图 3-4-4 中的红色曲线是最终的改进结果，它与测量的色散曲线非常吻合。有时，当近地表存在多个低速层时，需要做多次代换工作。

$$F_j\left(f_j,\ c_{Rj},\ v_S,\ v_p,\ \rho,\ h\right)=0 \qquad (j=1,\ 2,\ \cdots,\ m) \qquad (3-4-1)$$

式中　f_j——频率；

c_{Rj}——瑞利波速度；

v_S——横波速度；

v_P——纵波速度；

ρ——介质密度；

h——层厚度。

$\Delta h/m$	$v_P/$（m/s）	$v_S/$（m/s）	密度/（g/cm³）
30	4500	2250	2.0
15	3800	1900	2.0
∞	3200	1600	2.0

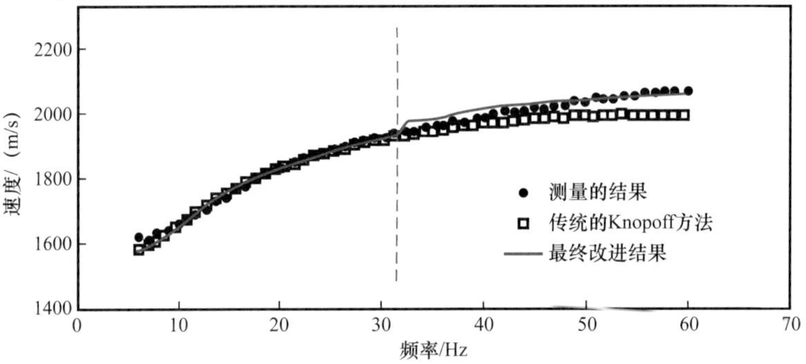

图 3-4-4　传统 Knopoff 方法与改进算法的综合比较（以低速夹层为例）

3. 反演算法

将瑞利波频散曲线的反演作为一个基于泰勒级数展开的线性化问题来解决，Xia 等（1999）在反演算法中采用了 Marquardt–Levenberg（L–M）方法和奇异值分解（SVD）技术。众所周知，如果一个初始模型与真实模型偏离太大，线性化反演会产生局部最小解。幸运的是，在地震勘探中经常有钻井、井口或折射数据，这些数据可以为初始速度模型的建立提供很好的参考。此外，在大多数情况下直接从频散曲线计算的半波长结果也可以作为令人满意的初始模型。考虑到瑞利波的频散对所有参数（S 波速度、P 波速度、密度和厚度）中的 S 波速度最敏感，可以选择仅反演 S 波速度，而不是同时反演厚度和 S 波速度。在多数情况下，反演可以减少 S 波速度反演模型的模糊度。该算法的另一个优点是计算速度快于非线性方法，这是高密度三维地震勘探的基本要求。

4. 瑞利波理论合成数据测试结果

理论合成数据可以很好地测试反演算法的稳健性和准确性。两种试验模型的参数见表 3-4-1 和表 3-4-2。正演时，子波的主频为 30Hz，接收间隔为 2m，总接收道数为100。图 3-4-5 显示了根据模型 1（表 3-4-1）产生的瑞利波合成地震记录及其相移法计算的频散谱。基阶、第一高阶和第二高阶可以很容易地在频散谱中解释。图 3-4-6 显示了真实的 S 波速度模型（黑色实线）、四种不同的初始模型（蓝色虚线）及基于图 3-4-5（b）手动拾取的基阶频散曲线的反演结果（红色实线）。从图可见，四种不同初始模型的所有反演结果几乎相同，比商业软件更接近真实模型。表 3-4-2 中的模型 2 用于测试具有低速反转的近地表模型，图 3-4-7 展示了初始模型与反演结果，通过比较，可以看出本节方法的反演结果也优于商业软件。

表 3-4-1 模型 1 的参数

厚度 /m	v_{p}/（m/s）	v_{s}/（m/s）	密度 /（g/cm³）
10	650	376	2.0
50	1800	1040	2.0
∞	3000	1734	2.0

表 3-4-2 模型 2 的参数

厚度 /m	v_{p}/（m/s）	v_{s}/（m/s）	密度 /（g/cm³）
30	1000	500	2.0
15	600	300	2.0
∞	1200	600	2.0

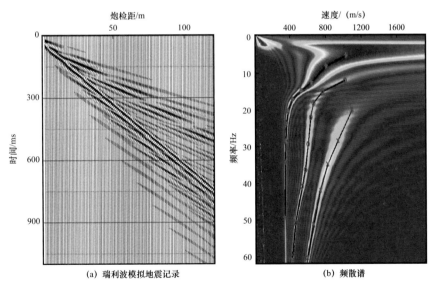

(a) 瑞利波模拟地震记录 (b) 频散谱

图 3-4-5 理论模型 1 的例子

5. 勒夫波合成数据测试结果

通过研究发现，勒夫波比瑞利波具有一些独特的优点。第一个优点是勒夫波的频散与纵波速度无关，它是横波速度、密度和层厚的函数，所以勒夫波的反演应该比瑞利波

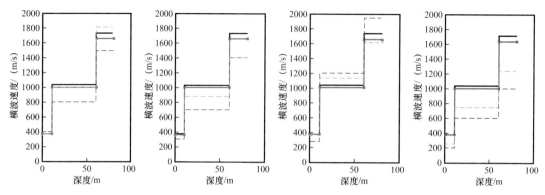

图 3-4-6　四种不同初始模型反演的横波速度与真实速度的比较

基于图 3-4-5（b）拾取基阶频散谱。黑色代表真实模型，蓝色代表初始模型，绿色代表商业软件，
红色代表本节方法

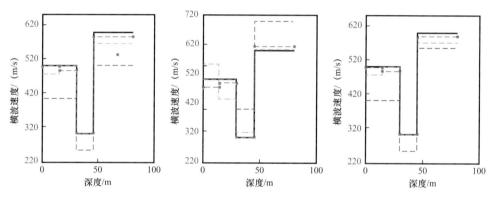

图 3-4-7　具有速度反转的近地表模型 2 的反演结果

黑色代表真模型，蓝色代表初始模型，绿色代表商业软件，红色代表本节方法

更稳定。第二个优点是勒夫波的频散谱比瑞利波的频散谱简单得多，瑞利波频散谱中频繁出现的"模式亲吻"现象在勒夫波分析中很少发生（Xia J et al.，2012）。图 3-4-8 显示了瑞利波和勒夫波之间的频散曲线比较。同时从图 3-4-9 瑞利波和勒夫波的实际资料频散谱比较中可以看出，勒夫波的频散谱比瑞利波的频散谱更连续，具有更高的信噪比。

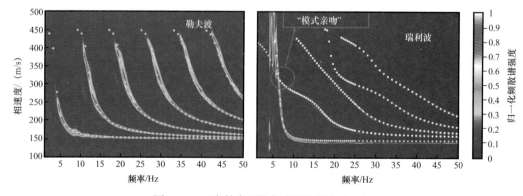

图 3-4-8　瑞利波和勒夫波的频散曲线比较

为了说明初始模型对反演结果的影响，做了一个两层简单模型测试，图 3-4-10 显示了使用两种不同初始模型的瑞利波和勒夫波反演的结果比较，可以看出勒夫波频散反演比瑞利波反演更容易收敛到真实模型。

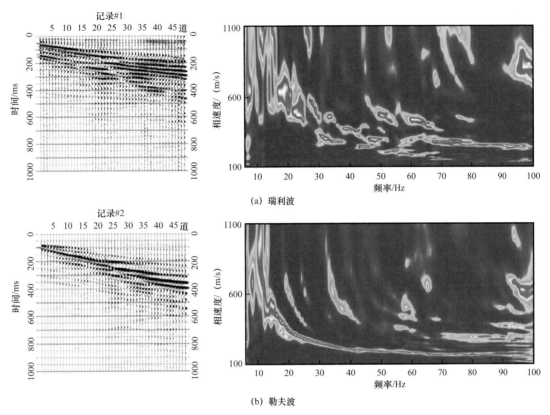

图 3-4-9 瑞利波与勒夫波的实测频散谱比较

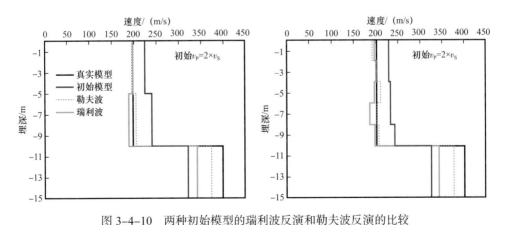

图 3-4-10 两种初始模型的瑞利波反演和勒夫波反演的比较

两层简单模型：第一层的厚度为 10m，纵波速度、横波速度分别为 350m/s、200m/s；第二层的纵波速度、横波速度分别为 600m/s、400m/s，密度均为 2g/cm³

二、石油地震勘探的面波多道瞬态反演

1. 地震勘探中的面波特征

地震波的传播速度在地表附近一定深度范围内，往往要比其下面的地层低得多，这个深度范围的地层称为低速带。某些地区，在低速带与高速层之间，还有一层速度偏低的过渡区，叫降速带。这就是石油勘探关注的低（降）速带表层模型，可以用一个速度递增的二层或三层模型来描述。只是在个别地区，如盐碱滩等表层存在一层硬的高速层，从而产生了低速夹层的情况。

地震勘探中振动的激发和接收都是在地表进行的，其实就是在地球的自由界面上进行的，由于地表下存在非均匀的低速带和降速带，使石油勘探施工方法的物理模型等效于在一个二层（或三层）介质上的激发、接收，从而采集得到的地震记录中就出现了频散的面波。

在探测地球结构的天然地震、石油地震勘探和工程地质勘察中都会出现面波，并且由于激发和接收方式的原因，这些面波主要以瑞利波为主。事实上在上述三种不同尺度的地震勘探方式中存在的瑞利波本质都是一样的，不同的只是这三种探测方式的震源、信号的记录方法、勘探的目的和瑞利波的频带等（表3-4-3）。从表3-4-3可以看出，天然地震利用瑞利波的大尺度探测能力，瞬态法利用瑞利波的小尺度探测能力，而石油地震勘探中的瑞利波相对具有中等尺度的探测能力，但探测原理都是相同的。

表3-4-3　三种勘探形式的瑞利波特征

探测方式	激发震源	面波频带 / Hz	面波能量	探测深度 / m	地层厚度分辨率 / m
地球结构探测	天然地震	0.01～10	大	$n \times 10000$	≥1000
石油地震勘探	3～20kg 炸药	1～30	中等	10～300	≥5
工程地质勘查	重锤或炸药	1～200	小	0.1～50	≥0.1

通过面波理论模型的计算和大量的实际数据分析可以发现，石油地震勘探大炮记录中的面波有如下特点：

（1）地震勘探面波的主要频带范围为1～30Hz，地震记录中最常见的、能量最强的一组低速面波其实就是基阶模式，它充满整个频带范围，而所谓的第二组、第三组面波属于高阶模式的面波；

（2）地震勘探记录的主要是基阶的面波，在表层存在高速层的地区（盐碱滩）会产生较强的高阶面波，高阶模式有最低截止频率，阶数越大截止频率也越高，频带范围越低，高阶的模式越少；

（3）大多数情况下，石油勘探低降速带产生的瑞利波呈现正频散特征，即高频的相速度低，而低频的相速度高。

2. 多道瞬态面波分析流程

石油勘探主要使用反射地震采集方法，无论二维地震勘探还是三维地震勘探，都可在以震源为中心、向外的任何角度射线方向上切出一张二维剖面，然后在其中分析地震波场的传播情况。事实上，瞬态面波法与石油地震勘探的观测系统是完全类似的（图3-4-11），两者的工作原理完全一样，唯一的区别在于探测尺度的差异。反射地震勘探记录中深层的主要信息是反射波和各种干扰波，在浅层距离震源一定范围内面波能量占优势，初至部分包含了直达波和折射波，应用"切除 + 滤波"等方法能把面波信号有效地提取出来，然后就能采用与瞬态面波法相类似的思路对其作处理，从而得到石油勘探面波的频散曲线。

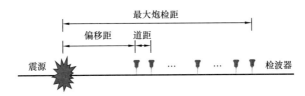

图 3-4-11　石油地震勘探观测系统

在勘探前期的地面地质调查、小折射和微测井工作能提供表层的岩性、分布范围、密度、纵波速度等第一手资料，通过对这些资料的分析，可以估算出反演所需的低降速带底界最大埋深、薄层的厚度等参数。

面波与反射波、折射波和其他干扰波的波场混叠在一起，为了尽可能多地提取出面波信号，可采用人工逐炮分析的方法，首先通过顶切和底切分离出面波数据，然后再在 f—k 二维波场中进一步分离面波和其他的波，从而提纯面波。

石油地震面波主要分布在距离震源一定炮检距范围的道内，随着传播距离的增加，各个面波分量由于频散逐渐分离开，同时加上波前面的几何扩散，面波逐渐被"淹没"于深层的反射波中。因此选取离震源最近的单边排列若干道内的面波，反演获得的横波速度—深度曲线是这些道范围内表层结构的综合反映，根据工程勘探的经验，把该平均结果认为是面波排列中点处的横波速度—深度曲线，这是一维的横波剖面。目前常规的二维勘探采用中间放炮方式，因此，一炮记录可计算出两个点的横波剖面。获得多个点的横波速度—深度曲线后，在横向上作关于横波速度的等值线，从而得到二维的横波剖面。

3. 应用实例

1）小道距面波反演实例

目前，能够表明瑞利波反演的 S 波速度与地震勘探中的其他近地表资料（包括微测井资料、小折射资料和层析成像反演）之间具有良好的相关性的实例很少，主要原因是：（1）微测井、小折射资料测量纵波速度，而瑞利波反演结果为横波速度；（2）通常地震勘探中的微测井、小折射资料覆盖范围有限；（3）瑞利波反演需要小道距接收的地震资料，否则，空间混叠将导致假频问题。其中第三条是制约瑞利波反演在勘探地球物理中广泛应用的直接原因。

利用在新疆野外采集的 2m 道距高密度资料进行瑞利波反演对比试验、分析，如图 3-4-12（c）所示，即使在 5Hz 条件下，数据的速度—频散谱也具有非常清晰的频散特征。这种资料的另一个优点是，由于其超高密度的道间距，可以获得相对较好的折射解释结果。基于先验信息，在无限半空间上方建立了 11 层（11×10m＝110m）的初始模型，根据瑞利波频散曲线计算的半波长解释结果，给出了各层的层速度。如图 3-4-13 所示，注意两条曲线之间的良好相关性，很明显，0~10m 对应第一层，与折射解释一致。50~110m 对应另一层，与折射解释的第三层一致；这种反演与折射解释的唯一区别是，将 10~50m 解释为折射的一层，而在瑞利波反演中，将 10~40m 解释为一层，40~50m 解释为另一层。在反演中，可以选择 v_P/v_S 作为一个常数，也可以从浅到深是变化的。

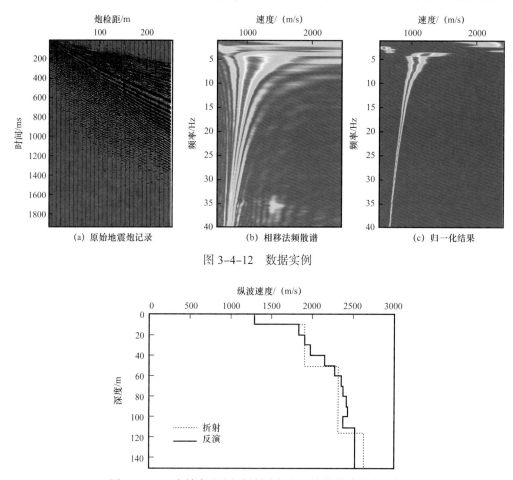

（a）原始地震炮记录　　（b）相移法频散谱　　（c）归一化结果

图 3-4-12　数据实例

图 3-4-13　瑞利波反演与折射波解释反演的纵波速度比较

为了验证面波反演的有效性，基于拾取的初至，利用多尺度层析（MST）反演其近地表结构。MST 方法可以同时对一组不同大小的子模型进行速度异常反演，比单尺度层析成像更有利于处理射线覆盖差和不均匀的数据。图 3-4-14 中的彩色剖面分别是层析反演和瑞利波反演的结果。黑线的长度表示基于层析成像使用的初至信息的进行折射解释的深度。层析反演和瑞利波反演的结果都与折射解释结果有很好的相关性。相比之下，瑞利波反演的结果在剖面的较深处上给出了比层析反演更多的细节，而且层析结果中的波速在3000m/s的小范围内在水平方向上变化非常显著，这是由于剖面两侧的射线覆盖程度不够造成的。

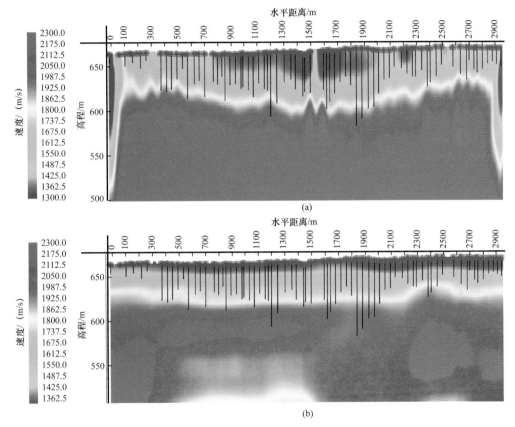

图 3-4-14　基于层析反演（a）和瑞利波反演（b）的纵波速度剖面对比

黑色实线表示根据折射数据计算的深度

2）常规道距面波反演实例

利用新疆某地区地震勘探实际采集的二维大炮资料作试处理。工区地形主要为山地和山前砾石戈壁。山体区露头以新近系砂岩、泥岩和白垩系为主；山前砾石区岩性为第四系的砾石和现代沉积，厚度一般在十几米以上，且变化较大，砾石区岩性结构非常松散，胶结程度差。根据干扰波调查结果，面波分为两组，第一组的视速度为1000m/s，视频率为10Hz；第二组的视速度为1400m/s，视频率为12Hz。

选用该工区一条测线的相邻24炮作分析。每炮610道，道距为20m，炮点距为60m，中间放炮，偏移距为20m；2ms采样间隔，记录长度为8s；使用Serscl-408XL遥测数字地震仪，低截频率3Hz；JF-20DX10Hz检波器，采用4串或3串面积组合；井中激发，使用高密度硝铵成型药柱，一般药柱顶在高速层顶界面以下3~5m。图3-4-15至

图 3-4-17 显示了其中典型的三炮记录，对于每炮记录，根据一般原则，选取单边排列上离震源最近的 40 道进行处理。

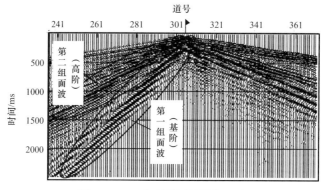

图 3-4-15　典型的原始单炮记录

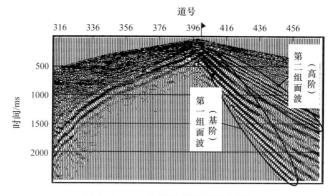

图 3-4-16　典型的原始单炮记录

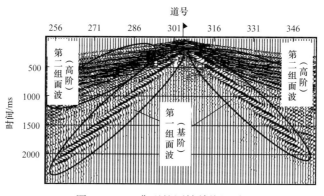

图 3-4-17　典型的原始单炮记录

　　分析面波涉及的米桩号范围是 417860～419660，长约 1800m，在此范围内共作了三个小折射和一口微测井（表 3-4-4），这四个点的结果说明，在面波的范围内低速层的厚度稳定，约为 20m，纵波速度约为 1000m/s；高速基岩的纵波速度约为 3000m/s。

表 3-4-4 小折射、微测井测量成果表

序号	米桩号	测量方式	解释成果				
			速度 v_0/（m/s）	厚度 h_0/m	速度 v_1/（m/s）	厚度 h_1/m	速度 v_2/（m/s）
1	417920	小折射			968	20.0	2925
2	418700	小折射			906	20.0	2568
3	419600	微测井	405	2.4	1099	19.77	3034
4	419660	小折射			1027	21.8	2983

把每炮记录的面波分别提取出来用相移法计算频散谱，然后拾取出各自的频散曲线（图 3-4-18）。根据野外岩性录井的结果可知，米桩号在 417860～419660 范围内的表层主要为砂石、砂土和泥岩，因此可取反演时的薄层密度 $\rho=2.3\text{g/cm}^3$、泊松比 $\sigma=0.3$。参照野外实测的小折射、微测井成果，最终选定反演所用的低降速带最大埋深为 100m，薄层厚度为 5m。

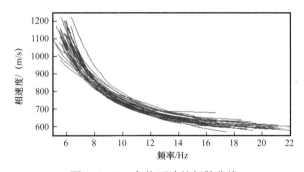

图 3-4-18 各炮面波的频散曲线

确定好薄层光滑模型反演所需的所有参数后，对每条频散曲线作反演，如图 3-4-19 所示，纵波和横波都揭示在 20m 深度附近是一个速度变化点，结合小折射和微测井的结果，可以断定在米桩号 417860～419660 范围内的低速带埋深基本上为 20m，而反演横波在 20m 深度以下部分为低速带到高速层的过渡带。因此，面波调查的表层结构与小折射、微测井实测结果是基本一致的。

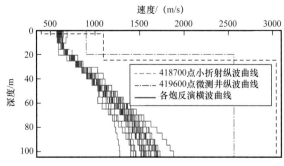

图 3-4-19 反演横波曲线与小折射、微测井实测纵波曲线对比图

　　把每个测点反演出的横波—深度剖面加上地形校正（即加进海拔高程信息），然后在横向上作关于横波速度的等值线，就能作出图 3-4-20 所示的二维横波剖面。该图详细揭示了在米桩号 418110～419470 约 1360m 区域内表层横波速度从浅到深的变化情况，而野外施工时，在此范围内仅在 418700 点作了一个小折射。由此可见，采用大炮记录中的面波能够高密度地调查表层结构。

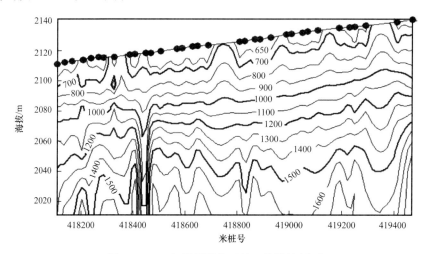

图 3-4-20　加了地形校正的二维横波剖面
●表示各炮面波排列的中点；等值线表示横波速度，m/s

第四章 初至拾取方法

初至波指激发的地震波，经过地层传播，最先到达检波点的地震信号。对于不同的地表地质条件，初至波的能量、相位、频率特征都存在一定的差异。初至波种类很多，比较常见的有直达波、折射波、回折波等，但主要是折射波。由于传播时间和路径都相对较短，其频率特征、振幅特征、相位特征保真度比较高，利用它能较好地反映出近地表层的实际地质变化情况，从而完成静校正量的计算。室内初至波静校正成本相对较低，而且能反演出比小折射和微测井更详细的近地表层速度和厚度，从而能很好地解决复杂地区的静校正问题（陈启元等，2001），如沙漠、黄土塬及山地勘探等。但随着勘探技术的发展，接收道数不断增加，初至拾取工作量越来越大，初至拾取已经成为处理人员最不堪忍受的、最枯燥的工作之一，也占据了相当比重的处理成本，所以需要研究新的、高精度、高效率的初至波自动拾取方法，以满足复杂地表静校正研究和实际地震资料应用需求。

随着地震勘探技术的发展，初至波自动拾取技术也不断发展和成熟起来，这些初至拾取方法有着各自的特点、优点，但一般都是利用初至波的振幅、相位、波形特征去判别和拾取初至波。地震数据处理人员可以根据不同的勘探区域，以及初至波的信噪比高低和背景噪声特点，去选择不同的初至拾取方法。对于信噪比较高、背景噪声较弱的初至，很多初至拾取方法拾取的精度都基本上能满足要求；而对于比较复杂的初至波，常规拾取方法的效率和精度很难满足实际地震资料处理的需要。如何能够自动、准确地拾取初至，减少人工修改和拾取初至的工作量，提高地震数据处理的效率和质量，仍然是一个需要持续研究的课题。

第一节 自动拾取方法原理

目前，初至拾取的方法主要是根据地震波振幅、相位、频率等特征的变化情况以及相邻地震道之间的相关性来判断初至点的位置。这些方法主要分为数字图像处理法、时窗地震属性特征法、神经网络法等。其中，应用较多的是相关法、能量特征法、瞬时强度比法、分形维数法等，这些方法主要是通过初至波时窗内属性特征变化确定初至位置。现有的方法大致可以分成四大类（罗光，2012）：

第一类是基于地震信号振幅特征的方法，代表有能量比值法、最大振幅法等（Coppens F，1985；刘志成，2007；张伟等，2009）。这类方法假设地震波到达前接收到的信号是动态均衡的，而当地震波到达后动态均衡被打破，在接收到的地震信号上出现了拐点，这个拐点具有瞬时性，当初至波到达后，地震信号又恢复到一个新的动态平衡。

这个拐点就是地震数据处理中的初至波，具有较强的振幅特性。最大振幅法和能量比值法就是根据这一特性拾取初至波。这种方法的主要缺点是对噪声敏感，当地震记录的信噪比较低或是初至特征不明显时，很难保证拾取初至的精确性。

第二类是基于地震信号波形特征的方法，主要是以地震记录中各地震道的整体特征为出发点，代表方法主要有相关法、约束初至拾取法和线性最小平方预测法等（Peraldi R et al.，1972）。这类方法能够对地震记录中的噪声起到一定的压制效果，对噪声不敏感，具备一定的抗噪声能力，但对于地表情况比较复杂，地震波波形变化很大，噪声太强的初至波拾取效果不理想，但该类方法有速度快、容易实现等优点。

第三类是综合利用地震初至波的多维信息，代表技术主要有神经网络初至拾取技术、分形走时初至拾取技术以及模式识别技术等，如 Boschetti F 等（1996）、Tosi P 等（1999）、Jiao L 等（2000）提出分形维数方法；Murat M 等（1992）和 Zhao Y 等（1999）提出神经网络算法。这类方法目前的应用面还比较少，主要是针对有一定相似度的初至波拾取，如海上地震数据初至拾取。但对地震数据初至波的信噪比依赖性较大，很多数据拾取效果不理想，尤其是复杂近地表数据初至波拾取，这类方法实现起来比较困难。

第四类是采用图像法进行初至拾取。该方法主要根据初至波反映在图像中的特点和规律进行初至波的拾取，如基于边缘检测以及边界追踪等技术的初至波自动拾取方法（李辉峰等，2006；潘树林等，2005；Wail A Mousa et al.，2011）。这种方法借助于现已较为成熟的图像边缘检测等技术，可有效地降低地震记录中噪声带来的影响。

一、能量比值法初至拾取

在地震记录上，初至时间是一个非常特殊的点。在它之前的地震有效信号为零，存在的只是噪声，而在它之后是有效的地震信号。初至前后时窗内的地震能量特征存在非常大的差异，能量比值法就是利用这一特点判断初至时间。

选取炮集记录，定义初至拾取参考时窗，然后在时窗内使用能量比值法自动拾取初至波。在初至参考时窗的选取中，起始时间可按照初至波速度来分段定义（可先应用静校正量），在单炮记录上交互设定时窗大小，选择的范围尽量使整个工区的初至包含在时窗内。对时窗内每道记录按下式计算能量比，滑动时窗得到能量比曲线。能量比值计算公式为：

$$F(i) = \frac{E(w_i)}{\dfrac{1}{i-1}\sum_{j=1}^{i-1}E(w_j)} \tag{4-1-1}$$

式中　$F(i)$——当前视周期的能量与前面视周期能量平均值的比值；

　　　$E(w_i)$——地震波形在第 i 视周期内的能量。

如果 $F(i)$ 大于一个阈值 R 时，则认为视周期 w_i 为折射波。如果将 $E(w_i)$ 换成视周期的极大值 $A_{\max}(w_i)$，就是极大振幅比值的计算公式。本节将简要介绍两种方法。

1. "好初至波"拾取技术

刘志成（2007）提出的初至智能拾取技术是对 Coppens F（1985）的滑动时窗能量比值法的改进，并根据实践经验得出识别"好初至波"的判别方法。

设第 m 记录道 $x(t)$ 的离散序列为 x_i，其振幅绝对值 A_m 的平均为：

$$A_m = \frac{1}{n} \sum_{i=1}^{n} |x_i| \tag{4-1-2}$$

式中　n——采样个数；

　　　i——采样序列号；

　　　x_i——采样点 i 处的振幅值。

给定时窗 W，能量比 a_i 为：

$$\begin{cases} a_i = \sum_{j=i}^{i+W} x_j^2 / \left(A_m^2 W + \sum_{k=1}^{i} x_k^2 \right) \\ b_i = a_i \cdot i \\ c_i = a_i \cdot i^2 \end{cases} \tag{4-1-3}$$

式中　i——时窗内起始样点序号。

分别求取 a_i、b_i 和 c_i 的最大值以及最大值出现的采样序号 p_1、p_2 和 p_3：

$$\begin{cases} A_{p1} = \max\{a_1, a_2, a_3, \cdots, a_n\} \\ B_{p2} = \max\{b_1, b_2, b_3, \cdots, b_n\} \\ C_{p3} = \max\{c_1, c_2, c_3, \cdots, c_n\} \end{cases} \tag{4-1-4}$$

式中　A_{p1}、B_{p2}、C_{p3}——对应能量比序列中的最大值。

当满足条件时，记录道 $x(t)$ 的初至波为"好初至波"，为初至波峰的采样序号近似值：

$$P = p_1 = p_2 = p_3 \tag{4-1-5}$$

由式（4-1-3）可知，a_i 表达式计算了短时窗内的能量与一个滑动长时窗（从零点到短时窗的起始处）内的能量之比，能量比最大的时间是初至波峰的估计值。a_i 对初至波到达前随机噪声的能量变化较敏感，c_i 却大幅度提高了续至波的能量比值而降低了初至波到达前随机噪声的能量比值，b_i 则为两者的折中。"好初至波"的识别过程是一个筛选过程，a_i 与 c_i 总是相互对立，b_i 介于二者之间，而 P 点则是对立统一的平衡点。

式（4-1-5）的条件比较苛刻，不能得到足够多的"好初至波"，在资料信噪比过低且得不到"好初至波"的情况下，可以考虑退而求其次：

$$\widetilde{P} = p_1 = p_2 \tag{4-1-6}$$

$$\widetilde{P} = p_2 = p_3 \tag{4-1-7}$$

式中　$\widetilde{P}$——初至波峰的采样序号近似值。

即当满足式（4-1-6）和式（4-1-7）之一时，记录道 $x(t)$ 的初至波为"好初至波"。式（4-1-6）和式（4-1-7）的条件相对宽松，但不严谨，在实际应用中最好还是采用式（4-1-5）。

由于 P 点只是初至波峰的大概位置，因此在一个短时窗内根据地震波形找出波峰的位置，并不要求短时窗等于或约等于初至波的视周期，通常给 40ms 即可。图 4-1-1 是合成记录道识别"好初至波"的结果。由图可见，p_1、p_2 和 p_3 聚焦成 P 点，该记录道存在"好初至波"。

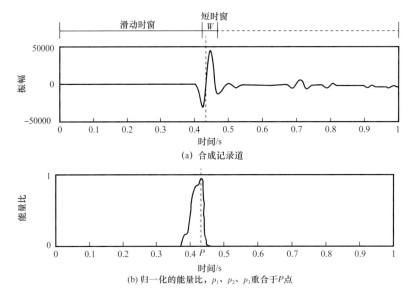

图 4-1-1　合成记录道"好初至波"识别结果

图 4-1-2 是较理想的实际记录道识别"好初至波"的结果。p_1、p_2 和 p_3 聚焦成 P 点，说明该记录道存在"好初至波"。

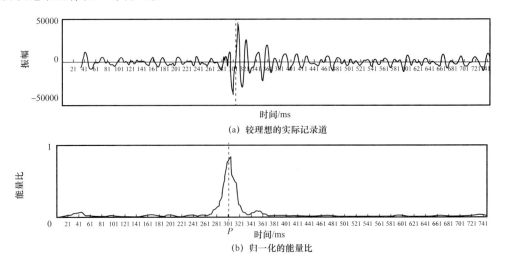

图 4-1-2　较理想的实际记录道"好初至波"识别结果

2. 初至波迭代拾取方法

许银坡等（2016）在前人的基础上提出了初至波迭代拾取方法，主要包括：结合图像处理和现有的拾取方法，提出了新的能量比值公式，尽量避免随机干扰波和续至波的影响；对拾取的初至波进行质量评价，剔除异常初至波；利用层位追踪等技术对异常初至修正，提高拾取初至的数量和质量。具体实现步骤如下。

1）初步拾取

结合图像处理和现有的拾取方法，采用新的能量比值公式计算每一道每个采样点处的能量比值：

$$R(r) = \frac{\left[\dfrac{N}{M + A^2 W(s)}\right]^4 (M-N)^2}{r^2} \qquad (4\text{-}1\text{-}8)$$

式中　M——所用道的长时窗内所有采样点的能量之和，$M = \sum\limits_{p=1}^{r} x_p^2$；

　　　N——当前点之后 $W(s)$ 个采样点的能量之和，$N = \sum\limits_{p=r}^{r+W} x_p^2$；

　　　A——一道的振幅绝对值和的平均值，$A = \dfrac{1}{n}\sum\limits_{r=1}^{n} |x_r|$；

　　　r——长时窗的结束样点，每一道的第一个采样点到当前采样点的长度为长时窗；

　　　x_p、x_r——分别为采样点 p、r 对应的振幅值；

　　　n——一道的采样点数；

　　　$W(s)$——短的计算点数，计算点数随炮检距 s 不断变化；

　　　$A^2 W(s)$—— 主要是为了提高初至拾取的稳定性，$(M-N)^2$ 主要是减小初至前随机噪声的干扰，部分地压制了初至波到达前的随机干扰，提高初至拾取精度。

实现步骤如下：（1）在初至附近选定一定范围内时窗，如图 4-1-3（a）所示，时窗内数据如图 4-1-3（b）所示；（2）对时窗内数据利用新的能量比值公式计算每个采样点的能量比值，如图 4-1-3（c）所示；（3）利用式（4-1-8）在不同信噪比的地震道上寻找初至波峰点。

图 4-1-4（a）是不受干扰的地震道，图 4-1-4（b）是具有较大干扰波的实际地震道。对信噪比高的地震道，Coppens F（1985）方法和和改进后的方法均能有效地确定初至波峰点位置，但是对信噪比低的资料，改进后的方法具有较强抗干扰能力，有效确定初至波峰点位置。

2）初至评价

影响初至拾取质量的因素有很多，如震源类型、信噪比、近地表结构变化、坏道、异常道等。因此在任何一种自动拾取的过程中，有效检查将有助于减少错误的初至拾取，提高拾取的成功率。现有的自动质量控制拾取方法主要使用标准方差来判断初至异常值

（徐钰等，2011；Sabbione J I et al.，2010），这类方法对于地表变化不大的探区非常有效，但对于初至变化大的探区不能有效检测奇异值。

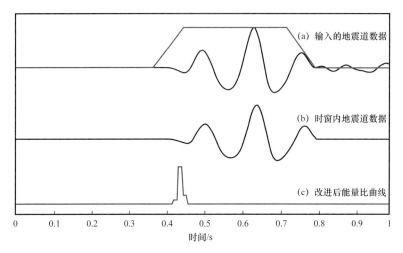

图 4-1-3　方法改进后的能量比值曲线

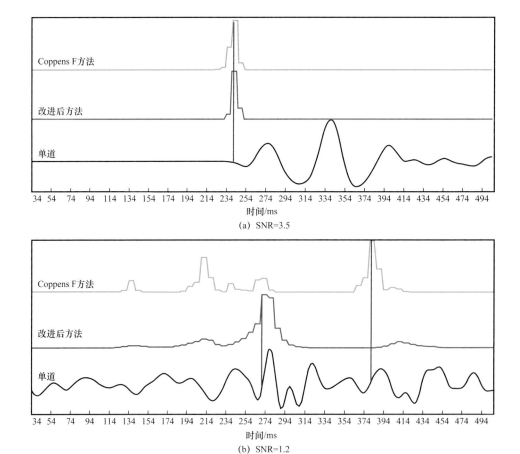

图 4-1-4　不同信噪比资料的能量比曲线

由于初至波主要由折射波、直达波及回折波组成，回折波可看成是由多组折射波复合而成的，同一炮的相邻两个检波点的初至起跳时间一般不会有较大的突变，根据此假设，相继各道合理的拾取时间应形成连续的折射段或同相轴。另外，也可以对原始地震资料应用静校正和线性动校正，在消除地表起伏或传播距离对初至分布的影响后，初至应变得光滑和有序。可以根据这些特点，对拾取的初至质量进行评价。

计算一炮相邻道的初至时间差的绝对值的平均值 $\bar{\omega}$ 为：

$$\bar{\omega} = \sum_{i=2}^{m} \frac{|t_i - t_{i-1}|}{m-1} \tag{4-1-9}$$

式中　m——一炮的总道数；

t_1，t_2，$\cdots$，t_m——分别为第 1 道至第 m 道的初至时间。

任一道初至时间 t_i，对相邻初至时间差分进行组合，如果满足 $|t_i - t_{i-1}| < k\bar{\omega}$ 条件中的任意一个，该道初至的可信度系数为 1，如果均不满足，该道初至的可信度系数为 0。门槛值 $0 \leqslant k \leqslant 1$，缺省情况下为 0.5。对信噪比高的资料，该门槛值参数取得大一些，反之，该门槛值参数取得小一点。

相邻道的初至时间不能有较大的跳跃，根据这一原则，对于跳跃较大初至点，以五点取样法为理论依据，进行初至可信度计算，即选取任一道初至时间，对该道和相邻的前后四道初至时间排序，如果某道排序前后的位置序号差不小于 2，则该道初至的可信度系数为 0，否则该道初至的可信度系数为 1。

结合上述两种方法对每道可信度计算，每一炮每道初至都得到两个可信度系数，对于任一道，如果两次得到的可信度系数均为 1，该道为可靠初至，否则为可信度低初至。

3）二次拾取

自动拾取后，部分道的初至可能没有被拾取。为增加拾取道数，最大限度地找出初至时间，需将可靠初至作为给定数据点，对可靠初至分布进行拉格朗日、多项式等不同形式拟合；以可信度低的初至道拟合线作为中心，拾取范围为拾取短时窗长度的一半，通过可靠初至的波形和能量在该局部小范围内重新拾取可信度低的初至。

二次拾取过程中，利用初至波的能量、频率、波形等对初至波再次进行判断，剔除掉异常初至波，提高自动拾取质量，减少手工交互的工作量。通过对自动拾取不准确的初至评价和二次拾取，可极大地减少手工编辑的工作量，使拾取工作效率提高几倍至十几倍。同时，初至拾取精度的提高，也可更好地提高静校正效果。

为了验证该方法的实用性，应用该方法对西部某可控震源资料（图 4-1-5）进行初至拾取测试。该地区地形高差大，表层多为不含水的干燥地层，风化层变化剧烈，存在较强的 50Hz 干扰和固定源干扰，整体背景噪声很强，从而给初至拾取带来困难，常规的拾取方法不能较好地拾取。图 4-1-5 红色标记为初步拾取的结果，由于噪声的影响，很多道信噪比低于 1，已经无法识别初至波的精确位置，因此很多受干扰的道拾取初至位置不正确。

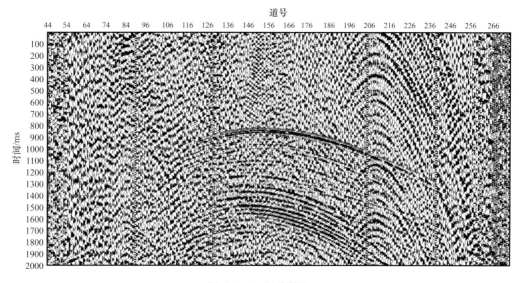

图 4-1-5　初步拾取

　　初步拾取完成后，可以看出地震记录上异常道的初至无法精确定位，因此对初步拾取的初至需要进行评价，对异常道进行筛选、剔除，但是第 9054 道和第 9106 道附近相邻道连续性好的异常初至波还不能有效识别。经过初至评价，寻找标定可靠的初至，利用可靠初至在局部范围内对可信度低的初至道进行二次拾取，但是在二次拾取过程中对相对连续性好的异常初至进行剔除，拾取结果如图 4-1-6 所示。对比图 4-1-5 和图 4-1-6 可以看出，图 4-1-5 中第 54 道和第 106 道附近的初至波在初至评价的过程中未识别出来，但是在二次拾取的过程中利用初至波的能量、频率、波形等进行判断而被剔除掉了。

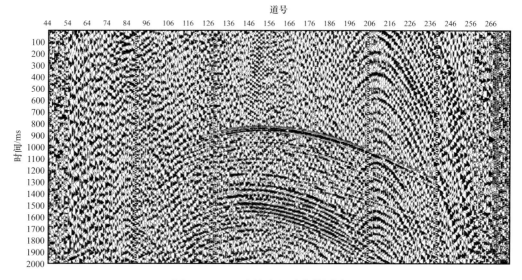

图 4-1-6　二次拾取和异常值剔除

通过探区实际地震资料应用效果表明：对于可控震源资料，当噪声很强、信噪比接近 1 时，噪声和信号不易分辨，现有的自动拾取方法将失效，只能人工进行交互拾取，但利用改进后的方法能较好地自动优选拾取初至。

这种初至波自动拾取技术抗干扰能力强，无需建立约束模型，对井炮和海量可控震源资料均能有效拾取。该方法利用初至评价方法自动优选可靠初至，剔除异常道；利用优选的可靠初至对异常初至进行二次拾取；二次拾取完成后对初至波进一步判断评价，进而提高拾取精度和道数。该方法能灵活应付不同复杂度的资料，特别是对于海量的可控震源和地表起伏大、信噪比低的资料，初至拾取质量高，后续静校正效果好，满足实际生产应用需求。

二、基于互相关的初至波拾取

互相关技术能够比较两个波形的相似程度，当两个波形的变化形态完全一致时，相关系数达到最大值。而两个波形的变化形态完全相反时，相关系数为零。地震勘探中，因相邻两道接收点位置的不同以及地下界面的起伏变化等因素，由相同震源引起的反映地下同一反射界面的反射波在相邻两道上出现的时间将会不同。此时对相邻两道作零延时相关分析时，相关系数会比较小。若选择合适的延迟时间 t_0，对其中一道作 t_0 延迟后再与另一道作相关分析，就可以获得最大的相关系数，此时的 t_0 值在应用中有着非常重要的意义，它反映了所研究的两个信号之间的时差，利用该时差可以得到两相邻道初至波的位置。相关系数的计算公式：

$$r_{xy}\left(t_0\right) = \sum_{t=t_1}^{t_0} x_t y_{t-t_0} \tag{4-1-10}$$

式中　$r_{xy}\left(t_0\right)$——t_0 的分别为一个函数，也是两信号 x_t 与 y_t 的互相关函数；

　　　t_0——延迟时间。

当 $r_{xy}(t_0)$ 达到最大值时，说明 y_t 在时间延迟 t_0 后与 x_t 最相似。在自动拾取中，$r_{xy}(t_0)$ 达到最大说明 x 记录 t 时刻的波形与 y 记录 $t-t_0$ 时刻的波形在同一搜索窗口内为初至波位置，根据该思想可以实现对所有记录道初至波的自动追踪。这种方法不能生成折射勘探中的绝对初至时间信息，需要利用从微测井调查或从若干剖面中得到的其他信息对初至波追踪结果数据进行标定，才能由折射数据得到最终的深度模型。

互相关中所用输入道的数据不应限制在数据的起止时间内，因为这会引起一些非零延迟时间的乘积为有效数据与零相乘，这会导致互相关振幅的减小。在用小时窗和大延迟时间时，这是一个值得重视的因素。因而，输入道的长度至少应为时窗的时间长度加上互相关中所使用的最大延迟时间。

通过扫描互相关函数 $r_{xy}(t_0)$ 的最大峰值，可得到两输入道间的时差。时间应精确到最接近的毫秒数，可以使用最大峰值两侧的值进行内插或重采样以缩短采样周期和拾取最大值的时间。如果两道完全相同，则归一化的互相关函数的振幅应为 1.0。随着振幅减小，两道之间时移的不确定性增加。当振幅低于规定的门槛值时（对应于质量较差的互相关函数），通常不再拾取时移。

当资料质量较差，没有主波峰，只能拾取几个可能的波峰时，保守的做法是拾取最接近零时刻那个峰值或拾取预期的时间差。自动拾取时应给出可供选择的若干个峰值，以后用有效性检验确定最合适的峰值。

如果两个输入道中有一道极性反转，则在互相关曲线上看到的是主波谷而不是主波峰。如果极性反转的道与某一特定的检波点位置有关，则对应的相邻两对检波点位置的互相关函数将含有一个主波谷。

早期计算剩余静校正的方法采用的是互相关技术（Disher D A et al., 1970; Martin L A, 1978）。图4-1-7展示了由炮点S分别到检波点R_1、R_2和R_3的射线路径，所用的模型为两层，其速度分别为v_1和v_2。如果用互相关方法比较在R_1、R_2两个接收点记录的折射波，则测得的时差就是射线路径$SABCR_2$和$SABR_1$之间的旅行时间之差的估计值。这里有两个关键分量：一个是在两个检波点处穿过近地表层的时差；一个是折射层分量，即以v_2传播的距离BC，当然也存在噪声分量。

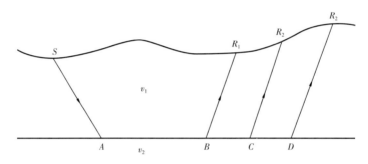

图4-1-7　共炮点记录的互相关射线路径
v_1为近地表即风化层速度；v_2为折射层速度

对不同炮点在同一对检波点间的一系列互相关函数确定的时差进行平均，可以减小噪声分量的影响。为保证平均过程的有效性，不能因为所用的炮检距不同而造成折射层改变。此外，对不同的炮点，检波点到检波点的距离应为常量，对三维和弯线记录不一定遵循此规律。作为一种可供选择的平均过程，可先对互相关求和然后再拾取。这样可在拾取之前改善信噪比，至少可减少品质差的资料在互相关中所起的作用。其他方案包括用模型道如共检波点叠加道（Gelius L J et al., 1984）与单道互相关，这种方法可用来分析折射资料和反射资料。如果沿测线所有相邻叠加炮相关叠加炮相关的各对检波点重复（例如从R_2与R_3、R_3与R_4、R_4与R_5等），就可以生成该测线的相对折射波至时间剖面。

如有检波点的极性反转，则相邻的两个连续的互相关函数将含有一个主波谷。如果不拾取主波谷（通常情况就是这样），而是拾取主波谷两侧，那么相对于波谷时间来讲，拾取的初至既可以为正的振幅，也可以为负的振幅，这时在相对折射时间剖面上可能会出现周期跳跃。

实际上，通常用折射层时差校正（即消除了折射层速度分量）后的数据作互相关，这样在互相关中，折射层速度项就变成了速度误差项。对弯线资料和三维记录，通常已把与检波点—检波点距离有关的误差减小到了可接受的程度，这是因为折射层时差校正使用了正确的炮检距。

然而，也许有这样的观测系统，它与互相关法所比较的折射路径没有相同部分。首先考察一下存在相同部分的情形，并对此作一回顾。如图 4-1-7 所示，对于检波点 R_1 和 R_2 存在的相同部分为在低速层的路径 SA 及折射层中的路径 AB。在与图 4-1-7 的布置相对应的平面图 4-1-8 中，炮点 S_1、S_2 和检波点 R_1、R_2 都位于同一线上。这样，炮点到两个检波点的射线路径绝大部分都是相同的。

如果炮点偏离测线，情况如图 4-1-8 所示的炮点 S_3 和 S_4。炮点穿过低速层和沿着折射层的传播路径对这两个检波点来说已经不同了。同理，对炮点 S_3 和 S_4，穿过近 R_2 地表层向上到达检波点 R_1、R_2 的射线路径也不相同。当炮点与检波点在测线上时，如图中 S_1、S_2 的情况那样，接收点的射线路径是相同的。

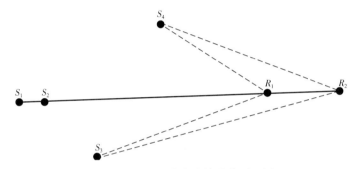

图 4-1-8　炮点偏离主接收线平面图

因此，如果接收线不直或炮点偏离测线，对于不同的炮点位置，两个相邻检波点间的互相关时间差不一定相同。在这些条件下，求平均值已不适合，必须估算出单个时差，并应用到将近地表三维特性考虑在内的解释技术中。然而，实际上，许多时候射线路径差（也就是到达时间之差）很小，所描述的平均方法可以用于所有数据或大部分数据。

如果采用中间放炮排列，必须对这排列的左右两半分别进行互相关处理。这是因为速度项随记录方向改变符号。在一个方向上，互相关是从大炮检距道到小炮检距道；而在另一个方向，互相关是从小炮检距道到大炮检距道。然而，这一差别可以并入平均过程，而且也可用于估计折射层速度。

一个坏检波点往往会产生两个低质量的互相关函数，为了克服这一问题，可以在可供选择的检波点间计算互相关，如 R_1 和 R_3、R_2 和 R_4、R_3 和 R_5 之间作互相关，等等。这些可用于有效性检查，或对相邻数值集合进行质量控制（QC），以便跳过质量不好的检波点，并形成偶数道和奇数道检波点剖面。Gelius L J 等（1984）指出：对有问题的资料，缺口（即跳过的接收道数）有可能需进一步加大。在出现道极性反转时，这种方法也可能是有益的。例如，R_2 与 R_3 和 R_3 与 R_4 的互相关都出现了主波谷，但 R_2 和 R_4 的互相关出现了主波峰，这表明 R_3 为反极性道。

对检波点之间的互相关结果，稍作修改就可以得到不同炮点位置等价的相对折射波到达时间曲线。这就需要把图 4-1-7 中的炮点、检波点互换。也就是说，用同一检波点来自两个不同炮点的地震道进行互相关。共炮检距数据也可以作互相关运算（Coppens F，1985，Martin L A，1985），这种方法可消除速度误差的影响，但两道之间的时差必须分裂为炮点分量和检波点分量。对于多次覆盖记录，可以对许多共炮检距剖面进行比较。各对不同检波点的两个炮点之间的平均时差接近于所需的炮点—炮点差，因为检波点项的平均接近于零。对于弯线或三维记录，通过保证共炮检距彼此相差不大的值使速度误差项最小，该值应精心挑选，使得在应用折射层时差校正后折射波的旅行时间之差不超过几毫秒。

但是由于受噪声的影响，初至信号往往发生畸变。这时若直接利用互相关计算某两道的相关时差，将会得到错误的结果。对此，可利用信噪比较高、波形正常的初至波对畸变了的初至波进行整形滤波，恢复初至波的原貌，确保互相关计算的精度。

整形滤波前首先对炮集记录进行线性动校正，使初至波同相。当某一炮检距范围上的初至信号的信噪比较高、波形一致性较好时，对该范围上的信号进行统计（如叠加取均值），形成初至波模型道。假定有一个滤波算子，能使滤波后的结果与模型道的误差能量最小，则此算子就是要求取的整形算子。利用该整形滤波算子对输入的初至波进行滤波，得到整形后的结果。需要说明的是，不同炮检距上的初至信号其品质不尽相同，在利用统计法建立模型道时，最好分段进行，分别形成模型道，分别进行整形滤波。

三、人工智能拾取技术

能量比值法、最大振幅法、相关法都是只利用了初至波的一个属性特征。由于初至波随炮检距的变化，能量和波形特征差异很大，单靠一种初至波自动拾取方法很难准确拾初至波。因此综合初至波自动拾取就显得比较全面和重要，其主要特点是抗噪声能力强，初至拾取适应范围较大，应用比较广泛，其中最常用的是人工神经网络技术。

石油地震勘探资料中的初至波具有不确定性的非结构化特点，一方面有效信号中混有大量的噪声信息，另一方面也很难找出它们精确的数学描述，难以建立它们的数学模型。而人工神经网络可以利用自学习和监督学习能力，而不需要进行数学分析和建模。初至拾取监督学习技术的特点是分析初至波的多维地震特征。能用于神经网络进行初至自动拾取的地震波特征很多，主要包括：视周期的峰值振幅、波峰与波瓣的振幅差、振幅和振幅包络的斜率、均方根振幅、视周期前后时窗内均方根振幅比、相邻道的均方根振幅比、视周期的宽度、波的分形特征 Hausdorff 维数、波的平均功率谱、炮检距等。

为了筛选合适的参数，王彦春等（2000）利用四川盆地、华北平原、中国西部沙漠、海南岛等爆炸震源的原始地震记录作了大量实验，并对各参数进行特征向量聚类分析，最后选取了五个具有代表性的参数作为神经网络输入：视周期的峰值，描述了瞬时能量变化；视周期内的均方根振幅，表征波的振幅变化；视周期前后时窗内均方根振幅比，表征波前后区域性能量变化，视周期前后时窗宽度一般取 30～40ms ；波峰和波瓣振幅极值连线的斜率，既含有波峰与波瓣之间差的信息，又有视周期时间宽度信息；波与前一个波峰值振幅包络的斜率，表征区域性极大振幅变化率。

这五个特征充分体现了初至波与波前的噪声和波后地震记录的差别。BP 网络通常采用三层，第一层为输入层，由五个神经元构成，作为地震波上述五个特征值的输入；第二层为中间层；第三层为输出层，只有一个神经元，输出为 0 或 1 的数值。各层之间的神经元只与相邻层的神经元分别连接，一层的神经元之间没有连接，一个神经元只接受前一层来的输入。激励函数采用常用的 S 形函数：

$$f(x) = \frac{1}{1 + e^{-x}} \tag{4-1-11}$$

人工神经网络法拾取初至通常分为三个步骤：第一步是在地震记录中随机地拾取各种初至和非初至波，提取特征作为样本；第二步是通过输入样本的形式进行网络的学习，利用数据样本输入得出输出与给定的理想输出之间的误差修正神经元之间的连接权值和阈值，达到最佳权值分布；第三步是使用训练好的网络进行所有地震道的初至预测。

该方法的主要缺点在于操作步骤繁琐，程序复杂，样本的选择影响大，另外，由于来自不同地区的资料初至波差异较大，对来自不同地区的资料必须重新进行学习，使得方法应用的效率较低，所以生产中应用较少。

四、数字图像处理法

相对于噪声信号而言初至波的振幅较大，且位于纯噪声信号和有效信号之间，反映在图像上就是在初至点处有明显的灰度变化（李辉峰等，2006）。数字图像处理法正是基于这一特点，通过运用较为成熟的数字图像处理技术，使用边缘检测以及边缘追踪的方法进行自动拾取初至波。实现步骤如下。

1. 对地震记录做单道归一化处理

在实际地震勘探时，受地理环境、外界环境及检波器自身的影响，各检波器接收的地震波信号能量存在较大的差异。为了均衡各个地震记录的振幅，更加突出地震记录数据中噪声和有效信号的波动情况，可以在处理之前对原始地震数据进行归一化处理。找出地质数据的最大振幅 A_{max}，所有的样点值都除以 $A_{max}/256$，得到一个新的地震数据，与原始地震数据对比波形相对关系不变，但最大振幅变为 256，这样就完成归一化处理。

2. 将原始地震记录转化为灰度图像

地震数据的振幅（即采样点数据的绝对值）转换为具有 256 个灰度级的灰度图像。假设一个道集数据中有 N_1 道记录，每道数据有 N_2 个采样点，这样一张道集数据就可以表示为一幅有 $N_1 \times N_2$ 个像素的灰度图像，其中每一个采样点数据与上述灰度图像的像素一一对应。

根据初至波的属性特点，在所得到的灰度图像上应能够直观地看出纯噪声信号与有效信号之间的分界线。为了确定该分界线，同时为了后续处理步骤更加简单容易，经常会把上述得到的灰度图进行二值化处理，即确定一个恰当的阈值，将具有 256 个灰度级的灰度图转换为一幅黑白图像（图 4-1-9、图 4-1-10）。

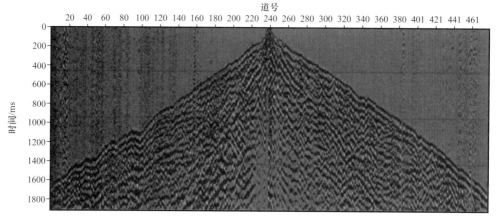

图 4-1-9　某地区原始单炮记录

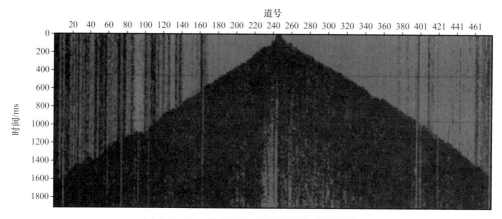

图 4-1-10　单炮记录进行灰度化后的结果

3. 应用边缘检测的方法确定初至波的位置

由于地震数据已经被转化为一幅二值图像，且二值图像只有黑白两种像素，像素 0 至 1 或是 1 至 0 的跳变非常明显，易于对其进行边缘检测。因此，无需使用复杂的边缘检测算法，只需按照图像中像素列的顺序依次扫描各像素并记录每一列第一个由 1 跳变到 0 的位置，然后根据相应的映射关系还原原始地震数据的记录时刻。

4. 初至时间精确化

通常，通过上述方法只能检测到初至的大概时间，仍需要进一步精确确定相应的初至时刻。因而可以在得到的初至大概时间处设定一个较小的时窗，然后在原始地震数据的该区域范围内搜索极值出现的位置，从而可以进一步精确拾取初至波波峰的时间（图 4-1-11）。

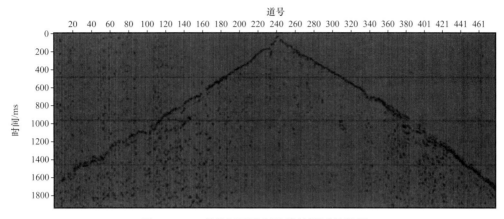

图 4-1-11　单炮记录进行边缘检测后的结果

5. 异常初至结果处理

如果地震数据资料质量较高，边缘检测算法可得到不错的拾取效果。然而，当原始地震记录中有少量非连续的空道、坏道或者原始地震数据的信噪比较低时，通过上述方法进行检测的结果通常会与正常初至时刻相差较远。为了解决此问题，一般的处理方法是借助正常地震道的初至时间内插出各异常道的初至时间。当地震记录中有较多的且连续的异常地震道时，使用上述插值的方法所得到的结果仍然无法满足人们的要求，此时，只能通过人机交互的方式进行人工拾取。

第二节　初至波预处理方法

对于极低信噪比资料，初至拾取结果需要大量的人工交互修改，但是对于特别复杂的初至，有时人工也无法识别，因此，需要对初至波进行"整形"预处理，即将不易拾取的复杂初至波，经过预处理提高信噪比。提高初至信噪比方法是提高初至自动拾取的一个有效手段，其主要目的是使初至波的振幅、相位和波形特征变得更明显突出，便于提高初至波自动拾取的精度和效率。提高初至信噪比方法很多，常用的方法主要有带通滤波、俞氏子波整形、可控震源资料小相位处理、反褶积、噪声去除等，本节主要介绍近几年最新发展的折射波干涉法、小波变换法及综合预处理技术。

一、方法原理

1. 折射波干涉法

在复杂区勘探中，随着炮检距的增加，由于球面扩散、近地表吸收和噪声异常发育的影响，折射波信噪比较低，初至难以准确拾取。因此，需要提高折射波初至的信噪比。折射波干涉法是一种较为有效的折射波增强方法，它通过对不同炮的地震道做互相关和叠加，达到压制噪声的效果（Dong S Q et al.，2006）。

图 4-2-1 为折射波互相关示意图。$x_1 \sim y$ 的折射波记录在频率域的表达式为：

$$u(x_1, y) = A(x_1, y) e^{-i\omega(\tau_{x_1 y'} + \tau_{y'y})} \tag{4-2-1}$$

式中　$\tau_{x_1 y'}$——x_1 与 y' 两点之间的走时；

　　　$\tau_{y'y}$——y' 与 y 之间的走时；

　　　$A(x_1, y)$——振幅。

对 z、y 两点的折射波记录做互相关，得到折射波介质响应，物理意义是以 y' 为地下虚拟震源，折射波在 z 点接收，激发时间需提前 $\tau_{y'y}$。互相关的表达式为：

$$\varphi(y, z)_1 = u(x_1, z) u(x_1, y)^* = |A(x_1, z)||A(x_1, y)| e^{i\omega(\tau_{x_1 y'} + \tau_{y'z} - \tau_{x_1 y'} - \tau_{y'y})}$$
$$\approx |A(x_1, y)|^2 e^{i\omega(\tau_{y'z} - \tau_{y'y})} \tag{4-2-2}$$

式中　$\phi(y, z)$——第 x_1 炮在 y、z 两点的地震记录的互相关；

　　　*——复共轭，假设 $|A(x_1, z)| \approx |A(x_1, y)|$。

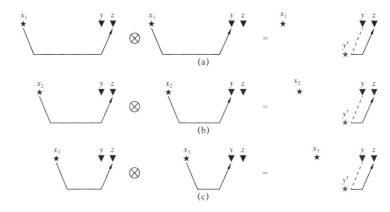

图 4-2-1　折射波互相关示意图

（a）（b）（c）分别表示不同炮点在两检波点的折射波记录做互相关，得到相同的介质响应；
⊗ 是互相关符号；x_1、x_2、x_3 为不同炮点；y、z 为检波点；y' 为虚源

大于临界炮检距（即初至波由直达波变为折射波所对应的炮检距）的不同炮点得到的 y、z 两点之间的折射波介质响应相同。如图 4-2-1（b）、（c）所示，第 x_2 炮、第 x_3 炮在 y、z、两点的折射波记录做互相关得到的折射波介质响应与第 x_1 炮相同，互相关同相叠加可得：

$$\varphi(y, z) = \sum_{i=1}^{n} \varphi(y, z)_i \approx \sum_{i=1}^{n} |A(x_1, y)|^2 e^{i\omega(\tau_{y'z} - \tau_{y'y})} \tag{4-2-3}$$

进一步利用叠加互相关函数褶积原始地震记录得到干涉法恢复的地震记录。褶积过程如图 4-2-2（a）所示，将 $S \sim R_1$ 的原始地震记录与 $R_1 \sim R_4$ 间的叠加互相关函数进行褶积，得到 $S \sim R_4$ 的地震记录。同理，利用 $S \sim R_2$ 和 $S \sim R_3$ 的地震记录也能得到 $S \sim R_4$ 的

地震记录［图 4-2-2（b）、（c）］，再把 R_4 点的地震记录叠加，可以进一步提高折射波信噪比。

但折射波干涉法只能得到某个虚炮点激发、各检波点接收的数据，而无法得到真实炮点激发、各检波点接收的数据。为解决此问题，Bharadwaj P 等（2011）和 Hanafy S M 等（2011）提出了超虚折射干涉法（Super-virtual refraction interferometry，简称 SRI），该方法在互相关构建虚拟道的基础上，将虚拟道与对应近道做卷积和叠加，实现了对原始数据中折射波的增强。初步的应用结果表明，使用 SRI 方法增强后的折射波进行地震初至拾取，稳定性和精度显著提高（Mallinson I et al.，2011；Al-Hagan O et al.，2014），层析速度建模的准确性明显改善。为进一步提高折射波增强的稳定性和精度，前人在 SRI 方法基础上进行了一系列的改进，所解决的问题包括远近道叠加次数不均匀（乔宝平等，2014；An S P et al.，2017a）、叠加道相似度低（吕雪梅等，2018）、三维折射波的增强（Lu K et al.，2014；An S P et al.，2017b）等。

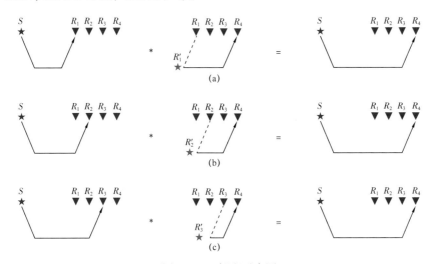

图 4-2-2　褶积示意图

（a）、（b）、（c）分别表示利用 $S\sim R_1$、$S\sim R_2$、$S\sim R_3$ 的原始地震记录褶积相应的叠加互相关函数得到 $S\sim R_4$ 的地震记录；* 为褶积符号；S 为炮点；$R_1\sim R_4$ 为检波点；$R_1'\sim R_3'$ 为虚源

然而，SRI 方法效果依赖于叠加炮点数量，参与互相关产生虚拟道的炮点数量越少，虚拟道叠加次数越少、抗噪能力越差、准确度越低，最终的增强效果越差。在广角 OBS 探测中，由于 OBS 数量有限，导致长测线中的 OBS 间距通常为数千米甚至十几千米（吴振利等，2011；阮爱国等，2011；卫小冬等，2011；Zou Z H et al.，2016），这种情况下，同一炮所激发的折射波仅能被少数几个 OBS 观测到。在应用 SRI 方法时，通常基于互易性原理把台站与炮点互换，因此较大的台站间距导致可参与虚拟道叠加的台站数较少。同时，强烈的海洋噪声也使远炮检距折射波的信噪比较低。这些原因共同导致了 SRI 方法对广角 OBS 数据远炮检距折射波的增强能力不足。针对此问题，宋龙龙等（2019）提出基于相邻虚拟道叠加的超虚折射干涉法，通过引入相邻虚拟道叠加，有效提高虚拟道叠加次数。

图 4-2-3 为原始地震数据与在该数据上拾取的初至，图 4-2-4 为基于相邻虚拟道叠加的超虚折射干涉法后的地震数据与在该数据上拾取的初至。可以看出，初至波信噪比得到了提高，且处理后的数据相位等均没有发生变化。

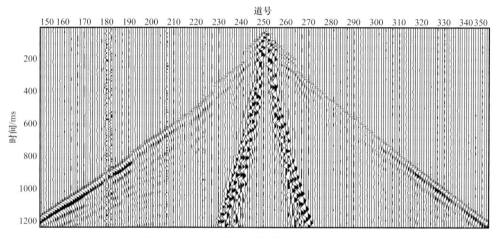

图 4-2-3　在原始地震数据上拾取初至波

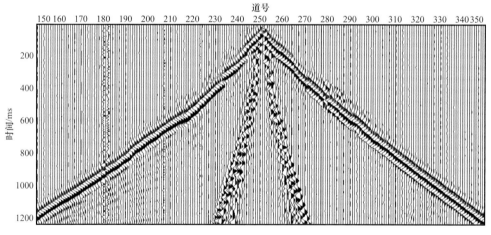

图 4-2-4　将在原始数据上拾取的初至波映射在处理后的地震数据上

2. 小波变换法

小波变换是分析非稳态信号的一种非常有效的方法。与傅里叶变换相比，小波变换的优势在于能够体现相应尺度内信号的局部特性（詹毅等，2005；宋维琪等，2011）。一个能量有限信号 $f(t)$ 的小波变换定义为：

$$W_{\mathrm{f}}(a,b)=\frac{1}{\sqrt{a}}\int_{-\infty}^{+\infty}f(t)\phi\left(\frac{t-b}{a}\right)\mathrm{d}t \qquad (4-2-4)$$

式中　$\phi(t)$——母小波；

　　　a——尺度因子，控制小波的伸缩；

b——平移量，控制小波函数的平移；

t——时间。

式（4-2-4）体现了在不同尺度 a 下信号的时间频率局部化特征。当 a 增大时，时窗宽度变大即时间分辨率降低，频窗宽度减少即频率分辨率提高，体现了信号的低频信息；反之，当 a 减小时，时间分辨率提高，频率分辨率降低，且频率中心向高频处移动，体现了信号的高频信息。这种对不同频率采取不同时间分辨率的性质称为变焦性质，对于异常信号的检测非常有效，与加窗傅里叶变换具有固定不变的时间分辨率和频率分辨率有着本质的区别。对于突变信号的处理，加窗傅里叶变换为提高时间分辨率而采取很短的时窗函数，常常导致吉布斯现象，而小波变换能避免这个问题。适当调整 a 和 b，可以使小波变换聚焦到信号的任意细节。这样就可以通过采用不同的分辨率对信号中不同频带成分进行分离，从而精细分析信号（韩世勤等，1996）。进行小波分解需要选取合适的小波函数。小波函数主要根据地震信号的特点而定。经过对地震实际资料的分析及大量试验对比，认为选用 Daubechies2 小波对地震数据进行多尺度分解较为合适。

如图 4-2-5 所示，连续小波变换的步骤可以概述为选择一个小波函数和变换尺度，将这个小波与需要分析的信号起点对齐，计算这一时刻的小波变换系数将小波函数沿着时间轴向右移动一个时间单位，求出此时的小波变换系数，直到覆盖整个信号。改变变换尺度，重复上述步骤，求出不同尺度下信号的小波变换系数。求出的系数表征了原始信号在小波函数空间上投影的大小。该方法最重要的两个因素是小波函数和变换尺度，如果选择不当，就会影响初至波预处理的效果。

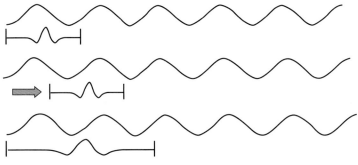

图 4-2-5　连续小波变换运算步骤

图 4-2-6 显示了对地震数据利用 Daubechies2 小波进行三个尺度的分解结果。比较三个尺度上信号的特点可以看出，P 波信号的变化不很明显，而噪声随尺度增大衰减迅速。这一现象可以说明，有效信号在相邻尺度上是相对稳定的，噪声在不同尺度上是不连续的。因此可以利用小波多尺度分析辅助自动拾取初至波。

小波变换方法具有表征信号局部特征、对突变点敏感等优点，只要正确选择小波函数和变换尺度，就能从复杂的干扰背景中将初至波分离出来，恢复初至波的峰值时间，且能将初至起跳位置明显显示出来。对于存在强干扰的初至波资料，需要先进行去噪处理，一般采用小波包阀值去噪（王振国等，2002）。

二、初至波预处理技术流程及应用效果

影响数据初至波拾取的主要噪声类型有高能噪声、线性噪声、机械噪声、随机噪声等（图4-2-7）。从常规处理方法分析中（表4-2-1）可以得出这些方法都有其局限性。

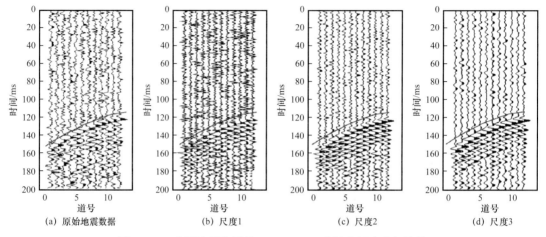

(a) 原始地震数据　　　(b) 尺度1　　　(c) 尺度2　　　(d) 尺度3

图4-2-6　实际地震信号的Daubechies2小波多尺度分解结果

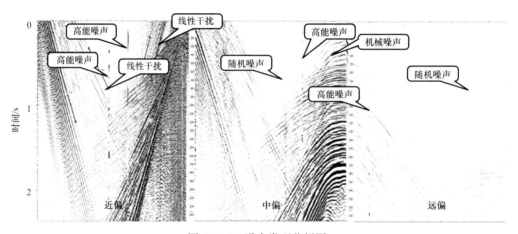

图4-2-7　噪声类型分析图

表4-2-1　常用初至处理技术统计表

处理方法	处理目的	适用条件	存在的问题
带通滤波	压制环境噪声	噪声的主频及频带范围与初至有明显差异	①没有考虑镶边方法及滤波器的相位特征对处理效果的影响；②噪声与初至频率特征接近时失效
垂直叠加（邻炮或道）	提高初至能量	相邻炮初至具有较高相似度	①没有保障叠加数据同向性的处理措施；②地表条件变化剧烈时会降低拾取精度

针对不同噪声制定了如下噪声压制原则：先规则后随机，按能量由高到低、视速度由小到大的顺序压制不同噪声，根据初至与噪声在不同域中表现形式的差异性，选择合

适的处理手段，分别在频率域或者时间域去噪。

　　算法要求输入数据需经过静校正和动校正，用以加强有效数据的同相性，故随机噪声衰减的输入数据需做线性校正；另一方面，输入数据需做规则噪声压制，避免规则噪声能量干扰影响最终的去噪效果。使用线性动校还可减少初至处理数据的大小（图 4-2-8、图 4-2-9），减少了运算数据量，可将处理数据时间从 3.9s 降到 1s 内。

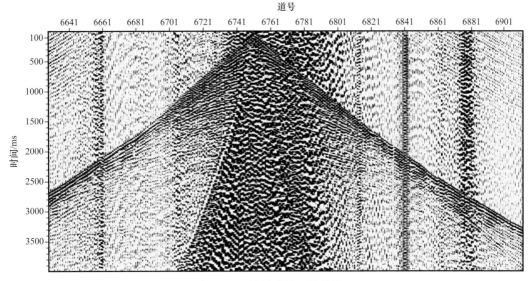

图 4-2-8　线性动校正前单炮

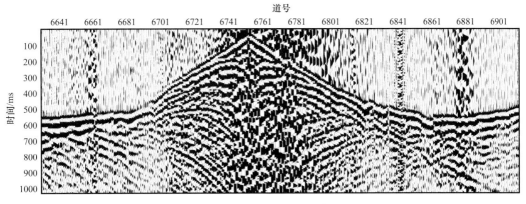

图 4-2-9　线性动校正后单炮

　　根据不同的干扰波类型，选择有针对性的去噪手段是解决初至波预处理问题的关键，并用试验数据对去噪方法与参数进行分析，最终确定了提高初至信噪比的综合处理流程（图 4-2-10），在确保有效的前提下尽量简化处理流程以保证处理效率。图 4-2-10 中间的虚线框为去线性干扰流程核心步骤，去高能噪声和随机噪声流程类似；上下两个虚线框为辅助预处理流程。处理最终效果如图 4-2-11 至图 4-2-13 所示，从图可见经过去规则干扰和去随机噪声后，初至数据的信噪比得到了明显改善。

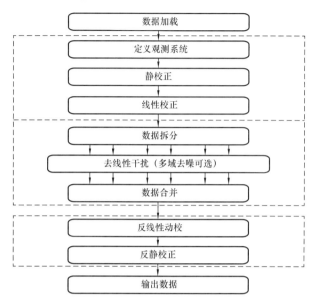

图 4-2-10 提高初至信噪比综合处理流程

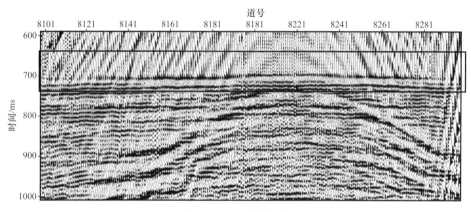

图 4-2-11 原始数据

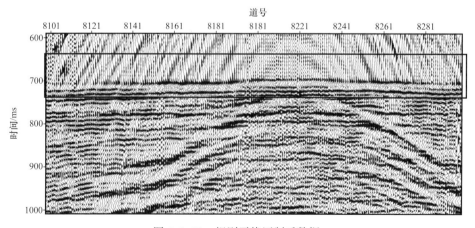

图 4-2-12 规则干扰压制后数据

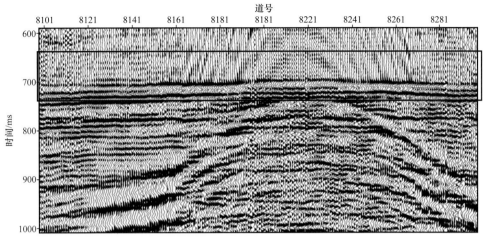

图 4-2-13 综合初至处理后数据

第三节 初至拾取的质控技术

初至波静校正的基础是大炮初至数据,大炮初至数据的精度直接影响到静校正计算精度,因此初至拾取显得尤为重要。初至拾取方法有很多种,目前多位学者仍在对拾取方法持续地进行研究和改进,使得拾取的质量、拾取效率等比以往都得到明显提高。即使如此,针对各种复杂的地震资料,仍不能完全正确拾取,难免有错误的初至产生。为了能够得到更多更精确的初至,需要对初至进行编辑和质控。

初至波在不同地区表现形式不同,随着炮检距的变化初至波有直达波、浅层折射、深层折射波。对于分层不明显的表层介质,初至波为回转波(也称回折波),远炮检距甚至会出现反射波。无论是哪种波,随炮检距的增加,初至时间都是逐渐增加的,可以认为初至是随着炮检距的变化而连续变化的。对于类似的表层结构,相同炮检距的初至总是接近的,利用这一规律,可以对初至进行质控,区分正确拾取和错误拾取的初至。把初至时间按照炮检距排列起来,绘制在"炮检距—初至时间"坐标系内,正确的初至时间一般都比较集中,而不可靠的初至会偏离集中区域,表现为零散的飞点。据此可以对不可靠初至进行删除,只保留正确的初至,使整个初至数据精度得到提高。

一、初至异常多域交互删除

为了使初至显示清晰,更好地分辨可靠初至和不可靠初至,可以对初至数据进行线性动校正。给定合适的线性动校正速度,线性动校正后初至将会呈一水平线,通过适当缩放,能够更清晰分辨出不可靠初至(图 4-3-1)。

可以采用交互的方式选择不可靠初至,进行删除(图 4-3-2),保留集中、连续的可靠初至。删除不可靠初至后,整体上初至的总体质量会大大提高。实际实现过程中,对初至进行分批显示,分批删除,当表层介质在空间变化不大时,初至比较集中,可增加每批的初至数量，以提高删除的效率；当表层介质变化较大时，初至会比较分散，可靠的初至会分布为一个宽的条带，不可靠初至会隐藏在可靠初至中，因此应减少每批的初至数量，尽可能识别出不可靠初至，提高删除的准确度。

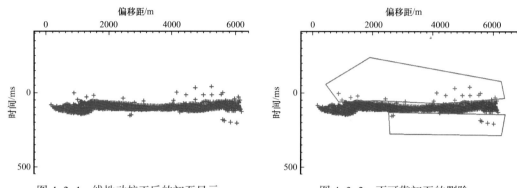

图 4-3-1　线性动校正后的初至显示　　　　图 4-3-2　不可靠初至的删除

　　初至拾取和初至的显示一般是共炮道集（或称为共炮域，图 4-3-3）中进行，即同一炮的初至或相邻多炮的初至作为一个集合一起显示出来，进行质控和剔除。除了共炮域，初至也可以按照共检波点域、共中心点域（图 4-3-4）和共炮检距域进行划分，其物理含义与地震数据的域是一致的。共检波点域是以同一检波点的初至作为一个集合，即一个检波点对应的所有炮点的初至集合。共检波点域初至更容易观测到由炮点引起的初至异常。

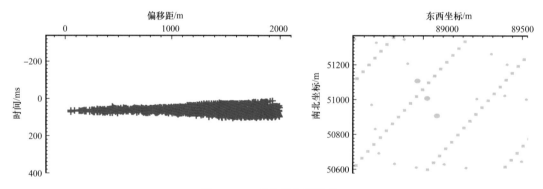

图 4-3-3　共炮域初至监控

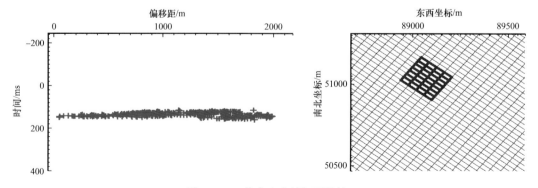

图 4-3-4　共中心点域初至监控

共中心点域是按中心点网格（或称为面元网格）进行划分，即一个中心点网格内所有的初至集合，中心点就是炮检点在平面上连线的中点。中心点网格的确定需要定义网格的起点坐标、方位角、网格的范围以及网格的大小。共中心点域初至的优势能够消除由于地表或界面倾斜造成的不同观测方向的视速度的变化，使不同方向的初至能够集中显示，如图4-3-5所示，界面倾斜造成上倾接收和下倾接收初至波视速度不同，中心点域则消除了上倾和下倾的影响，正常初至能够更好地集中在一个小的范围内，便于观测异常初至。

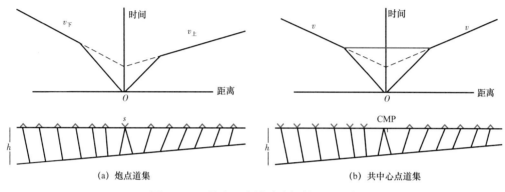

图4-3-5　共中心点域消除倾斜界面影响

二、异常初至的自动删除

根据初至的分布特点，可利用数学算法，识别出不可靠初至，自动删除，其运行效率大大高于交互删除，但删除的效果取决于算法的精准度。最简单的方法是求取单位面积内的初至个数，也称为初至密度，给定一个密度门槛，密度低于给定门槛的初至认为是不可靠初至，予以删除，从而保留密度大的初至。这种方法算法简单、效率高，但当可靠初至密度低的时候，也会被当成不可靠初至，因此很可能误删除一部分可靠初至。

另一种方法是把初至按炮检距分为多个炮检距段，每一段内根据初至密度的分布，找出可靠初至的上、下时间边界。多段炮检距的边界组成一个多边形区域，多边形区域内的初至为可靠初至，删除多边形外的初至即可。

三、初至时间校正

为了便于初至拾取，可选择初至波不同的拾取位置，如起跳点、波峰、波谷等。不同震源类型的初至位置不同，炸药震源的初至位置为起跳点，而可控震源的初至位置为波峰处。因此，在后续的初至应用中，有时需要对初至进行校正。尤其针对是不同类型的震源（炸药震源和可控震源）混合采集的资料，初至校正一般按震源类型分别进行校正。

由于不同炮检距的初至波主频不同，地震资料一般会随着炮检距的增大频率逐渐降低，初至校正时，按照初至波的频率换算出不同炮检距的校正量，例如：对于炸药震源资料，拾取的位置是波峰，若要校正到起跳位置，需要向时间减小方向校正3/4周期。根据资料评估不同炮检距的初至波周期，计算对应的校正量，建立随炮检距变化的校正量板，然后再对各个初至进行校正。

四、静校正量应用

近地表结构的变化会造成初至形态的起伏。应用静校正量可以改善初至形态，使初至变得光滑。如果有静校正量信息，可以对初至数据先应用静校正量，好的静校正量会使初至变得收敛和光滑，更容易分辨出异常初至的存在，有助于初至的监控和异常值剔除。如图4-3-6所示，应用静校正量后，初至收敛为一个窄的条带且变得光滑，因此隐藏的异常初至显露出来。

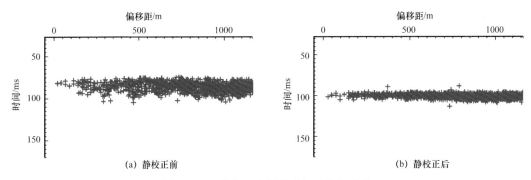

图4-3-6　静校正应用前后初至分布对比

五、初至特征与拾取需注意的问题

随着勘探目标区逐渐转向复杂地表条件的地区，高密度、高效采集技术的应用越来越广泛。目前地表复杂区地震采集的初至波往往存在以下一些特征：（1）包含多种不同类型的波至，如浅层折射波、深层折射波、直达波、不同深度的回折波等，相位混乱；（2）存在着严重的作业噪声、邻炮干扰、微震和环境噪声等干扰，且干扰波频率和波形特征与初至波不同，从而使初至波峰值相位无法连续追踪，甚至无法拾取。不同地区的地震资料，初至波特征差异较大。

1. 井炮与可控震源的初至特征

地震资料采集通常由井炮或可控震源激发。井炮激发能量较强、信噪比较高，初至起跳整体较清晰，初至时间拾取精度一般较高（图4-3-7）。井炮激发资料一般认为是最小相位，初至时间为起跳点。可控震源激发采用扫描信号与检波器记录的振动信号互相关得到地震记录（图4-3-8），理论上是零相位，但考虑到大地滤波作用等，可控震源单炮记录实际上是混合相位的，但相关记录的波峰基本仍为初至时间。

2. 初至拾取需注意的问题

拾取的初至应是地震资料初至波到达的时间。对于井炮记录，初至时间为起跳点，但在实际资料中起跳点并不干脆，难以准确确定其时间，因此通常拾取波谷或波峰，再通过相位校正将拾取的初至时间校正到初至位置。对于可控震源资料，初至时间为相关极大值，一般直接拾取该峰值，不需要再进行其他校正。

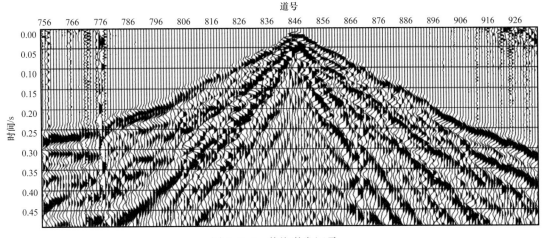

图 4-3-7　井炮激发记录

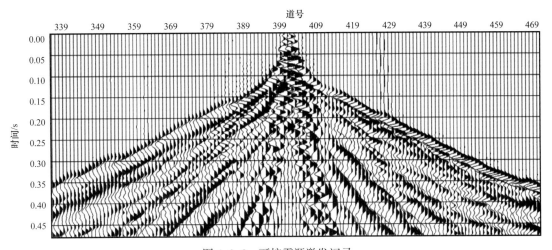

图 4-3-8　可控震源激发记录

　　随着地震勘探采集密度的大幅度提高，数据量越来越大，初至拾取一般采用自动拾取为主，局部人工进行修改的原则。为提高拾取精度并有利于对拾取质量监控，通常对资料施加高程或模型静校正，以改善初至的连续性。也可以迭代拾取，先对信噪比高的进行初至拾取，使用这部分初至计算静校正并应用后进行二次拾取。在许多文献中均提到对原始资料进行一系列的处理来改善初至质量，但这些处理在改善一部分初至质量的同时，也导致部分初至分辨困难。故有经验的初至拾取人员通常仅使用处理后有改善的部分，其他部分仍使用原始数据进行拾取。

　　初至拾取困难最大的地区多数位于盆地周缘地带，这些区域的单炮初至波通常呈叠瓦状发育，如图 4-3-9 和图 4-3-10 所示。这类地区初至拾取时一般遵循以下原则：尽可能多拾取第一折射层，尽管有时人眼无法明确识别，但尽量保留能自动追踪的；尽量不拾取从上一组初至向下一组初至过渡的部分；超出叠瓦状初至以外尽量拾取。位于"叠瓦区"远排列的资料，初至相位能量非常弱，识别困难，可以与近排列相同炮检距的初至相位进行对比、识别。

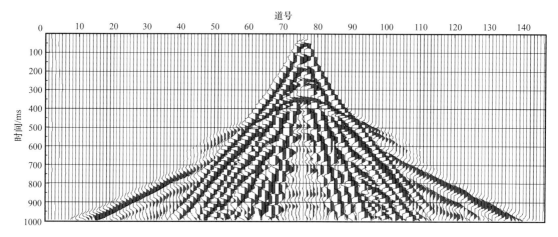

图 4-3-9　盆地周缘单炮（地表为沙漠）

使用初至波进行静校正计算，是建立在一个基本的假设条件之上，即近地表带来的影响对初至波和反射波是基本一致的。在大多数表层条件下，高速层顶界面比较平缓，高速层速度变化较稳定，初至波和反射波变化都是由低降速带横向变化导致。这个假设没有问题，但在高速层顶界面起伏时或高速层速度剧烈变化时，两者并不一致。如图 4-3-11 所示，高速层顶界面起伏剧烈时，反射波扭曲较折射波严重得多。在这种条件下，导致反射波扭曲和折射波扭曲的原因并不一致（孔凡勇等，2020），因此基于初至光滑为基准求取静校正量的方法，如初至剩余静校正会存在问题。同时，在这类地表条件下，不能仅以初至波是否校正光滑来判断静校正效果，必须以反射波或叠加剖面作为判断依据。

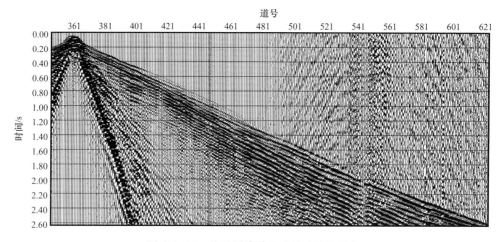

图 4-3-10　盆地周缘单炮（地表为戈壁）

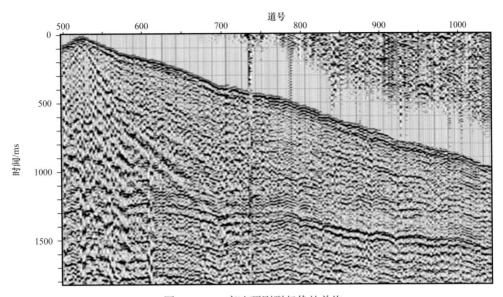

图 4-3-11　高速顶剧烈起伏的单炮

第五章 面向时间域成像的基准面静校正方法

在地震资料的时间域处理中，反射波成像的水平叠加原理基于两个假设条件，即地表水平和均匀水平层状介质，只有这样在地表接收到的反射波时距曲线才是双曲线，才能在应用常规动校正后，保证同相叠加。但当存在地表起伏或近地表地层厚度和速度横向变化时，就会引起反射波双曲线畸变，进而影响叠加效果，降低资料品质。为了减少近地表介质的影响，需要对数据进行相应的校正，这种校正称为静校正。静校正的作用是消除地表高程、风化层厚度以及风化层速度变化对地震资料的影响，把资料校到一个指定的基准面上。其目的是要获得在一个平面上进行采集，且没有风化层或低速介质存在时的反射波到达时间。

第一节 基准面静校正概念与假设条件

消除表层因素影响的校正之所以称为静校正，主要是假设地震波在近地表介质中是垂直传播的，是对整个地震道进行简单时移，并且对于不同炮检距的炮点或检波点的校正量是唯一的。也就是说，静校正量不随反射层埋深和炮检距的变化而变化。地震波在近地表介质中传播的射线路径是随着地层埋深和炮检距变化而变化的，因此，上面假设严格讲是不正确的，静校正应用效果的好坏取决于是否满足静校正对近地表结构的假设条件。

一、静校正基本假设条件

为了满足反射波成像的水平叠加的假设条件，需要利用位于起伏地表的炮点 S 和检波点 R 分别校正到水平面 S' 和 R' 上，但这种处理（即静校正）使得反射波的射线路径发生了变化，并造成反射波时距曲线形态的改变。当射线在风化层中的射线路径越接近垂直（风化层与高速层速度差异越大时），并且基准面越接近风化层的底界面时，这种路径的差异就越小，对反射波时距曲线的影响也越小，如图 5-1-1 所示。

考虑到近地表速度与下伏高速层存在较大差异的特点，为了方便且高效地解决近地表对地震资料的影响，目前地震数据的近地表静校正方法基本上基于以下的假设条件，其应用效果取决于实际数据场景与静校正方法假设条件的符合程度（张福宏，2008）：

（1）地表一致性假设。假定激发点处的静校正量仅与该激发点处近地表结构所造成的时间延迟有关，而与地震记录的接收点位置无关。同样地，检波点处静校正量也只与该检波点近地表结构所造成的时间延迟有关，而与记录的激发点位置无关。所以，任何一道的静校正量就是激发点静校正量和检波点静校正量之和。

（2）地表垂直入射出射假设。即假设地震反射波在近地表地层内是垂直传播的。这样就可以通过对地震道进行简单的时移（静校正量），得到将检波器从地表垂直地（向上

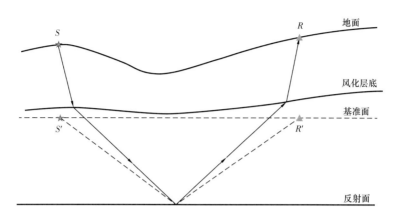

图 5-1-1 静校正的概念和特点示意图

S 和 R 分别表示炮点和检波点；S' 和 R' 分别表示校正后的炮点和检波点

或向下）移动到参考基准面上的观测结果。

（3）速度横向不变假设。即假定基准面以下近地表速度横向上不变或变化很小。但在以下几种情况下，常规的静校正方法常常会失效：① 存在地形或风化层内部的突变；② 在风化层以下存在速度的横向变化，即违背了基准面以下速度变化不大的假设条件；③ 基准面与风化层底部之间的高程差很大；④ 对长波长静校正量不能够进行足够的控制。

二、风化层和高速层

静校正的作用是消除风化层厚度和速度变化对反射波旅行时间的影响。在地质学中经常谈到风化层的概念，但对于地质学家和地球物理学家来讲，风化层的概念是不同的，通常分为地震风化层和地质风化层。地质风化层表现为岩石的原地剥蚀与分解；地震风化层通常指由空气而不是水充填岩石或非固化土层孔隙的区域，低速层（LVL）通常用于地震风化层。

风化层的速度有时是渐变的，有时是明显分层的。典型的风化层速度为 400～800m/s，有时甚至低于空气中的速度（340m/s）。通常风化层的底界面是潜水面，也就是常说的高速层顶界面，高速层顶界面以下的速度为 1500m/s 或更高；有些地区高速层顶界面是一个地质界面，而不是潜水面，这时高速层速度主要受岩性影响。

风化层的区域分布可粗略地分为以下几种情况：

（1）近似均匀区；

（2）低速层和其他异常层在山脊上厚而在山谷薄，例如那些与潜水面有关的低速层；

（3）低速层在山谷厚而在山脊上薄，这意味着有比较厚的冲积充填；

（4）低速层随机分布。

较深部地层而言，风化层具有更为明显的时变性，引起时变性的原因更为复杂多变。概括起来讲，风化层受温度、降水、潮汐、冰运动、风、近代侵蚀和沉积作用、火山活动和地震、人文活动等因素影响，不同时段其风化层结构和地球物理参数是有变化的，有时甚至差异很大。

通常认为，风化层是引起静校正的主要原因。但近年的实践与探索证明，仅解决风化层带来的静校正问题是不够的，高速层顶界面的剧烈起伏及其速度的横向变化同样会带来较大的静校正问题。

三、基准面

基准面是人为定义的参考面，它是地震剖面的起始零线，剖面上各反射层的时间都要以这个基准面为参考。地震数据经静校正调整到这个面上后，相当于激发点和检波点都位于这个基准面上。地震时间和速度分析结果都要统一到这个基准面上，犹如激发点和检波点都位于这个基准面上且无低速层存在一样（Mike Cox，2004）。

在常规地震数据处理过程中，应用基准面静校正量对原始地震记录进行校正，并在此基础上进行叠加速度分析、噪声压制等处理。这在基准面静校正量较小或地震射线符合垂直入射情况下是合理的，但若基准面选择不合理，导致校正后的反射时间偏离双曲线关系，这会给叠加速度及层速度的估算造成一定程度的影响。因此，基准面的选择不仅直接影响静校正量的大小与精度，还将影响速度分析与叠加成像效果，选取的原则是把数据校正到这个面上后地形和表层对地震资料的影响最小。与静校正计算和静校正应用有关的参考面有三种：统一基准面、CMP 参考面和中间参考面。统一基准面在静校正的发展过程中曾采用过水平基准面、倾斜基准面和浮动基准面等方式，不同参考面的选取原则和方法、目的和作用各不相同。

1. 水平基准面

水平基准面是地震数据处理中使用最广泛的一种基准面选择方式，基于该基准面校正得到的剖面通常能正确反映地下地质特征，且使用该基准面进行静校正流程简单，易于操作，但在地形起伏较大的勘探区域，基准面的合理选择比较困难。

水平基准面的选择有三种方式：一是选择高程稍大于所有炮检点高程的基准面作为静校正的固定基准面；二是为了使全局的静校正尽量小，选择高程位于地表高程最小值与最大值中间的基准面作为参考基准面；三是选择高程稍小于所有炮检点的地下深度的基准面作为静校正的固定基准面。不同的水平基准面位置直接影响着静校正量的大小与精度（唐汉平，2014）。如图 5-1-2 所示，常规计算的基准面校正量为垂直地表到基准面之间的厚度 z 的校正量：

$$\Delta t_1 = \frac{z}{v} \tag{5-1-1}$$

式中　Δt_1——基准面校正量；

　　　z——地表与基准面之间的高差；

　　　v——基准面校正速度。

而实际基准面静校正量应该为地表到反射面（实线）与基准面到反射面（虚线）之间的时差：

$$\Delta t_2 = \frac{1}{v}\left[\sqrt{h^2 + \frac{x^2}{4}} - \sqrt{(h-z)^2 + \frac{x^2}{4}} \right]$$ （5-1-2）

式中　Δt_2——实际基准面校正量；

　　　h——反射层埋深；

　　　x——炮检距。

由此造成的基准面校正量误差为：

$$\Delta t = \Delta t_1 - \Delta t_2$$ （5-1-3）

图 5-1-3 反映了不同基准面深度静校正量误差随炮检距的变化曲线，可见，基准面与地表之间高差越大，静校正误差越大；当基准面埋深一定时，静校正误差随着炮检距的增大而增大。当采用水平基准面时，这个误差无法通过调整基准面深度和炮检距而缩小，这时就需要引入 CMP 参考面的概念，来实现静校正量最小化。

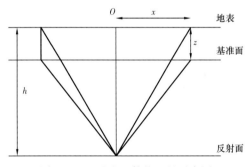

图 5-1-2　基准面静校正量示意图

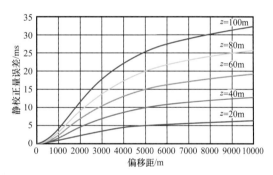

图 5-1-3　基准面静校正量误差曲线

虽然基准面选择低一些，有利于地震数据的进一步处理，但当低速带较薄、目标层较浅，且地表高程变化较大时，静校正后大部分单炮记录上目标层出现在负时刻上，这会影响后续 CMP 道集上的速度分析。因此，为了使用方便并保证剖面信息显示的完整性，地震数据处理时通常会选择盆地或工区内的地表高程最大值作为参考基准面，即遵循"少剥多填"的原则。

而当勘探区起伏较小，测线高差较大时，为了减少基准面静校正量误差，可以采用倾斜基准面。其叠加剖面相当于利用水平基准面静校正得到的时间剖面的倾斜同相轴，但并不能正确反映地下目标体特征。而浮动基准面是在勘探区地形起伏变化较大时可考虑使用的中间基准面，基于该基准面校正后的地震剖面同样不能正确反映地下地质体的特征，还需在此基础上进行二次校正。

实际上，在引入 CMP 参考面概念后，不论地形起伏大小都可以采用水平基准面，但对于地形区域起伏不是很剧烈，并且以往一直采用浮动基准面的地区，也可继续采用，如塔里木盆地沙漠区等。

2. 浮动基准面

由于地震处理的水平叠加理论要求炮点与接收点分布在同一个水平面上，为了解决地震勘探过程中实际激发点与接收点不在统一接收面的问题，处理中通过静校正把炮点和接收点从它们位置校正到一个统一的水平基准面上，这在地表起伏不很大、勘探精度要求不太高的情况下是基本可行的。但由于计算静校正量时射线垂直传播的假设存在误差，且误差随基准面离地面的距离增大而增大，在地形起伏较大地区，当采用水平基准面时，由于水平基准面与地表之间的高差较大，导致静校正量过大，对资料的成像效果会造成一定影响。随着探区地表情况复杂度的增加及对勘探精度要求的提高，在一个工区设定一个水平基准面已不能满足处理要求，于是引入了浮动基准面的概念（林伯香等，2005）。浮动基准面通常是由地表圆滑后得到的，又称为地表圆滑面。选择浮动基准面是为了消除或减小基准面与地表之间高差的影响。

如图 5-1-3 所示，基准面校正量误差随基准面与地表之间高差和炮检距的增大而增大。要想减小这个误差，只有通过调整炮检距及基准面与地表的高差来实现。众所周知，炮检距是根据目的层埋深及有关地球物理参数论证和实际资料分析确定的，一般不能调整。那么，减小基准面校正量误差只有通过调整基准面与地表之间的高差实现。通过上述分析，确定了浮动基准面选取的原则：

（1）浮动基准面在地表附近，且不低于高速层顶界面的圆滑面；

（2）浮动基准面的起伏波长大于最大炮检距的 3 倍；

（3）在最大炮检距范围内排列两端点位置地表高程的连线与浮动基准面之间的高差所引起的时差（由高差与校正速度的比求得）小于反射波周期的四分之一。

根据上述原则建立全区统一的浮动基准面，计算静校正量时直接计算到该面。实际应用时将该面作为速度分析和叠加的参考面，同时也作为水平叠加剖面的起始零线，但在资料解释时还需要把它校正到水平基准面上。

在地表起伏较大的地区，为了减小静校正对反射双曲线的畸变以及对速度分析和偏移归位的影响，一般采用近地表的圆滑面，如塔里木盆地的浮动基准面。随着处理技术的进步，由于速度分析和动校正叠加与静校正低频分量无关，所以即使选择一个固定海拔高程值的平面作静校正基准面，静校正量还可能偏大，但不影响速度分析和叠加效果。因此，基于目前的处理技术，无论采用哪种静校正基准面都是可行的。

3. CMP 参考面

静校正是复杂地表区资料处理中的关键技术。通常首先进行低速层静校正，剥去低速层后再用一个接近高速层的速度填充，校正到所选定的统一基准面上。静校正量会改变反射波的垂直旅行时 t_0 和反射波双曲线的特征。为了解决这一问题，目前流行的做法是将静校正量分成区域校正量（RG）和剩余静校正量（RS），然后分两步法进行静校正应用。区域校正量是在一个 CMP 道集内对参与叠加的各道静校正量进行平均，作为 CMP 校正量，所有 CMP 的 CMP 校正量形成了 CMP 基准面，在这个基准面上进行剩余静校正基本不会改变反射波的 t_0 和双曲线特征，叠加后再用 CMP 校正量恢复到统一基准面（图 5-1-4）。

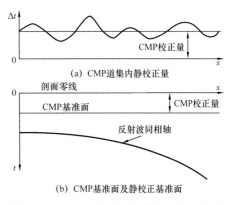

(a) CMP 道集内静校正量

(b) CMP 基准面及静校正基准面

图 5-1-4　CMP 基准面与静校正量的关系

CMP 参考面来自最终静校正量，是个时间面。对于某一个 CMP 道集来说，其 CMP 校正量等于 CMP 道集内所有参与叠加的有效地震道静校正量的平均值：

$$\Delta T_{\text{cmp}} = \frac{1}{N} \sum_{i=1}^{N} \left(\Delta T_{Si} + \Delta T_{Ri} \right) \qquad (5\text{-}1\text{-}4)$$

式中　N——某个 CMP 点记录总道数（覆盖次数）；

　　　ΔT_S——炮点静校正量；

　　　ΔT_R——接收点静校正量。

因此，CMP 参考面实质上分离出高低频静校正量，CMP 校正量是一个低频分量，它是从 CMP 参考面到统一基准面之间的双程旅行时。高频分量是原始静校正量与 CMP 校正量的差。

静校正量应用时分两步进行。首先应用高频分量，对于一个 CMP 来说，CMP 参考面是一个平面（图 5-1-5），将与该 CMP 有关的所有炮点和检波点都校正到这个平面上。在 CMP 参考面上进行速度分析和叠加，确保静校正量最小。在应用高频分量后，对近地表变化引起的旅行时畸变进行校正，恢复了反射波时距曲线的标准双曲线形态（图 5-1-6），提高了叠加的质量。第二步是叠加后再应用 CMP 校正量（低频分量），校正到水平基准面。

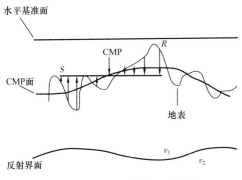

图 5-1-5　CMP 参考面示意图

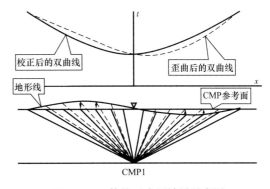

图 5-1-6　静校正应用效果示意图

采用基于 CMP 参考面的水平基准面两步法静校正，其深度误差最小。当基准面远离地表时，水平基准面一步法静校正会产生较大的误差。非水平基准面两步法或一步法静校正，基准面的起伏越大，深度误差越大，甚至出现构造假象。深度剖面的误差，主要由基准面和静校正方法的选择所导致的 t_0 和速度场畸变所致。

总之，基准面的选取与静校正应用方式对静校正量、速度分析精度、构造成像都有较大的影响，可概括为以下几个方面（钱荣钧，1999；刘治凡等，2003）：

（1）一步法静校正，当基准面与地表接近时，t_0 和速度误差相对较小，基准面与地面相差越大，引起 t_0 和速度误差越大。

（2）水平和近水平基准面，低降速层速度横向变化不大时，两步法剩余校正后的时间剖面的零线即区域静校正线，在深度域与地形平滑线对应，由区域校正量（RG）起算的界面反射 t_0 与基准面的海拔高程无关，与替换或充填介质速度 v_c 无关。

（3）非水平基准面校正无论采用一步法还是两步法静校正，t_0、速度和深度将偏离真实值，造成地下构造形态歪曲。只有地形起伏不太大、低降速层底变化平缓的沙漠区和戈壁滩浮动基准面才有较好的结果。

（4）基于 CMP 参考面的两步法静校正能够最大限度地保留地震波地面激发、地面接收的原始状态，保留地形和低降速带的低频分量，获得的 t_0 和速度场能够真实地反映地下介质结构，使深度剖面误差最小。

（5）CMP 参考面是速度谱的起始线，它是一个时间域的面，受充填速度和静校正量的影响，不能简单地用作时深转换的基准面。

（6）速度谱上的反射波 t_0 和叠加速度不受静校正量低频分量的影响，它只使用了静校正量的高频分量。所以，从深度域的角度来看，它的基准面应当是近地表的圆滑面，时深转换也应从此面开始。

（7）作为时深转换起点的近地表圆滑面应从 CMP 面换算而来，换算后的面与高速层顶界面之间的速度应是实际的低速层速度，只有这样才能保证它既是速度谱的零线又是时深转换的零线。在地表复杂且低速层较厚的地区（如塔里木盆地的沙漠区），这样做尤为重要，否则时深转换后的反射界面的深度往往小于实际深度。其根源通常是从高于地表的等效地表圆滑面开始作时深转换，或者虽从近地表开始作但改变了反射波的 t_0，往往是减去了一个静校正量而使 t_0 变小。

四、替换速度

基准面静校正需要先剥去风化层，然后把风化层底界面上的时间向上或向下校正到参考基准面上，其校正速度一般称之为替换速度。替换速度一般根据高速层顶界面或中间参考面附近的速度确定，对于一条测线或三维工区，替换速度可以为常数，而更一般的情况是沿测线缓慢变化，在速度横向剧烈变化的地区，替换速度曲线一般反映出这些变化。替换速度可以根据折射波速度分析得到，也可以根据初至波层析反演得到的高速顶面速度。替换速度选择不当也会影响地震剖面同相轴的构造形态，造成假象，在地表高程变化剧烈或低降速带较厚的地区，会更加严重。苏贵仕等（2009）用高程静校正说明了这个问题。如图 5-1-7 所示，地表高程为背斜状，最终的基准面为 0，其模型的地表最高点高程是 -100m；地下存在一个水平界面，其高程是 400m。表层速度 v_0 为 1000m/s［图 5-1-7（d）］。当替换速度 v_r 取 1000m/s 时，地震剖面中代表地下水平界面的同相轴是水平的［图 5-1-7（a）］；当替换速度取 500m/s 时［图 5-1-7（b）］，代表地下水平界面的同相轴在地震剖面中表现为背斜构造形态；当替换速度是 2000m/s 时［图 5-1-7（c）］，对应的同相轴在剖面上显示为向斜构造形态。可见，在此模型中只有当替换速度 v_r 与表层速度 v_0 一致时，才不会出现构造变形现象。

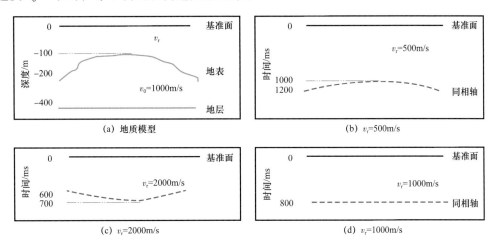

图 5-1-7　不同替换速度影响示意图

第二节　早期简单的静校正方法

高程校正和表层模型静校正是早期地震勘探常采用的方法，适合于地表相对平坦、近地表结构相对简单的地区，可以满足勘探精度不高地区的处理需求。之所以称其为简单的静校正方法，主要是它没有或仅用了有限的控制点信息，远不能满足目前高精度静校正与近地表建模的需求。但表层模型内插建模方法仍是目前初始建模的主要方法，同时，这两种方法还可以用于对比评价其他方法的有效性，因此本节将简要地介绍一下这两种方法的原理与局限性。

一、高程校正方法

高程校正方法是根据校正速度计算出从地表到基准面之间的静校正量，并应用此静校正量完成基准面校正的方法。从高程校正的定义可知，高程校正是将激发点和接收点从地表校正到基准面，其校正量是用统一的校正速度计算的。因此，高程校正量的计算公式为：

$$T = \frac{H_d - (H_s - W_h)}{v_s} \times 1000 \qquad （5-2-1）$$

式中 H_s——地表高程；

$\quad\quad H_d$——统一基准面高程；

$\quad\quad W_h$——井深或检波器埋深；

$\quad\quad v_s$——校正速度；

$\quad\quad T$——激发点或接收点静校正量。

据高程校正方法的原理可知，该方法仅解决地形起伏带来的静校正问题，而与低降速带无关。因此，该方法在理想情况下的应用条件为：一是高速层直接出露地表，即表层速度高且无低降速带的地区；二是高速层速度横向没有变化。在实际工作中，很多地区都不同程度地存在低降速带，即使没有低降速带其高速层速度也不可能是横向不变的，这时应用高程校正仍然可以见到一定的效果。

从式（5-2-1）可知，式中的地表高程 H_s、基准面高程 H_d、井深或检波器埋深都是一定的，那么，影响高程校正方法效果的参数只有校正速度 v_s，而校正速度必须是常数，那么，实际工作中如何确定一个合理的校正速度呢？当高速层速度为常数时，很简单，校正速度就是这个常数。但实际的高速层速度是横向变化的，另外，当存在低降速带时，低降速带的变化对高程校正的效果也有影响，其校正速度的选取也应考虑低降速带的影响。针对不同情况，高程校正的校正速度应遵循不同的选取原则。

（1）无低降速带影响的情况。当没有低降速带（高速层直接出露地表）或低降速带厚度和速度在横向上为常数（或横向变化很小）时，由于低降速带带来的静校正量变化为零（或趋近于零），这时确定高程校正的速度只考虑高速层速度变化即可。如果高速层速度为常数，校正速度就是这个常数，这是最理想的情况。如果高速层速度是横向变化的，一般采用全区高速层速度的平均值。具体可以根据全区所有表层调查控制点的高速层速度的算术平均值求得，也可以根据初至折射波或层析反演的速度求得。

（2）有低降速带影响的情况。当低降速带较厚且横向变化较大时，高程校正的校正速度不能仅根据高速层速度选取。校正速度应考虑低降速带速度和高速层速度综合影响后的等效值，准确确定该值还没有简单计算方法。有效的方法是利用不同校正速度进行扫描，最终确定一个成像效果最好的校正速度。

对于高速层速度变化剧烈且变化范围较大的地区，一般很难选取一个合适的校正速度，如果再加上低降速带的影响，合理校正速度的选取就更加困难了。在低降速带厚度、速度和高速层速度变化剧烈的地区，通过校正速度的合理选取，高程校正方法虽然也能够解决地形起伏带来的部分静校正问题，但总体效果不会太好。因此，在复杂地表区，高程校正方法一般只作为对其他基准面静校正方法的验证方法，不用于最终处理。

图 5-2-1 为某山地区不同静校正速度成像效果对比，在老地层出露的山区高速层速度在 4000m/s 左右，而在山前戈壁区高速层速度只有 2400m/s 左右。这时相同的校正速度在不同地段的效果有很大差异。在山地区域校正速度为 4000m/s 的剖面成像效果明显好于校正速度取 2500m/s（图 5-2-1），而在山前戈壁区校正速度取 4000m/s 的剖面成像效果就略差于校正速度取 2500m/s 的剖面（图 5-2-2），这时的校正速度选取无法兼顾山地和山前带两个区域。如果作为验证方法而应用高程校正方法时，由于山前戈壁区地形较

平坦，对校正速度的依赖程度肯定要小于老地层出露的山地区，因此，在这样的地区校正速度应以满足山地区的需求为准，即选择4000m/s较合适。

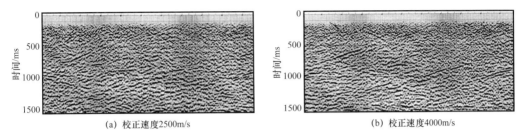

(a) 校正速度2500m/s　　　　　　　　　(b) 校正速度4000m/s

图 5-2-1　山地区域不同校正速度的效果对比

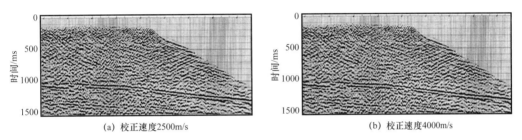

(a) 校正速度2500m/s　　　　　　　　　(b) 校正速度4000m/s

图 5-2-2　山前戈壁区不同校正速度的效果对比

二、表层模型内插法

由于近代沉积的连续性和继承性，地表与地下界面之间、上覆地层界面与下伏地层界面之间存在一定的相似性，基于此思路提出了层间关系系数法。利用表层调查控制点资料建模的方法为表层模型内插法，利用表层调查资料和层间关系系数建立近地表模型并计算静校正量，该方法也叫层间关系系数法，描述层间关系的系数叫做层间关系系数，有时也称相似系数（冯泽元等，1992）。

图 5-2-3 为利用层间关系系数建立表层模型方法原理示意图，其中 A、B 为两个表层调查控制点，两个控制点的各层速度和厚度是已知的，利用式（5-2-2）可以内插出 A、B 控制点之间每个炮点和接收点（C 点）的界面高程。图中 C 点位置下的 SH_0 为利用 A、B 两点地表高程的线性内插值，用 C 点地表高程减去 SH_0 得到地表高程变化量 DH_0，该变化量乘以层间关系系数（$DH_0 \times K$）就得到下层界面的界面变化量。同样，将 A、B 控制点的风化层厚度换算成风化层底界面高程，根据两点的风化层底界面内插出 C 点位置的线性内插值 SH_1，再加上 $DH_0 \times K$，就得到了 C 点风化层底界面高程 H_1。以此类推，可以计算出 C 点的各层界面的高程值：

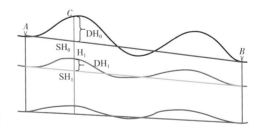

图 5-2-3　层间关系系数法原理示意图

$$H_i = \mathrm{SH}_i + \mathrm{DH}_{i-1}K_i \qquad\qquad (5-2-2)$$

式中 H_i——控制点间任一点第 i 层的界面高程；

SH_i——控制点间任一点第 i 层界面高程的线性内插值；

DH_{i-1}——控制点间任一点第 $i-1$ 层的高程变化量；

K_i——第 i 层界面与上面地层界面间的层间关系系数。

根据上述方法，利用所有表层调查控制点资料，可以内插出全区每个炮点和接收点处各层界面的高程值。每个接收点和激发点的速度通常利用线性内插方法求得，即利用表层调查资料得到的各层速度内插出每个炮点和检波点位置对应层的速度。

影响层间关系系数法应用效果的关键参数是层间关系系数的合理性。理论上的层间关系系数选择范围在 –1～1 之间，一般在 0～1 之间。当层间关系系数等于 1 时，表示上、下界面的起伏方向和幅度一致；层间关系系数等于 0 时，表示上、下界面变化无关，其界面只是按照两边控制点的线性内插结果；当层间关系系数等于 –1 时，表示上、下界面的起伏幅度相等，但方向相反。如果将层间关系系数设置为 0.5，则下伏界面是上覆界面的起伏幅度的一半，但方向一致。

层间关系系数的确定方法有三种。

（1）试验法：用不同层间关系系数建立表层模型并计算静校正量，分别进行资料处理，通过对水平叠加剖面的对比分析，选择效果最好的一组层间关系系数作为最终应用系数。

（2）模拟法：初至折射静校正方法往往效果较好，但初至时间拾取和计算的工作量较大。这时，可在工区内选择有代表性的一条或几条测线，采用初至折射静校正方法计算出静校正量。以初至折射静校正量为标准，对不同层间关系系数所得的静校正量进行评估，即用多组层间关系系数计算的静校正量与初至折射静校正量做相关或求两者的方差值，取相关性较好或方差值最小的一组层间关系系数作为最佳层间关系系数，在全区内应用。

（3）计算法：利用不同地表条件下得到的表层调查控制点数据，根据用户定义参与计算的范围，经统计分析得到各层的空变层间关系系数，利用该系数建立全区的表层模型并计算静校正量。

前两种层间关系系数确定方法实施起来较复杂，往往需要一定的工作周期，第三种方法使用简单、方便，是目前最常用的方法。

层间关系系数适用于近地表为层状介质，且界面之间有较好相似关系的地区。在控制点密度足够大且追踪深度满足要求的情况下，该方法能较好地解决长波长静校正问题，但解决复杂地表区短波长静校正问题的能力有限。因此该方法通常有三种用途：

（1）对于近地表结构非常简单的地区，可以用该方法直接计算静校正量并应用于资料处理。所谓简单地区，就是地形起伏较小、低降速带变化缓慢并且有着较好的规律性，这种变化能够通过表层调查控制点内插结果很好地描述。

（2）基于初至信息静校正方法的初始模型。在初至折射静校正方法中，只能计算出高速折射层的速度和延迟时，要想得到近地表深度模型必须要有低降速带信息（速度或厚度）约束。根据层间关系系数方法建立的表层模型可以为初至折射静校正提供约束数据，提高初至折射静校正方法的建模精度。对于层析反演静校正方法，可以将基于层间关系系数法建立的表层模型作为初始模型，提高层析反演方法的建模精度和收敛速度。

（3）长波长静校正量的控制。用层间关系系数法建立表层模型，主要用于控制长波长静校正量，对于短波长静校正量则通过初至波剩余静校正或反射波剩余静校正解决。

图 5-2-4 为高程校正与层间关系系数法静校正的叠加效果对比，可见两者的构造形态有着明显的差别，即层间关系系数法能够较好地解决其长波长静校正问题，但其叠加效果的差异并不是很大，大部分区域层间关系系数法略好于高程校正，但在个别区域范围变差。当然，这种应用效果也是因地区而异的。总之，在复杂地表区，层间关系系数一般难以得到满意的效果。

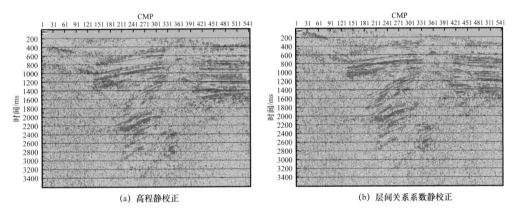

(a) 高程静校正　　　　　　　　　　　　(b) 层间关系系数静校正

图 5-2-4　高程静校正与层间关系系数静校正的效果对比

第三节　时深关系曲线法

一、时深曲线的定义和表示形式

反映深度和时间之间关系的曲线叫时深关系曲线，简称时深曲线。时深关系曲线方法最早应用于沙漠区，因此多被称为沙丘曲线。21 世纪初，该方法被推广到山地山前带、黄土塬等地区，随之又有了山丘曲线、黄土山曲线等名字，它描述的垂直时间与深度的关系是最常见的描述方式，因此，该方法就被命名为时深关系曲线。实际上，时深关系曲线共有三种表现形式：

（1）时间与深度的关系。就是常说的垂直时间与深度的关系，这是最常用的表达形式和应用方式。

（2）深度与速度的关系。有了时间与深度的关系后，同样可以换算成深度与速度的关系。这里的速度可能有两种：一是用深度除以对应的总垂直时间，这样得到的相当于从地表到某一深度之间的平均速度。二是用某一深度段的深度差除以对应深度段的垂直时间差，这时得到的速度为某一深度范围的速度，如果这个深度段在同一速度层中，这个值就相当于层速度。

（3）垂直时间与折射延迟时的关系。反映垂直时间与折射波延迟时之间的关系，主要是用于折射静校正方法中延迟时向垂直时间的转换，也可以用于分析折射波延迟时与垂直时间的关系和误差情况。这种表示方式用得较少。

二、时深曲线的生成

针对不同类型地区或掌握的资料情况，生成时深关系曲线的方法也不尽相同。总体上讲，生成时深关系曲线的方法有如下几种。

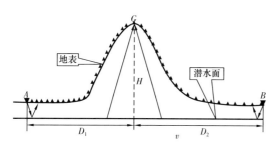

图 5-3-1　关系曲线调查方法示意图

1. 沙丘调查方法

沙漠区（如塔里木沙漠区）一般有稳定的潜水面，其潜水面就是高速层。早期的时深关系曲线生成方法就是沙丘调查方法。其具体实施方法如下：

（1）布设一个能横跨一个或两个沙丘的排列（图 5-3-1），在沙丘两端的低洼地各放一炮，按 ABC 方法［式（5-3-1）］求出沙丘上每一接收点的延迟时。如 G 点的延迟时为：

$$t_{d_G} = \frac{t_{AG} + t_{BG} - t_{AB}}{2} \qquad (5-3-1)$$

式中　t_{dG}——G 点的延迟时；

　　　t_{AG}——A 点到 G 点的初至时间；

　　　t_{BG}——B 点到 G 点的初至时间；

　　　t_{AB}——A 点到 B 点的初至时间。

（2）在沙丘两端的低洼地各做一个表层调查控制点（浅层折射或微地震测井），求得潜水面高程，用两个表层调查控制点的潜水面高程通过线性内插得到每个接收点位置的潜水面高程，进而通过地表与潜水面的高程差求出风化层厚度。

（3）根据式（5-3-2）计算出高速层速度；按照厚度和折射层速度，利用式（5-3-3）将延迟时转换为 t_0：

$$v_R = \frac{D_2 - D_1}{t_{BG} - t_{AG}} \qquad (5-3-2)$$

$$t_0 = \sqrt{t_{d_G}^2 + \frac{H^2}{v_R^2} \times 1000} \qquad (5-3-3)$$

式中　v_R——高速层速度；

D_1、D_2——分别为 AG、BG 之间的距离；

t_{AG}、t_{BG}——分别为 AG、BG 之间的初至时间。

t_{d_G}——G 点的延迟时；

t_0——G 点的垂直时间；

H——风化层厚度；

v_R——高速层速度。

（4）以风化层厚度和垂直时间 t_0 为基础数据，通过分析两者之间的变化规律，确定时深关系曲线计算方法，最终根据确定的方法拟合出时深关系曲线（沙丘曲线）。时深关系曲线的计算方法有二次函数拟合法、多项式拟合法、列表法。二次函数和多项式拟合就是利用全部时深关系数据进行二次函数或多项式拟合，得到时深关系曲线方程（祖云飞等，2005）。列表法是根据时深关系数据的变化规律，在不同深度确定对应的时间，两个深度之间的时间可通过线性内插求得（图5-3-2）。实际工作中最常用的是二次函数和列表法。

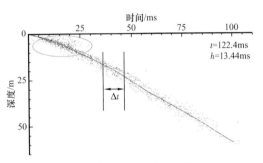

图 5-3-2　列表法生成的时深关系曲线

2. 初至折射迭代法

利用初至折射静校正方法可以求得折射波延迟时，而计算静校正量需要的是垂直时间 t_0，实现延迟时到垂直时间的转换和表层模型的反演主要是通过时深关系曲线。在用初至折射静校正方法计算静校正量时，时深关系曲线起到"纽带"作用，利用这种"纽带"作用提出了初至折射迭代生成时深关系曲线方法。对于沙漠区（如塔里木盆地沙漠区），高速层顶界面就是潜水面，而这个潜水面是一个非常稳定的单斜面。以时深关系曲线约束初至折射反演的高速层顶界面是否接近于单斜面为准则，判断时深关系曲线的合理性，最终通过多次迭代可得到最佳时深关系曲线。

图 5-3-3 是初至折射迭代生成时深关系曲线方法的流程图。首先用初至折射方法计算延迟时，利用初始时深关系曲线反演出高速层顶界面。由于初始时深关系曲线误差较大，高速层顶界面会存在较大误差，就需要对初始时深关系曲线进行修改。利用修改后的时深关系曲线再进行模型反演，得到新的高速层顶界面，并判断高速层顶界面是否最

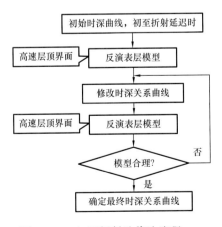

图 5-3-3　初至折射迭代法流程

大程度地接近单斜面（模型是否合理）。如果不接近，则再次修改时深关系曲线并进行模型反演，如此迭代下去，直到高速层顶界面很好地接近单斜面为止，新的时深关系曲线即可确定了。

图 5-3-4 为上述方法得到新老时深关系曲线对比。由于该区风化层最大厚度在 70m 左右，因此，两条曲线只在 70m 范围内做了较大修正。图 5-3-5 是利用老时深关系曲线和上述方法新生成的时深关系曲线反演近地表模型，可见，基于新时深关系曲线反演的高速层顶界面更加平缓，与老的时深关系曲线相比有了较大改进。

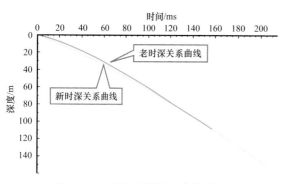

图 5-3-4 新老时深关系曲线对比

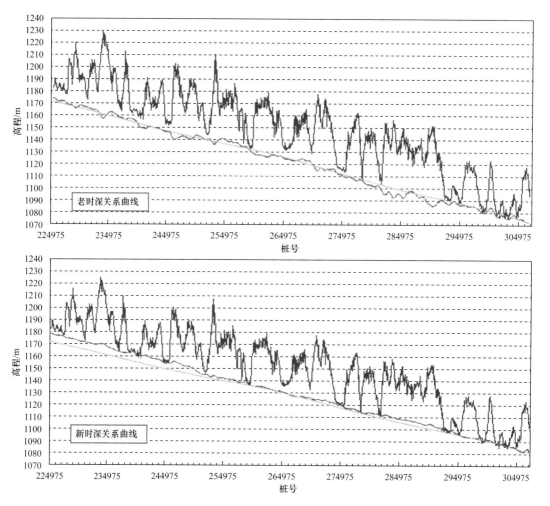

图 5-3-5 新老时深关系曲线反演的高速层顶界面对比

蓝线为地表；绿线为浮动基准面；粉红线为高速顶

3. 微地震测井法

对于黄土塬、山地山前带及有些沙漠区等，虽然表层具有连续介质特征，但往往没有稳定的高速层顶界面（起伏变化较大），因此，这类地区的时深关系曲线主要靠微地震测井资料生成。利用工区内全部微地震测井资料，将不同深度的初至时间转换为垂直时间 t_0，把所有微地震测井得到的不同深度对应的垂直时间 t_0 叠合在一起，用二次函数拟合、多项式拟合或列表法生成时深关系曲线。

三、时深关系曲线的应用

1. 适用条件

总体上讲，时深关系曲线方法适用于近地表为连续介质的地区。从时深关系曲线方法原理可知，时深关系曲线本身是对全区时深关系的一个统计，统计本身就会损失一些高频静校正成分，有时低频成分也会受到影响。图 5-3-2 中的时深关系点分布在曲线两侧，实际上这些时深关系点本身就是静校正量变化的反映，这些点的分布范围就应该是工区静校正量的变化范围，那么这些点与曲线之间的时差就相当于静校正量误差。如果该误差（$\Delta t/2$）大于反射波周期的 1/4，就超出了常规反射波剩余静校正方法的限制门槛，不同程度上影响了资料品质（叠加效果和分辨能力）。因此，当时深关系点的分布范围较大，其造成的单程静校正量误差大于主要目的层反射波周期的 1/4 时，该方法的应用效果将受到影响，或者说该方法不能很好适用。

2. 应用方法

时深关系曲线的应用方法主要有两种：

（1）直接用时深关系曲线计算静校正量。首先利用层间关系系数法建立出表层模型，主要是得到高速层顶界面高程，由此可以求得低降速带总厚度。将此厚度代入时深关系曲线方程或列表数据，即可得到对应的垂直时间，该垂直时间就是低降速带校正量，在此基础上再加上基准面校正量就得到了最终静校正量。如图 5-3-6 所示，时深关系曲线静校正方法的叠加剖面效果明显好于层间关系系数法，这说明根据现有控制点密度、利用层间关系系数法内插的表层模型不能很好描述空间变化，所计算的静校正量存在较大误差，还不如时深关系曲线方法的统计结果精度高，致使成像效果不理想。

（2）利用时深关系曲线建立基于初至波静校正方法的初始模型。对于时深关系空间变化较大的连续介质区，直接用时深关系曲线计算静校正量可能存在较大误差，这时可采用初至折射或层析反演方法来反演表层模型并计算静校正量。由于近地表为连续介质，利用时深关系曲线可以生成一个反映连续介质特征的初始模型，作为初至折射静校正模型反演的约束参数或层析反演的初始模型，有利于提高初至折射和层析反演方法的精度。如图 5-3-7 所示，约束初至折射静正的叠加效果有了明显的改善［图 5-3-7（b）］。

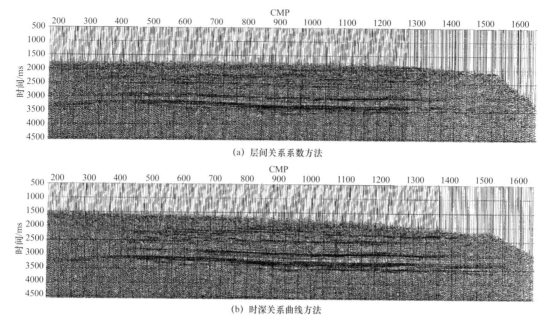

(a) 层间关系系数方法

(b) 时深关系曲线方法

图 5-3-6　层间关系系数与时深关系曲线静校正的效果对比

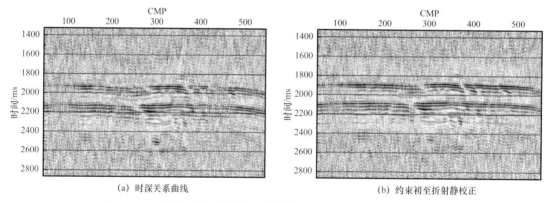

(a) 时深关系曲线

(b) 约束初至折射静校正

图 5-3-7　利用时深关系曲线与曲线约束初至折射静校正的效果对比

第四节　中间参考面静校正技术

常规静校正是将炮检点首先用实际的低降速带速度从地表剥离到高速层顶界面，然后用统一的替换速度校正到最终基准面。在复杂山地区，由于高速层顶界面起伏剧烈，将炮检点校正到高速层顶界面后，相当于从一个起伏的地表校正到一个新的起伏界面上，由于该界面的起伏和高速层速度的横向变化，静校正问题并没有得到很好的解决。图 5-4-1 为山地区实际的表层模型，可见其高速层顶界面起伏程度基本与地表相当。图中横坐标每个网格单元为 800m，在不足 800m 范围内高速层顶界面起伏可达 190m，如果高速层速度按照 3000m/s 计算，190m 的高差导致来自地下反射波的旅行时间差可达

63ms，即使速度高达 5000m/s，其反射波时差也有 38ms。这样大的时差肯定会影响资料的成像效果，不能被常规剩余静校正方法所接受。针对上述问题，钱荣钧提出了中间参考面静校正方法。它是对常规方法的扩充，不但消除了低降速带的影响，而且减小了高速层造成的反射波时间延迟，进一步提高了静校正精度。

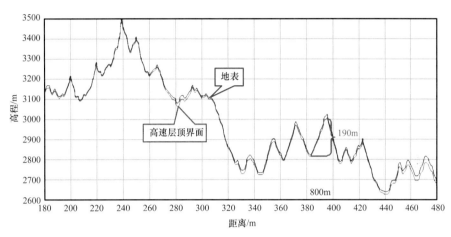

图 5-4-1 中间参考面静校正方法原理图

一、方法原理

中间参考面静校正方法是在高速层中人为定义一个圆滑曲面，按照常规方法将炮检点校正到高速层顶界面后，再从高速层顶界面校正到圆滑曲面，最后从圆滑曲面再校正到统一基准面。这个圆滑曲面称为中间参考面，图 5-4-2 说明了中间参考面静校正方法的基本原理和实施过程。中间参考面静校正量计算公式为：

$$T = -\left(\frac{H_s - H_g}{v_w} - \tau + \frac{H_g - H_m}{v_g} - \frac{H_d - H_m}{v_d} \right) \tag{5-4-1}$$

式中　T——激发点或接收点静校正量；

　　　H_s、H_g、H_m、H_d——分别为地表海拔高程、高速层顶界面海拔高程、中间参考面海拔高程、统一基准面海拔高程；

　　　v_w、v_g、v_d——分别为风化层速度、高速层速度、统一基准面校正速度（替换速度）。

从上述介绍可知，中间参考面的作用主要有两个：一是消除高速层顶界面起伏的影响，二是减小高速层速度横向变化的影响。这两种影响是相互的，而不是独立的，只有两者同时变化时，应用中间参考面才能取得较好的效果。因此，中间参考面静校正方法的适用条件是高速层顶界面和高速层速度同时有明显的变化。

那么，中间参考面静校正方法能解决什么样的静校正问题呢？这主要看高速层变化所带来的是什么静校正问题。如果高速层顶界面起伏和速度横向变化带来的是长波长静校正问题，应用中间参考面可解决长波长静校正问题；当高速层顶界面起伏和速度横向变化带来的是短波长问题时，则解决短波长静校正问题；两种波长同时存在时，解决长、短波长静校正问题。目前，对于复杂山地区而言，一般情况下采用中间参考面方法主要是解决短波长静校正问题，提高剖面叠加效果。

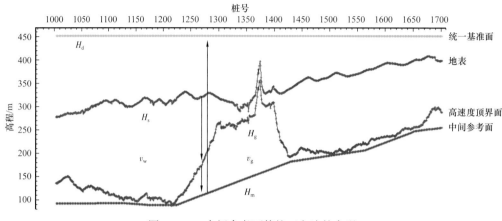

图 5-4-2　中间参考面静校正方法的实现

二、中间参考面的生成

1. 中间参考面选取原则

根据中间参考面的作用，通过分析确定中间参考面的选取原则：

（1）中间参考面是一个圆滑曲面，一般没有中、短波长起伏。

（2）中间参考面位于高速层之中，并尽量接近高速层顶界面。

（3）对于一个盆地或探区，至少一个项目中间参考面应该是统一的。

从中间参考面静校正方法的基本原理可知，应用中间参考面主要是消除或减少高速层顶界面和高速层速度的影响，因此，中间参考面必须是一个没有中、短波长起伏的圆滑面，如果选取的中间参考面存在较大的高频起伏，就失去了使用中间参考面的意义了。但是，中间参考面又不能太平缓，如果中间参考面太平缓，甚至接近一个平面，就会大大增加中间参考面与高速层顶界面之间的高差，给中间参考面校正速度（高速层剥离速度）的选取带来很大困难，这就引出了第二条原则，中间参考面位于高速层中并尽量解决高速层顶界面。实质上，这两条原则是既矛盾又统一的平衡体。知道，近地表介质中各层的速度不但有横向变化，也有纵向变化。如果中间参考面与高速层顶界面之间的高差越大，则准确求取反映高速层速度纵横向变化的难度越大，中间参考面静校正技术的应用效果也越差。在实际应用中，用任何方法求取速度都会存在一定误差。因此，通过中间参考面的合理选取，可尽量减小速度误差的影响，使中间参考面静校正技术的应用效果发挥到最好状态，是实际工作中必须努力做到的。

2. 中间参考面的建立方法

遵循中间参考面选取原则，可以通过对地表高程或高速层顶界面高程的平滑，然后下移到一定深度生成一个中间参考面。该方法简单方便，也见到了一定的效果，同时也存在一定问题。如在山地区高速层顶界面起伏剧烈，而在戈壁区高速层顶界面较平缓，平滑后按照统一的数值下移会导致两种地形情况的中间参考面位置不合理，即在山地区下移到合适深度时而戈壁区就太深，如果戈壁区深度合适则山地区的位置偏高。另外，全部数据参与平滑，其中间参考面形态也很难达到满意的结果。因此，又提出了如下中间参考面建立方法：

（1）按照一定尺寸的正方形网格（如500m×500m或1000m×1000m等），将地表高程数据进行网格化（内插），得到平面分布均匀的地表高程数据。

（2）对上述网格化后数据，在更大网格内（如2000m×2000m或3000m×3000m）找出最小值。

（3）对最小值再进行网格化，此次网格应与第一步的尺寸相同（如500m×500m或1000m×1000m等）。

（4）对重新网格化后的数据进行平滑处理，平滑半径可以通过试验选取，一般为2～4km，以满足中间参考面选取原则为准。

通过以上各步的实施，就得到了所需的中间参考面。由中间参考面建立方法和实现过程可知，生成中间参考面的指导思想是利用一定范围内地形低洼点高程进行内插平滑，避免全部高程参与平滑带来的问题，确保中间参考面的合理性。

如图5-4-3所示，对比两个中间参考面可知，新方法生成的中间参考面更加光滑，空间变化规律和深度位置更合理。

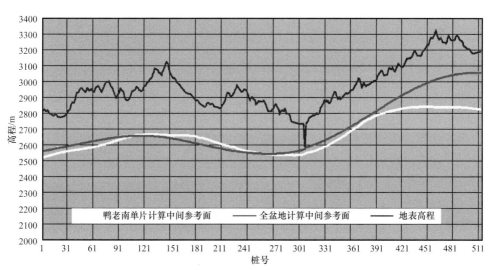

图5-4-3 新老方法建立的中间参考面对比

蓝色为地表高程，黄色为利用全部地表高程数据平滑后下移到一定深度的中间参考面，
红色为用上述方法建立的新中间参考面

3. 中间参考面校正速度的求取

中间参考面校正速度又被称为高速层剥离速度，是实际的高速层速度。众所周知，高速层速度是空间变化的，即在横向和纵向上都有变化。求取的中间参考面校正速度应

尽量反映这种空间变化。对于不同地区，由于表层结构特点、资料种类和质量的差异，可能需要采用不同的速度计算方法。即使可以采用多种方法求取，其精度和应用效果也有所不同。下面介绍四种常用的中间参考面校正速度计算方法及特点，不管用哪种方法求取，最终都需要结合近地表地质资料进行综合分析，确保求取的速度变化尽量符合地质变化规律。

1）表层调查资料求取法

用表层调查（小折射和微地震测井等）控制点的高速层速度，经内插、平滑后得到中间参考面的校正速度。由于表层调查方法单点探测深度和平面上控制点密度的限制，该方法求取的高速层速度仅代表高速层顶界面附近介质的速度，不能很好反映高速层顶界面到中间参考面之间的速度纵向变化，速度的横向变化也会受控制点密度的限制，影响到速度的精度。因此，利用表层调查资料求取中间参考面校正速度的方法适用于低降速带较薄且高速层速度变化缓慢的地区，更为重要的是对高速层顶界面到中间参考面之间的速度纵向变化要尽量小。

2）初至折射法

按照本章第一节中介绍的几种速度计算方法中的一种可以求得高速层速度参数，由于受界面倾角的影响，该速度参数与实际速度有一定差别，还需要对速度参数进行适当的平滑，将平滑后的结果作为中间参考面校正速度。由于利用了地震反射记录初至信息，它可以追踪较深的高速层，因此，该方法可以适用于低降速带较厚、高速层速度变化剧烈的地区。但其得到的高速层速度仅反映了折射界面以下附近介质的速度变化情况，对高速层顶界面到中间参考面之间的速度横向变化无法准确描述。

3）速度扫描方法

用不同中间参考面校正速度计算静校正量进行剖面处理，根据剖面效果确定不同区域的中间参考面校正速度，最后经内插、平滑后生成中间参考面校正速度场。该方法适用于高速层速度为区域变化的地区，对于速度变化剧烈的情况，该方法也很难准确描绘。另外，该方法得到的速度是综合反映了纵、横向变化的等效速度，可能与实际速度差距较大，但成像效果较好。利用速度扫描方法确定中间参考面校正速度需要大量的资料处理对比工作，因此，其工作量较大。

4）层析模型

层析反演方法得到的速度模型可以描绘速度的纵横向变化，从理论上讲，用该方法求取中间参考面校正速度应该效果较好。利用层析模型求取中间参考面校正速度的方法有两种：（1）当高速层顶界面到中间参考面之间的速度变化为线性关系时，可以利用高速层顶界面位置和中间参考面位置的速度平均值求取，该方法相对较简单。（2）当高速层顶界面到中间参考面之间的速度为非线性变化时，需要把从高速层顶界面位置到中间参考面位置之间每个网格的速度做累计，然后求取平均值，这样能够更好地反映速度的纵向变化，有利于提高中间参考面速度的精度和静校正效果。当低降速带较薄、速度纵横向变化剧烈，由于层析反演网格较大，不能很好地描绘低降速带速度变化，由此也影响到高速层速度的精度，导致最终速度的等效性变差。在低降速带较厚地区，层析反演的速度模型等效性较好。因此，利用层析反演方法计算中间参考面校正速度，比较适用于低降速带较厚的地区。

中间参考面校正速度的选取是该方法应用成功的关键，只有得到合理的高速层速度，才能取得满意的效果。在实际工作中，要根据工区的表层结构特点、野外采集方法和各种资料情况，选择合适的计算方法，必要时应进行试验。

三、应用效果分析

理论分析和实际资料应用证明，中间参考面静校正技术能够解决长、短波长静校正问题，至于什么情况解决何种问题，主要看高速层顶界面起伏和高速层速度变化所带来的是什么静校正问题。如果高速层变化带来的是长波长静校正问题，那么中间参考面静校正技术就解决长波长静校正问题，反之，则解决短波长静校正问题。但就目前中间参考面静校正技术的应用情况表明，它主要还是解决复杂山地区的短波长静校正问题，其目的还是提高叠加剖面的成像效果。图 5-4-4 为我国西部某复杂山地区三维应用中间参考面前后的初步叠加剖面对比，可见，应用中间参考面后资料的成像效果有了明显改善，较好地解决了该区高速层顶界面起伏及其速度变化带来的短波长静校正问题。

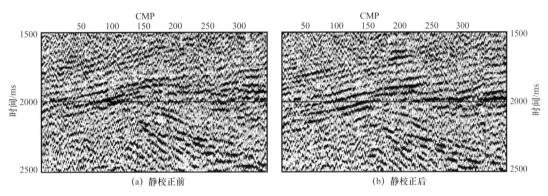

图 5-4-4　应用中间参考面静校正前后的时间叠加剖面对比

图 5-4-5 为我国西部某山地山前带三维应用中间参考面前后的初步叠加剖面对比。两者对比可知，应用中间参考面静校正技术后，不但剖面成像效果得到了较大提高，而且方框范围内的同相轴错断现象也得到了较好解决。这说明应用中间参考面静校正技术不但解决了短波长静校正问题，长波长静校正问题也得到很好的解决。

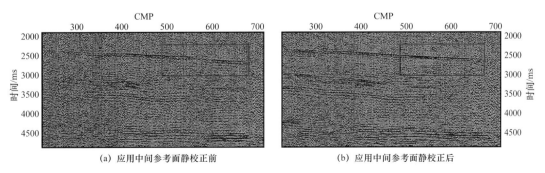

图 5-4-5　应用中间参考面静校正前后的剖面对比（据 Li P et al., 2005）

第五节　初至折射静校正

折射波主要有两个方面的用途：一方面是研究深层构造，由于用折射波研究深层构造需要很大的排列长度，所以现在用的很少；另一方面是确定近地表层的特征，这是目前常用的。初至折射静校正就是利用初至走时求取高速折射层的速度、炮点和检波点延迟时，进而求取静校正量、或风化层速度、厚度的方法。由于延迟时信息依赖于风化层速度和厚度两个未知数，在反演近地表模型时，需要给出一个参数来计算另一个参数，也就是说用一个参数作为约束，反演另一个参数。基于折射波的计算方法很多，如截距时间法、ABC法（减去法）、GRM法（广义互换法）、EGRM法（扩展广义互换法）、Hagedoorn法（加减法）等，在第三章已将单点的解释方法做了简要的介绍，本节重点介绍合成延迟时方法、时间项法等几种常用的计算方法。

一、方法原理

1. 合成延迟时方法

合成延迟时方法（钱荣钧等，2006）是根据不同激发点在相邻接收点来自同一层折射波初至时间差相等的关系，合成一条各激发点共用的初至折射波时距曲线和相对于该时距曲线的各激发点的启爆时间曲线，通过对这两条曲线的分离求得激发点和接收点延迟时。

如图 5-5-1 所示，在激发点 S_1 激发，得到接收点 R_4、R_3 的初至时间分别为 t_{14} 和 t_{13}，两道的初至时间差为 dt，这个时差等于第二炮 S_2 激发在接收点 R_4、R_3 处初至时 t_{24} 和 t_{23} 的时差；如果将 S_2 炮得到的初至折射波时距曲线向上平移，使 t_{23} 与 t_{13} 重合，t_{24} 与 t_{14} 重合，就得到了激发点 S_1 激发与 S_2 激发相接的时距曲线。依此类推，每炮的时距曲线都照此平移，与前一炮的时距曲线相接，就得到了连续追踪的合成时距曲线。接收点时间连成的曲线称为接收点合成时距曲线，所有激发点相对于第一个激发点的时间延迟也可以连成一条时间曲线，这条时间曲线称之为激发点合成时距曲线。因为同地面位置接收点合成时距曲线与激发点合成时距曲线的时差就是截距时间，其截距时间的一半就是延迟时，所以这两条曲线总称为合成延迟时曲线。

图 5-5-2 为合成的延迟时曲线示意图。在接收点合成时距曲线与激发点合成时距曲线之间拟合一条直线或圆滑曲线 L，接收点合成时距曲线与拟合线 L 的时差等于接收点延迟时，激发点合成

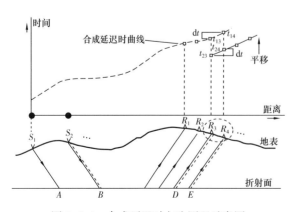

图 5-5-1　合成延迟时方法原理示意图

时距曲线与拟合线 L 的时差就等于激发点延迟时，这样即分离出激发点延迟时 d_{tS} 和接收点延迟时 d_{tR}。

图 5-5-3 为合成延迟时曲线及分离的实例，分离线 L 斜率的横向变化就反映了折射层速度的横向变化。实际应用时，对于同地面点道，合成延迟时法可以利用多道初至时间计算时差，因此，它能充分利用多次覆盖的信息，具有一定统计效应，可求得较精确的折射波延迟时。该方法主要应用于二维地震勘探；在三维勘探中，对每条接收线也可以用非纵距最小的一组炮线和接收线来合成延迟时曲线，进而计算炮点、检波点延迟时。

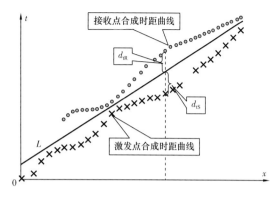

图 5-5-2　合成延迟时曲线的分离

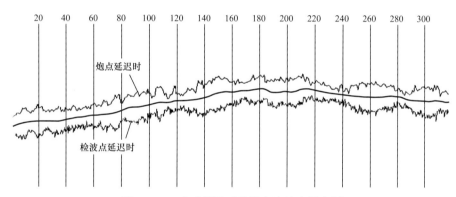

图 5-5-3　合成延迟时曲线方法的应用实例

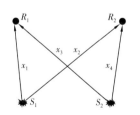

图 5-5-4　三维时间项法原理图

2. 时间项延迟时削去法

在三维勘探中，激发点和接收点总是平面分布的（图 5-5-4），在这种情况下可以用如下时间项消去法求取折射层速度（钱荣钧等，2006）。根据基本折射方程，对图 5-5-4 中的两个激发点（S_1、S_2）和两个接收点（R_1、R_2）可以列出以下方程：

$$t_1 = t_{iS1} + t_{iR1} + \frac{x_1}{v} \tag{5-5-1}$$

$$t_2 = t_{iS1} + t_{iR2} + \frac{x_2}{v} \tag{5-5-2}$$

$$t_3 = t_{iS2} + t_{iR1} + \frac{x_3}{v} \tag{5-5-3}$$

$$t_4 = t_{iS2} + t_{iR2} + \frac{x_4}{v} \qquad (5-5-4)$$

式中　t_1、t_2、t_3、t_4——分别为炮点 S_1、S_2 到检波点 R_1、R_2 的旅行时；

　　　x_1、x_2、x_3、x_4——分别为炮点 S_1、S_2 到检波点 R_1、R_2 的距离；

　　　t_{iS1}、t_{iS2}、t_{iR1}、t_{iR2}——分别为炮点 S_1、S_2 和检波点 R_1、R_2 的延迟时。

由式（5-5-1）与式（5-5-2）得：

$$t_1 - t_2 = t_{iR1} - t_{iR2} + \frac{(x_1 - x_2)}{v} \qquad (5-5-5)$$

由式（5-5-3）与式（5-5-4）得：

$$t_3 - t_4 = t_{iR1} - t_{iR2} + \frac{(x_3 - x_4)}{v} \qquad (5-5-6)$$

由式（5-5-5）与式（5-5-6）并整理后得：

$$v = \frac{(x_1 - x_2) - (x_3 - x_4)}{(t_1 - t_2) - (t_3 - t_4)} \qquad (5-5-7)$$

用式（5.4.7）即可求出折射层速度。用式（5-5-5）计算速度，它与相关点的延迟时无关，因此也就消除了地表高差的影响。另外，该方法由基本折射方程导出，再用到基本折射方程来求取延迟时会更加合理。

下面介绍延迟时计算方法。对于同一炮，基于上面求得的速度可以求出激发点和接收点延迟时之和：$t_{iS1}+t_{iRn}$。

如得到：

$$t_1 = t_{iS1} + t_{iR1} + \frac{x_1}{v} \qquad (5-5-8)$$

$$t_{iS1} + t_{iR1} = t_1 - \frac{x_1}{v} \qquad (5-5-9)$$

设 $t_{iS1}+t_{iR1}$ 为 T_1，即 $T_1=t_1-x_1/v$，则可以得到同一炮不同接收道的方程：

$$\left. \begin{array}{l} T_1 = t_{iS1} + t_{iR1} \\ T_2 = t_{iS1} + t_{iR2} \\ \vdots \\ T_n = t_{iS1} + t_{iRn} \end{array} \right\} \qquad (5-5-10)$$

这时只要给出一个 t_{iS1}，就可以求出所有接收道的 t_{iR}。t_{iS1} 的初始值可以由表层调查资料求取，也可以用非纵距最小的炮记录拟合折射波时距曲线的截距时间求取。如此可以求出全区内每个激发点和接收点延迟时。

3. 折射层速度分析方法

1）简单速度分析方法

图 5-5-5 为共炮点道集的初至折射波射线路径，根据拾取的共炮点道集初至时间和炮检距的关系，利用最小二乘方法拟合时距曲线（图 5-5-6），其时距曲线斜率的倒数即是直达波或折射波的速度。简单速度分析方法受地形起伏和界面倾角的影响较大，速度分析精度较低，仅适用于地形平坦和地层倾角很小的地区，在复杂地表区应用较少。

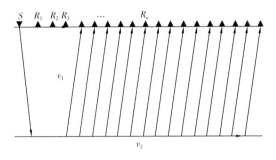

图 5-5-5　炮集的初至折射波射线路径　　　　图 5-5-6　简单速度分析方法时距曲线

2）CMP 速度分析方法

把根据共炮点道集拾取的初至时间抽成 CMP 道集（图 5-5-7），在 CMP 道集中根据炮检距和初至时间的关系，用最小二乘法拟合初至折射波时距曲线（图 5-5-8），其时距曲线的斜率就是 CMP 位置的折射层速度。相对于简单速度分析方法，由于其参与计算的炮点较多，且射线路径可能有多个方向，可以消除因界面倾斜造成的上下倾视速度不一致的问题，但地表或界面的起伏会影响初至形态，影响速度的求取。

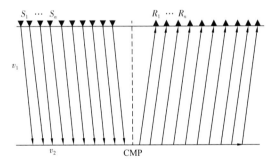

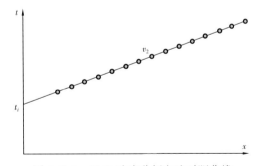

图 5-5-7　CMP 道集的折射波射线路径　　　　图 5-5-8　CMP 速度分析方法时距曲线

3）互换速度分析方法

图 5-5-9 是一个相遇观测的简单观测系统和射线路径示意图，其中只列举了 5 个接收道（D_1 至 D_5）和两个激发点 A 和 B。根据基本折射方程，可得到：

$$T_{AD1} = T_A + T_{D1} + \frac{x_{AD1}}{v_{R}} \tag{5-5-11}$$

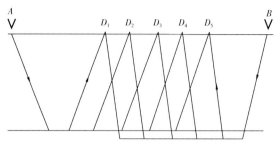

图 5-5-9 相遇观测射线路径示意图

$$T_{BD1} = T_B + T_{D1} + \frac{x_{BD1}}{v_R} \qquad (5\text{-}5\text{-}12)$$

由式（5-5-11）式（5-5-12）得：

$$T_{AD1} - T_{BD1} = T_A - T_B + \frac{x_{AD1} - x_{BD1}}{v_R} \qquad (5\text{-}5\text{-}13)$$

令：

$$\Delta x = x_{AD1} - x_{BD1} \qquad \Delta T = T_{AD1} - T_{BD1}$$

同理，可得到 5 组 ΔT、Δx：

$$\Delta x_1 = x_{AD1} - x_{BD1} \qquad \Delta T_1 = T_{AD1} - T_{BD1}$$

$$\Delta x_2 = x_{AD2} - x_{BD2} \qquad \Delta T_2 = T_{AD2} - T_{BD2}$$

$$\Delta x_3 = x_{AD3} - x_{BD3} \qquad \Delta T_3 = T_{AD3} - T_{BD3}$$

$$\Delta x_4 = x_{AD4} - x_{BD4} \qquad \Delta T_4 = T_{AD4} - T_{BD4}$$

$$\Delta x_5 = x_{AD5} - x_{BD5} \qquad \Delta T_5 = T_{AD5} - T_{BD5}$$

将 5 组 Δx—ΔT 关系点标在直角坐标系中，采用最小二乘拟合算法，求得折射层速度（图 5-5-10）。由于 Δx 和 ΔT 是根据不同方向计算而来的，初至时间差可以消除或减小地形起伏的影响，因此，该方法计算的速度精度相对较高。它适用于二维观测系统和三维观测系统，在复杂地表区有较好的应用效果。

图 5-5-11 为上述三种速度分析方法的计算结果对比，可见简单速度分析方法的结果与 CMP 速度分析和互换速度分析方法的结果差异较大，而 CMP 速度分析和互换速度分析的结果较接近，只细节上有些差异。

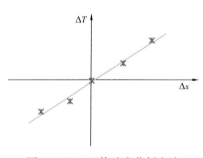

图 5-5-10 互换速度分析方法

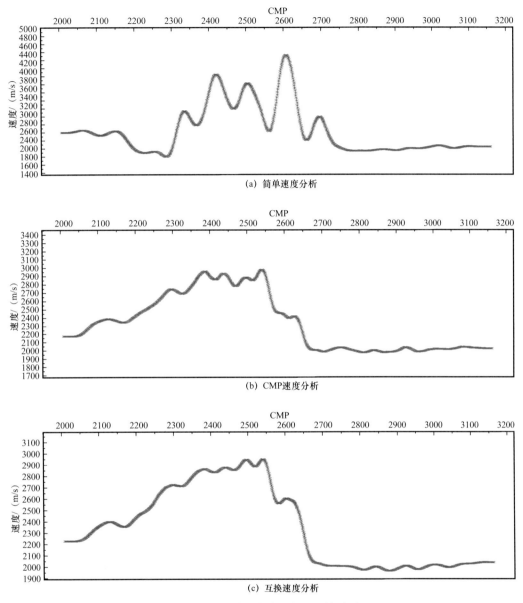

图 5-5-11　三种速度分析方法的结果对比

二、折射模型建立

前面介绍了几种初至折射计算方法，通过这些方法能求得高速折射层速度、激发点和接收点延迟时，但将延迟时转换为垂直时间需要知道风化层速度，作基准面校正也需要知道高速层顶界面高程。因此，在计算静校正量之前必须先建立折射模型。折射延迟时 t_d 到垂直时间 t_0 的转换公式为：

$$t_0 = t_d / k \tag{5-5-14}$$

其中转换系数：

$$k = \cos\left(\arcsin\frac{v_{\text{w}}}{v_{\text{g}}}\right) \tag{5-5-15}$$

根据式（5-5-14）和式（5-5-15）可得到低降速带厚度：

$$h_{\text{w}} = t_0 v_{\text{w}} = \frac{t_{\text{d}} v_{\text{w}}}{\cos\left(\arcsin\dfrac{v_{\text{w}}}{v_{\text{g}}}\right)} \tag{5-5-16}$$

式中　t_{d}——高速层折射波延迟时；

　　　v_{w}——风化层速度；

　　　v_{g}——高速折射层速度；

　　　h_{w}——风化层厚度。

式（5-5-16）中 t_{d} 和 v_{g} 是用初至波计算的延迟时和高速层速度，而高速层埋深 h_{w} 和低降速带速度 v_{w} 是未知的，由于存在两个未知数，反演会存在多解性。为了克服多解性影响，必须给定一个参数来反演另一个参数。

对于风化层速度和厚度两个未知参数，在地震反射记录上是无法求取的，这就需要借助于表层调查资料。另外，为了保证模型的反演精度，以风化层速度约束来反演厚度为例，只有给出一个较准确的风化层速度，才能反演出准确的风化层厚度。而表层调查资料追踪的最高速度层往往较浅，无法提供与地震反射记录初至折射层深度匹配的风化层速度，因此，对于表层调查资料还不能直接进行简单应用，否则会导致模型反演误差，影响长、短波长静校正精度。解决这个问题有两种方法：

（1）浅层折射与地震反射记录初至折射的联合解释。如图 5-5-12 所示，浅层折射法追踪的最高速度为 v_1，而初至折射静校正方法追踪的速度为 v_2。由于浅层折射法没有追踪出地震反射记录上高速折射层，可以将浅层折射初至时间与相同炮检距的地震反射记录初至时间连接起来，进行统一的折射法解释，求出与地震反射记录初至折射层位匹配的风化层速度或厚度，通过某个参数作为约束参数利用式（5-5-16）计算出另一个参数，完成初至折射反演。

（2）表层调查得到的近地表速度和延迟时与地震反射记录初至折射得到的速度和延迟时进行联合计算。如果采用微地震测井调查方法，没有办法实现与地震反射记录初至的相接，只能通过联合计算方法。如图 5-5-13 所示，微地震测井资料得到了近地表第一层 v_0、第二层 v_1 的速度和厚度，以及第三层 v_2 的速度，而初至折射法追踪的是高速折射层 v_{g} 并求得到该层速度和延迟时 t_{ig}。首先，利用微地震测井资料计算出 v_2 层延迟时 t_{i2}，这样可以根据式（3-2-17）和式（3-2-19）求出 v_2 层厚度 h_{g}。进而就可以求出 v_{g} 层以上总的低降速带速度或厚度。最后用得到的低降速带速度或厚度作为约束参数，用式（5-5-16）反演出低降速带速度或厚度。

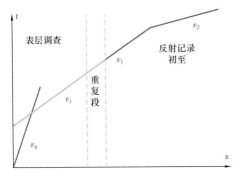

图 5-5-12　浅层折射与初至折射联合解释

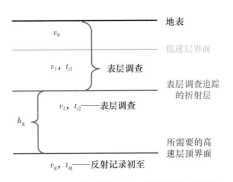

图 5-5-13　微测井与初至折射联合计算

三、方法实施的技术关键点

前面介绍的简单速度分析、CMP 速度分析、互换速度分析和时间项延迟时消去法中的速度计算方法，这些方法都是按折射波原理计算的，并且都没有考虑速度界面倾角的影响。以常用的且效果较好的互换分析方法为例，是基于基本折射方程计算的。当折射层有倾角（图 5-5-14）时，基本折射方程为：

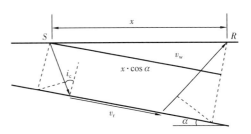

图 5-5-14　地层倾角与折射层速度分析

$$t = t_{is} + t_{iR} + \frac{x \cos \alpha}{v_g} \qquad (5\text{-}5\text{-}17)$$

式中　t——激发点 S 到接收点 R 的初至时间；

T_{is}、t_{iR}——分别为激发点 S、接收点 R 的延迟时；

v_g——折射层速度；

α——折射层界面倾角。

由于折射层倾角是未知的，则令 $v = v_r / \cos \alpha$，其基本折射方程就变为：

$$t = t_{is} + t_{iR} + \frac{x}{v} \qquad (5\text{-}5\text{-}18)$$

式（5-5-18）是实际工作中使用的基本折射方程，其中的 v 并不是真实的地层速度，它与真实速度之间的关系为：

$$v = v_g / \cos \alpha \qquad (5\text{-}5\text{-}19)$$

只有当界面倾角较小时，两者差异很小，但严格地说，不管倾角多大，这个速度都不是真实的地层速度（界面水平时除外）。另外，从式（5-5-19）可以看出，计算的速度总是大于实际速度。因此，把用折射法计算的速度视为"速度参数"。那么，速度参数与真实速度之间到底有多大差别呢？图 5-5-15 为真实速度等于 2000m/s 时的速度参数与界面倾角的关系曲线，可见，当折射层速度一定时，随着界面倾角的增大，其速度误差也增大。图5-5-16为界面倾角与相对速度误差（速度误差百分比）的关系曲线。如图5-5-16所示，相对速度误差随着地层倾角的增大而增大，但不管真实速度是多少，同一倾角所引起的速度误差百分比是一定的。通过图5-5-15和图5-5-16的综合分析还可以看出，当界面倾角一定时，随着折射层速度的增大，实际上其造成的速度误差绝对值在增大。考虑到利用折射法求取的速度与真实速度之间的差异，在折射法延迟时计算和模型反演等环节中，速度选取是关键问题。

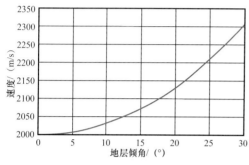
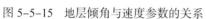
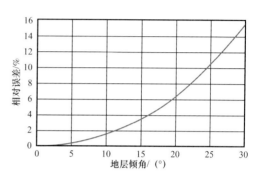

图5-5-15　地层倾角与速度参数的关系　　　图5-5-16　地层倾角与相对速度误差的关系

1. 延迟时计算中的速度问题

上面分析讲到，利用折射法求取的速度并不是真实速度，而是一个速度参数。但利用这个速度参数计算的延迟时是准确的。从式（5-5-17）和式（5-5-18）的对比可知，由于两式中后一项是等价的（$\frac{x\cos\alpha}{v}$ 与 x/v 相等），对炮点和检波点延迟时没有影响，因此，利用速度 v 求取的延迟时是准确的。相反，如果按照真实速度 v_r 来衡量 v 的合理性，对 v 做过大的平滑等人为处理，反而会影响延迟时的精度。

图5-5-17为不同平滑半径的速度参数所计算的延迟时对比。该测线为简单的沙漠区，采集道距5m，每道单个检波器接收。图5-5-17（a）是地表高程，图5-5-17（b）为没有平滑的速度参数，图5-5-17（c）为用图5-5-17（b）的速度参数计算的延迟时，对比可见，图5-5-17（c）延迟时与图5-5-17（a）有着较好对应关系。图5-5-17（d）（f）（h）分别为10个点、50个点、100个点平滑后的速度参数，图5-5-17（e）（g）（i）分别为图5-5-17（d）（f）（h）速度参数计算的延迟时。对比可见，随着对速度平滑点数的增多，延迟时与地表高程或没有平滑速度的延迟时差别越来越大，不同平滑点数速度参数的计算结果差异非常明显，甚至明显的地形起伏在速度参数平滑大的延迟时上没有反应。因此，在计算延迟时前，不能对计算的速度参数进行过度的平滑处理，只有确保准确的速度参数精度，才能得到准确的延迟时，以真实速度的标准判断速度参数的合理性是不对的。

2. 模型反演中的速度选取问题

模型反演实际上就是将延迟时模型转换为深度模型，即利用延迟时求取风化层厚度。从静校正量计算角度讲，这个过程的实质是完成延迟时到垂直时间的转换。垂直时间转换公式为：

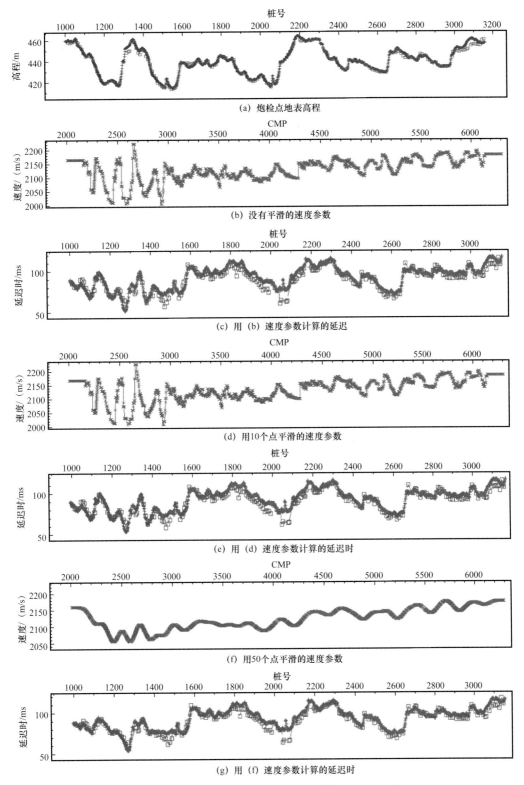

图 5-5-17 不同平滑点数的速度参数计算的延迟时对比

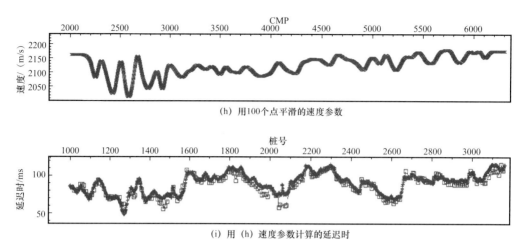

(h) 用100个点平滑的速度参数

(i) 用（h）速度参数计算的延迟时

图 5-5-17　不同平滑点数的速度参数计算的延迟时对比（续）

$$t_0 = \frac{h_w}{v_w} = \frac{t_d}{\cos\left(\arcsin\dfrac{v_w}{v_r}\right)} \tag{5-5-20}$$

从式（5-5-20）可见，延迟时向垂直时间的转换也必须用到风化层 v_w 和高速层速度 v_r，这时所用的速度应该是真实的速度，而不是速度参数 v。如果仍然用速度参数进行垂直时间的转换，将带来一定的静校正量误差。下面简单分析用速度参数进行垂直时间转换对静校正量的影响。

设实际高速层速度 v_r=2500m/s，在风化层速度 v_w 上加或减去10％的误差，来分析不同厚度情况下 t_0 时间转换误差情况。图 5-5-18（a）、（b）分别为风化层厚度为50m、100m 时的垂直时间转换误差曲线，曲线表示在对应的风化层速度上加或减去10％速度误差后的垂直时间转换误差，误差值大于0的为风化层速度加上10％速度误差时的垂直时间误差，误差值小于0的为风化层速度减去10％速度误差时的垂直时间误差。

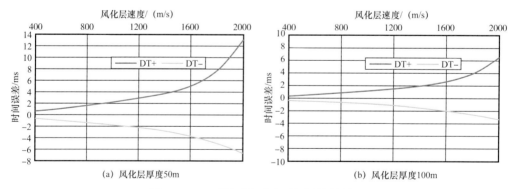

(a) 风化层厚度50m

(b) 风化层厚度100m

图 5-5-18　延迟时向垂直时间转换的误差

通过对图 5-5-18 的分析可知，随着风化层速度 v_w 的增大，其垂直时间转换误差增大；随着风化层厚度的增大，垂直时间转换误差增大。v_w 的正误差（加上10％）比等值负误差（减去 10%）引起的垂直时间转换误差大，其主要原因是风化层速度增大后更接近于高速层速度，其临界角变大，导致垂直时间转换误差增大。

因此，在延迟时计算之后、模型反演之前，应该对速度参数进行适当的处理（整体或分区域进行适当平滑，并与地质等相关资料进行对比分析），使之尽量接近真实的速度，减小延迟时向垂直时间的转换误差，提高静校正精度。

3. 其他技术关键点

考虑到折射法计算的速度问题，在模型反演中，还可以考虑用其他不受界面倾角影响的方法求取地层速度，即用非折射法计算的地层速度，如微地震测井法、层析反演法等。不管用哪种方法求取速度，表层调查资料，特别是微地震测井资料，都是获取速度资料的重要手段。尤其在地层倾角较大地区，浅层折射法得到的速度同样不是真实的速度，用此数据进行模型反演同样会带来静校正量误差。而微地震测井资料应该是复杂区最可靠的资料，虽然也有一定的误差，但总体上受地层倾角等因素的影响较小。

四、折射方法的应用

目前，初至折射静校正方法仍是解决复杂地表区静校正问题的主要方法，尤其在解决短波长静校正问题方面，有着明显的优势（李培明等，2003；Li P et al.，2006）。尽管在复杂山地区普遍认为初至波波场比较复杂，初至波传播路径不完全符合折射波传播规律，但其应用仍能见到较好的效果，至少在目前的方法中还是最好的。其主演原因是：不管近地表波场如何复杂，由于风化、压实等作用，近地表的速度从浅到深大部分还是增加的，尽管有时没有良好的、全区稳定的折射界面，但其射线还是与折射波射线有着一定的等效性，即在近地表低速介质中射线以垂直分量为主，在较深部地层中射线以水平分量为主。因此，初至折射静校正方法也能解决复杂区大部分的静校正问题。图 5-5-19 为某山地三维层间关系系数法和初至折射静校正方法的叠加剖面对比，可见，后者剖面的信噪比和同相轴连续性明显好于前者。

图 5-5-20 是信噪比很低的复杂山地区不同静校正方法效果对比初叠加剖面，尽管该区表层调查控制点平均密度达到每平方千米 5.3 个点，并且绝大部分为微地震测井资料，但仅用表层调查资料的层间关系系数法仍然不能解决静校正问题，初叠加剖面的成像效果远差于初至折射法。

虽然初至折射能够解决复杂地表区大幅度的静校正问题，但对于低降速带巨厚的复杂区效果往往不理想，甚至会带来较大的长波长静校正问题。其原因主要是：随着低降速带厚度和炮检距的增大，反射波在低降速带中传播路径与垂直路径的差越大，其造成的静校正误差也就越大。加上折射法纵向分辩能力及各方面造成的累计误差，将带来很大的静校正误差，不仅影响叠加效果，甚至会影响构造的形态。图 5-5-21 为垂直时间与反射波在低降速带中旅行时间的差，假设低降速带平均速度 v_w 为 1000m/s，高速层速度为 3000m/s，反射层埋深为 2000m。图中三条曲线分别为低降速带厚度为 50m、10m、

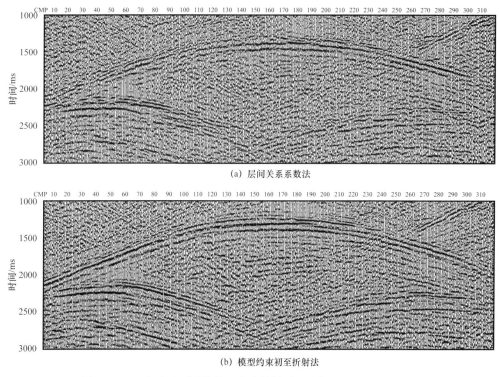

图 5-5-19 山地区不同静校正方法效果对比（据 Li P et al., 2006）

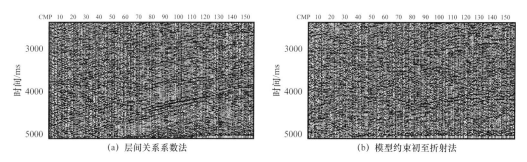

图 5-5-20 信噪比很低的山地区不同静校正方法效果对比（据 Li P et al., 2006）

200m 时，静校正量误差与炮检距的关系，可见，当低降速带厚度一定时，静校正量误差随着炮检距的增大而增大；当炮检距一定时，静校正量误差随着低降速带厚度的增大而增大。如果炮检距等于 6000m，低降速带厚度为 50m、100m、200m 时的单程静校正量误差分别为 4ms、8.5ms、17ms。由此分析可知，低降速带厚度较大时，初至折射法带来的静校正量误差是不容忽视的。

图 5-5-22 为山前带区（平均低降速带厚度 150m，最厚达 500m）初至折射法和层析反演静校正方法的叠加剖面对比，其层析反演法的叠加剖面明显好于初至折射法。

图 5-5-23 为追踪不同深度折射层所建立的深度模型，其中模型 1 低降速带厚度较薄，一般在 200m 以内；模型 2 低降速带厚度较厚，最大达 400m 以上。

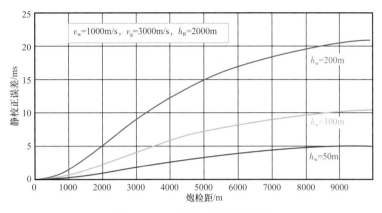

图 5-5-21　静校正量误差分析

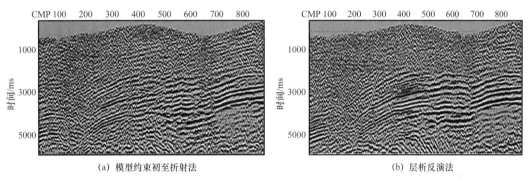

(a) 模型约束初至折射法　　　　　　　　(b) 层析反演法

图 5-5-22　两种静校正方法的剖面对比

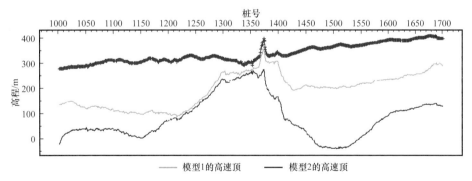

——模型1的高速顶　　——模型2的高速顶

图 5-5-23　追踪不同深度折射层反演的表层模型

图 5-5-24 为山地山前带区初至折射法追踪不同深度折射层的叠加剖面对比。该测线中部为逆掩推覆断层出露于地表的山体，其低降速带较薄，两边为戈壁或农田区，低降速带厚度随着与山体距离的加大而逐渐增大并逐渐趋于稳定。图 5-5-24（a）（b）分别对应图 5-5-23 中的模型 1 和模型 2。可见，对应模型 1 的地震剖面构造形态在大号方向与模型 2 的相反，其叠加效果模型 1 的剖面也略好于模型 2。这主要是由于模型 2 追踪的折射层太深，从而带来很大的静校正量误差。

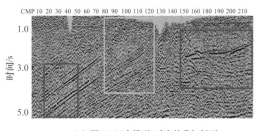
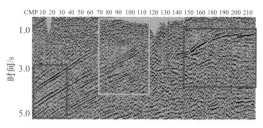

(a) 图5-5-23中模型1对应的叠加剖面   (b) 图5-5-23中模型2对应的叠加剖面

图 5-5-24　追踪不同深度折射层的叠加剖面对比

第六节　层析静校正应用技术

层析技术应用于地球物理领域的研究始于 20 世纪 80 年代初期，海湾石油公司与美国加州大学合作，从 80 年代开始利用反射数据重建地下速度结构，在 1984 年 SEG 年会上首次公布了地震层析成像的研究成果，引起轰动。层析技术在静校正方面的应用研究始于 90 年代初，许多公司或研究单位先后推出一些软件产品，但这些产品只是在理论模型试算或部分实际资料试验中见到良好的发展前景，由于探区表层地震地质条件的复杂性和层析技术的不成熟，始终没有得到广泛的推广应用。近年来，层析静校正技术得到较快发展，并在一些复杂区实际应用中见到了明显的效果。

1991 年，Sheriff R E 对层析法给出如下定义：层析法是一种利用大量炮点和检波点综合观测结果求取速度与反射系数分布的方法。层析这个词是从希腊语"剖面绘制"（section drawing）派生出来的。在处理过程中，空间被分割为许多面元，观测值用穿过面元的射线路径的线积分表示。层析法用到的求解方法包括代数重构法（ART）、联合迭代重建法（SIRT）和高斯—赛德尔法。

一、层析法的基本原理

在层析技术中，地下介质被分解为许多网格，层析的目标是求解每个面元的速度。从炮点到接收点的射线路径由位于不同网格中的射线段组成，根据各个网格中射线段的长度和各面元的速度计算出初至波的旅行时间（一般称为初至时间）。根据该初至时间与实际观测值的差修改各面元的速度值，然后利用新的速度模型再计算新的初至时间；根据新的初至时间与观测值的差来修改速度模型。如此迭代多次直到模拟计算的初至时间与观测时间差小于设定的门槛值为止。图 5-6-1 描述了层析计算的整个过程。首先定义成像域参数，即设定模型范围和网格尺寸，给

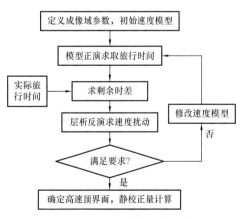

图 5-6-1　层析法静校正基本原理

出每个网格的初始速度（建立初始速度模型）。然后根据观测系统和初始速度模型进行模型正演计算出初至波旅行时，求取该旅行时与实际旅行时的差，根据差值求取各面元的速度扰动（速度变化量）。如果正演的初至时间与实际观测值的差小于设定的门槛值，则停止计算；否则根据速度变化量修改速度模型，再进行初至时间正演及下面各步计算。如此迭代多次，直到正演的初至时间与实际观测值小于设定的门槛值为止，就得到了最终的速度模型。通过对该模型进行合理解释后（确定高速层顶界面）即可计算出静校正量。

二、层析静校正方法的应用

图 5-6-1 展示了整个层析方法实施的全过程，层析方法的应用效果主要取决于用户对计算参数的把握。在层析方法应用过程中，用户可控制的部分主要在成像域参数和初始模型的定义以及最终的模型解释，其影响最终应用效果的也无非是与此有关的几项参数。因此，在此主要描述影响层析方法应用效果的几项关键环节。

1. 成像域网格化

如上所述，层析技术把模型空间划分为很多的网格单元，通过层析计算求得每个网格单元的速度，通常情况下，每个网格单元的速度是个常数。把定义模型范围内网格单元的大小（长、宽、高）称为成像域网格化。实践证明，不同网格尺寸所得的层析模型差异很大，其得到的静校正效果也有很大差异，因此，选取合理的网格尺寸是确保层析方法效果的最关键参数。

定义网格尺寸主要考虑几个方面：（1）勘探区存在的主要静校正问题（长波长静校正和短波长静校正）；（2）野外采集主要观测系统参数和初至拾取参数；（3）层析反演结果的收敛性和合理性。

首先，如果勘探区地形平坦、近地表速度和厚度变化缓慢，其静校正问题主要表现在影响构造形态的长波长静校正问题，而影响叠加效果的短波长静校正问题不突出，或者很小的短波长静校正问题可以通过反射波剩余静校正解决，这时网格尺寸可以选大些（冯泽元等，2005）。图 5-6-2 为中国西部某地区利用表层调查模型内插法和层析法的初叠加剖面对比，层析法的网格尺寸为纵测线方向 100m，横测线方向 200m，纵向 25m（以下表示为 100m×200m×25m）。对比两剖面可见，其叠加效果差异不大，而表层调查模型内插法存在明显的长波长静校正问题，层析法剖面的构造形态较合理，这时层析法采用大网格完全能够解决本区的静校正问题。

图 5-6-3 为另一个地区层析法不同网格尺寸的实例，可见，大网格的剖面叠加效果明显不如小网格的好，也就是说在短波长静校正问题较突出的地区，层析法应该选择较小的网格尺寸。

其次，水平方向的网格尺寸应根据野外采集观测系统参数确定，最好与道距、炮点距、接收线距和炮线距参数之间呈整数倍关系。初至拾取的炮检距范围，在通常情况下尽量拾取可识别的全部初至。

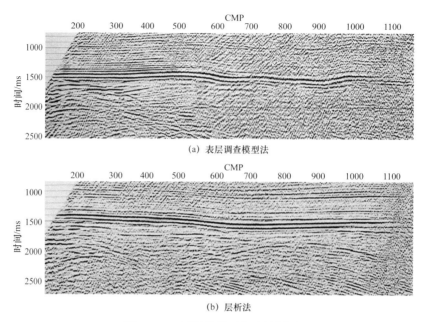

（a）表层调查模型法

（b）层析法

图 5-6-2　不同静校正方法的剖面

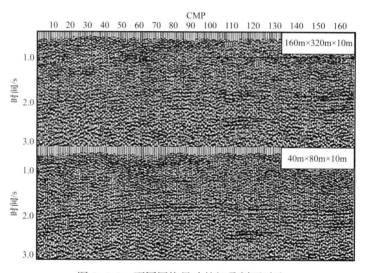

图 5-6-3　不同网格尺寸的初叠剖面对比

图 5-6-4 为不同炮检距范围初至的层析反演速度模型。从最小炮检距道进行初至时间拾取时，层析反演的近地表速度较低，低降速带厚度较薄，随着拾取的最小炮检距增大，其近地表速度和低降速带厚度都在增大。而实际上，该区近地表速度没有那么高，低降速带厚度也没有那么大。因此，应用层析法时，初至时间拾取最好从最小炮检距开始，这样有利于提高速度模型反演的精度。初至时间拾取的最大炮检距选取一般应根据低降速带厚度确定，为避免初至不够给计算带来影响，初至时间拾取的炮检距选择大一些。

图 5-6-5 为初至时间拾取到 3000m 和 6000m 炮检距的不同深度单个网格内的射线条数曲线，可见，拾取的炮检距大，单个网格内的射线条数多，追踪深度大，有利于提高

层析反演精度。图 5-6-6 为拾取不同炮检距范围初至所反演的速度模型，对比可见，在满覆盖范围内，拾取炮检距大的层析速度模型中的等速界面更光滑，结果更合理；而在满覆盖范围外，拾取炮检距大的层析速度模型的边界效应很小，模型精度更高。

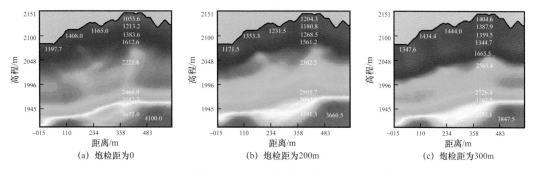

(a) 炮检距为0   (b) 炮检距为200m   (c) 炮检距为300m

图 5-6-4   不同初至时间拾取炮检距范围的层析反演结果

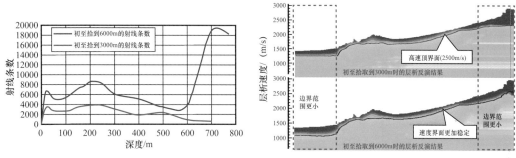

图 5-6-5   不同拾取范围的射线条数对比   图 5-6-6   不同拾取范围的层析反演结果

图 5-6-7 为不同初至拾取炮检距范围的层析法初叠加剖面对比，可见拾取的炮检距范围大，剖面成像效果也好。综上分析可知，应用层析法对初至拾取的要求完全不同于初至折射法，它需要从最小炮检距的初至时间，并且也需要大炮检距的初至，这样有利于提高模型反演精度、缩小边界效应的影响范围，最终提高静校正精度和剖面效果。

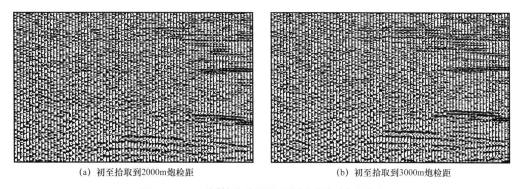

(a) 初至拾取到2000m炮检距   (b) 初至拾取到3000m炮检距

图 5-6-7   不同拾取范围的层析法叠加剖面对比

最后，关于层析反演结果的收敛性和合理性问题，主要从层析反演过程和结果上进行监控。确保层析反演结果的收敛是基础，只有在收敛的基础上才谈得上模型的合理性。

图 5-6-8 为网格尺寸等于 4 倍道距时层析反演的速度模型和迭代收敛情况（两次迭代之间的速度变化百分比），可见，迭代 15 次时速度变化量基本小于 2%，个别网格稍大些，但总体上收敛较好。在选择小网格的情况下（网格等于道距），如图 5-6-9 所示，迭代 15 次时，速度模型虽然高频成分较丰富（分辨率较高），但收敛性较差（两次迭代之间的速度变化量达 70% 以上）。产生此现象的原因是不是迭代次数不够？为此，增加迭代次数到 30 次和 40 次，结果还是不收敛，其速度变化量分别为 24% 和 36%（图 5-6-10）。

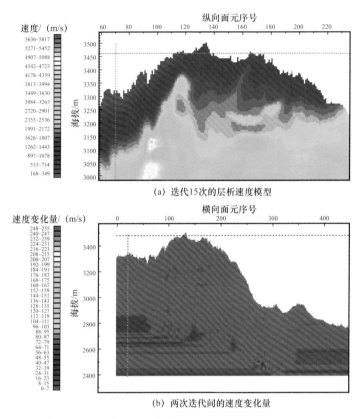

(a) 迭代15次的层析速度模型

(b) 两次迭代间的速度变化量

图 5-6-8　网格等于 4 倍道距时的层析模型和收敛情况

　　分析产生上述现象的原因，主要是网格太小，致使每个网格之内的射线条数很少，导致反演结果不收敛。因此，需选择适当的网格尺寸，保证单个网格内有足够的射线条数，确保模型的最终收敛。

　　关于模型的合理性，主要指用层析速度模型计算的静校正量与实际静校正的逼近程度。通常情况下，由于层析反演的速度模型与实际模型不完全一致，而主要目的是利用层析反演的模型进行静校正量计算，因此，只能通过静校正量的等效性来判断模型的合理性，即在某一深度范围内，用层析反演的速度模型与表层调查资料计算的低降速带模型之间的差来判断模型的合理性。图 5-6-11 为不同网格尺寸层析反演的速度与微测井速度对比，可见，不同网格层析反演的速度与微测井的速度均有很大差别，突出表现在近地表层析速度远大于微测井速度，而较深层层析速度小于微测井速度，只有这样才能使初至波旅行时相等。因此，通过网格尺寸选取很难得到令人满意的速度模型，也不可能

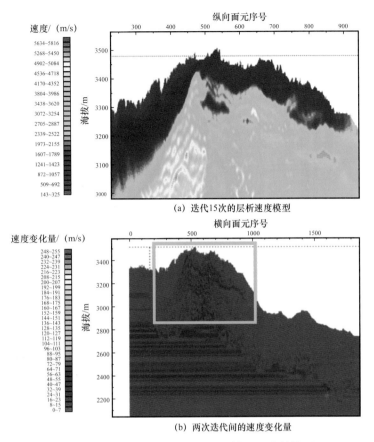

(a) 迭代15次的层析速度模型

(b) 两次迭代间的速度变化量

图 5-6-9　网格等于道距时的层析模型和收敛情况

通过速度模型判断结果的合理性。图 5-6-12 为不同网格尺寸的垂直时间与微地震测井垂直时间的对比，可见，利用层析速度计算的垂直时间与微地震测井垂直时间有交叉现象，说明在交叉处两者时间相等，在这些位置的低降速带校正量是等效的。因此，可以通过层析反演的速度和由此计算的垂直时间与微地震测井资料的综合对比分析，确定一个合理的网格尺寸，也可以确定一个最佳速度层作为高速层顶界面，使低降速带校正量达到最佳等效状态，确保最终层析静校正效果。

通过上述三个方面的综合分析，网格尺寸是一个非常重要的参数，直接关系到层析反演的结果对近地表模型的分辨能力，并直接反映了解决不同波长静校正问题的能力。网格小，对模型的分辨能力高，其解决短波长静校正问题的能力就强；反之，对模型的分辨能力低，解决短波长静校正问题的能力就弱。但影响网格选取因素很多，要综合考虑探区存在的主要静校正问题、野外施工参数、初至拾取参数、迭代的收敛性和结果的合理性等方面。根据上述分析结果，总结出网格尺寸选取的指导性原则：在确保层析反演结果收敛和合理的前提下，尽量选择较小的网格尺寸。

遵循上述指导性原则，通过多年来的实践，提出了通常情况下网格尺寸选择的具体原则和方法。具体原则：对于近地表速度变化剧烈地区，网格尺寸应小些，尽量精确描述速度的变化。但网格尺寸小了，使穿过网格单元的射线条数减少，必然影响速度反演

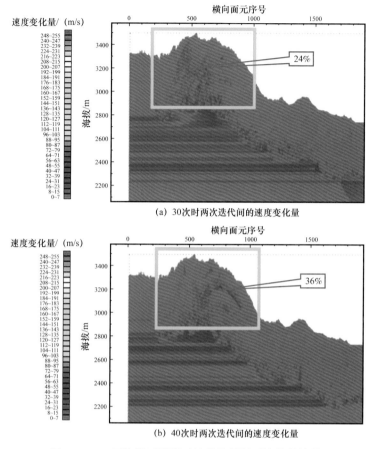

(a) 30次时两次迭代间的速度变化量

(b) 40次时两次迭代间的速度变化量

图5-6-10　网格等于道距时迭代的层析反演收敛情况

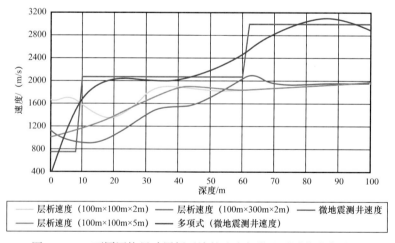

图5-6-11　不同网格尺寸层析反演的速度与微地震测井速度对比

精度。要使射线条数足够，就要增大网格单元，这样又不能较准确地描绘速度变化情况。因此，在实际应用时，应根据工区具体情况，充分考虑两个方面的问题，合理选择网格单元大小。

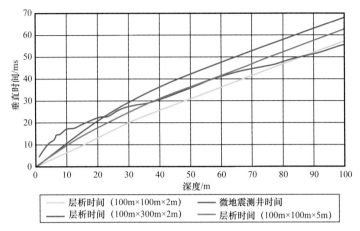

图 5-6-12　不同网格尺寸层析反演与微地震测井的垂直时间对比

选取办法：对于二维采集，沿测线方向的网格尺寸一般等于道距即可，如果迭代不收敛可适当扩大到 1~2 倍道距；垂向网格尺寸为 2~10m。对于三维采集，网格尺寸可参考施工参数选择，一般情况下，纵向网格尺寸为道距的 2~4 倍，横向网格单元长度等于接收线距，垂向方向网格单元长度为 10~20m。三维情况下，网格的选取较复杂，必要时可以通过试验确定。

2. 模型底界的确定

模型底界是网格模型的最小高程，它决定了层析反演模型的最大深度。模型底界的定义主要考虑低降速带最大厚度、射线追踪的最大深度两个方面。模型底界首先应低于工区内地表最低海拔高程减去预计的最大低降速带厚度，通常选择的值要远小于该值。更重要的是模型底界要低于射线追踪的最大深度位置的高程，该值的确定一般无法准确估算，可以先选择一个较深底界进行 2~3 次迭代，根据射线追踪的最大深度确定模型底界。

对于模型底界的选择，一般要求实际值比射线的范围更大一些。如果模型底界选择太浅，射线传播下去返不回来，甚至有些区域没有射线，影响模型反演精度。图 5-6-13 属于模型底界太浅的实例，可见在模型左边很大区域内没有射线，而右边区域的射线追踪深度也远大于模型底界，这会对模型的反演精度带来很大影响。如果模型底界选择太深，会造成深层无效网格太多，而增加数据量。

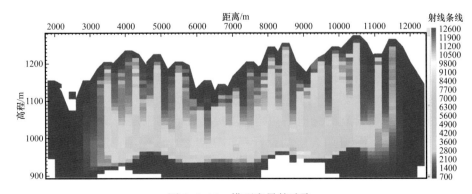

图 5-6-13　模型底界的选取

3. 初始速度模型

初始速度模型是用于层析反演迭代的起始模型，在层析计算之前，必须赋予每个网格一个初始速度。根据表层结构特点和掌握的资料情况，初始速度模型的建立方法通常有三种。

（1）利用表层调查资料建立初始速度模型。在第三章第二节中介绍了层间关系系数方法，该方法就是利用表层调查资料建立近地表模型，并把它作为层析反演的初始速度模型。该方法建立的表层模型具有层状介质特征，因此，它适合于表层结构为层状介质特征的地区。另外，还可以将表层调查资料与地震反射记录初至信息联合反演的结果作为层析反演的初始速度模型，即将第五章第五节介绍的初至折射法的结果作为初始速度模型。

（2）利用初至时间建立初始速度模型。在没有表层调查资料或表层调查资料很少的地区，如果近地表具有层状介质特征，可用利用地震记录的初至时间计算出各层速度和厚度，作为层析反演的初始速度模型。具体实现方法是：显示全部或局部范围内初至时间与炮检距的关系，人工解释各层速度（类似浅层折射法解释），计算每层的厚度，将各层速度和厚度应用到全区，得到层析反演的初始速度模型。

（3）利用速度梯度法建立连续介质初始速度模型。对于近地表为连续介质地区，可以根据速度随深度的变化规律，给出一个地表面速度值和速度随深度的变化量，自动生成一个速度随深度连续变化的模型，作为层析反演的初始速度模型。对于某地区具体的速度随深度的变化规律，可以通过时深关系曲线、表层调查资料、地震反射记录初至时间统计求得。

初始速度模型对层析反演结果有什么影响，可能针对不同层析软件所采用的计算方法也不同一样，同一方法针对不同表层结构特点的工区或不同的采集方法和参数可能也不一样。图5-6-14是山地和山前带区采用速度梯度法和层间关系系数法建立的初始速度模型，分别经过15次迭代并收敛后得到的速度模型如图5-6-15所示。对比图5-6-15中的两个模型，在有效深度范围内速度整体变化几乎没有差别，只是在细节上略有差异。此实例说明，不同的初始速度模型对层析的反演结果影响很小。图5-6-16为沙漠区采用速度梯度法和层间关系系数法建立的两个初始速度模型，图5-6-17为两个初始速度模型经过10次迭代并收敛后的层析反演结果。对比图5-6-17的两个模型可知，在测线小号一侧两个初始速度模型的反演结果基本一致，而测线大号一侧的反演结果有着明显的差异。本实例说明不同的初始速度模型对层析反演结果有一定的影响。

通过大量的试验分析发现，初始速度模型对层析反演结果确实有影响，但针对不同算法、不同探区、不同采集参数和层析计算参数，其影响程度有所不同。在实际应用中，通常要求建立一个尽量合理的近地表初始速度模型，有助于层析反演。实际操作中，在有表层调查资料的地区最好用表层调查资料建立初始速度模型，图5-6-17（b）为应用表层调查资料建立初始速度模型的层析反演结果，在大号方向的高速层顶界面确实比图5-6-17（a）的更稳定，更符合沙漠区的规律。

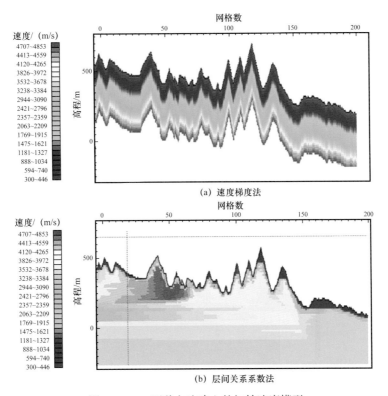

(a) 速度梯度法

(b) 层间关系系数法

图 5-6-14 两种方法建立的初始速度模型

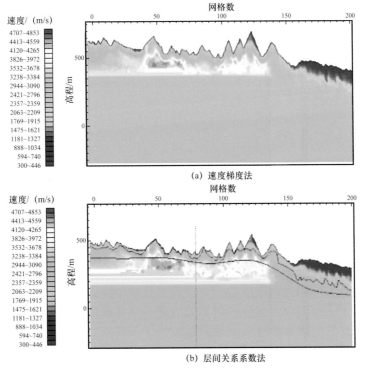

(a) 速度梯度法

(b) 层间关系系数法

图 5-6-15 两种初始速度模型的层析反演结果

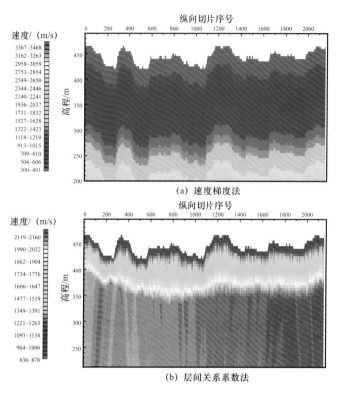

图 5-6-16　两种方法建立的初始速度模型

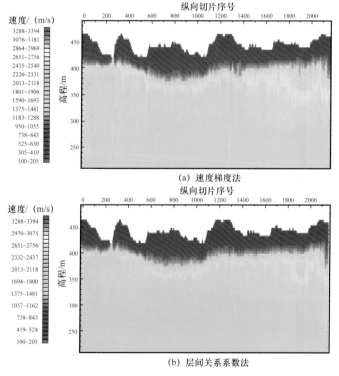

图 5-6-17　两种初始速度模型迭代 10 次的层析反演结果

4. 速度模型的解释

对于层析反演的模型结果，要进行静校正量计算，首先对模型进行解释，也就是要确定一个高速层顶界面。有多种高速层顶界面定义方法：可以定义一个水平面作为高速层顶界面，这显然是不可取的；另一种是将地表高程进行平滑后下移到一定深度作为高速层顶界面，这种方法确定的高速层顶界面一般不合理；还有的是定义一个等射线密度面，这种方法看似合理，但由于射线密度差异很大，其选择结果通常是不可用的；多年来的实践表明，定义以一个等速界面作为高速层顶界面的方法较为科学，其结果也较可靠，该方法有两个优点：一是能从物理模型上明确静校正是校正到哪个速度层；二是校正到一个等速的界面上更方便校正速度的选取，有利于提高基准面静校正精度。

图 5-6-18 为两个不同地区在层析反演模型上选取的等速界面，可见较好地反映了其表层结构特点和变化规律。选择一个等速面作为高速层顶界面是个基础，当等速面变化平缓时［图 5-6-18（b）］，可以直接用等速面计算静校正量。如果有些地区的等速面起伏较剧烈，还需要对之进行必要的平滑和编辑处理。

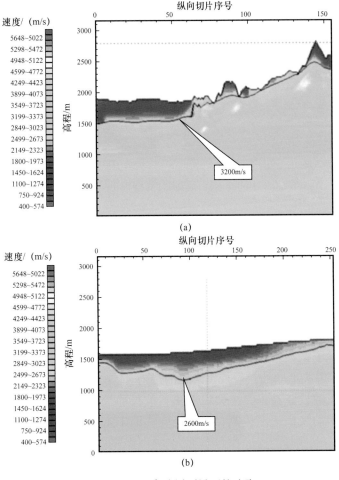

图 5-6-18 高速层顶界面的选取

图 5-6-19 中红色粗线为 2500m/s 的等速面，其在方块内变化比较大，而利用此面计算的静校正量并不能使剖面很好成像［图 5-6-20（a）］。当对等速面进行了适当平滑和编辑处理后，得到图 5-6-19 中黑细线的高速层顶界面，利用这个高速层顶界面计算静校正量后的剖面成像效果得到明显提高［图 5-6-20（b）］。

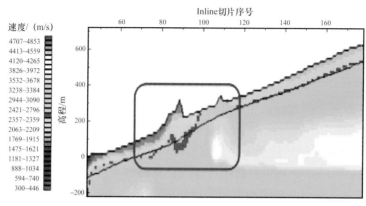

图 5-6-19　等速面的平滑与编辑

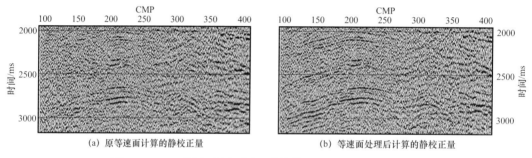

（a）原等速面计算的静校正量　　　　　　　　　　（b）等速面处理后计算的静校正量

图 5-6-20　不同高速层顶界面计算静校正量初叠加剖面对比

三、解决问题能力分析

自 2002 年原物探局（东方公司的前身）首次利用层析反演技术解决了复杂地表区大面积三维长波长静校正问题（图 5-6-2）以来，层析反演静校正技术得到了广泛应用。先后应用于吐哈盆地、酒泉盆地、柴达木盆地、塔里木盆地、准噶尔盆地及国外探区等多个地震勘探项目中，为解决这些探区的静校正问题起到了重要作用。回顾众多项目的应用情况，有些项目以长波长静校正问题为主，而有些项目突出表现为短波长静校正问题。针对这些项目，做了认真梳理，总结了层析静校正技术在不同条件下的应用效果，分析了层析静校正技术解决不同波长静校正问题的能力。

初期应用层析静校正技术，主要以解决长波长静校正为目的。随着应用研究工作的深入，对层析技术的认识逐渐提高，应用经验逐渐丰富，其解决短波长静校正问题的能力也明显提高。

图 5-6-21 为原始初至时间和层析速度模型与正演初至时间的对比，其中图 5-6-21（b）为原始拾取的初至时间曲线，根据该初至时间通过层析反演得到近地表速度模型

[图 5-6-21（a）]，由于该测线为专门针对表层的二维高密度采集试验线，其层析反演结果对表层模型刻画较精细。根据层析速度模型通过正演得到新的初至时间图 5-6-21（c）。对比图 5-6-21（b）和图 5-6-21（c）可见，原始和正演的初至时间总体变化趋势是非常吻合的，但局部高频变化差异明显，原始初至时间的高频变化很丰富，而这些高频变化恰恰反映了静校正量的局部变化。在通过层析模型正演的初至时间中，这种高频变化明显被削弱了，说明层析反演的速度模型本身不能很好描述其速度局部变化，使静校正量的高频变化消失了。因此，层析静校正方法本身在解决高频静校正问题方面就存在一定的局限性，通常表现为短波长静校正精度较低，剖面成像效果较差。为什么层析静校正方法的成像效果有时会好于其他方法？图 5-6-22 和图 5-6-23 分别为两个地区层析静校正方法与初至折射静校正方法的剖面，对比可见，层析静校正方法的剖面叠加效果明显好于初至折射法。类似这样的实例还有很多。总结层析静校正短波长静校正效果较好的实例，其近地表模型有一个共同的特点，就是低降速带很厚。图 5-6-24 为图 5-6-22 和图 5-6-23 两个实例的层析速度模型，可见两个模型都存在巨厚的低降速带，其平均厚度在 150m 左右，最大厚度达 400m 以上，并且地形起伏相对较大。

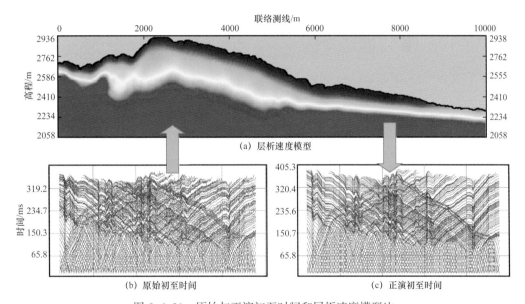

图 5-6-21　原始与正演初至时间和层析速度模型比

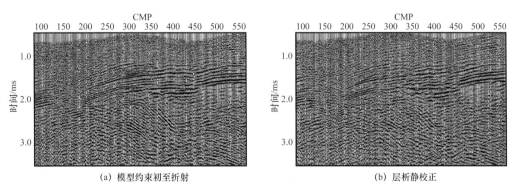

图 5-6-22　模型约束初至折射与层析静校正方法的效果对比

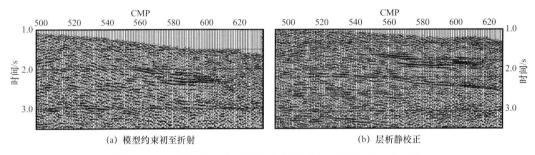

(a) 模型约束初至折射　　　　　　　　(b) 层析静校正

图 5-6-23　模型约束初至折射与层析静校正方法的效果对比

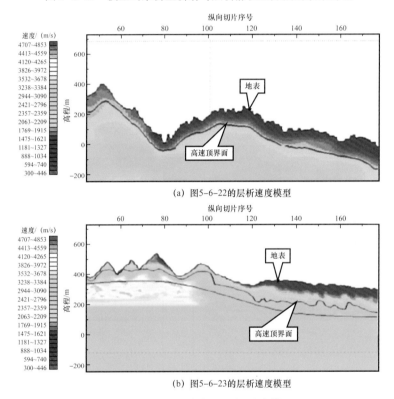

(a) 图5-6-22的层析速度模型

(b) 图5-6-23的层析速度模型

图 5-6-24　两个实例的层析速度模型

在低降速带较薄的地区，也做过许多层析静校正方法的对比。图 5-6-25 为低降速带厚度较薄（10～40m）地区层析静校正方法应用的一个典型实例，其层析和初至折射静校正效果的对比剖面如图 5-6-26 所示。由图 5-6-26 可见，层析反演静校正方法的效果远远差于初至折射静校正方法，因此，在低降速带较薄地区，层析静校正方法的应用效果较差。

为什么层析静校正方法的应用效果与低降速带厚度有关呢？其原因主要有两个：一是层析反演方法是基于网格为常速的假设，而网格尺寸又不能选择得太小，当低降速带较薄时，它对模型局部变化的刻画精度较低，导致高频静校正变化损失严重，影响了剖面的成像效果。二是当低降速带较厚时，由于非地表一致性静校正的影响，初至折射方法本身的误差增大，加之低降速带巨厚区多集中于大沙漠或山前带地区，表层多为连续介质特点，初至折射静校正方法的适用性变差，进而影响了初至折射法的精度。

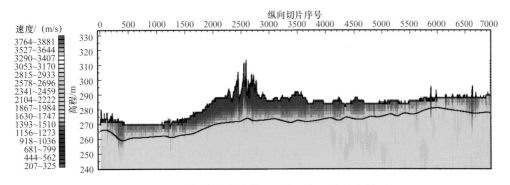

图 5-6-25　低降速带较薄地区的层析反演速度模型

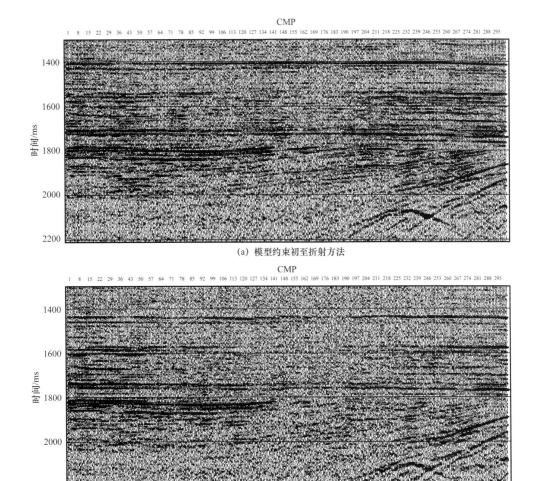

图 5-6-26　模型约束初至折射与静校正层析方法的效果对比

　　因此，在低降速带巨厚、地形起伏剧烈且表层结构复杂地区，层析反演方法往往能够取得较好的静校正效果，该方法是解决这类地区静校正问题的首选。而在低降速带较薄的地区，初至折射法一般能够很好解决长、短波长静校正问题，在这些地区应主要考虑采用初至折射法。总体上，层析静校正方法在低降速带巨厚区能够取得较好的效果，虽然解决短波长静校正方面能力有限，但在目前的基准面静校正方法中仍是最好的方法，它对初至折射法是个很好的补充。对于短波长静校正问题仍很突出的情况，还需要配合室内初至波或反射波剩余静校正应用，进一步提高短波长静校正精度，改善剖面的成像效果。

第七节　非地表一致性静校正

地表一致性假设使静校正问题得到了大大的简化，使静校正量的计算变得非常容易。这是因为通常情况下低速带的速度远小于高速层速度，导致地震波在低速带接近垂直传播，基本可以满足静校正地表一致性假设的。但是有些地区近地表情况复杂，例如：低速带速度较高、低速层很厚、基岩出露、地形起伏高差大、高速顶界面起伏剧烈、层速度反转、低降速带各向异性等情况，都会导致静校正量不满足地表一致性（于宝华等，2015）。

非地表一致性静校正引起的因素比较复杂。但是从现象看，可以总体分成两类：一类是由不同的出射角引起的，且随着不同炮检距，不同时间，静校正量不同。这类静校正，较大的量一般需要用基准面静校正解决，例如波场延拓、浮动基准面等方法；较小的部分需要用动态的剩余静校正方法校正，可以采用分炮检距、分方位角、分时间处理，但是动态剩余静校正与速度分析混杂在一起，很难具体分清。另一类比较简单，仅仅是不满足地表一致性约束条件，在静校正量分解的时候不收敛，但是不存在动态静校正情况。这类问题相对比较普遍，目前工业界有较多成熟的做法，比如平滑静校正等。

地表一致性静校正方法虽然与实际情况有出入，但它是对实际静校正量的一种近似，因此在非地表一致性静校正方法还不太成熟的情况下，对地表一致性静校正方法进行一些改进，选择合理的计算方案，尽量减小地表一致性假设带来的误差，使静校正量尽量接近实际情况，也不失为有效的解决办法。

一、影响地表一致性因素分析

在大多数地区，地表一致性假设是合理的，与实际情况的偏差不会太大，足以满足生产的需要。因此基于地表一致性假设的静校正方法得到了广泛的应用，成为目前所有静校正处理系统的基础。随着地震勘探转向一些地表情况复杂的地区，地表一致性假设就变得不尽合理，它与实际情况的偏差较大（张福宏，2008）。造成地表一致性假设不合理的因素如下：

（1）由于低速带速度较高，造成在同一检波点上来自不同反射层的反射波有不同的静校正量，即使同一反射层的反射波也会因为炮检距的不同而具有不同的静校正量。

（2）在沙漠和黄土塬地区，潜水面深度或者低速带的厚度有时能达到几百米，造成地震波在低速带中的传播路径很长，即使两条入射角度相差很小的射线在经过长距离的传播后，其旅行时也会因为路径的不同出现较大偏差，在这种情况下，根据垂直时间计算的静校正量用于反射波校正，就不能完全消除低速带对反射波旅行时的影响（图5-7-1）。

（3）在山区基岩常常出露，从而使近地表地层速度很高，地震波到达检波点时的传播方向差异也会较大，在某些情况下甚至会出现射线接近水平的现象，这与地表一致性假设不吻合。基岩出露的另一个影响是使初至波波形复杂化，这时检波器接收到的初至波有可能是浅层反射波（图5-7-1）。

（4）地形的大幅度起伏会使静校正基准面的选取成为难点。

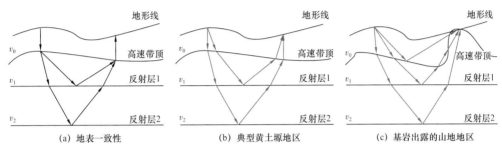

图5-7-1　近地表地震射线示意图（据唐进，2013）

二、浮动基准面静校正

在静校正中使用的基准面通常都是一个水平的基准面，这样做是希望在静校正后，炮点和检波点都被校正到同一个水平面上，叠加后的同相轴的形态能够较接近地下界面的真实形态。地表一致性静校正量与真实静校正量的偏差与基准面的位置有关，即基准面与炮点或检波点的高差越大，则该点处的静校正量与真实静校正量的差别就越大。在山区，地形的起伏很大，甚至在同一条测线的同一炮集内，地形的起伏可能达到几百米甚至上千米，不论水平基准面选在何处，它与炮点或检波点均存在较大高差，地表一致性假设造成的静校正误差就很难消除。

使用一个随地形起伏的弯曲基准面，即浮动基准面，可使基准面离地面点较近，能够在一定程度上减少由于地表一致性假设带来的误差。浮动基准面通常情况下取地形的平滑线，平滑半径一般取CMP道集内最大炮检距的一半。

在实际应用中，先根据地形的起伏状况选择一个浮动基准面，并将炮点和检波点校正到这个浮动基准面上。由于浮动基准面本身较为光滑，因此能够消除短波长静校正分量的影响，且不会对速度分析造成太大的影响。叠加后，再从叠加剖面上消去由浮动基准面起伏带来的长波长静校正分量，从而使同相轴的形态接近实际情况，即先通过地表一致性浮动基准面进行短波长静校正，再在叠后资料上进行长波长静校正。这种方法对地表一致性静校正误差的控制表现在两个方面：一是减小基准面与地面点的高差；二是可在叠后资料上进行长波长静校正，叠后资料可以看作是自激自收数据，由于炮检距越小基准面校正量与实际校正量的偏差就越小，因此在零偏移距道集上，基准面校正量可以用来近似替代实际的静校正量。这种两步法的静校正方法方便地消除了由于地表一致性静校正假设所引起的静校正误差，且实现简单，在生产中得到了广泛应用。

在静校正中使用浮动基准面，成功的关键在于将炮点和检波点校正到浮动基准面上时，能够消除短波长静校正分量的影响，从而使 CMP 道集内的反射波时距曲线能够接近双曲线形态，并且剩余静校正量只是长波长分量。叠前短波长静校正分量能够改善速度谱中能量团的聚焦质量，使速度分析和叠加能够顺利进行，而叠后长波长静校正分量恢复了同相轴的形态，从而将观测面校正到了预想的平面。通过将二者分离，避开了短波长静校正分量和长波长静校正分量相互干扰的问题。这种方法的主要问题在于受到基准面选择的影响较大，但在实际工作中的实现较容易。

三、波场延拓静校正

消除表层因素影响的传统方法是基于地表一致性假设的时移法静校正，实际应用也表明了这种近似方法在很多情况下是可行的。在层析方法等高精度速度估计基础上，计算静校正量和近几年来利用联合线性反演以及模拟退火、遗传算法等非线性最优化的方法来求取静校正量的全局最优解，都得到比较满意的效果。时移法静校正应用的前提是近地表满足地表一致性假设，即表层射线路径是垂直的。根据斯奈尔（Snell）定律可知，只有当表层速度远小于下伏岩层速度，射线从下伏岩层进入表层才能近于垂直出射。但实际情况中表层很少有射线是接近垂直的。如果表层射线路径严重偏离垂直出射方向，时移法由于没有考虑射线在水平方向的偏离分量，不仅不能有效地消除地表不一致性，反而会使地震资料产生新的畸变，进而影响后续的速度估计和成像效果。

为有效地保证地震波传播过程中的动力学特征，基于波动方程的处理方法是解决问题的根本所在。John R Berryhill（1979）首次提出波动方程基准面延拓的思想，并利用波动方程 Kirchhoff 积分解建立了二维基准面延拓算法，用于叠后资料，很好地消除了崎岖海底对地震资料的畸变，与传统方法时移法静校正相比，成像效果显著。随后，发展了各种基准面延拓算法，并得到了更广泛的应用（王红落等，2004）。

John R Berryhill 提出算法如式（5-7-1）所示，式中各个量如图 5-7-2 所示。其中，$U(x, z=0, t)$ 为地表观测的地震数据，其目的就是将地表观测的地震记录 $U(x, z=0, t)$ 延拓至新的界面处得到新剖面 $U(x, z=z_1, t)$，相当于将检波器放置在新的深度 z_1。

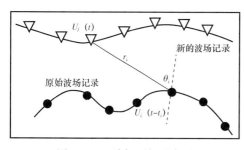

图 5-7-2　波场延拓示意图

$$U_{\text{out}}(t) = \frac{1}{\pi} \sum \Delta x_i \cos \theta_i \frac{t_i}{r_i} U(t - t_i) F_i \qquad (5-7-1)$$

式中　$U_{\text{out}}(t)$——延拓面 j 位置的波场；

　　　Δx_i——道间距；

　　　r_i——两点间的距离；

　　　θ_i——ij 两点连线与原始观测面的法向夹角；

t_i——ij 间的走时；

F_i——滤波因子，对于波形和振幅保持很重要。

$U_i(t-t_i)$——对输入地震道有一个 t_i 走时的延迟，表示上行波向上延拓。上行波向下延拓，则为 $U_i(t+t_i)$。

John R Berryhill 利用一崎岖海底的模型（图 5-7-3），对波动方程基准面延拓方法进行模拟测试，其特点是海水和下伏岩层速度差异比较大，因而导致射线在界面处严重弯曲。图 5-7-4 为零偏移距记录。根据爆炸反射面模型假设，用海水的速度之半，首先将资料从海平面向下延拓到崎岖海底（图 5-7-6）。然后用岩层速度之半，再将资料从海底向上延拓至海平面（图 5-7-7）。这样就通过速度替换，同时消除了低速层和崎岖面的影响，界面处射线就没有弯折。与时移法静校正的结果（图 5-7-5）比较，波动方程基准面延拓方法模型计算结果近乎完美，完全消除了层速度差异大而且崎岖不平的海底对数据的畸变。

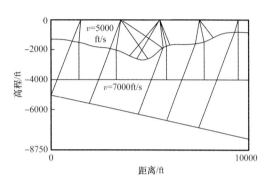

图 5-7-3 崎岖的海底模型

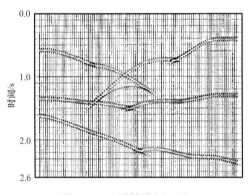

图 5-7-4 零偏移距记录

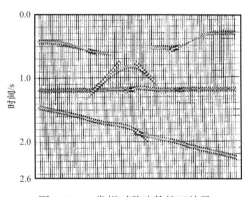

图 5-7-5 常规时移法静校正效果

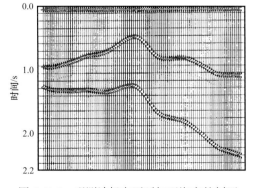

图 5-7-6 观测波场向下延拓至海底的剖面

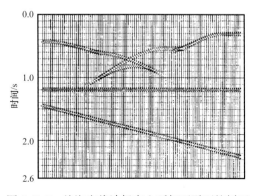

图 5-7-7 从海底将波场向上延拓至平面的剖面

Berryhill 延拓公式是从波动方程的 Kirchhoff 积分解出发，把对空间的积分变换成对时间的褶积，由于他同时考虑了近场项和远场项，所以其褶积算子运算量较大。John R Berryhill（1979）接着把这种思想推广到叠前资料，运用同样的延拓算法，首先对共炮点道集进行处理，相当于将接收点延拓到新的基准面，然后根据对偶原理，即将炮点和检波点位置互换，得到的地震记录是一样的，对共接收点道集进行处理，相当于把炮点延拓到同一基准面，这样就将整个地震测线下延至新的基准面。

自从 John R Berryhill 提出这种方法以后，很多学者相继发展了各种基准面延拓方法，并进一步拓展了这种思想的应用领域。Wiggins J W（1984）对起伏地表资料提出了一种 Kirchhoff 积分波场延拓和偏移的方法，也是用到 John R Berryhill 的思想。Yilmaz O 等（1986）进一步提出了叠前层替换的概念，层替换就是用下伏岩层速度替换上覆地层速度，进而消除层之间由于速度差异而引起的射线弯曲，而射线路径弯曲正是导致资料畸变的原因。Yilmaz 将基准面延拓与深度偏移进行比较后指出，对于复杂地表地震资料，深度偏移可以得到比较理想的成像结果，但计算量大且需要完整的速度模型。比较而言，对数据进行叠前层替换处理后，用时间偏移可获得同样理想的结果，但成本低，并且只需近地表层的速度。用层替换的方法，不仅可以消除地表因素影响，还可以消除上覆的异常地质体对目的层的畸变，改善成像效果。

从 John R Berryhill 第一次用 Kirchhoff 积分方法开始，有限差分、f—k、逆时偏移以及共聚焦点成像（CFP）方法，都可以通过适当的修改后，用来做波动方程基准面延拓。波动方程基准面延拓方法与偏移成像紧密相关的，都需要将波场从一个面延拓到另一个面。但是区别在于，基准面延拓是将在一个任意形状曲面波场延拓到另一任意形状的曲面，每个曲面可以有确定的地质意义，波场延拓是波动方程偏移成像的中间过程，递推式和非递推式延拓其后紧接着就是应用成像条件对反射界面成像。因此，基准面延拓的关键在于推导波场延拓算子，使之适应于基准面延拓。另一困难在于近地表速度的准确估计，尤其对于山前逆冲推覆体。或许正是由于困难比较大，这种方法一开始并且在后来很长时间大多被用于海上资料，以补偿崎岖海底的影响。基准面延拓的应用领域已不仅仅局限于表层因素补偿，对于速度结构复杂的地区，这种方法也可以用来消除地下复杂异常体对其下方目的层的畸变，改善目的层成像效果。另外，它也可以用来作深度偏移，如 John R Berryhill 所描述的，不像一般偏移方法按照步长一步步做波场延拓，它直接把波场延拓到一个有明确地质意义的界面，这样通过剥层法深度偏移也可以实现递归式 Kirchhoff 偏移成像。

第八节　静校正联合应用

目前，应用不同信息、针对不同问题形成了诸多的静校正方法。这些静校正方法各有优缺点和适用条件，对于地表类型多样的复杂地区，单一的静校正方法很难取得令人满意的静校正效果。在地表类型多样、近地表结构复杂的工区，往往不同的静校正方法应用效果差异很大。可能一种静校正方法和参数计算的一套静校正量适合工区的部分地区；而依据另一种静校正方法或者相同静校正方法不同参数计算的另一套静校正量适合工区的其他地区；也可能一套静校正量的高频成分方面较有优势而另一套静校正量在中低频成分方面较有优势，难以通过调整参数使一种静校正方法与参数得到对整个采集工区都有较好的结果。要在全区取得最优的静校正效果，不同静校正方法的优势互补就成为较好的选择。充分利用各种静校正方法的优势，联合应用形成一套综合的静校正方案，达到最优的静校正应用效果，从而解决复杂地表区的静校正问题。

多种静校正方法的融合应用关键在于优势静校正量的分区划分和静校正量高低频成分的分离。静校正量优势区域划分一般通过叠加剖面的应用效果对比来确定。根据应用静校正量后的叠加剖面对比结果确定每种静校正量的优势区域和优势成分。常用的静校正量高低频成分分离方法有静校正量平滑法和利用地震处理软件系统中的 CMP 域的长波长成分与道域的短波长成分来分解。分解后的长波长成分决定叠加剖面的构造形态，短波长成分主要影响地震剖面的叠加效果。静校正量平滑法分离高低频成分的关键在于平滑半径的选取，可参考排列长度和试验对比选取。

根据静校正量的优势区域划分，对分解后的多种静校正量重新组合，形成全区最优的静校正量组合。静校正量融合的难点在于分区边界附近容易出现耦合不好甚至错断现象，可以通过增加过渡区和不同的权系数解决。优势核心区权系数为1，过渡区权系数1到0递减，其他区域权系数为0。

图 5-8-1 为我国西部某山地山前带三维工区表层结构和静校正优势方法分区。该工区地表类型多样，有北部砂泥岩山体区、砾石山体区、中部戈壁砾石区（山前洪积区）和南部农田村庄区。在北部山体区模型约束的折射静校正量成像效果最好（图 5-8-2），在中部山前洪积区层析反演静校正在构造形态和成像质量方面都是最好（图 5-8-3），在南部农田区表层调查模型法静校正效果最好（图 5-8-4）。从三种静校正方法的整体应用效果来看，层析反演静校正方法在构造形态上全区比较合理，长波长静校正分量具有优势，所以全区统一采用层析反演静校正方法的低频分量。高频分量根据各自的优势分区

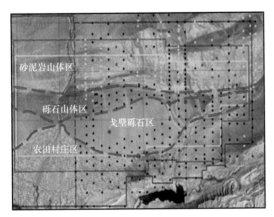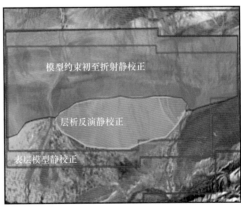

图 5-8-1　表层结构和静校正方法分区

采用融合后的静校正分量。图 5-8-5 为应用三种静校正量融合后的叠加剖面，包含了三种静校正方法各自的优势区域和频段，较好地解决了该复杂区的静校正问题。

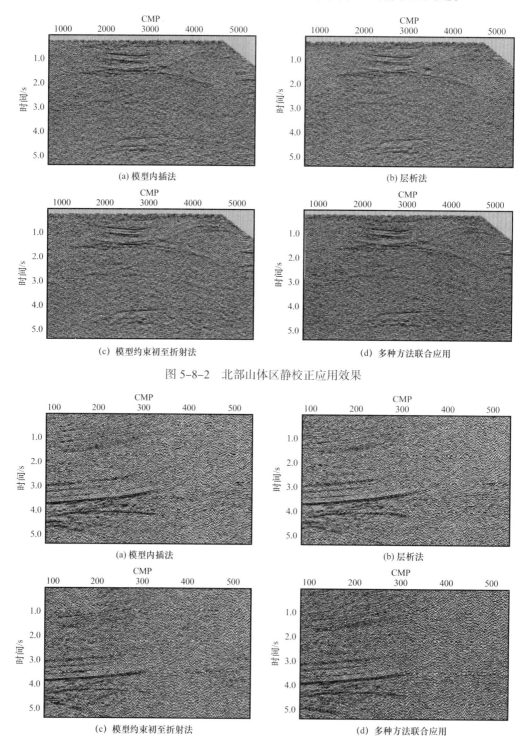

图 5-8-2　北部山体区静校正应用效果

图 5-8-3　山前洪积区静校正应用效果

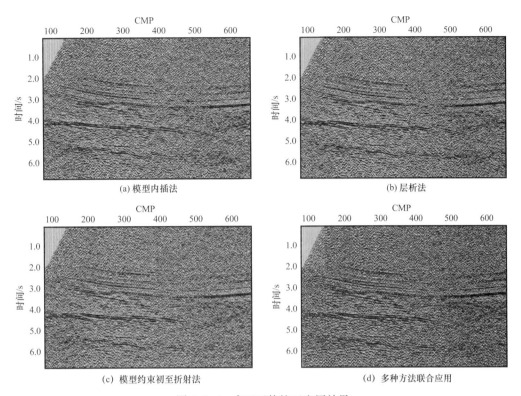

(a) 模型内插法　　　　　　　　　　　(b) 层析法

(c) 模型约束初至折射法　　　　　　　(d) 多种方法联合应用

图 5-8-4　农田区静校正应用效果

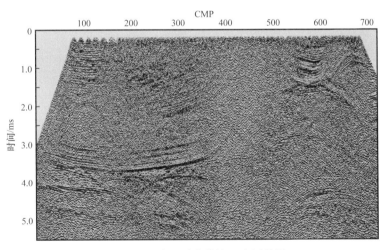

图 5-8-5　全区融合静校正应用效果

第六章　面向时间域成像的剩余静校正方法

在陆地地震资料处理中，静校正一直是一个难点。尤其是在我国西部地区，地形比较复杂，静校正问题非常严重。通常基准面静校正能解决一部分问题，但是经过基准面静校正后，数据中仍有剩余静态时差残存。一般在基准面静校正后需要做平滑数据的静校正，即剩余静校正。基准面静校正一般要根据建立的地质模型计算因风化层、地表高程引起的静校正量，而剩余静校正通常采用统计方法计算。剩余静校正又包含初至波剩余静校正和反射波剩余静校正，其中反射波剩余静校正是处理流程中的必备流程，通常和速度分析迭代使用。剩余静校正，顾名思义，是对原有静校正的补充，通常是对基准面静校正的弥补。

Sheriff R E（1991）对剩余静校正的定义：平滑数据的静校正方法假设大多数同相轴共有的不规则变化是由近地表的变化引起的，因此通过地震道时移的静校正应该可以减小这种不规则性的影响，大多数自动剩余静校正程序都采用统计方法来达到极小化（Mike Cox，2004）

剩余静校正技术开始研究的时间较早，最初是利用手工拾取静校正时移，人工计算炮点和检波点的静校正量，随着计算机技术的发展，自动的剩余静校正计算得到了极大的发展。目前常用的方法一般都是基于统计方法的自动剩余静校正计算。在二维或三维地震勘探中，因为测线两端的覆盖次数相对较低，估算静校正量时会出现一些潜在的问题，比如信息过少，导致统计不准确，甚至出现构造畸变等。随着勘探技术的发展，覆盖次数的增加，宽方位、高密度数据的增多，在提高统计可靠性的同时也对剩余静校正提出了新的需求，如方位各向异性、动态静校正等问题。

第一节　剩余静校正的作用

通常地震资料处理都假设地震信号遵循一定规律，如线性噪声满足线性特征、旅行时满足双曲特征等。如果在地震资料处理之初，无法很好地解决静校正问题，会导致这些特征规律遭到破坏。相应的后续处理效果也就不尽如人意，尤其是后期处理中的高分辨率、速度分析、去噪等环节，由此看来静校正是地震资料处理的基础。

由于基准面静校正目的是消除近地表高程和速度等模型变化的影响，是基于近地表模型或者高程等信息计算的，由于受到近地表模型精度的制约，对短波长静校正问题束手无策，所以又把基准面静校正当作长波长静校正（低频静校正量）。剩余静校正的目的是为了校正近地表模型中一些小的误差，应用剩余静校正的最终叠加剖面应优于只做过基准面静校正的剖面，如图6-1-1所示。

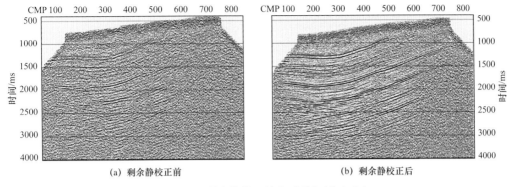

(a) 剩余静校正前　　　　　　　　　　(b) 剩余静校正后

图 6-1-1　剩余静校正前和后叠加剖面对比

　　剩余静校正作为基准面静校正的补充，通常采取统计方法，以 CMP 道集同相轴拉平或者叠加剖面能量最大等为目标函数，对地震数据进行校正，与长波长静校正相同，通常采取"静态"方式进行校正，常规的剩余静校正主要分为反射波剩余静校正和初至波剩余静校正两类。如图 6-1-2 所示，原始叠加剖面（a）同相轴不连续，经过基准面静校正后剖面（b）质量得到大幅提高，对于复杂地区，通常需要进行初至波剩余静校正，其叠加剖面（c）的同相轴更加连续，但是从剖面中可以明显看出同相轴抖动，依旧存在静校正问题（1500ms 处，剖面中间部分），最后经过反射波剩余静校正后（d），叠加剖面质量进一步提高，解决了大部分静校正问题。

　　从上面的对比中可以看出，反射波剩余静校正，目的是使 CMP 道集内的反射波同相轴对齐，使叠加成像更加清晰，即采用反射波对地震数据进行静校正处理，这类技术和原理较为成熟，在流程中需要和速度分析进行迭代处理，逐渐逼近合适的速度和剩余静校正量。反射波剩余静校正的假设条件是同一个 CMP 道集内的地震数据，经过动校正后是同相叠加。

　　初至波剩余静校正是利用初至波进行剩余静校正，这类方法需要假定近地表为水平层状介质，或者速度纵横向缓慢变化等条件，以确保初至时间能通过某种近似来获取其高频时差。这类技术的使用对近地表变化的依赖比较严重，当近地表情况极其复杂时，无法很好地分辨折射波层位，难以提取合适的高频信息，得到的初至波剩余静校正量不可靠，在应用过程中需要慎重考虑这方面的影响。

　　无论是反射波剩余静校正还是初至波剩余静校正，都仅能解决静校正量的高频部分，即便有些方法可以得到低频分量，但一定要慎重使用。这是由于剩余静校正仅仅依靠统计方法解决高频静校正量，对低频的静校正没有可靠的约束方法，很难评估其准确性，不建议在实际应用中使用。剩余静校正的作用是锦上添花，很难做到无中生有。所以初至波剩余静校正需要有足够可靠的初至时间或者波形信息，而反射波剩余静校正，要求数据具有一定的信噪比。同时，由于剩余静校正是基于统计方式求取的，只要具有足够多的可靠信息，就能够得到较精确的剩余静校正量。目前随着采集技术的发展，覆盖次数越来越高，基于统计方法的剩余静校正方法变得越来越稳健。同时可以发现，即便数据中很多初至或者反射波信噪比较低，但是依靠整体数据依然可以计算出较精确的剩余静校正量。这是因为对得到的所有信息进行分辨和评估，剔除冗余的、较差的信息，保留可靠信息进行统计分析，会得到更可靠的成果。

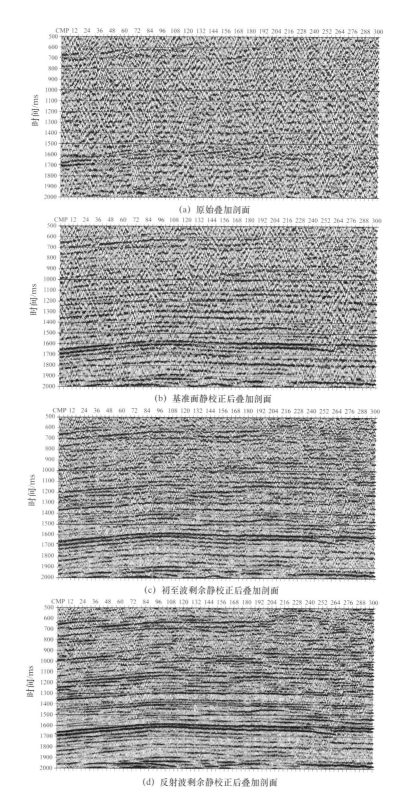

(a) 原始叠加剖面

(b) 基准面静校正后叠加剖面

(c) 初至波剩余静校正后叠加剖面

(d) 反射波剩余静校正后叠加剖面

图 6-1-2　静校正效果对比

第二节 初至波剩余静校正

复杂山地资料由于地貌特征多变，近地表构造复杂等情况，静校正问题极为突出，即使利用野外静校正能很好地解决长波长静校正量，但是地震资料的成像效果依旧不足够理想。常规的处理一般使用野外静校正和反射波剩余静校正即可。但是遇到复杂山地资料就需要在野外静校正之后和反射波剩余静校正之前，进一步解决静校正问题。假定野外静校正已经充分解决长波长问题，反射波剩余静校正可以很好地解决小于半波长的高频静校正量，那么大于半波长的高频静校正问题会严重影响地震资料的成像效果，这部分静校正量不属于长波长静校正量，与近地表速度的大趋势无直接相关（可能与较小的近地表速度异常、各向异性等相关）。

反射波剩余静校正由于其自身的限制，仅能够解决小于半波长的剩余静校正问题，大于半波长的剩余静校正，利用反射波计算，很可能出现周波跳跃现象，如图 6-2-1 所示，实际数据上会出现串轴等现象；由于初至数据比反射波数据能量更强，波形相关性更好，可以更好地避免周波跳跃现象，所以用初至数据来解决这部分问题，有希望得到更好的效果。

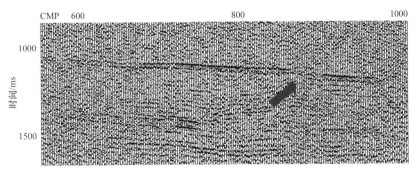

图 6-2-1 大剩余静校正对叠加效果的影响

做好初至波剩余静校正的前提是建立较准确的近地表模型，先进行较好的基准面静校正处理。在此基础上再进行初至波剩余静校正计算，炮点和检波点的静校正量统计的较为准确，同时统计的收敛误差会很小。反之，如果近地表模型不够准确，基准面静校正误差较大，导致初至波剩余静校正很难真正收敛到最优解，很可能统计过程中收敛到局部极值，无法真正解决初至波的剩余静校正问题。

初至波剩余静校正假设初至波和反射波的剩余静校正量是相同的，当不满足这一假设时，初至波剩余静校正的目标函数和评价标准（叠加剖面）就产生了差异，会出现初至剩余静校正在初至上效果很好，但是叠加剖面变差的情况。

一、基于初至时间的初至波剩余静校正

地震数据处理中，假设直达波、折射波等初至波的时距曲线为直线或者渐变曲线，但地震波传播通过近地表低速层时，除传播能量发生衰减外，旅行时也发生扭曲

（图 6-2-2）。在假设遭到破坏后，这种扭曲会严重影响后期的资料处理效果。初至波剩余静校正是设法把线性校正后的初至拉平。初至波由于来源不同，可以分为直达波、第一层折射波、第二层折射波等，这些初至波的视速度存在明显差异，不能简单地运用一个视速度进行线性校正，所以初至波的校正或者说拟合问题比较复杂。从如此复杂的初至波中提取出高频剩余静校正时差，难度非常高。

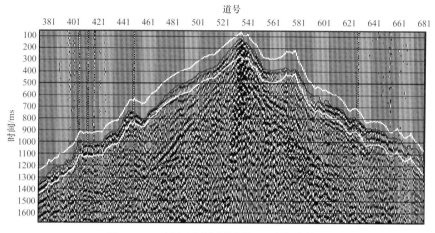

图 6-2-2　复杂区实际数据初至波拾取结果

1. 方法原理

常规的初至剩余静校正方法，都是基于拾取的初至时间进行处理的。利用初至时差估算剩余静校正，一般有三步：时移量计算、时差分解、静校正应用。

折射波基本旅行时方程描述为：

$$T_{ijk} = \tau_{S_i} + \tau_{R_j} + L_k x_{ij} \tag{6-2-1}$$

式中　τ_{S_i}——第 i 炮的延迟时；

　　　τ_{R_j}——第 j 检波点的延迟时；

　　　L_k——慢度，$k=(i+j)/2$；

　　　x_{ij}——炮检距。

1）时移量计算

（1）拟合技术。

初至波的拟合处理是解决初至波剩余静校正问题的关键。通常情况下，初至波的拟合都需要在炮域进行，这样初至波的校正有其严格的物理意义，但是很难得到准确的炮点静校正量。后来有人提出多域迭代拟合的方式来解决这个问题，这种方式很好地解决了单独在炮域拟合所遇到的问题，但是在复杂地区较复杂的拟合方式，也可能损伤炮点和检波点的地表一致性属性。2016 年，Daniele Colombo 提出 XYO 域拟合方法，这种方式有其一定的物理意义，并很好地解决了多域拟合所产生的问题，但是 XYO 域的数据覆盖次数较少，对拟合的方式要求较高。通常最有物理意义的拟合方法是线性拟合或者分段线性拟合。但是有些地区初至时间是非线性变化的，例如近似表层速度渐变的情况等，这时可以选择平滑滤波、多项式拟合、三次样条拟合等方式。拟合方法的选择需要依据道集和初至性质的不同而不同。最常用的多项式拟合函数的形式为：

$$T\left(x_{ij}\right) = a_{i0} + a_{i1}x_{ij} + \cdots + a_{iM}x_{ij}^{M} \tag{6-2-2}$$

$$\Delta T_{ij} = T_{\mathrm{pick}}\left(x_{ij}\right) - T\left(x_{ij}\right) \tag{6-2-3}$$

式中 x_{ij}——第 i 炮和第 j 检波点之间的炮检距；

a_{i0}，a_{i1}，a_{i2}，$\cdots$，a_{iM}——分别为第 k 个 XYO 道集的多项式拟合系数；

$T\left(x_{ij}\right)$——拟合得到的时间；

$T_{\mathrm{pick}}\left(x_{ij}\right)$——拾取得到的时间；

ΔT_{ij}——拟合残差；

M——多项式的最高阶数。当 $M=1$ 时为线性拟合；当 $M \geqslant 2$ 时为多项式拟合；高阶多项式拟合一般选择 $3 \leqslant M \leqslant 6$ 即可。

（2）全差分静校正技术。

假设产生折射波的折射面近似为水平或单斜，在对初至旅行时做了线性动校正后，共炮点或接收点道集上，相邻两道的初至旅行时差为相邻两个接收点或炮点的静校正量的差（或称一阶差分），依次可求得全测线接收点或炮点静校正量的一阶差分值：

$$\Delta T_i = T\left(i+1\right) - T\left(i\right) \quad i=0, 1, 2, \cdots \tag{6-2-4}$$

2）时差的分解方法

时差的分解一般都采用统计方法，最简单的方法是二分法，这种分解方法简单有效，对剩余静校正量有一定的近似作用，但是精度不够高；配合多域拟合方式求解，在近地表结构较简单的地区可以取得很好的效果。

最常用的方法是最小二乘意义下的最优解，一般采用高斯—赛德尔迭代算法，但是这种方法难以解决过大的静校正问题，如果静校正量过大，这种线性算法，容易陷入局部极小值。为此，这种方法可以通过每次迭代仅应用剩余静校正量的一定百分比来避免算法陷入局部极小值。

误差能量可以写成：

$$E = \sum_{(i,j,k)}\left[T_{ijk} - \left(\tau_{S_i} + \tau_{R_j} + L_k x_{ij}\right)\right]^2 \tag{6-2-5}$$

对于每一个地震道都可以写成这样一个方程，未知数为炮点延迟时、检波点延迟时和慢度。由于 L_k 慢度与高速顶速度有关，该项携带了近地表模型信息，当近地表结构复杂时，很难准确估算，对于剩余静校正问题，可以利用精细的拟合技术方式来去除这一项：

$$E = \sum_{(i,j,k)}\left[T_{ijk} - \left(\tau_{S_i} + \tau_{R_j}\right)\right]^2 \tag{6-2-6}$$

式（6-2-6）的冗余方程很多，这种情况采用最小二乘法估算误差，要求误差能量最小：

$$\frac{\partial E}{\partial \tau_{S_i}} = 0 \qquad \frac{\partial E}{\partial \tau_{R_j}} = 0 \qquad\qquad （6-2-7）$$

式（6-2-7）可以用高斯—赛德尔法迭代求取。

2. 实际资料应用效果

静校正量的应用比较简单，但是应用静校正量后的评价就比较复杂了，初至波的剩余静校正评价通常需要从两个方面进行：（1）初至数据，经过剩余静校正后的初至数据，较原始的初至数据更平滑、清晰，视速度更准确，清除了高频分量。（2）叠加数据，评价完初至数据后，即便效果很好，也无法保证叠加数据会变好，因为叠加数据是基于反射波叠加的。如果叠加数据质量变好，同相轴光滑、连续，那么可以说初至波剩余静校正效果较好。

选择某个工区实际数据，进行初至波剩余静校正方法试验，该工区地表复杂，高程差较大。对该数据进行基准面静校正后，在此基础上计算初至时间的剩余静校正，从图6-2-3可以看出，经过基准面静校正后炮集的初至存在很大的高频静校正量，初至剩余静校正后单炮初至上的高频静校正量基本得到解决，同时单炮右半排列的反射波的同相轴连续性也变好。经初至波剩余静校正后的叠加剖面质量也有明显提升，如图6-2-4（a）所示，该工区的静校正剩余问题较为严重，剖面上同相轴并不清晰，经过初至剩余静校正后［图6-2-4（b）］构造趋势明显，同相轴更加连续。

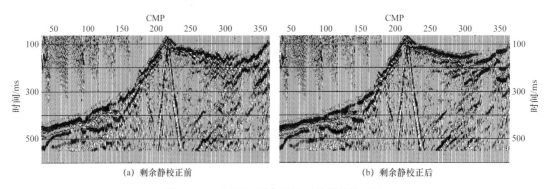

（a）剩余静校正前　　　　　　　　　　（b）剩余静校正后

图 6-2-3　初至波剩余静校正前后单炮对比

3. 方法局限性分析

目前的初至波剩余静校正计算方法很多，通常基于人工或者自动拾取的初至，在地表一致性的约束条件下利用统计方法获得。为了消除初至随炮检距变化的近线性趋势，衍生出了多种多域初至拟合方式，以便更好地获取可靠的时差数据。这种方法的弊端显而易见，严重依赖拾取初至的精度。

对于没有拾取到有效初至时间的接收点及工区边缘覆盖次数较少的接收点，由于可靠的初至信息较少，这使得初至波剩余静校正可能会出现畸变，在实际应用时，可以对这些异常值进行相应的处理。

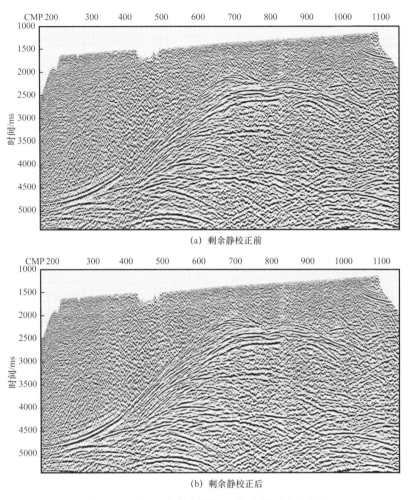

(a) 剩余静校正前

(b) 剩余静校正后

图 6-2-4　初至波剩余静校正前后叠加剖面对比

二、数据驱动的初至波剩余静校正方法

常规初至波剩余静校正方法单纯地依赖拾取的初至时间计算静校正量，这就对初至拾取的精度提出了很高的要求。针对这个问题，提出了一种数据驱动的初至波剩余静校正方法，即根据初至时间截取需要的初至波形数据，最后利用截取的地震数据计算剩余静校正量。这种方法利用可靠性更高的初至数据代替拾取的初至时间，采用 XYO 域处理等方式消除初至随炮检距变化趋势，改变传统的炮点或检波点等拟合方式，以确保所估算静校正量的地表一致性特征；其次，数据驱动的分解计算方法，不仅降低了对初至拾取的精度要求，还利用实际地震数据增强了初至剩余静校正的可靠性。

1. 方法原理

1）波形数据提取

2016 年，Daniele Colombo 提出折射波 XYO 道集［图 6-2-5（a）］，与反射波 CMP 道集类似，可以反映地层速度随深度变化的趋势。这种 XYO 域拟合更好地保护了复杂区静校正量的地表一致性性质。根据拟合后的时间［图6-2-5（b）红色点］为时窗中心点，按照时窗长度，提取对应的初至波形数据（蓝色时窗内数据）。提取波形数据后，可根据数据的空间变化规律，剔除异常数据。然后，根据提取的波形进行三维地表一致性分解，求取静校正量。

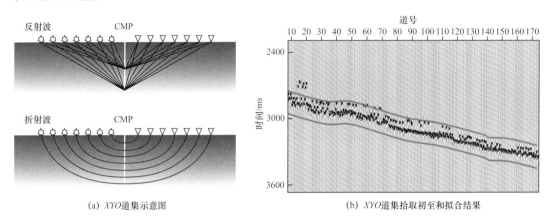

(a) *XYO*道集示意图   (b) *XYO*道集拾取初至和拟合结果

图6-2-5　*XYO*道集波形数据提取示意图

绿色为拾取初至；红色为拟合后结果；蓝色为时窗数据

2）剩余静校正量计算方法

常规初至波剩余静校正分解方法，一般都是直接基于时移量的，由于时移是直接由拾取的初至时间计算出来的，这就对拾取的初至时间精度要求很高。数据驱动的初至波剩余静校正方法利用初至波形数据，进行基于数据的剩余静校正计算，可以自动剔除异常值，同时利用初至实际数据也会比拾取的初至时间更可靠。

根据波形计算剩余静校正量的方法很多，可以借鉴反射波剩余静校正求取方法，比如互相关法、最大能量法、模拟退火以及综合全局寻优等方法。互相关法首先要建立模型道，对于提取的波形数据，在炮域、检波点域建立相应的模型道，在不同的域分别与地震数据进行互相关，迭代求取炮点、检波点的静校正量。

2. 模型或实际资料应用效果

为了验证本方法的准确性，建立理论模型进行测试，其地表起伏剧烈，近地表速度变化复杂。合成的地震数据存在很严重的静校正问题，经过层析静校正处理后，仍然存在较严重的静校正问题。图6-2-6（a）为层析静校正后的道集记录，可以在红色箭头的部分看出明显的静校正问题，反射波的双曲线性质受到一定程度的破坏；图6-2-6（b）为基于初至时间的初至波剩余静校正后的道集，静校正问题得到一定程度的解决，但是反射波仍然存在一定的扭曲；图6-2-6（c）是本方法所得到的初至波剩余静校正效果，可以看到红色箭头所指部分的静校正问题得到很好解决，反射波的双曲线性质得到很好恢复。如图6-2-7所示，从红色箭头所指的地方可以看出，初至波剩余静校正前存在很严重的静校正问题，与速度场差异很大。虽然初至波剩余静校正解决了部分剩余静校正问题，但是同相轴的形态与速度场模型差异较大。从模型数据上看，数据驱动的初至波剩余静校正所得到的道集记录与速度场模型吻合率最高，能够准确地估算地表一致的初至波剩余静校正量。

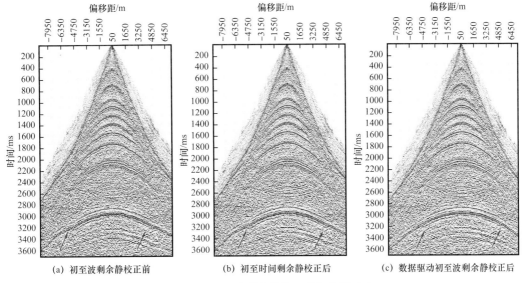

(a) 初至波剩余静校正前　　　　(b) 初至时间剩余静校正后　　　　(c) 数据驱动初至波剩余静校正后

图 6-2-6　初至波剩余静校正道集效果对比

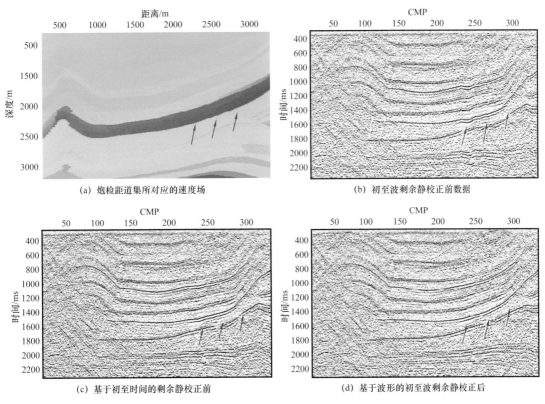

(a) 炮检距道集所对应的速度场

(b) 初至波剩余静校正前数据

(c) 基于初至时间的剩余静校正前

(d) 基于波形的初至波剩余静校正后

图 6-2-7　模型数据初至波剩余静校正共炮检距效果对比

图 6-2-8（a）为某地表复杂区应用层析静校正前叠加剖面，其剖面质量非常差，基本看不到同相轴。图 6-2-8（b）为某商业软件应用基于初至时间的剩余静校正后的叠加剖面，与未做初至剩余的静校正对比，剖面质量得到明显的提高。图 6-2-8（c）为基于波形的初至剩余静校正方法得到的叠加剖面，从红色箭头所指的地方，可以看出该方法的初至剩余静校正效果优于基于初至时间的剩余静校正效果。同相轴更加连续，趋势更清晰明了。

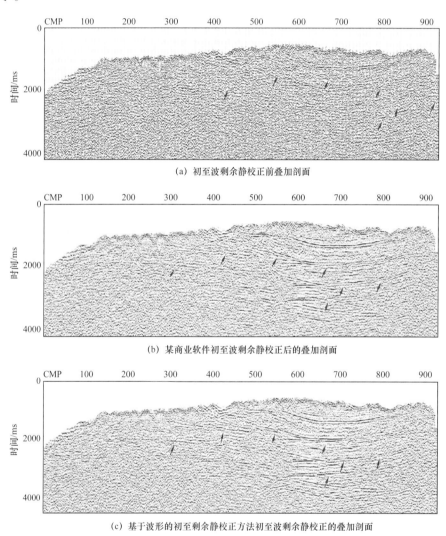

（a）初至波剩余静校正前叠加剖面

（b）某商业软件初至波剩余静校正后的叠加剖面

（c）基于波形的初至剩余静校正方法初至波剩余静校正的叠加剖面

图 6-2-8　实际数据初至波剩余静校正效果对比

3. 方法局限性分析

本方法采取在 XYO 域拟合，可以更好地保留静校正量的地表一致性属性，但当 XYO 域道集的覆盖次数较少的时候，会增大拟合误差，从而导致时差提取不准确。另外由于是数据驱动的方法，在海量地震数据处理时，本方法运算效率较低。

第三节 反射波剩余静校正

通常反射波剩余静校正需要假设大多数同相轴共有的不规则变化是由近地表的变化引起的，因此通过地震道时移的静校正可以减小这种不规则的影响。在反射波剩余静校正计算中，地表一致性假设是一个有效的约束条件，使静校正问题能从众多的冗余条件中逐步逼近最优解。地表一致性的概念是假定在近地表层内，地震波传播的射线与地面垂直，那么炮点、检波点处近地表的影响只表现为由该炮点、检波点所造成的时间延迟，所以，任何一道的静校正就是由炮点静校正和检波点静校正相加而得。

目前的剩余静校正方法有很多种，最常用的是基于互相关、最大能量法等准则的统计方法，或者利用模拟退火等方法进行静校正量计算。影响反射波剩余静校正效果的因素很多，除了与算法有关的因素外，主要包括：（1）地震资料的信噪比是影响剩余静校正估算的关键性因素。如果信噪比过低，数据中没有可以叠加成像的同相轴，那么计算出的剩余静校正量也是空中楼阁，没有实际意义。剩余静校正计算从来不能无中生有，只能做到锦上添花，所以对于信噪比过低的资料，还是需要对数据做一些预处理。（2）剩余静校正量不能过大，如果大于半个主周期，会导致周波跳跃现象（窜轴现象）。这就要求在做反射波剩余静校正处理之前，要进行可靠的基准面静校正，或者高质量的初至波剩余静校正，这是反射波剩余静校正计算的基础。（3）高质量的速度谱是做好剩余动校正时差基础。要获得较好的速度谱和叠加剖面，需要有较好的静校正做基础，同时，剩余静校正计算又需要高质量的速度谱来确保剩余动校正时差的地表一致性，降低残余动校时差的影响，因此在常规资料处理过程中速度分析和剩余静校正需要迭代处理。另外也有人提出了速度谱和剩余静校正同时进行的方法，从中可以看出剩余动校正时差对剩余静校正量的影响很大。当覆盖次数过高、炮检距过大时，如果动校正依然使用双曲线校正，则远炮检距的同相轴无法校平，这也会严重影响反射波剩余静校正计算。有些剩余静校正模块会进行剩余动校正处理，但是处理方式依然是双曲线校正，无法根除这类影响。如果无法使用更精确的动校正技术，那么反射波剩余静校正计算只能通过分炮检距进行，或者干脆舍弃远炮检距信息，只保留可靠、有效的信息。（4）选择合适的面元可以提高剩余静校正的稳健性。剩余静校正中面元可以根据需要进行重新定义，例如，在低信噪比情况下，可以使用扩大面元的方法，以便增强面元的覆盖次数，或者使用提高模型道质量的方法，提高剩余静校正的稳健性。而在断层广泛发育、信噪比较高的区块，过大的面元会存在模糊构造的现象，为了更精确的构造成像，往往采用较小的面元。对于弯线情况下，剩余静校正计算一般建议按照三维方式进行处理。在划分面元时还需要考虑方位角的变化。

一、三维地表一致性自动剩余静校正

三维地表一致性自动剩余静校正方法主要基于两个假设：（1）炮点、检波点的剩余时差只与地表结构有关，而与波的传播路径无关；（2）构造的起伏和剩余动校正量只与地下结构有关（Taner M T et al.，1974；Wiggins R A et al.，1976；Larner K L et al.，1979）。

1. 方法原理

1）模型道计算

1985 年，Ronen J 等将叠加能量作为目标函数，将炮检点静校正量作为模型参数，通过迭代改进的寻优方式使目标函数最大来求取炮点和接收点的静校正量。由于炮点（检波点）的校正量只影响与其有关的 CMP 道集叠加能量，假设同一 CMP 道集中，$F(t)$ 为某一炮（检波点）集中的地震道，$G(t)$ 为上述方法计算的模型道（潘树林等，2010），则 CMP 道集的叠加能量为：

$$E(\tau) = \sum_t \left[F(t-\tau) + G(t) \right]^2 = \sum_t \left[F^2(t-\tau) + G^2(t) \right] + 2\sum F(t-\tau)G(t) \quad (6-3-1)$$

式中　$F(t)$——某炮点、检波点集中的地震道；

　　　$G(t)$——模型道；

　　　$E(\tau)$——时差为 τ 时的叠加能量。

因此，估计叠加能量的最大值等效于估计它的互相关最大值（吴波等，2017）。

一般在线性统计方法中都利用互相关法，这种方法计算量较小，相对准确方便。互相关法：顾名思义，一定是两道地震数据进行互相关，其中一道是 CMP 道集中的原始地震道（可以进行预处理），另一道则是模型道。模型道的计算方法有很多，其中最简单的方法就是 CMP 叠加道。为了提高模型道的信噪比，在迭代过程中应先用剩余静校正量；另外也可以增大 CMP 道集的范围，进行组合 CMP 叠加，或者采用不等权叠加等方法。

模型道的质量直接决定了剩余静校正量的质量。如果模型道信噪比较高，那么线性统计方法的目标明确，迭代收敛速度会又快又好，反之很可能导致迭代不收敛。

2）时差分解方法

Schneider W A（1971）把基本旅行时方程描述为旅行时等于法向入射时间、动校正时差、炮点静校正量、检波点静校正量、误差项之和。这个关系式是用来求解剩余静校正量的重要公式，一般表示为：

$$T_{ijk} = G_k + S_i + R_j + M_k x_{ij}^2 + N \quad (6-3-2)$$

式中　T——经过动校正后的总反射时间；

　　　i、j、k——分别为炮点、检波点、CMP 点位置，$k=0.5(i+j)$；

　　　G——构造项或地质项；

　　　S、R——分别为地表一致性炮点、检波点静校正量；

　　　M——剩余动校正时差系数；

　　　x——炮检距；

　　　N——噪声项。

当已知 T，如果想通过该方程求解炮、检等参数，需要定义目标函数。

根据式（6-3-2），可将时间误差（ε_{ijk}）定义为：

$$\varepsilon_{ijk} = T_{ijk} - \left(G_k + S_i + R_j + M_k X_{ij}^2 + N \right) \qquad （6-3-3）$$

当误差能量最小时，得到方程最优解：

$$E = \sum_{(i,j,k)} \left(\varepsilon_{ijk} \right)^2 \qquad （6-3-4）$$

这种大规模稀疏矩阵最简单方便的解法是最小二乘法。

2. 实际资料应用效果

三维地表一致性剩余静校正方法比较成熟，而且理论非常完备，所以该方法实际资料应用效果明显，从图 6-3-1 的对比中可以看出剩余静校正前的同相轴断断续续，而三维地表一致性剩余静校正处理后，同相轴连续性明显变好。

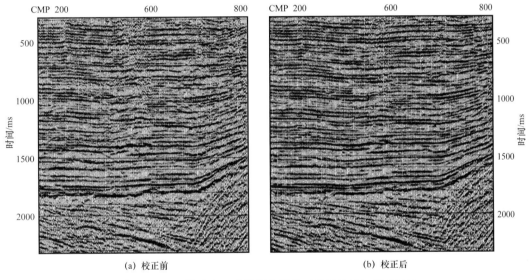

图 6-3-1 三维地表一致性剩余静校正前后的叠加剖面对比

3. 方法局限性分析

三维地表一致性剩余静校正方法，如最大能量法，能够很好地解决地表一致性剩余静校正问题，收敛速度快、局部收敛能量强。但是其只能完成单向搜索，没有反向的扰动，在遇到非线性多极值问题时，容易陷入局部极值。在实际应用中，当地震资料的信噪比较低时，该方法就有些力不从心。该方法对剩余动校正进行了处理，但是当炮检距过大时，也会出现迭代收敛不够的情况。高斯—赛德尔迭代算法对迭代顺序的要求较高，不同的迭代顺序，可能得到不同的静校正量结果。

二、超级道剩余静校正方法

为了应对低信噪比问题，基于统计方法的剩余静校正计算一般都采取优化模型道的方法来提高方法本身的抗噪性，但是效果不明显。Ronen J 等在 1985 年提出超级道的概念，即增强有效信号，在低信噪比地区充零以提高模型道的信噪比，但是效果依旧难以令人满意。针对这种问题，提出超级道剩余静校正方法，直接对输入地震道处理，以便更好地提高方法的抗噪性。

1. 方法原理

超级道是利用最大能量法将炮集和对应的叠加模型道按照不同炮检距信息分别组合成炮超级道和模型超级道（图 6-3-2）：

$$\text{Power}(\Delta t) = \sum_t \left[F(t-\Delta t) + G(t) \right]^2 = \sum_t \left[F^2(t-\Delta t) + G^2(t) \right] + 2\sum F(t-\Delta t)G(t)$$

$$（6-3-5）$$

式中　$G(t)$——超级模型道；

　　　$F(t-\Delta t)$——超级地震道；

　　　Δt——超级模型道和超级地震道之间的时差；

　　　$\text{Power}(\Delta t)$——时差为 Δt 时的叠加能量。

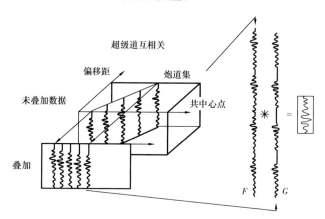

图 6-3-2　超级道示意图（据 Ronen J et al., 1985）

超级模型道是利用不同的模型道数据直接组合成一个地震道，这种超级地震道仅是目的层数据的时间序列重排，对提升静校正效果并不大。借鉴这种思路，提出对单道地震数据进行类似处理，即某一道地震数据，提取时间方向上有效的同相轴部分，按上述超级道方法组合在一起，得到信噪比高的超级单道地震数据。

具体的实现过程为：假设在 CMP 道集内，波形的振幅和相位差异不大，为目标地震道，$F_i(t-\Delta t)$ 为第 i 个辅助地震道：

$$E_i(\Delta t) = \sum_t \left[F(t) + F_i(t-\Delta t) \right]^2$$

$$（6-3-6）$$

目标函数为：

$$\varepsilon_i = \max_{\Delta t} \left[E_i \left(\Delta t \right) \right] \qquad (6\text{-}3\text{-}7)$$

当使目标函数的能量最大，并且相似系数最高时，得到的地震数据有效的同相轴部分，多个有效部分地震数据组合为超级道。经过处理后的地震道具备信噪比高、数据精炼等有利于剩余静校正估算的特点，利用这种超级道进行剩余静校正计算，在低信噪比地区可以取得较好的效果。

利用经过处理后的超级道进行地表一致性分解，可以用常规的互相关法进行分解，可以参照"三维地表一致性自动剩余静校正"技术，求取模型道和超级道的时差，然后进行时差分解；也可以利用共地面点法进行分解，该方法虽然计算量较大，但是更适用于基于数据的这种分解方式。共地面点叠加法在反射地震勘探静校正技术（Mike Cox，2004）一书中有详细描述。Cary P W 等（1993）提出一种利用基于叠加能量的互相关方法来分析转换波勘探中的接收点剩余静校正问题，这种叠加能量法是由 Ronen J 等在1985 年提出的，这种方法采取共炮点和共接收点叠加，然后进行时间拾取或互相关，估算出累积时差曲线，利用该曲线进行静校正量计算。

这种方式很适合基于数据的静校正量分解。常规的剩余静校正一般都是基于 CMP 道集法，提取时差，然后对时差进行分解，这种方法对一般地区的精度足够了，但是对于信噪比低的地区，时差提取不够准确，静校正计算不稳健。超级道方法引入了信噪比更高的超级道，并利用数据来直接进行静校正量分解，很大程度上提高了静校正的稳健性和可靠度。

2. 模型和实际资料应用效果

1）模型资料实验

为了验证该方法的准确性，建立理论模型进行测试，在 1700ms 附近设计主频为30Hz 的雷克子波，并根据地表一致性准则为每个炮点和检波点分别加入以伪随机数表示的静校正量。如图 6-3-3 所示，该方法能准确地估算地表一致的静校正量。在原始合成数据的左侧存在较大的静校正量，导致周波跳跃现象［图 6-3-3（a）］，传统的剩余静校正方法不能很好地处理这种情况，因此在常规的剩余静校正后叠加剖面的左部分可以看出有轻微的构造误差［图 6-3-3（b）］，这种误差是由于较大的静校正量引起的叠加模型数据畸变所导致的。超级道剩余静校正方法不像传统的方法一样依于叠加模型数据，所以受影响有限，能准确地估计剩余静校正量［图 6-3-3（c）］。

在这个模型数据上添加信噪比为 0.5 的随机噪声。如图 6-3-4（b）（c）所示，噪声对常规剩余静校正方法的影响非常大，使其静校正效果变得非常差。但超级道剩余静校正方法几乎没有受到噪声的影响，仍能获得很好的静校正效果。因此，这表明该方法能较好地实现低信噪比数据的剩余静校正计算。

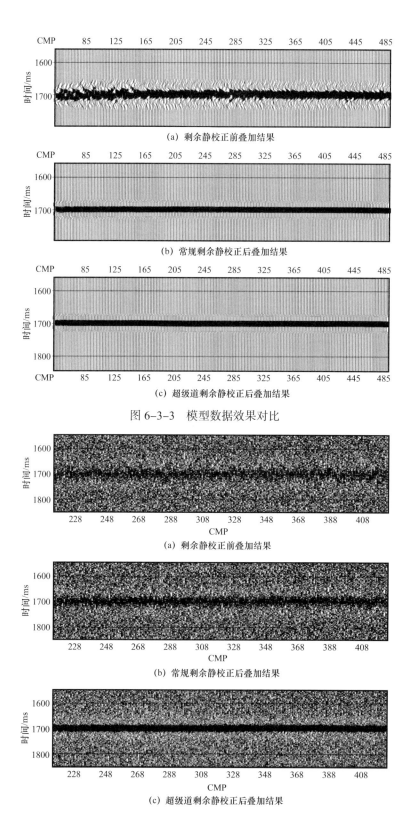

（a）剩余静校正前叠加结果

（b）常规剩余静校正后叠加结果

（c）超级道剩余静校正后叠加结果

图 6-3-3　模型数据效果对比

（a）剩余静校正前叠加结果

（b）常规剩余静校正后叠加结果

（c）超级道剩余静校正后叠加结果

图 6-3-4　加噪声模型数据效果对比

2）实际资料应用

实例一展示了某个工区超级道剩余静校正方法应用效果，与常规剩余静校正方法对比时，处理中采用了相同的速度和输入数据。图6-3-5展示了其中一条纵测线的静校正结果对比，超级道剩余静校正的效果明显好于常规剩余静校正计算的效果，尤其在700ms附近，同相轴连续性明显变好，构造更加清晰，静校正对成像的改进效果非常明显。图6-3-6为该工区一条横测线的静校正结果对比，横测线叠加剖面的超级道剩余静校正的效果整体明显好于常规剩余静校正计算的效果，在600～700ms附近的同相轴明显变得平滑而且连续。

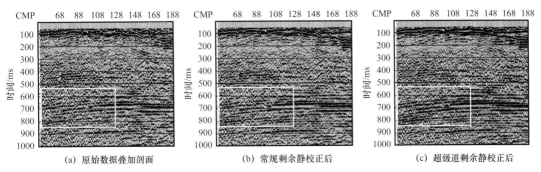

(a) 原始数据叠加剖面　　　　　(b) 常规剩余静校正后　　　　　(c) 超级道剩余静校正后

图6-3-5　实际数据纵测线叠加对比剖面

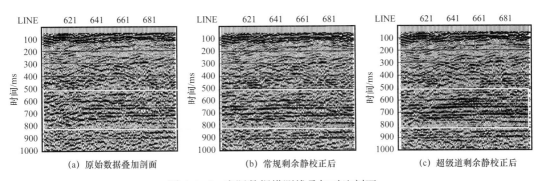

(a) 原始数据叠加剖面　　　　　(b) 常规剩余静校正后　　　　　(c) 超级道剩余静校正后

图6-3-6　实际数据横测线叠加对比剖面

为了更好地对比超级道剩余静校正的效果，选择某地区的多波勘探的纵波数据。该数据工区总面积$100km^2$、2500炮、每炮4536道。数据信噪比较低，静校正问题较复杂，常规的剩余静校正方法效果微弱，且多轮剩余静校正后在低信噪比区（CMP600～800）依旧无法成像。利用相同的叠加速度和输入数据，进行超级道剩余静校正方法与常规剩余静校正方法对比。选择一条Inline100测线，对比其效果。如图6-3-7所示，在测线右侧的低信噪比区域，常规剩余静校正效果很微弱，而超级道剩余静校正的效果明显优于常规剩余静校正效果。该方法显著提高反射层的连续性，使振幅信息更加可靠。

3. 方法局限性分析

该方法在提高外部模型数据的信噪比时，注意不要过于修饰，应该更注重同相轴的合理性，如果有所偏差，则会对数据有误导。当炮检距过大，剩余动校正问题或者各项异性问题较严重时，需要提前进行相应的预处理，否则无法得到较好的效果。

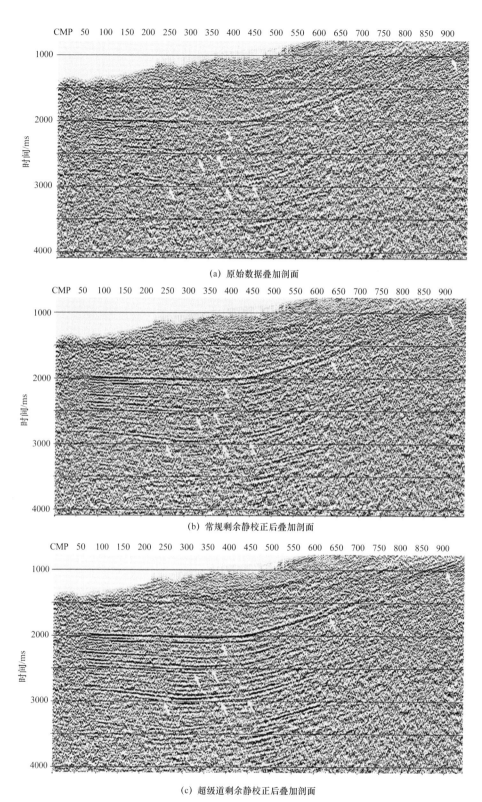

(a) 原始数据叠加剖面

(b) 常规剩余静校正后叠加剖面

(c) 超级道剩余静校正后叠加剖面

图 6-3-7　实际数据叠加对比剖面

三、综合全局寻优方法

在复杂近地表区域，地表起伏大，近地表结构复杂，纵横向速度变化剧烈，采集的地震资料信噪比低。常规的线性剩余静校正方法，如互相关时差拾取分解法在这样的资料上收效甚微。此类方法只能解决高频的短波长剩余静校正问题，在低信噪比、剩余静校正量大的数据上准确的时差拾取是很难的，容易出现周期跳跃。

当静校正量大于子波的半个周期时，叠加模型道的波形畸变严重，以至面目全非，未叠加道与模型道的互相关函数将出现多个大小近似的峰值，最大峰值时间并不能代表真正的时间延迟；因常规的线性剩余静校正只是单一地向目标函数减小的方向搜寻，近似的峰值可能以相同的可靠程度被拾取，从而出现周期跳跃，造成统计法自动剩余静校正失效。

而非线性最优化算法在搜索最优解时，能够自动舍弃造成周期跳跃的局部解，使其收敛到真正的全局最优解。故非线性寻优剩余静校正算法求解的静校正量可超过子波的半个周期。对于静校正这种非线性的，多参数多极植的大规模组合优化问题，必须采用随机性全局最优化方法求解。

1. 方法原理

传统的随机搜索蒙特卡罗（Monte Carlo）法，通过在可行解空间中随机产生一系列搜索，并检验各搜索点而得到最优解，方法虽然简单，且具有不依赖于初始模型以及采样空间的高度遍及性的优点。然而 Monte Carlo 寻优过程是无方向性的，寻求最优解需要巨大的计算时间，成本高昂，很难用于求解剩余静校正这种大规模组合优化问题。1975年美国密歇根大学 Holland J H 教授提出遗传算法，尹成等（1997）提出了遗传退火混合算法，利用遗传算法演化过程来逼近模拟退火中每个温度的准平衡状态。

1）模拟退火

模拟退火算法（Simulated Annealing）是基于蒙特卡罗迭代求解法的一种启发式随机搜索算法，它是以优化问题的求解与物体退火过程的相似性为基础，利用 Metropolis 准则，通过温度更新函数控制物体温度的下降过程实现模拟退火，从而达到求解全局优化问题的目的。模拟退火具有在概率指导下进行双向搜索的能力。

Rothman D H（1985）提出在低信噪比、大剩余静校正量数据上，非线性算法（即全局寻优算法）能够得到更好的结果。用两步法模拟退火估算剩余静校正量，采用了经典的 Metropolis 准则进行迭代搜索的状态更新。假设系统在温度 T 时的当前状态为 i，系统能量为 E_i，在系统中加入扰动后得到新状态 j，新状态的能量为 E_j：

$$\begin{cases} 接受, & E_j < E_i \\ \rho = \exp\left(\dfrac{-\left(E_j - E_i\right)}{kT}\right), & E_i < E_j \end{cases} \qquad (6\text{-}3\text{-}8)$$

式中 ρ——系统处于新旧状态的概率比值，小于1，利用 ρ 判断新状态是否被接受；

k——玻尔兹曼常数，一般取1。

模拟退火算法具有极强的全局搜索能力，但计算量很大，且控制参数复杂、不易选取。在低温状态下，局部搜索能力弱，大量的计算时间浪费在随机搜索上。

2）遗传算法

遗传算法（Genetic Algorithm）是解决全局优化问题的另一种通用算法，它模拟大自然种群在自然选择压力下的演化（遗传、交叉、变异），得到问题的一个近似解。它是一种群体型操作，其操作对象是多个候选解组成的一个种群；种群则是由基因编码后的候选解个体组成（通常做二进制编码），每一个个体都对应于问题的一个解。从初始群体出发，以适应度函数（通常为待解优化问题的目标函数）为依据，采用适当的选择策略在当前群体中选择个体（selection），并进行杂交（crossover）和变异（mutation）来产生下一代新群体，如此迭代演化下去，直到满足期望的中止条件。

遗传算法具有简单通用、易于实现、全局搜索能力强的特性，同时还具有自组织、自适应和自学习性。遗传算法同样更擅长全局搜索而局部搜索能力不足，其进化过程在中后期将明显变慢，它能迅速达到最优解附近，但此后的收敛速度就迅速降低。

3）综合全局寻优

林依华等（2000）提出一种非线性寻优混合算法求取剩余静校正量，即综合全局寻优剩余静校正。综合全局寻优利用最大能量法、模拟退火以及遗传算法等三种方法，交替式迭代求取剩余静校正量，将算法收敛迭代的次数大大减少。其基本思路是将最大能量法和模拟退火法产生的解作为遗传算法的初始群体，使得群体中的个体针对性强，有效地控制了群体的规模，使搜索具有更高的效率；同时在遗传算法演化后进行最大能量法和模拟退火法搜索，强化局部搜索能力，弥补遗传算法缺乏局部集中搜索的缺陷，最终达到快速收敛到最优解的目的。利用现今迅速发展的高性能计算技术，对软件模块做精细的优化提速，使综合全局寻优剩余静校正的运行效率大大提升，使该方法进入常规处理流程成为可能。

2. 模型和实际资料应用效果

利用合成记录进行了试验（图6-3-8）。如图6-3-8（b）所示，原来反射层次分明，构造形态清楚的叠加变成了一片杂乱，面目全非的叠加。如图6-3-8（c）是所示，与图6-3-8（a）比较，构造形态完全正确，除两端检波点因不满覆盖次数而导致静校正有误差外，其余的基本上都与已知静校正吻合。

实际资料应用展示了南方某地区的应用效果。该测线地表起伏，变化剧烈。相对高差1300m，是典型的碳酸盐岩地貌特征。求出的最大剩余静校正量约为±70ms，这是常规剩余静校正方法根本无法求得的。图6-3-9（a）是该测线仅做高程校正的叠加剖面，除两端见到反射的影子外，其余部分一片杂乱，叠加效果差。图6-3-9（b）是综合全局快速寻优的叠加结果，符合该区地质构造特征，与图6-3-9（a）比较，可见利用综合全局寻优求解静校正后，反射清楚，构造可靠，成像效果明显改善。

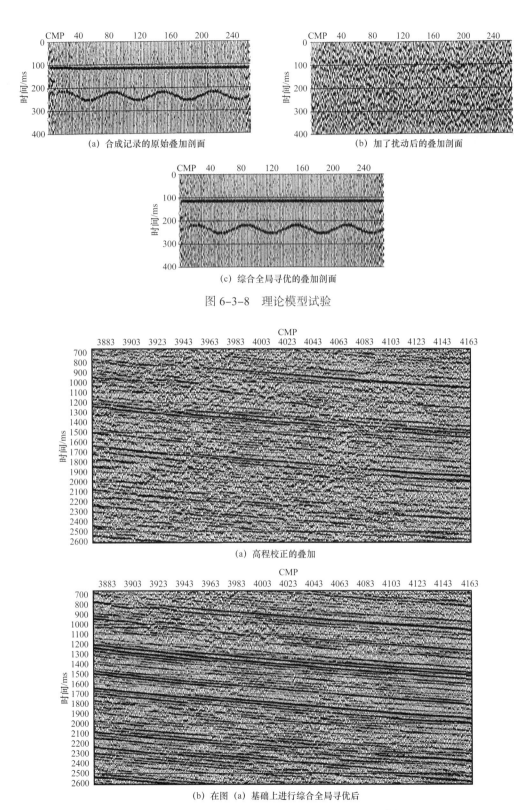

(a) 合成记录的原始叠加剖面

(b) 加了扰动后的叠加剖面

(c) 综合全局寻优的叠加剖面

图 6-3-8 理论模型试验

(a) 高程校正的叠加

(b) 在图 (a) 基础上进行综合全局寻优后

图 6-3-9 南方某测线综合全局寻优方法前后对比剖面

3. 方法局限性分析

综合寻优法充分利用最大能量法、模拟退火法与遗传算法的各自优点，具有快速收敛、能量有效叠加、可处理复杂地形（大静校正量）静校正的能力。模型验证与实际资料的处理结果表明本方法具有适应能力强、能快速收敛于大静校正量最优解的优点，是一项复杂地形条件下有力的静校正方法。

由于该方法是建立在反射波信息的基础之上，反射波数据时窗的选择会影响叠加能量的收敛，要选择信噪比高、能量强的同相轴并可连续追踪，通过对强反射同相轴的能量调整，不但可以加快收敛速度，还对静校正量的结果提高了可靠性。

该方法采用隔代遗传、隔代排挤的综合选择操作，既能避免父一代的最优解被破坏而造成退化，又能保证当前最优解的存在，引入惩罚机制来跳出局部极值或修正搜索方向等算法的改进，减少噪声干扰，改善目标函数，提高算法的优化性能和收敛能力。针对大工区大数据量的计算，算法表现出具有较强的抗噪能力，求取大剩余静校正量，克服周期跳跃的能力也较强，性能稳定，收敛性好。

四、非地表一致性剩余静校正

非地表一致性剩余静校正通常情况下用于地表一致性剩余静校正之后。如平滑静校正（Trim），其原理比较简单，利用经过动校正的 CMP 道集内的各道与输入的模型道，在用户定义的时窗内做互相关处理，获得相对时移，实际上就是以模型道作为希望输出道，CMP 道集内各道通过相对时移后叠加结果向模型道看齐。

该方法适用于静校正量不满足地表一致性的地震资料，属于叠前 CMP 道集时差微调，其时差是相对于模型道而言，所以模型道的质量很重要，通常情况下是对叠加道做去噪处理之后再当作模型道。外部模型数据一般是做过地表一致性静校正之后的叠后数据，线号、CMP 号与输入一致，最好做过叠后修饰性处理。

该方法并未经过地表一致性约束，所以每个地震道的静校正量都不同，完全依赖模型道的质量，请慎重使用。如图 6-3-10 所示，剩余静校正后同相轴明显光滑且连续，应用效果比较好。

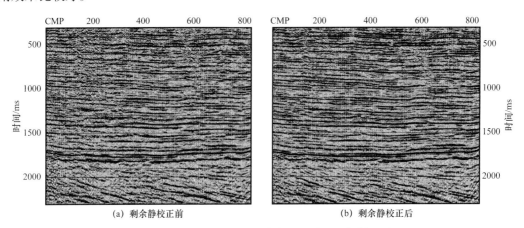

(a) 剩余静校正前　　　　　　　　　　(b) 剩余静校正后

图 6-3-10　非地表一致性剩余静校正前后叠加剖面对比

第七章 面向深度域成像的近地表建模方法

我国的中西部地区广泛发育着前陆冲断带，在这些地区开展地震勘探，最大的问题就是近地表相关的速度建模、静校正等问题。近地表的问题首先在于采集的困难，地表起伏、采集条件恶劣；其次在于近地表速度建模技术，近地表的低降速带会使地震波传播方向发生畸变，如果没有精确的近地表速度模型，会对静校正、速度分析以及深层界面成像的精度产生很大的影响。因此，建立精确的近地表速度模型是前陆冲断带等复杂地表条件下地震勘探的必要条件。地震波携带着非常丰富的地下介质的信息，近地表速度结构反演主要利用地震波两方面的信息：走时信息、波形信息，由此应运而生了三种技术，即走时反演、波形反演技术及其走时与波形联合反演。常规的走时反演近地表速度估计方法主要是基于射线理论的层析成像，这些射线类层析方法对于近地表速度相对简单的情况是适用的，但是对于近地表速度结构复杂时，层析方法得到的光滑近地表速度模型就达不到深层高精度成像精度的要求。为了解决复杂近地表速度建模问题，走时反演逐渐从高频近似的射线理论发展到更精确的波动理论计算走时（Luo Y et al.，1991；Woodward M J，1992），从线性发展到非线性反演（Zhang J et al.，1998）。同时，为了利用波形中所携带的地下速度信息，波形反演方法应运而生，被逐渐地重视起来，波形反演理论逐渐从理论发展到实际应用，主要包括时域波形反演（Tarantola A，1984）和频域波形反演（Pratt R G et al.，1998；Pratt R G，1999；Pratt R G et al.，1999）。基于射线理论层析和基于波动理论地震层析是目前层析反演应用和研究的两大类主要方法。一般当目标体的线性尺度比地震波长大时，主要采用射线层析成像方法；而当目标体的线性尺度与波长相近时，需要采用波动层析成像方法才能得到最佳成像效果。下面重点论述快速回转波层析、单尺度网格层析反演、多尺度网格层析反演、可形变层析等常用的基于初至的射线层析反演方法，基于程函方程的伴随状态法初至走时层析反演方法，初至波相位走时层析、菲涅尔体地震层析、波动方程初至波走时反演、初至波全波形反演、初至波多信息联合反演等考虑地震子波带限特征的基于波动方程的反演方法。

第一节 初至射线层析反演

目前，基于射线理论的层析方法在生产中得到了成功应用，主要用于解决静校正和近地表建模中的中低频分量。射线层析反演主要包括三个主要过程：初至拾取、正演模拟和反演求解。初至拾取目的是获得大炮初至时间，正演的目的是利用已知的速度来计算理论初至时间，反演的目的是用实际初至时间来修正理论初至时间，进而得到更为准确的速度。其中，初至拾取过程相对独立，而正演和反演是相互修正的过程，通常所提到地震层析反演实际上指的是正演和反演两部分。本节将重点介绍快速回转波层析、单尺度网格层析反演、多尺度网格层析反演、可形变层析反演等几种不同反演方法。

一、快速回转波层析

为了确保常规初至旅行时层析能够反演出合理的速度模型，需要提供一个较好的初始速度模型。而常规的初始建模方法，如梯度模型、层状模型等，并没有有效利用地震数据中包含的信息，建模精度较低。同时，在处理高密度、宽方位采集数据时，由于计算量巨大，每次迭代都非常耗时。因此需要研究一种快速近地表建模方法来为其构建高精度的初始模型。快速回转波层析是一种数据驱动的快速近地表建模方法，可通过提取数据中的更多信息来构建精度更高的近地表模型。该方法所得模型在近地表简单的探区可直接应用，在复杂探区可作为后续射线层析的初始模型（郭振波等，2019）。

1. 方法原理

假设在最大炮检距范围内近地表速度横向不变且随深度线性变化，此时近地表的速度变化趋势可表述为：

$$v(z) = v_{surf} + gz \tag{7-1-1}$$

式中　v_{surf}——地表速度；

　　　z——深度；

　　　g——速度随深度变化的梯度。

在该种介质中传播的地震波称为回转波，给定射线入射角 θ、起始坐标（x_0，z_0）可获取炮检距 X 及初至时间 t：

$$\begin{cases} X = \dfrac{2}{pg}\left(\sqrt{1-p^2 v_{surf}^2}\right) \\[3mm] t = \dfrac{2}{g}\ln\left(\dfrac{1+\sqrt{1-p^2 v_{surf}^2}}{p v_{surf}}\right) \end{cases} \tag{7-1-2}$$

$$p = \frac{\sin\theta}{v}$$

式中　p——射线参数。

由于地震波传播射线参数保持不变，可求得回转点处的速度为：

$$v_{turning} = 1/p \tag{7-1-3}$$

回转点深度为：

$$h = \frac{1}{pg} - \frac{v_{surf}}{g} \tag{7-1-4}$$

式（7-1-4）中 p 由初至时间估算得到。速度随深度变化的梯度通过求取如下的目标函数得到：

$$O(g) = \left(Xg - \frac{2}{p}\sqrt{1 - p^2 v_{\text{surf}}^2} \right)^2 + W^2 \left[tg - 2\ln\left(\frac{1 + \sqrt{1 - p^2 v_{\text{surf}}^2}}{pv_{\text{surf}}} \right) \right]^2 \qquad （7-1-5）$$

式中　W——加权因子。

利用式（7-1-1）至式（7-1-5）可获取一个炮检距—初至时间对所对应回转点的速度及其深度，通过对炮检距范围内进行初至反演，可获取某个空间位置点不同深度的速度参数；通过对不同空间位置点进行相同的处理，可获取整个三维空间的速度参数。

由于上述方法基于水平地表假设，起伏地表情况下需要将其校正到水平基准面上。本节通过两方面的策略来保持这种校正的精度：（1）将数据抽至 CMP 道集后再进行后续的处理，保证了炮检点的空间局部性；（2）根据地表起伏的情况，针对不同的炮检距范围利用不同的基准面进行高程校正，通过尽量缩小校正时间以减少高程校正所带来的误差。

2. 理论数据测试

选取 Amoco 静校正基准测试模型进行理论数据测试，如图 7-1-1 所示。通过真实模型对比回转波层析与常规射线层析可知，回转波层析反演得到了模型的基本形态（图 7-1-2），特别在近地表区域精度较高。右侧复杂区域的反演结果存在严重的速度反转，即使采用常规射线层析方法依然无法获取较好的结果（图 7-1-3）。回转波层析方法，在一个节点上总共用时 25s，而常规射线层析方法利用 7 个节点总共用时 513s。

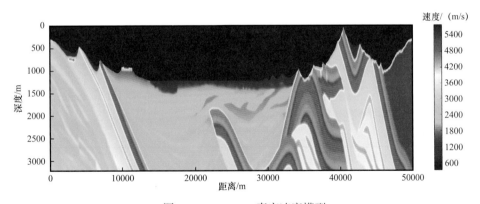

图 7-1-1　Amoco 真实速度模型

分别抽取真实模型、回转波层析反演模型、初至旅行时层析反演模型在地表以下50m、100m 处的速度曲线，如图 7-1-4 所示。结合分析图 7-1-2 至图 7-1-4 可得到如下结论：（1）回转波层析方法以极小的计算成本快速获取了一个精度较高的近地表模型；（2）该近地表模型在未出现速度反转区域反演精度较高，在存在速度反转区域可靠性变差；（3）该速度模型可用作初至旅行时层析反演的初始模型以提高其收敛速率，在构造相对简单区域，该模型可直接应用于层析静校正等处理。

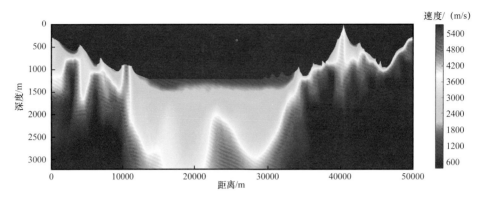

图 7-1-2　Amoco 模型回转波层析结果

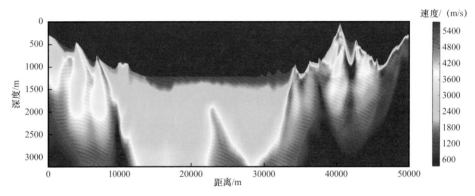

图 7-1-3　Amoco 模型常规射线层析结果

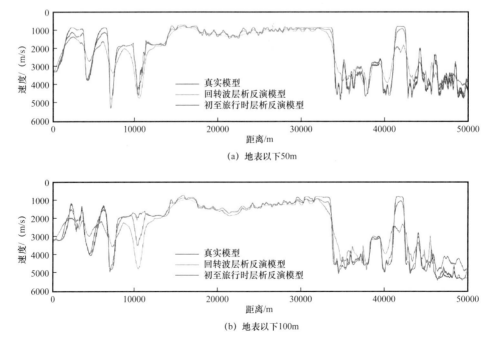

（a）地表以下50m

（b）地表以下100m

图 7-1-4　地表以下不同深度处速度曲线对比

3. 实际资料处理

为了验证回转波层析在实际资料上的应用效果，选取中国西部某工区三维实际资料中的两束线进行测试。该工区地表最大高差约 400m，地表起伏变化相对较为平缓。由数据分析可知，近地表存在较为明显的低速异常体以及低速层厚度变化。试验数据共 867炮、8352 个检波点，道间距为 30m，共 68 条 CMP 线，CMP 线间距为 30m，每条 CMP线共 800 个 CMP，CMP 间距为 15m。采用自动拾取与人工修正相结合的方法进行初至拾取，然后应用回转波层析与常规射线类层析进行近地表速度反演，CMP 线为 30 时对应的反演结果如图 7-1-5、图 7-1-6 所示。

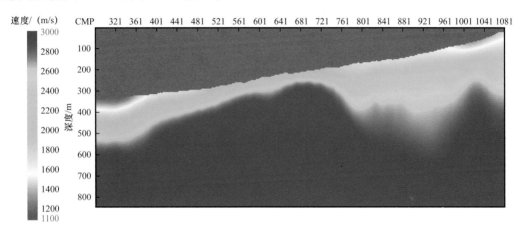

图 7-1-5　实际数据回转波层析反演结果

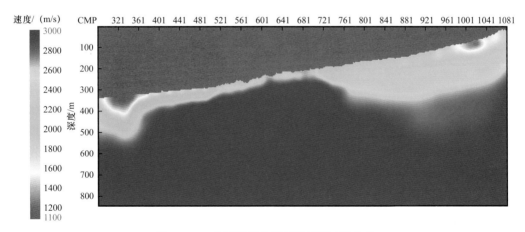

图 7-1-6　实际数据常规射线层析反演结果

通过对比可知，不管是地表附近的低速异常还是高速层的基本形态，回转波层析方法与常规射线层析方法反演得到的速度模型基本一致。图 7-1-7 为回转波层析静校正之后分炮检距的叠加结果，图中数字表示叠加所用的炮检距段。分炮检距叠加是验证是否解决长波长静校正的一种常用质控手段，若不同炮检距段叠加剖面横向连续性好，没有因为叠加所用炮检距范围的变化而出现叠加剖面上同相轴的错动，则说明长波长静校正问题得到了有效解决。由图 7-1-7 对应的分炮检距剖面可以看到，同相轴连续性好，这从另一个侧面说明了回转波层析方法反演得到的模型能够满足层析静校正的要求。

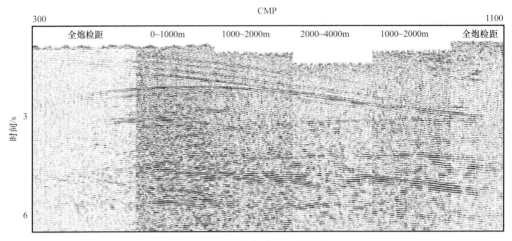

图 7-1-7　分炮检距叠加效果

回转波层析方法比常规的射线类层析方法快了两个数量级，见表 7-1-1。回转波层析降低了近地表建模对大规模计算资源的要求，可应用于大数据量地震勘探，实现快速的近地表建模方法。

表 7-1-1　回转波层析方法与射线类层析反演计算效率对比

计算效率	回转波层析	常规射线层析反演方法（10 次迭代）
计算资源	1 个节点（32 线程 / 节点）	15 个节点（32 线程 / 节点）
计算时间	1min	47min

4. 结论

回转波快速近地表建模方法通过采用基准面高程校正方法增强了该方法对起伏地表的适应性。相对于常规的射线类层析反演方法，在大部分情况下，该方法能够以极小的计算成本提供了一个与之相当的近地表模型，具有极大的实际应用价值：（1）回转波层析方法的反演结果可以作为常规射线层析方法的初始模型，相对于简单的梯度模型，使用精度更高的初始模型可减少其迭代次数；（2）以极少的计算成本获取了近地表速度分布的基本规律、不同地区的复杂程度，可对随后的常规射线层析类方法等随后的处理提供很好的指导作用。

二、单尺度网格层析反演方法

单尺度网格层析是采用同一形状和尺寸的网格、且不相互重叠的网格对需反演的速度模型进行参数化（Nolet G，1987），在反演过程中网格保持不变。它是一种非常典型且是目前最为流行的一种层析方法，被大多数商业化软件所采用。通常采用规则的矩形

（二维）或长方体（三维）对模型离散，每个网格速度为一个常数，该方法具有结构简单、实现方便等特点。

1. 单尺度网格层析基本原理

对于初至波走时层析来说，已知的信息包括两类：一类是炮检点的空间位置信息，包括炮检点的坐标信息，以及井炮的井深数据；另一类信息是通过初至拾取得到的相应炮检对的初至时间。需要求取的信息或未知信息就是近地表速度模型。

根据射线理论，初至走时可以看作是地震波的慢度（速度的倒数）沿射线路径的积分，即：

$$t = \int_S^R s(r) \mathrm{d}l \tag{7-1-6}$$

式中　$s(r)$——近地表的慢度值，是空间位置的函数；

　　　l——射线路径长度；

　　　t——炮检点间的初至时间，通常为炮点到检波点间的最小走时。

根据费马原理，一旦速度模型确定后，固定位置处炮检点间的最小走时和射线路径便唯一确定。对式（7-1-6）进行离散化并忽略慢度的改变对射线路径的影响便得到层析反演的基本方程：

$$\Delta t_n = \sum_{i=1}^{I} \sum_{j=1}^{J} \sum_{k=1}^{K} \left[\Delta S_{ijk} \right]_m \cdot l_{ijk} \tag{7-1-7}$$

式中　Δt_n——第 n 条射线的走时残差，即拾取初至和计算走时之差；

　　　$\left[\Delta S_{ijk} \right]_m$——第 m 次迭代每个网格的慢度改变量；

　　　l_{ijk}——第 n 条射线穿过每个网格的射线长度。

式（7-1-7）可写成矩阵形式为：

$$\Delta T = L \cdot \Delta S \tag{7-1-8}$$

式中　L——大型线性稀疏矩阵。

求解式（7-1-8）的方法很多，如 LSQR、最速下降法、共轭梯度法等（Paige C C et al.，1982）。其中同步迭代重构技术（SIRT），具体计算公式如下：

$$\left[\Delta S_{ijk} \right]_m = \frac{1}{N_l} \sum_{l=1}^{N_l} \frac{l_{ijk}}{\sum l_{ijk}^2} \cdot \Delta t_n \tag{7-1-9}$$

式中　N_l——穿过每个网格的射线条数。

实际实现过程中求取每个网格的慢度改变量可以分为两步进行：首先逐条射线求取每根射线对慢度改变量的贡献，结合射线追踪通常也是逐条射线进行，因此非常符合并行计算的特点；然后求取所有射线对慢度场的贡献，是一个加权的过程。因此该算法具有计算量小，对大数据量适应性强等特点。其实现过程可分为以下 7 个步骤：

（1）初至拾取；

（2）建立初始模型；

（3）射线追踪得到当前速度模型下的射线路径和正演初至走时，并计算慢度扰动量；

（4）合并计算总的慢度扰动量并更新慢度模型；

（5）多次线性迭代求取总的慢度改变量；

（6）速度模型更新，完成一次非线性迭代；

（7）重复步骤（3）至步骤（6）完成多次非线性迭代。

其中，在第5步中如果仅仅线性迭代一次，便是常规的线性迭代反演，多次线性迭代便是本章的非线性迭代实现的思路。

2. 初始模型建立与影响分析

初至波走时层析是在初始模型的基础上经过多次迭代得到，因此，初始模型与真实模型的接近程度将直接影响层析反演结果的可靠性和迭代次数，从而影响计算效率。实际工作中初始模型建立要综合考虑射线追踪算法对初始模型的特殊要求、层析反演算法对初始模型的依赖性以及层析边界等方面。具体来说初始模型建立分为三个步骤来实现，包括模型网格化、地表处理、网格速度填充。对于初至波走时层析来说，常用的网格速度填充方法包括简单梯度模型、基于初至走时的延迟时方法和快速回折波层析等。

1）模型网格化

模型网格化的方法有很多，大致可分为规则网格、不规则网格和层状界面等多种方法。对于初至波走时层析来说，常用方法是采用规则网格对模型进行离散化。如二维采用矩形网格、三维采用长方体对模型进行离散化，也可以将二维视为三维的一种特殊情况。一般来说模型的水平方向展布范围由有效炮检点的范围确定，保证所有的有效炮检点在模型范围内，同时为了减小层析反演未知数的个数，模型展布范围尽量小。实际工作中可对炮检点坐标进行适当的旋转和平移，转化为相对坐标，以方便处理。模型垂向大小通常通过模型的最大高程和最小高程确定，其中模型的最大高程可以通过炮检点的最大高程得到，模型的最小高程，即模型的底界面一般是通过炮检点的最小高程值减去某一个常数得到。当采用固定网格尺寸对模型进行离散化时，模型在每个方向的网格数便大致确定。因此，表述模型的必需参数也随之确定，主要包括模型原点坐标、方位角、网格尺寸和网格数等信息。

2）地表处理

实际的炮检点分布是相对稀疏，而网格相对规则，当采用一定的网格尺寸后，某些网格可能存在多个炮检点，某些网格可能不存在炮检点，为了满足射线追踪和层析反演的要求，需要根据炮检点的坐标信息构建地表所处的位置，需要适当的插值或外推处理。插值和外推的方法可以采用常用的三角插值算法或克里金插值算法等。

3）常用的初始模型建立方法

（1）简单梯度模型。

模型离散化和地表高程处理后，需要填充每个网格的速度即可，填充的方法比较简单的就是简单梯度模型法。一般来说地表以上的网格速度选取空气速度340.0m/s。地表以下网格按照式（7-1-10）计算：

$$v(i, j, k) = v_0 + [k - k_{surface}(i, j)] \cdot dz \cdot gradient \qquad (7-1-10)$$

式中　$v(i, j, k)$——第(i, j, k)个网格的速度值；

　　　v_0——地表速度，用户可以指定，一般选取大于340.0m/s；

　　　k——纵向第k个网格索引；

　　　$k_{surface}$——平面(i, j)网格位置处的地表位置索引；

　　　dz——纵向网格尺寸；

　　　$gradient$——梯度因子，一般选取正值，常用的数值为3.0。

（2）延迟时方法。

延迟时方法是将初至按照初至时间—炮检距的方式叠合在一起，按照单边排列小折射解释的方法得到每层的速度和厚度信息，可以自动解释，也可以交互解释的方式进行。所有炮点的初至叠置在一起，可以得到一个解释成果，由该结果可构建速度模型。也可以不同位置上选取一定范围内初至数据进行解释，然后将控制点的解释成果进行内插或外推，得到速度模型。要求每一个控制点的分层个数保持一致。对于每一个控制点，其不同分层之间的初至时间斜率即为该层速度，进而根据延迟时计算公式可求取每一层的厚度。当得到每一层的速度和厚度信息后，可以按照坐标和网格尺寸填充相应速度，另外一种常用的方法是考虑到近地表的连续介质特性，将速度和厚度信息进行梯度化，转化为梯度模型，填充到对应的网格上。

综合考虑射线追踪算法、层析反演的稳定性等因素，目前工业界常采用规则网格的块速度模型，初始模型常采用接近于实际情况的梯度模型，这样可以保证射线穿透得比较合理，极大减少初始模型导致的射线路径不合理问题，可以有效地保证层析反演结果的合理性和可靠性。

4）层析对初始模型的依赖性分析

为了更好地建立初始模型，提高层析反演的精度与效率，需要从理论上分析层析和初始模型之间的依赖关系。国内有学者曾讨论过层析初始模型的选取问题，刘玉柱等（2010）参考Jannane M等（1989）对波形反演目标函数性态分析的研究方法，基于二维水平层状介质模型、二维复杂地表理论模型，采用不同波长正弦波对理论模型进行扰动，计算扰动模型的初至波走时，根据目标函数与扰动波长之间的关系，分析初至波走时层析反演结果对初始模型的依赖性，并进一步提出层析成像初始模型的选取策略。

（1）水平层状介质理论模型。

基于两个不同复杂程度的水平层状介质理论模型，图7-1-8（a）为六层水平层状介质构成的简单模型，图7-1-8（b）为根据速度测井数据得到的复杂水平层状介质模型。根据式（7-1-11），对理论模型进行扰动：

$$v(z) = v_0(z) + \Delta v(z) = v_0(z) + 0.15 v_{max} \sin\left(\frac{2\pi}{\lambda} z\right) \qquad (7-1-11)$$

式中　Δv——扰动量，是深度的正弦函数；

　　　$λ$——扰动波长；

　　　v_{max}——模型的最大速度。

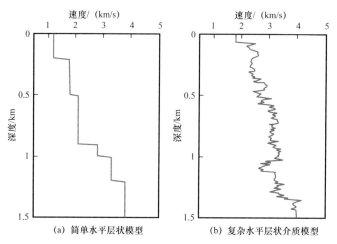

(a) 简单水平层状模型　　　　　(b) 复杂水平层状介质模型

图 7-1-8　水平层状介质理论模型

（2）二维复杂地表理论模型。

本实验基于二维复杂地表理论模型（图 7-1-9）。与实验（1）不同点在于本实验中采用二维模型扰动方式，即根据式（7-1-12）对模型进行扰动：

$$v(x,z) = v_0(x,z) + \Delta v(x,z) = v_0(x,z) + 0.15 v_{max} \sin\left(\frac{2\pi}{\lambda} r\right) \qquad (7-1-12)$$

其中，扰动量 Δv 是空间任一点与炮点距离 r 的正弦函数。

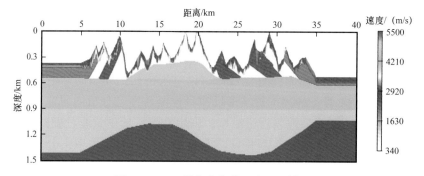

图 7-1-9　二维复杂起伏地表理论模型

（3）初始模型对层析反演影响分析。

层析是根据初至波走时时差进行反演，如果扰动模型走时和理论模型走时有差异，那么用层析方法可以将扰动模型反演出来，反之则不能。所以，对于某一波长扰动的模型，将理论模型初至波走时 T_{the} 和扰动模型初至波走时 T_{per} 残差的均方根作为目标函数：

$$S = \sqrt{\frac{\sum_{i=1}^{n}\left[T_{per}(i) - T_{the}(i)\right]^{2}}{n}} \qquad (7-1-13)$$

式中 n——射线总数。

目标函数的性态应具有以下规律：首先，如果一定波长正弦波扰动对应的目标函数值等于或接近于0，说明目标函数对模型空间的该波数分量不敏感，初至波层析成像也就无法将其反演出来；其次，在一定波长范围内，如果目标函数与扰动波长呈线性或弱非线性关系，则说明在该波数范围内初至波层析成像对初始模型的依赖性较弱，反之则说明对初始模型的依赖性较强。层析初始模型的选取应尽量避开目标函数值小、非线性强的波数段。

将扰动波长分为极短波长（$0<\lambda<25m$），短波长（$25m<\lambda<60m$），中波长（$60m<\lambda<300m$）和长波长（$300m<\lambda<\infty$）。对以上几种波段范围进行均匀离散采样，并基于此分析总结层析成像对初始模型的依赖性。

将不同波长扰动过的简单水平层状模型、复杂水平层状介质模型、复杂起伏地表理论模型作为初始模型，进行初至波走时层析成像反演，得到四组最终层析结果目标函数—扰动波长关系曲线：① 简单水平层状介质模型目标函数—扰动波长关系曲线（图7-1-10）；② 复杂水平层状介质模型目标函数—扰动波长关系曲线（图7-1-11）；③ 二维复杂地表理论模型目标函数—扰动波长关系曲线（图7-1-12）；④ 以不同波长扰动过的复杂水平层状介质模型作为层析初始模型，得到最终的层析结果目标函数—扰动波长关系曲线[图7-1-13（a）]，以及相应的迭代次数—扰动波长关系曲线[图7-1-13（b）]。

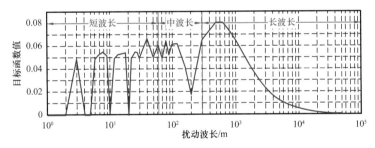

图7-1-10 简单水平层状介质理论模型目标函数—扰动波长关系曲线

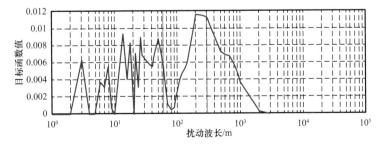

图7-1-11 复杂水平层状介质理论模型目标函数—扰动波长关系曲线

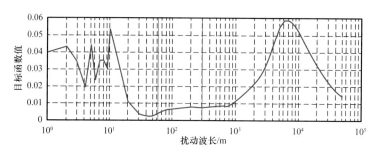

图 7-1-12　二维复杂起伏地表理论模型目标函数—扰动波长关系曲线

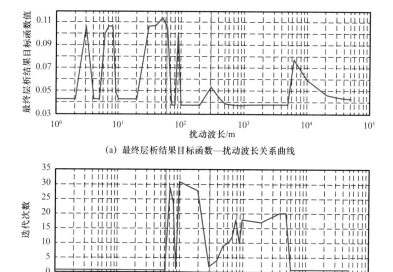

（a）最终层析结果目标函数—扰动波长关系曲线

（b）迭代次数—扰动波长关系曲线

图 7-1-13　复杂水平层状介质模型的层析目标函数、迭代次数与扰动波长关系曲线

　　如图 7-1-10 所示，在短波长和中波长范围内，扰动波长的微小改变会使目标函数值产生较大波动，说明目标函数与扰动波长之间具有较强的非线性关系；在长波长范围内，目标函数随波长的波动较弱，目标函数与扰动波长呈弱非线性。随着波长的增大（λ＞6000m），模型趋于恒定，目标函数值趋于 0。与图 7-1-10 相比，图 7-1-11 中目标函数与扰动波长呈弱非线性的波段范围向中波长方向有微小移动，这可能与模型有关，但基本可以得出与图 7-1-10 相似的结论。二维目标函数—扰动波长关系曲线（图 7-1-13）与图 7-1-10、图 7-1-11 反映出了同样的规律，甚至这种规律性更强。图 7-1-13 中，中波长、短波长扰动模型对应的最终层析结果目标函数值较高，说明反演效果不好，迭代次数少，反演不稳定；而长波长扰动模型对应的层析反演结果目标函数值较低，且迭代次数多，说明层析稳定收敛到了一个比较好的结果。

　　综上所述可以得出以下结论：在中波长、短波长范围内，目标函数随扰动波长变化剧烈，它们具有较强的非线性，故在这些波长范围内层析反演对初始模型比较敏感，即初始模型的微小变化可能导致层析结果的巨大差异。而在中长波长与长波长范围内，目标函数与扰动波长呈弱非线性，说明在这一波长范围内层析反演对初始模型的依赖性较弱，即不同的初始模型可以得到比较相近的反演结果。

（4）初始模型选取策略与验证。

由以上实验结果分析可知，为了得到好的稳定的层析反演结果，初始模型应尽可能准确地包含中波长、长波长的地质扰动信息，尽量少包含高波数地质扰动信息。传统的层析初始模型一般是根据地质先验信息、大炮初至、近地表调查资料、折射层析等方法建立起来的。这样的地质模型一般包含比较准确的中波长、长波长扰动信息，同时也包含了高波数的扰动信息，但这些高波数扰动信息通常是不准确的。因此，利用上述方法建立的地质模型应做进一步处理，去除其中的短波长成分：① 首先对存在的地质模型做平滑处理，得到介质的背景场信息（也可以结合先验信息采用其他方式，如梯度模型）；② 从地质模型中减去背景场以得到扰动场；③ 对扰动场作低通滤波得到其长波长分量；④ 将扰动场中的长波长分量加上介质的背景场得到层析初始模型。

上述初至波走时层析成像对初始模型依赖性的定量分析研究表明，初至波走时层析的初始模型不能任意给定，一个好的初始模型应尽量准确地包含介质的背景场（介质平滑变化趋势）与低波数扰动量，在此基础上层析才能准确地反演出更高的波数成分，否则层析很容易陷入局部极值，且不稳定。初始模型包含的小波数范围不能太小，否则可能适得其反。只有低通滤波的波长范围落在适当的（如 100～500m）范围内，走时层析成像才可以反演出模型的更高波数信息。

3. 理论模型测试

为验证算法的有效性，根据复杂山地山前带的近地表结构特点设计了一个理论模型，如图 7-1-14 所示（Ma Qingpo et al., 2014）。该模型地表高程变化平缓，近地表由三层组成。低速层速度为 900m/s，速度横向不变，随着高程的升高，该层发生尖灭，该层的底界面变化较为剧烈，存在三个凹子和凸起。第二层速度也为常数，速度为 2000m/s，横向贯穿整个模型，该层的底界面形态相对光滑，第三层为高速层，速度变化范围为 3500～4000m/s。采用波动方程模拟原始地震记录，炮点距和道距均为 40m，炮点覆盖整

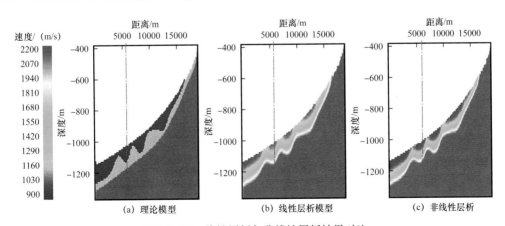

图 7-1-14　线性层析与非线性层析结果对比

个模型，每炮320道接收，拾取的初至作为初至走时层析的原始数据。采用相同的网格和层析参数，分别进行了线性和非线性层析计算，线性层析迭代了80次，非线性层析共进行10次非线性迭代，每次非线性迭代进行8次线性迭代。如图7-1-14所示，非线性层析结果好于线性层析结果，反演的模型更接近于真实模型。图7-1-15（a）为图7-1-14粉红色线位置处理论模型和两种层析结果的速度随深度变化曲线，可以看出非线性层析结果更为精确，特别是浅地表处。从线性层析和非线性层析的收敛曲线来看［图7-1-15（b）］，非线性层析的收敛速度更快，最终的均方根误差仅有6.4ms，而线性层析达到14.5ms。

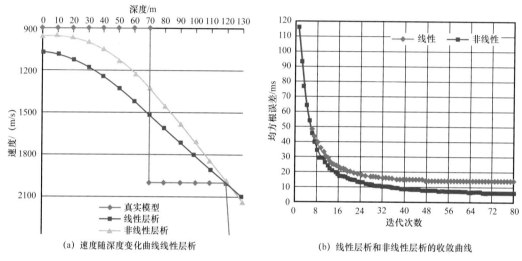

(a) 速度随深度变化曲线线性层析   (b) 线性层析和非线性层析的收敛曲线

图7-1-15 层析速度随深度变化曲线与收敛曲线

4. 实际数据应用

单尺度网格层析在许多生产项目中得到广泛应用并取得较好的应用效果。QL3D工区位于酒泉盆地，该区地表相对平坦，短波长静校正问题不大，长波长静校正问题突出（冯泽元等，2005）。图7-1-16是应用表层调查模型静校正后得到的纵向叠加剖面，可见反射波同相轴存在明显的下凹现象，古近系—新近系上表现为幅度为180ms的假构造，并且同相轴出现错断，同相轴错断主要由低、降速带厚度的剧烈变化引起。基于初至的折射静校正方法虽然见到了一些效果，但在古近系—新近系上仍存在幅度为120ms的假构造，如图7-1-17（a）所示。最终处理采用层析反演静校正技术得出了较准确的近地表模型（图7-1-19），查清了低、降速带厚度的分布规律，成功地解决了酒东三维地震勘探中的长波长静校正问题，同时工区南部山体部位的叠加效果也得到了一定改善。应用层析反演静校正后得到的叠加剖面如图7-1-17（b）所示，其同相轴下凹现象得到了校正，连续性得到了改善，较好地解决了长波长静校正问题。图7-1-18为应用折射静校正和层析反演静校正后得到的两条横向叠加剖面，对比可见，应用折射静校正时同相轴的畸变在应用层析反演静校正中后得到很好的改善，问题解决得比纵向剖面更明显，其原因主要是山地向山前带过渡区，低、降速带厚度迅速增加且变化剧烈，折射静校正方法不能很好消除这种变化，严重影响了静校正效果。

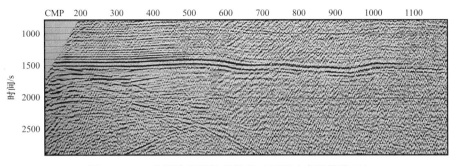

图 7-1-16　实际数据长波长静校正问题（高程静校正）

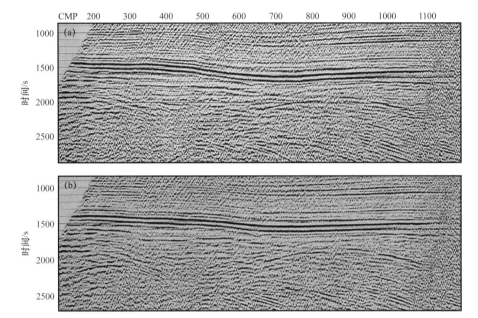

图 7-1-17　折射静校正（a）与层析静校正（b）应用后纵向叠加剖面

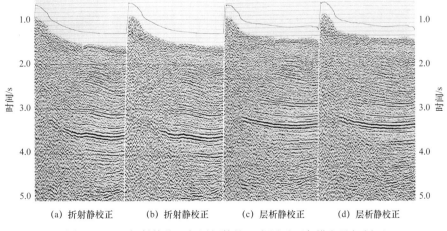

(a) 折射静校正　　(b) 折射静校正　　(c) 层析静校正　　(d) 层析静校正

图 7-1-18　折射静校正与层析静校正应用后两条横向叠加剖面

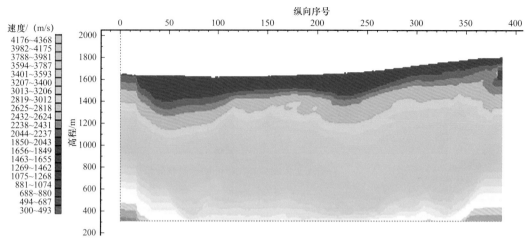

图 7-1-19　单尺度网格层析反演的近地表速度模型

5. 单尺度网格层析方法及其优缺点

单尺度层析方法是用单一规则的、且不相互重叠的网格对需反演的速度模型进行参数化（Nolet G，1987），然后再进行后续的反演过程。它是一种非常典型并普遍应用的层析方法，目前较流行的近地表层析商业软件大多都使用这种方法。单尺度网格层析之所以受欢迎，主要是因为它比较简单。等间隔网格采样的速度值很容易以数组结构的形式存储在计算机内存中，而且插值效率较高。得益于规则网格采样，也不需要清楚描述每个采样网格的坐标，采用适当采样间隔就可以近似得到复杂的速度场（Li P et al.，2009），并可以定义相应的微分核，求解与这些网格相一致的解。

尽管网格层析比较简单，但此方法也存在缺陷。其一，最终速度场可能会留有块状单元的痕迹，且没有明显的速度界面（图 7-1-20）。实际上有很多近地表地质特征表现为

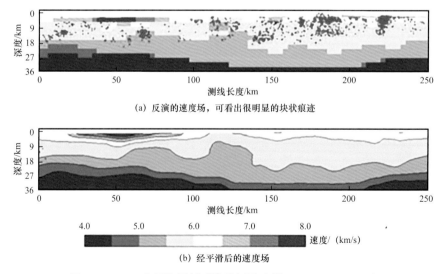

（a）反演的速度场，可看出很明显的块状痕迹

（b）经平滑后的速度场

图 7-1-20　一个网格层析反演的例子（据 Zhou H W，2004）

厚度变化层状结构，也可能伴随地层尖灭，而不是规则的块状单元。其二，当地形或者地下速度界面起伏较大时，固定间隔的规则网格无法准确刻画这些界面。一方面，地表和地下界面模型化分割后呈阶梯状，与实际界面差异较大。另一方面，特别精细的网格大小也可能导致射线覆盖次数过低和过多的反演变量。由于网格层析是把速度作为空间的函数进行反演，使得反演的分辨率依赖于射线角度的发散度和射线经过的次数。只有在交叉射线数足够的地方，反演才有稳定可靠的速度解。在数据覆盖较低的情况下，基于网格的层析方法常常沿射线路径出现一些模糊的假象。

常规网格层析速度反演的可靠性与稳定性受到射线经过条数与角度覆盖两个因素的影响。较差的射线覆盖将会导致反演分辨率降低，同时增加反演的多解性。例如，井间透射波层析通常具有较差的横向分辨率（Zhou H，1993）。在反射波地震勘探中，由于地震波速度与反射界面都能引起相同的时间变化，有限的角度覆盖将导致速度与深度的多解性。

作为一种典型的地球物理反演问题，初至走时层析是一个非线性反演问题，为了更好地模拟这一非线性过程，单尺度网格层析采用了多次线性迭代。为了保证反演的稳定性和可靠性，层析反演过程需要进行适当的平滑处理，以及同步迭代重构技术本身具有的平均效应，导致层析反演结果呈现连续介质特征，同时由于实际数据对浅地表的采样严重不足，导致浅表层的速度偏高，低降速偏厚等问题。

三、多尺度网格层析反演方法

地球物理反演研究中，克服病态反演问题的多解性是一个中心目标。Backus G 等（1970）的经典著作中介绍了通过优化分辨率矩阵来减少反演多解性的一个例子，减少多解方面的研究主要包括：连续反演理论的应用、无限未知数反演问题的有效化（Delprat-Jannaud F et al.，1993）及使用一些模型参数化方法（Vesnaver A et al.，2000）。多尺度层析（Multi-scale Tomography）方法的设计目的就是处理因射线覆盖不均匀而引起的不定性问题（Zhou H，1996），减少层析反演的多解性。多尺度层析将速度异常分解为一系列不同网格大小子模型分量，在每个模型位置，与数据具有较高一致性的网格，在反演过程中将贡献更多。

1. 多尺度层析反演基本原理

多尺度正演和单尺度正演方法相同，多尺度反演解大型稀疏方程组的方法仍然采用 LSQR 算法（Paige C C et al.，1982），这一点也与单尺度方法相同。多尺度和单尺度区别在于反演方面。在网格层析方法中，网格尺寸大小明显影响正反演的效果，层析网格小，正演的精度高，但是反演中由于单个网格内射线条数太少，导致反演结果不稳定；层析网格太大，正演的精度低，导致反演的误差大，降低了静校正量的精度。多尺度层析就是求取不同尺度下的背景速度和速度扰动量，可以很好地解决常规单尺度网格层析存在的上述缺点。多尺度层析方法主要由三个步骤组成：

第一步，使用不同的网格尺寸定义一系列子模型，每一个子模型都覆盖整个模型

区域，最小尺寸的子模型代表第一阶子模型，高阶的子模型由较大的网格尺寸组成。图
7-1-22 给出了一个井间多尺度层析的例子，它使用了 10 个子模型。其中第一阶子模型
与常规单尺度层析模型所采用的尺度是相同的，其他子模型都是单尺度层析模型尺度
倍数。

第二步，多尺度层析同步反演所有子模型的值，而不是逐步或迭代反演。在波形反
演研究（Bunks C et al.，1995）与数据积分（Yoon S et al.，2001）中已提出过渐进式的多
尺度反演方法。以前很多的层析研究都试图利用不同尺度逐步进行层析（Fukoa Y et al.，
1992；Bijwaard H et al.，1998）。相比较，在多尺度层析中同步反演所有子模型参数的扰
动，可以最小化不同网格之间，模型的扩散范围。每一个模型位置都属于所有子模型，
在相同的位置数据贡献的一致性。大网格主要反演较大尺度的速度变化，即反演速度的
低频分量，而小网格则负责反演较小的速度扰动，即反演速度的高频分量。与射线的剩
余旅行时具有较高一致性的子模型，在反演中可以使用较大的增益。图 7-1-24 显示了多
尺度层析不同子模型的可能解。

第三步，将所有子模型的最终反演结果进行叠加。换言之，在空间位置 x 处，最终模
型的扰动向量是所有子模型扰动向量在该处的叠加：

$$\delta m(\boldsymbol{x}) = \sum_{k}^{K} w^{(k)} \delta m^{(k)}(\boldsymbol{x}) \qquad (7-1-14)$$

$$\sum_{k}^{K} w^{(k)} = 1 \qquad (7-1-15)$$

式中　K——子模型的总数；

　　　$\delta m^{(k)}(\boldsymbol{x})$——代表位置 x 处第 k 阶子模型的值；

　　　$w^{(k)}$——权系数，在反演之前就可以定义好，以调整不同子模型的贡献，一般权
　　　　　　系数都要进行规范化，$w^{(k)}$ 缺省值为 $1/K$。

结合式（7-1-14）与式（7-1-15），得到多尺度层析一般的方程：

$$\delta d = \sum_{k}^{K} w^{(k)} \boldsymbol{C}^{(k)} \delta m^{(k)}(\boldsymbol{x}) \qquad (7-1-16)$$

式中　$\boldsymbol{C}^{(k)}$——第 k 阶子模型的核矩阵。

式（7-1-16）多尺度层析的反演变量是所有子模型的值 $\delta m^{(k)}(\boldsymbol{x})$，常被离散化为一
系列网格值。例如，根据式（7-1-14），最终的慢度扰动向量 $\delta s(\boldsymbol{x})$ 可以作为在同一位
置所有子模型慢度向量 $\delta s^{(k)}(\boldsymbol{x})$ 的叠加：

$$\delta s(\boldsymbol{x}) = \sum_{k}^{K} w^{(k)} \delta s^{(k)}(\boldsymbol{x}) \qquad (7-1-17)$$

所以，对于第 i 条射线正演的多尺度方程为：

$$\delta t_i = \sum_k^K w^{(k)} \int_{\text{ith\_ray}} \mathrm{d}x \delta s^{(k)}(\boldsymbol{x}) \qquad (7\text{–}1\text{–}18\mathrm{a})$$

根据式（7–1–14），用子模型网格对模型离散化，可将式（7–1–18a）用下面方程代替：

$$\delta t_i = \sum_k^K w^{(k)} \sum_j^{J_k} l_{ij}^{(k)} \delta s_j^{(k)} \qquad (7\text{–}1\text{–}18\mathrm{b})$$

式中 J_k——第 k 阶子模型的模型参数；

$\delta s^{(k)}(\boldsymbol{x})$ ——k 阶子模型第 j 个网格的慢度扰动量；

δt_i——第 i 条射线正演与实际的时间差；

$l_{ij}^{(k)}$ ——k 阶子模型第 i 条射线在第 j 个网格中的长度。

反演方程组［式（7–1–18b）］的 $\{\delta s_j^{(k)}(\boldsymbol{x})\}$ 以后，最终的多尺度层析解是所有尺度子模型按照式（7–1–17）进行叠加。最终的模型变量与解的网格大小与单尺度层析是相同的，即与最小的多尺度子模型空间尺寸一致。

总之，多尺度层析可以看作是使用不同的网格尺度且相互重叠的几个单尺度层析同步进行反演。多尺度层析子模型的重叠应用与小波分解类似，因为模型值是在局部的模型空间中进行定义。但是在子模型空间中，它们不是正交的。由于在旅行时层析中，射线覆盖是不均匀的，在每一模型位置，多尺度子模型可以得到不同波长的速度不均匀体。只有当射线覆盖非常好，多尺度层析与单尺度层析才可能得到相同的结果，但这种情况非常少见。因为多尺度层析的反演核可以近似地使用单尺度层析的核，多尺度层析的计算稍微比单尺度层析耗时一些。

2. 多尺度层析子模型的剖分

如果多尺度层析子模型的网格尺寸是单尺度层析网格尺寸的倍数，剖分多尺度层析子模型是非常方便的，同时，多尺度层析的微分核可以用单尺度层析核得到。以二维为例，假设单尺度层析模型的尺寸为 1×1；则第 1 阶多尺度层析子模型可以完全使用单尺度层析模型尺寸，2 阶多尺度层析子模型网格大小可以为 2×2，3 阶大小为 3×3，等等。二维多尺度层析如果采用这种剖分方式，假设单尺度层析有 N^2 网格，则总的多尺度层析网格为：

$$N^2 + \frac{N^2}{2^2} + \frac{N^2}{3^2} + \frac{N^2}{4^2} + \cdots + 1 < N^2 \times 165\%$$

这就意味着从单尺度层析到多尺度层析反演变量数的增加小于 65%。对一个三维模型如采用类似的模型剖分，从单尺度层析到多尺度层析反演变量数的增加要小于 20.2%。换言之，对二维与三维的应用，从单尺度层析到多尺度层析反演变量数的增加是很少的。

正像常规层析一样，有无穷个剖分多尺度层析模型的方法。例如，一种方法是多尺度层析的大小是单尺度层析网格大小的质数倍，也就是，如果单尺度层析使用方形网格 1×1，则多尺度层析的网格长度将是 1、2、3、5、7、11、13、17 等，最大的将是整个模型空间。然而，在剖分多尺度层析子模型时，最应该考虑的是网格的几何形状与大小应尽可能地与实际异常接近。例如，在很多实际的应用中，速度沿深度方向的变化要比横向变化快，这样深度方向的尺度可以比横向尺度小一些。

3. 多尺度参数化示例

有一个仅有 3 个节点的简单界面，深度矢量为 $z = (5.5, 7.0, 2.5)^{\mathrm{T}}$。可以将该界面分离为 3 个子模型。第一个子模型仅有一个元素，在该实例中，其值为节点的平均值 5.0。因此，有表达式：$z^{(1)} = \begin{bmatrix} 5.0 \\ 5.0 \\ 5.0 \end{bmatrix}$，它等价于：

$$W^{(1)} \delta z^{(1)} = \begin{bmatrix} 1 \\ 1 \\ 1 \end{bmatrix} [5.0] \tag{7-1-19}$$

将 3 个节点用 1 个元素表示是通过定义 $W^{(1)} = (1, 1, 1)^{\mathrm{T}}$ 来实现。

接着，给出第二个子模型两个元素，第一个元素包含前两个原始界面节点，第二个元素包含第三个界面节点。第二个子模型的元素值是去除第一个子模型后的深度矢量的剩余值，即：$z - z^{(1)} = \begin{bmatrix} 5.5 \\ 7.0 \\ 2.5 \end{bmatrix} - \begin{bmatrix} 5.0 \\ 5.0 \\ 5.0 \end{bmatrix} = \begin{bmatrix} 0.5 \\ 2.0 \\ -2.5 \end{bmatrix}$。每个元素值又是元素中所有节点剩余值的平均值，因此，$z^{(2)} = \begin{bmatrix} 1.25 \\ 1.25 \\ -2.5 \end{bmatrix}$，它等价于：

$$W^{(2)} \delta z^{(2)} = \begin{bmatrix} 1 & 0 \\ 1 & 0 \\ 0 & 1 \end{bmatrix} \begin{bmatrix} 1.25 \\ -2.5 \end{bmatrix} \tag{7-1-20}$$

注意将 3 个节点分组为 2 个元素同样是通过定义 $W^{(2)}$ 来实现。

下一步，将给出第三个子模型的 3 个元素，每个都包含其中一个原始界面节点。第三个子模型的值都是去除第一个和第二个子模型后的深度矢量剩余值，即：

$$z - z^{(1)} - z^{(2)} = \begin{bmatrix} 5.5 \\ 7.0 \\ 2.5 \end{bmatrix} - \begin{bmatrix} 5.0 \\ 5.0 \\ 5.0 \end{bmatrix} - \begin{bmatrix} 1.25 \\ 1.25 \\ -2.5 \end{bmatrix} = \begin{bmatrix} -0.75 \\ 0.75 \\ 0.0 \end{bmatrix}$$

现在，每个元素的值就是剩余矢量中的值 $z^{(3)} = \begin{bmatrix} -0.75 \\ 0.75 \\ 0.0 \end{bmatrix}$，它等价于：

$$W^{(3)}\delta z^{(3)} = \begin{bmatrix} 1 & 0 & 0 \\ 0 & 1 & 0 \\ 0 & 0 & 1 \end{bmatrix} \begin{bmatrix} -0.75 \\ 0.75 \\ 0.0 \end{bmatrix} \qquad (7-1-21)$$

得到：

$$\begin{bmatrix} 5.5 \\ 7.0 \\ 2.5 \end{bmatrix} = \begin{bmatrix} 5.0 \\ 5.0 \\ 5.0 \end{bmatrix} + \begin{bmatrix} 1.25 \\ 1.25 \\ -2.5 \end{bmatrix} + \begin{bmatrix} -0.75 \\ 0.75 \\ 0 \end{bmatrix} = \begin{bmatrix} 1 \\ 1 \\ 1 \end{bmatrix} [5.0] + \begin{bmatrix} 1 & 0 \\ 1 & 0 \\ 0 & 1 \end{bmatrix} \begin{bmatrix} 1.25 \\ -2.5 \end{bmatrix} + \begin{bmatrix} 1 & 0 & 0 \\ 0 & 1 & 0 \\ 0 & 0 & 1 \end{bmatrix} \begin{bmatrix} -0.75 \\ 0.75 \\ 0.0 \end{bmatrix} \qquad (7-1-22)$$

该过程可以用图 7-1-21 形象地表示出来。

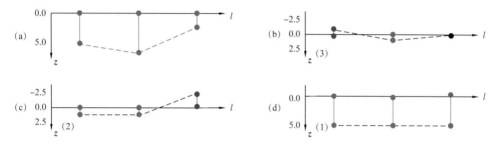

图 7-1-21　图形化描述多尺度参数化模型界面的过程

图 7-1-21（a）显示了一个有 3 个节点的界面（虚曲线），其深度值为 $z = (5.5, 7.0, 2.5)^T$，可按照本项目所讨论的方法分离成 3 个子模型 $z^{(1)}$、$z^{(2)}$ 和 $z^{(3)}$ 的贡献。可得到：

$$z = W\delta z \qquad (7-1-23)$$

其中：

$$W = (W^{(1)}, W^{(2)}, \cdots, W^{(N)}), \quad \delta z^T = (\delta z^{(1)T}, \delta z^{(2)T}, \cdots, \delta z^{(N)T})$$

因为例子是一个 3 个节点的界面，于是有：

$$\begin{bmatrix} 5.5 \\ 7.0 \\ 2.5 \end{bmatrix} = \begin{bmatrix} 1 & 1 & 0 & 1 & 0 & 0 \\ 1 & 1 & 0 & 0 & 1 & 0 \\ 1 & 0 & 1 & 0 & 0 & 1 \end{bmatrix} \begin{bmatrix} 5.0 \\ 1.25 \\ -2.5 \\ -0.75 \\ 0.75 \\ 0.0 \end{bmatrix} \qquad (7-1-24)$$

可以得到多尺度界面的正演方程的矩阵表达形式：

$$dt = WK\delta z \qquad (7-1-25)$$

式中 K——所有界面子模型的 Frechet 核矩阵。

对界面扰动矢量 Z 的多尺度反演是通过定义分块矩阵 W、利用剩余旅行时 dt 和参考模型中的核矩阵 K 来反演得到所有子模型的扰动量 δz，最后应用式（7-1-23）进行叠加。

4. 理论模型测试

1）井间透射层析

图 7-1-22 的左上部分显示了二维合成速度模型，并带有炮点与接收点观测方式。这个模型取自 Marmousi 速度模型中间较平滑的部分（Versteeg R et al.，1991），例中左边井中有 43 个激发点，右边井中有 43 个接收点，用于调查 1km×3km 的模型区域，总共有 1849 条射线，激发点与接收点的深度间隔是 70m。

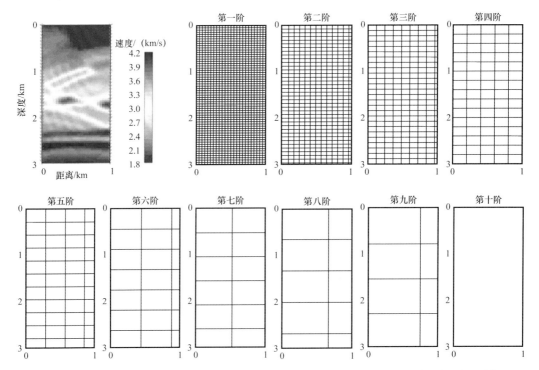

图 7-1-22　井间速度模型（左上，有 43 个炮点与 43 个接收点）及其 10 个多尺度层析子模型
第一阶子模型与单尺度层析具有相同的几何参数

井间透射层析由于有限的射线角度覆盖，一般具有较差的水平分辨率（Zhou H，1993）。然而，这项测试的目的是比较在相同的条件下，单尺度层析与多尺度层析的解。这里单尺度层析模型的网格尺寸是 40m×40m，因此单尺度层析共有 25×75＝1875 个反演变量。多尺度层析子模型的前 9 个网格尺寸是单尺度层析模型的质数倍，从单尺度层析模型作为第一阶多尺度层析子模型开始，第 10 阶子模型，也就是多尺度层析的最后子模型，仅有一个网格，它占有了整个模型空间 1000m×3000m。综合所有子模型网格多尺度层析模型具有 2765 个反演变量。根据射线覆盖的区域，实际的反演变量可能要少一些。经反演后将所有多尺度层析子模型解进行叠加，最终的多尺度层析解与单尺度层析有相

同的网格 1875 个。

图 7-1-23 显示了在真实速度模型中的射线路径，以及单尺度层析与多尺度层析的解。初至射线倾向于经过高速区，而远离低速区，这是旅行时层析非线性的主要原因。从同样的常速初始参考模型出发，使用相同的数据，对单尺度层析与多尺度层析两者都进行相应的处理：在参考模型中进行迭代射线追踪；反演慢度的扰动量；修正参考速度模型。多尺度层析与单尺度层析二者都经过 4 次迭代后的反演结果分别如图 7-1-23（c）与图 7-1-23（d）所示，这些解是经过选择的，因为它们达到相近的数据吻合度。剩余旅行时的平均与标准偏差对多尺度层析解分别是 0.1 与 1.3，而单尺度层析为 0.4 与 1.5。两种解相近的数据吻合度也说明了层析反演的非唯一性。然而多尺度层析的解比单尺度层析的解要平滑一些。根据简单化准则，两组相同拟合度的解，其较简单的（或平滑的）就是最好的解。与这个模型真实解相比较，多尺度层析解要优于单尺度层析解。

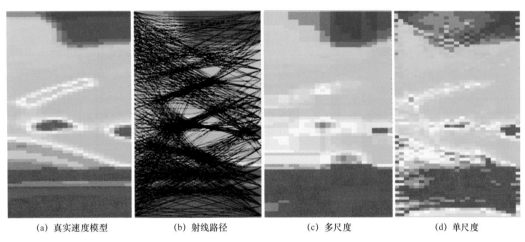

| (a) 真实速度模型 | (b) 射线路径 | (c) 多尺度 | (d) 单尺度 |

图 7-1-23　多尺度与单尺度层析反演效果对比

图 7-1-24 是对多尺度层析子模型贡献的剖析。因为反演是恢复慢度扰动，图中每部分是用慢度扰动占平均速度的百分比绘出的。左上角最终的多尺度层析模型是这 10 个子模型空间上的叠加。显然，不同波长的子模型都对最终模型做了较大的贡献。有意思的是，X 形状的延伸在图 7-1-24 第一阶子模型中形状与单尺度层析模型［图 7-1-23（d）］相似。这些延伸是沿射线路径的模糊假象，这就是要使用多尺度层析的主要原因。

2）近地表模型

理论模型采用中间放炮观测系统，其道距 30m，炮距 30m，总接收道数为 600 道。该模型从上到下各层速度分别是 600m/s、1100m/s、1600m/s、2200m/s，各层的界面起伏较大，如图 7-1-25 所示。

图 7-1-26 和图 7-1-27 中的虚线是理论模型（图 7-1-25）中各层的界面，图 7-1-28 是对应图 7-1-26 单尺度正演的射线密度。图 7-1-28 中方框区域的网格内，由于基本没有射线穿过，单尺度层析反演方法也就没法正确反演出该位置的慢度，导致该区域内的网格速度出现异常。而多尺度层析由于采用了尺寸不同的网格剖分，较好地解决了射线

密度分布严重不均匀现象，可以使反演结果更为合理，图 7-1-27 中相同区域的多尺度反演结果较好地解决了图 7-1-26 中的速度异常问题，与常规层析软件相比其反演的速度模型精度提高了 10% 以上。

在收敛的稳定性方面，单尺度层析与多尺度层析都能达到稳定的解。如图 7-1-29 所示，粉色线是单尺度层析收敛曲线，蓝色线是多尺度层析收敛曲线，总共 10 次迭代，可见，两种层析方法收敛性都较稳定。

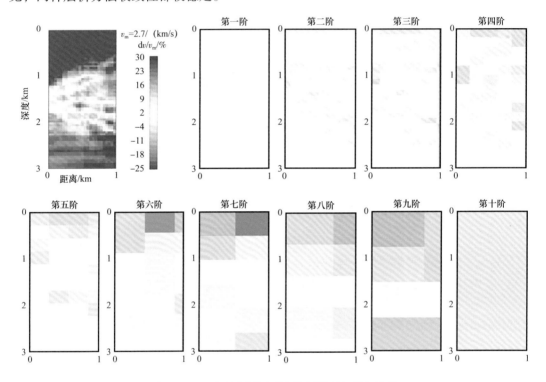

图 7-1-24　多尺度层析反演的子模型与最终结果

多尺度层析的反演结果（左上），它是图中其他子模型解的叠加，色标是速度扰动量与平均速度 v_m=2.7km/s 的比值

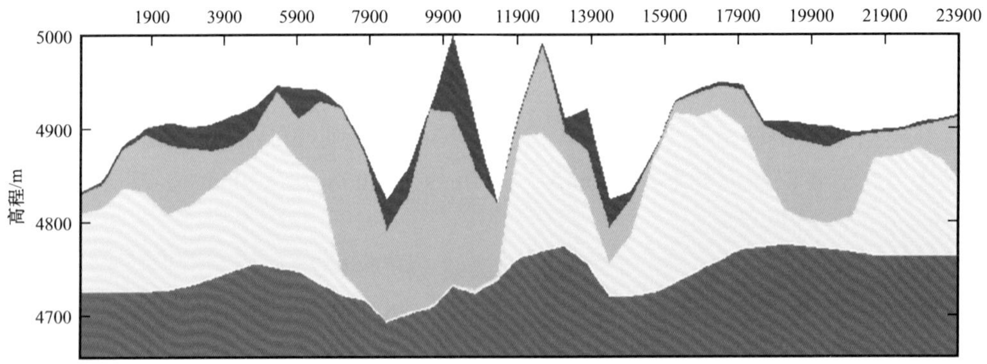

图 7-1-25　界面起伏的理论层状模型

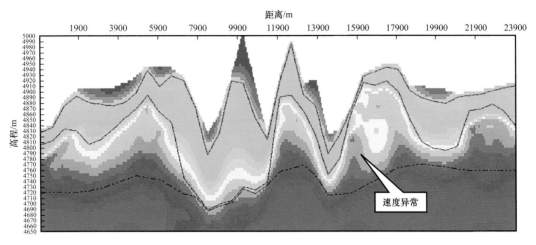

图 7-1-26　理论模型规则网格层析单尺度反演结果

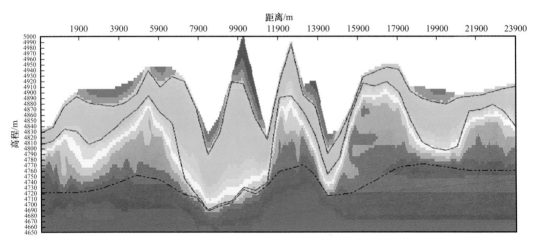

图 7-1-27　理论模型规则网格层析多尺度反演结果

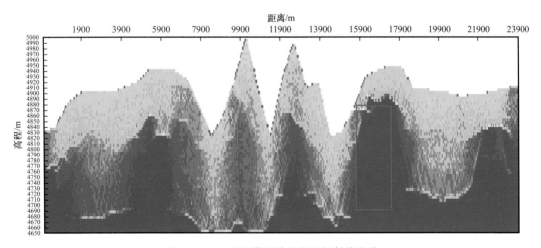

图 7-1-28　理论模型单尺度层析射线密度

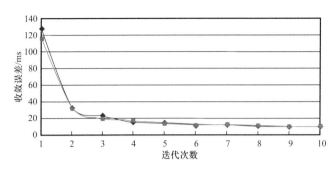

图 7-1-29　理论模型单尺度（粉）与多尺度（蓝）层析反演收敛曲线对比

5. 多尺度层析反演实际资料应用

在柴达木盆地某测线上进行了多尺度层析反演方法的应用，并与常规单尺度层析反演方法进行了对比（Li P et al.，2012）。从单尺度（图 7-1-30）和多尺度层析（图 7-1-31）

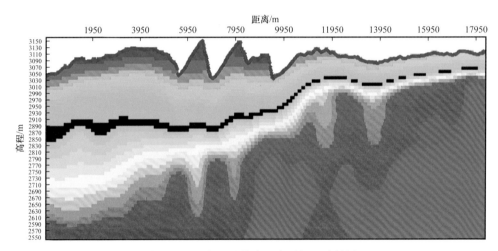

图 7-1-30　实际测线多尺度层析反演结果

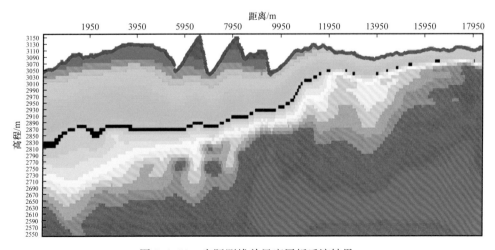

图 7-1-31　实际测线单尺度层析反演结果

反演结果来看，多尺度反演的速度场更加稳定，尤其在高速顶界面位置，多尺度的界面更为连续、光滑。图 7-1-30 和图 7-1-31 中的黑色部分是 2000m/s 的速度界面。

图 7-1-32 为单尺度和多尺度层析方法的迭代收敛曲线，共进行了 10 次迭代，图中粉色线是单尺度层析收敛曲线，黑色是多尺度层析收敛曲线，总之，两种层析方法收敛性都很稳定，但单尺度的均方误差略小于多尺度层析方法。

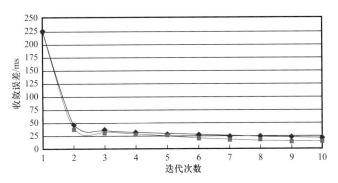

图 7-1-32　实际测线层析收敛曲线

如图 7-1-33、图 7-1-34 所示，两个剖面的成像效果总体上相当，但在方框区域内，多尺度层析静校正后的反射波同相轴更为连续，其成像效果要好于单尺度层析。

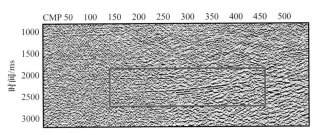

图 7-1-33　实际测线应用多尺度层析静校正叠加部分剖面

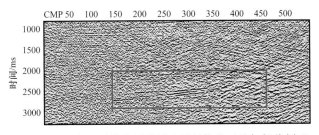

图 7-1-34　实际测线应用单尺度层析静校正叠加部分剖面

6. 小结

多尺度层析方法是解决层析中射线不均匀性与较差覆盖问题的可行性方案。这种方法的模型空间是由一系列不同尺度网格且相互重叠的子模型组成，反演对所有子模型变量都是同步进行的，最终解为所有子模型解的叠加。理论模型与实际资料的测试都证明了基于初至的多尺度层析反演效果优于单尺度层析反演。

多尺度层析优于单尺度层析还有其他几方面原因。首先，因为在每一个位置使用多组多尺度层析模型网格可能会增加寻找与射线覆盖及异常形态相关的最适合网格尺寸的机会。其次，多组多尺度层析模型网格意味着比单尺度层析有较宽的频带，或者可能有较高的分辨率。最后，多尺度层析将邻近的网格分成了不同波长的解，这样可能更容易应用阻尼或其他规则化反演。当射线覆盖较好时，单尺度层析与多尺度层析可以得到相似的解。由于多尺度层析的反演核可以近似地使用单尺度层析的核，因此多尺度层析的计算量仅比单尺度层析略有增加。

四、可形变层析反演

可形变层析法源于两个事实的启发。第一，大多数近地表或地下沉积表现为层状介质特征，即可以用厚度变化的层和地层尖灭描述，而不是用规则块状单元描述。第二，在速度模型建立之前，速度变化范围通常是已知的。这些信息可由估算地表地质、测井数据和已有的地震资料中获得，例如可以从时距曲线估算平均层速度。因此，可形变层析法不是将速度作为空间函数，而是专注于确定某个速度值所在的空间位置，比如风化层、砂、石灰岩、盐岩等，从而使得可形变层析用最少的模型变量确定主要速度界面的几何特征。

1. 可形变层析基本原理

周华伟教授（Zhou H，2006）较详细地讨论了可同时反演速度与界面几何形态的可形变层析的方法原理。在常规的旅行时层析当中，第 i 条射线的旅行时残差 δt_i 是慢度核 $\{k\_s_{ij}\}$ 与慢度扰动 $\{\delta s_j\}$ 的点积［式（7-1-26）］，而可形变层析中的旅行时残差同时还受另外一个因素影响，即界面核 $\{k\_z_{il}\}$ 与界面扰动 $\{\delta z_l\}$ 的点积［式（7-1-27）］，本书只考虑界面的纵向变化：

$$\delta t_i = \sum_j^J k\_s_{ij} \delta s_j \qquad (7-1-26)$$

$$\delta t_i = \sum_j^J k\_s_{ij} \delta s_j + \sum_l^L k\_z_{il} \delta z_l \qquad (7-1-27)$$

式中　J——慢度网格的总数；

　　　L——反演中需作修正的界面节点网格的总数。

根据旅行时残差 $\{\delta t_i\}$ 与利用当前参考模型计算的函数核确定 $\{\delta s_j\}$ 与 $\{\delta z_i\}$。这里，慢度核 $\{k\_s_{ij}\}$ 是第 i 条射线在第 j 个网格中的射线长度。在另一方面，除了简化情况以外（Zhou H，2003），对可形变层析模型没有任何解析公式可以表达界面核 $\{k\_z_{il}\}$。但反射与透射的界面核均可以通过数值估算而得，详细的数学计算可以用图 7-1-35 中三角形（$\triangle ABC$）界面元素进行说明。这里，节点 A 的界面核是所给射线旅行时的变化与该节点垂向扰动之比。界面核的数值计算分为三步：

（1）对当前的参考速度模型进行射线追踪；

（2）用很小的 Δz（两个相邻射线追踪垂向节点间距的一小部分）垂向扰动每个界面节点（图 7-1-42 节点 A），接着在扰动模型中寻找新的旅行时间与路径；

（3）计算相应的反射与透射的界面核，即旅行时差与 Δz 之比，其中旅行时差是单个节点扰动模型旅行时（如 A 到 A'）减去未扰动模型旅行时。

在计算界面核时，有几个实际问题。第一个问题是扰动 Δz 的大小。在层析迭代过程中，为了计算大多数节点的界面核，垂向的微小扰动 Δz 的大小与方向一般作为常量。但当层厚度小于 Δz 时，应按顺序进行两种选择。首先，如果该界面另一边比 Δz 厚，可以反向扰动使节点落入较厚的层中（图 7-1-41 中扰动节点 A 的下方），再计算函数核。其次，如果该界面两边比 Δz 薄，可以选择较小的 Δz，其厚度可以为较厚层的厚度。第二个问题是多尺度反演的函数核计算方法。对于固定网格的模型多尺度层析，如果仅反演慢度值，较粗网格的慢度核可以用较细网格的慢度核进行计算，这样可以减少射线追踪的时间（Zhou H，2003）。但为了校正界面核，对每一个尺度的模型都进行射线追踪是非常必要的。最后一个问题是函数核计算的效率。尽管对一条射线在计算每一个界面节点的界面核时一般需要两次射线追踪，在未扰动模型第一次射线追踪时，对同一条射线的所有界面节点都是有用的，但对扰动模型的第二次射线追踪仅包含射线穿过的三角棱柱或与原射线相邻的区域。

模型参数化方法也是影响反演效率与反演精度的重要因素，好的参数化方法应具备一下特点：（1）可以精确描述目标异常体；（2）使用最少的模型变量；（3）易于实现；（4）高效计算。一个技术的挑战就是如何在实际计算中做到彼此的均衡。

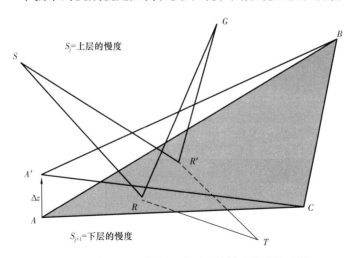

图 7-1-35　三角形界面单元 ABC 节点 A 处界面核的数学计算（据 Zhou H，2006）
节点 A 经垂向微小的扰动 Δz 后至 A'。反射核是用反射路径 SRG 与 $SR'G$ 的旅行时差与垂向扰动 Δz 之比估算的，透射核是使用路径 SRT 和 $SR'T$ 的类似比

2. 理论模型测试

为了较好地测试可形变层析方法对速度与界面形态的反演能力，设计了一个四层层状速度模型［图 7-1-36（a）］，数据由布设在起伏地表的 20 炮和 21 个检波器产生的 420

条回折波初至时间组成。走时数据含有少量高斯噪声，其标准偏差为 20ms，相当于平均走时的 1%。由于可形变层析方法在初始模型建立时首先需要确定层数，那么层数对最终的反演结果有多大影响呢？同时很多人不禁要问：可形变层析方法较网格层析到底又有多大优势呢？带着这些疑问从图 7-1-36 的模型出发，分别使用不同层数的初始参考模型以及不同层析方法进行反演对比分析（Li P et al.，2009；李培明等，2010）。

首先假设模型的层数为已知，从一个四层初始参考模型出发［图 7-1-36（b）］，同时反演速度与界面几何形态，从上至下，实际模型和初始参考模型层速度差异分别是 0.1km/s、-0.3km/s、-0.3km/s、-0.4km/s，且初始模型的界面都为水平层。图 7-1-36（c）（d）（e）分别是第一次、第五次、第 10 次的迭代解，第 10 次可形变层析迭代结果很好地描述了实际速度模型的界面形态和层速度［图 7-1-36（e）］，根据收敛情况，将其作为最终可形变层析反演结果。从每个模型的顶部给出的剩余走时的平均和标准偏差都在单调地减少，说明该反演在数据空间里随着迭代次数的增加是逐渐收敛的，最终可形变层析模型剩余走时均值为 1.26ms，标准偏差为 23.3ms，包括高斯噪声造成的 20ms 标准偏差。从图 7-1-36 中的速度值（蓝色数字）可以看出，可形变层析最终模型［图 7-1-36（e）］与实际模型［图 7-1-36（a）］之间的速度相差很小，只有第三层差异较大（-0.3km/s）。同时，可形变层析很好地解决了顶层的几个尖灭问题。

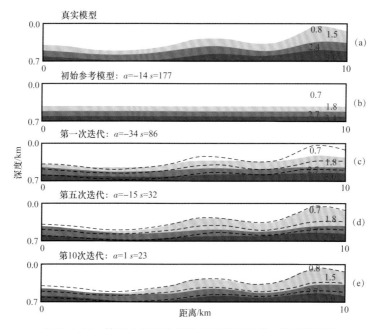

图 7-1-36　使用 4 层初始模型的可形变层析二维理论测试
（a）实际速度模型；（b）初始参考模型；（c）第一次迭代解；（d）第五次迭代解；（e）第 10 次迭代解，
并以此作为最终可形变层析模型。每个模型的顶部分别给出了剩余走时的平均和标准偏差。
蓝色数字表示层速度，km/s。图（c）至（e）中虚线表示实际模型界面。图中纵坐标放大了 2 倍

由于在实际反演过程中，很难准确地知道所反演地层的层数，同时近地表分层在横向上变化较剧烈，因此分析模型初始层数对反演能力的影响是非常必要的。图 7-1-37 展

示了初始参考模型为 6 层时的反演结果。模型顶部给出的剩余走时的平均与标准偏差都在单调地减少，说明该反演在数据空间里随着迭代次数的增加是逐渐收敛的。从图中可以很明显地看出经 12 次迭代后仅有 4 层占绝对优势，有两层相对较薄，其界面形态也已基本接近真实模型。

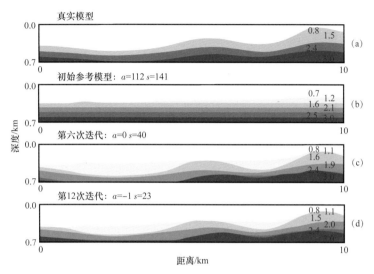

图 7-1-37　测试初始模型层数对反演结果的影响（据 Li P et al.，2009）
（a）实际速度模型；（b）初始参考模型，层数为 6 层；（c）第六次迭代解；（d）第 12 次迭代解，
并以此作为最终可形变层析模型。每个模型的顶部分别给出了剩余走时的平均和标准偏差。
蓝色数字表示层速度，km/s。图中纵坐标放大了 2 倍

为了使研究结论更客观，加密了炮点，并缩小了道间距，炮间距和道间距均为 30m，使用初至炮检距范围 0~2000m，较大幅度地增加了接收数据量，使测试与野外实际采集相一致。用这些数据又对该模型进行了反演分析，图 7-1-38 显示了 4 层与 6 层初始模型的可形变层析反演结果。从对比的速度剖面中可以看出，尽管初始模型使用 6 层，但最终反演结果的层数仍以 4 层为主。4 层反演结果的速度值分别为 802m/s、1506m/s、2736m/s、2998m/s（图中用蓝色数字标出），其反演相对误差分别为 0.3%、0.4%、14%、0.01%；而 6 层反演结果的速度值分别为 785m/s、1500m/s、2500m/s、2974m/s，其反演相对误差仅为 1.9%、0、4.2%、0.9%，并且第二层与第三层的速度反演精度反而优于使用 4 层初始模型反演的结果。可以看出在经过多次迭代后，其界面形态已基本接近真实模型。这一测试表明初始参考模型的层数对可形变层析的最终反演结果影响不大。

3. 可形变层析与网格层析对比

使用上述的理论数据和同样初始模型［图 7-1-36（b）］用两个商业网格软件进行了试验。为了不同方法之间公平对比，使用的数据相同。炮间距和道间距均为 30m，初至使用的炮检距为 0~2000m。两个商业软件都是基于网格的层析方法（CS1，CS2），各自的第九次迭代结果作为最终模型。

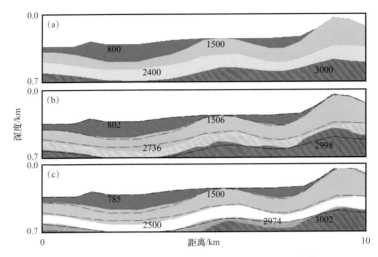

图 7-1-38 可形变层析使用 4 层与 6 层初始模型的反演结果对比

（a）实际速度模型；（b）初始模型为 4 层时的反演结果；（c）初始模型为 6 层时的反演结果。

黑色数字表示层速度，单位为 m/s。图（b）（c）中虚线表示实际模型界面。图中纵坐标放大了 2 倍

图 7-1-39 给出了三种层析方法结果与实际模型进行了对比。两个软件 CS1 和 CS2 反演的速度场具有很明显的连续介质特征，且不能给出精确的速度界面，与真实的速度模型有较大差异。相反，可形变层析反演的结果无论是速度还是界面几何特征都十分接近实际模型。为了更清楚地显示三种方法反演的速度场的精确性，图 7-1-40 给出了几种反演方法的速度模型在 P 点处的速度—深度曲线。由此可以看出网格层析反演得到的速度场（粉线代表 CS1 结果；蓝线代表示 CS2 结果）具有明显的连续介质特征，且没有明

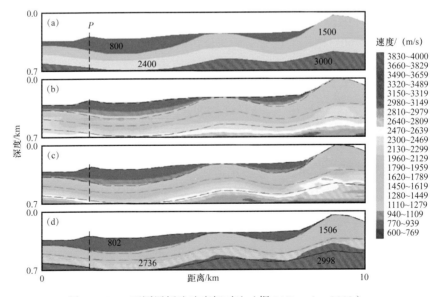

图 7-1-39 不同层析法速度解对比（据 Li P et al.，2009）

（a）实际速度模型；（b）商业软件 CS1 的反演结果；（c）商业软件 CS2 的反演结果；（d）可形变层析反演结果。

模型中的数字代表层速度，m/s

显的速度界面。而可形变层析反演的结果（红色）与真实模型值（黑色）已十分接近，且两个速度界面的深度位置相差很小。

4. 可形变层析实际应用效果

二维实际资料来自我国地震勘探近地表条件最复杂的柴达木盆地西南部花土沟地区。该地区地表被沙丘和砾石覆盖。沙丘区地表风化层分三层：顶部松散沙层，地震波速为500~600m/s；中间沉积沙层，波速为800~1100m/s；底部黑色砾石层，波速超过1700m/s。砾石区近地表分两层：顶层的沉积沙层，波速为400~500m/s；底部的黑色砾石层，波速为800~1200m/s。全区风化带厚度为30~200m。近地表速度的剧烈变化使得静校正问题面临严峻挑战。

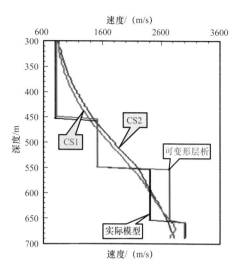

图 7-1-40　图 7-1-39 中 P 点处的深度—速度曲线（据 Li P et al., 2009）

黑实线表示实际模型；红线表示可形变层析结果；粉线表示CS1结果；蓝线表示CS2结果

该区域采集的地震数据面波干扰很强，很难见到反射信号。采用滚进滚出的观测系统，共激发399炮，480道接收，炮间距为60m，道间距为30m。测试不同静校正方法时，所用炮检距控制在2000m以内。

根据本区表层调查信息，建立了一个7层梯度模型，作为可形变层析反演的初始速度模型［图7-1-41（a）］。其速度变化范围为564~3207m/s。图7-1-41（b）、（c）、（d）分别为第三次、第六次、第九次迭代得到的速度模型。对比几次迭代速度模型发现，第一层的速度逐渐增加，其厚度也随之逐渐变厚。尽管在初始模型中低于2400m/s的层有4层，但迭代至第九次时，低于2400m/s的仅有两层，且低速带底界是一平滑界面。总体而言，可形变层析最终模型收敛得很好，与该区已取得的近地表信息有较好的一致性，是一个比较合理的近地表模型。

为了较系统地对比分析可形变层析方法与网格层析方法在近地表速度反演中的适用性，还使用两套商业层析静校正软件（CS1、CS2）反演该测线的近地表速度模型，并计算相应的静校正量。这两套软件都是基于网格的层析静校正方法，同时还用折射静校正方法计算了一套静校正量。在使用商业层析软件时，网格大小为60m（水平方向）×5m（深度方向）。商业层析软件与可形变层析方法都从相同的初始速度模型［图7-1-41（a）］开始反演，并将9次迭代后的结果作为最终的速度模型。

对比分析图7-1-42中的三张速度剖面可以发现，网格层析软件CS1［图7-1-42（a）］和CS2［图7-1-42（b）］反演的速度场具有连续介质的特征，且两个结果非常相似。从图中也很难发现这两种速度场的分层特征，很难识别出各层的速度界面。可形变层析反演结果［图7-1-42（c）］具有层状介质特征存在清晰的速度界面。

图7-1-43为图7-1-42中三种层析方法在P点处的的速度—深度曲线。正如上面分析的一样，网格层析软件CS1和CS2反演的速度场是连续的，其梯度随深度而变化，且

两种方法的反演结果基本重叠。表明这两种网格层析软件没有本质区别，更适合于近地表具有连续介质特征的地区。相比之下，可形变层析方法的最终反演结果相对简单，与该区已取得的近地表信息一致性较好，是一个比较合理的近地表模型。

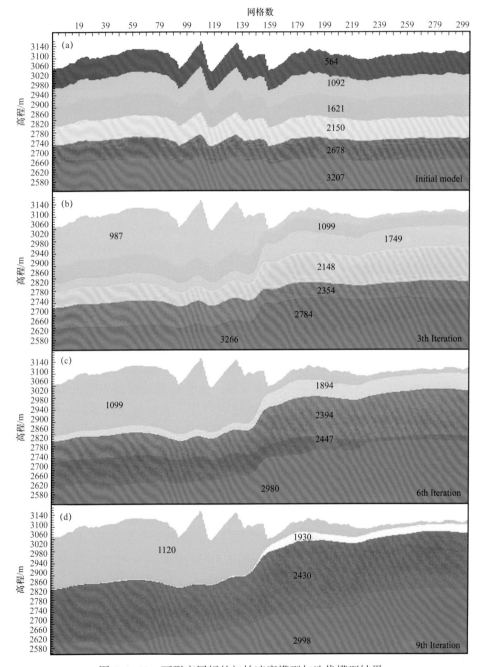

图 7-1-41 可形变层析的初始速度模型与迭代模型结果

（a）初始参考模型；（b）第三次迭代速度模型；（c）第六次迭代速度模型；（d）第九次迭代速度模型，作为最终速度模型。模型上的数字表示层速度，m/s。每张图都放大了纵坐标

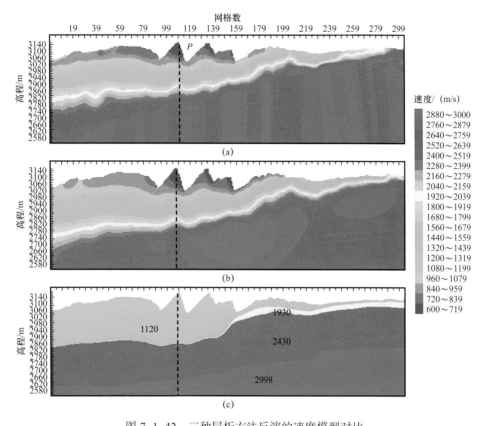

图 7-1-42　三种层析方法反演的速度模型对比

（a）CS1；（b）CS2；（c）可形变层析。虚线指示处（P 点位置）为图 7-1-39 进行速度曲线对比的位置

四种静校正方法方法都使用统一的最终基准面 3150m，替换速度为 3000m/s，在叠加时也使用相同的叠加速度场。如图 7-1-44 所示，绿色箭头指示处可形变层析方法的浅层反射同相轴连续性非常好［图 7-1-44（a）］，而其他三种方法则基本上不成像或成像很差［图 7-1-44（b）、（c）、（d）］。这是因为静校正在最浅部影响最大，突显了可形变层析法静校正的优越性。在红色矩形区域内，从反射波的成像效果与同相轴的连续性上，也可以清楚地看到可形变层析法明显优于其他三种方法。

利用可形变层析静校正方法在某工区计算了多条测线的静校正量，图 7-1-45、图 7-1-46 展示了其中一条测线上与商业层析软件的对比、分析结果，可形变层析静校正的效果（图 7-1-45）明显好于商业层析软件（图 7-1-46）。

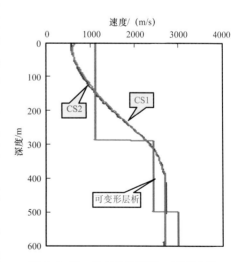

图 7-1-43　P 点处的深度—速度曲线

红线、粉线和蓝线分别表示可形变层析、CS1 和 CS2 结果

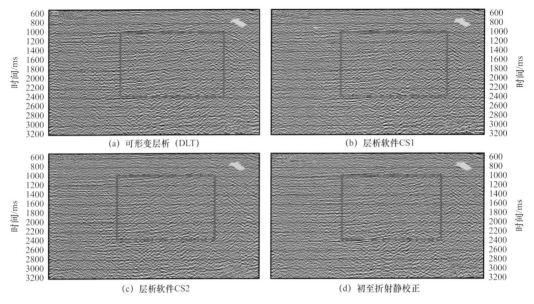

图 7-1-44　四种静校正方法的叠加剖面对比

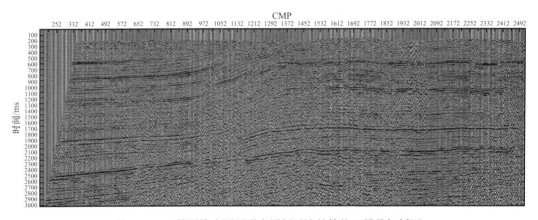

图 7-1-45　某测线应用可形变层析反演的静校正量叠加剖面

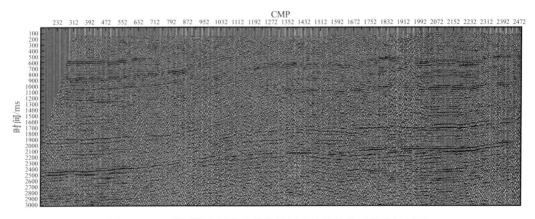

图 7-1-46　某测线应用商业软件层析反演的静校正量叠加剖面

5. 小结

层析反演方法多种多样，不同反演方法对近地表特征的适应性也有很大的差别，因此应根据近地表实际情况，选用适合的反演方法。如果真实速度场由块状组成，网格层析是一种合适的方法。如果真实速度场由层状介质组成，可形变层析应是一种较好的方法。射线层析方法依赖于射线覆盖角度的宽度约束速度异常体空间位置，当射线覆盖角度范围较窄时，网格层析方法将会出现射线痕迹模糊假象。可形变层析用反演速度界面的几何形态代替反演速度，在消弱这些假象方面比网格层析方法要有效得多，尤其是当部分模型的速度值已知时。可形变层析模型由一系列地质上可分辨的区域组成，在射线覆盖较好的区域，可形变层析可以同时反演层速度与界面形态。相比之下，可形变层析反演的不足之处是在反演之前需要解释模型层位，在解释过程中出现的误差将可能影响层析解。

在构造初始参考模型的形态与速度时，可形变层析方法可以综合考虑一些速度的先验信息，可以同时用于初至与反射波旅行时。而很多传统的层状层析方法仅能用于反射旅行时。理论合成模型的测试结果显示，可形变层析能够很好地确定层厚度变化模型的速度和界面形态。当速度场可以用一系列厚度变化的层描述时，可形变层析优于网格层析方法。来自中国西部近地表条件复杂区的野外数据测试表明，可形变层析获得的地表速度场更符合地质规律，应用其静校正量的叠加剖面同相轴的连续性明显强于基于网格层析的商业软件。

五、初至波走时层析中的正则化方法

多解性一直是地球物理反演中不可回避的问题，引起多解性的原因可以归纳为三个方面：一是场的等效性；二是观测数据的有限性；三是观测数据与计算中存在的误差（姚姚，2005）。解决这个问题有几种途径：一是扩大观测范围和改进观测方式以增加观测信息；二是研究能够更有效利用观测信息的方法；三是对反演过程施加约束。第一种途径依赖于经济与技术的发展；第二种、第三种途径依赖于反演理论和方法的进步。本节主要讨论第三种方法。（刘玉柱等，2007）

施加先验信息约束是地球物理反问题中非常重要的环节，可以显著降低层析反演的多解性，提高层析反演结果的质量。地震层析反演中的模型参数是地下介质参数（主要针对地震波速度），数据是观测到的波场信息（主要针对旅行时）。地下不同空间区域的介质参数之间往往有一定关联性，如何把这些信息加入层析过程以提高反演质量是一个值得研究的课题。对于反演表层速度结构的初至波走时层析成像而言，先验信息可以归纳为：（1）某些参数的精确值；（2）根据地质认识得到的某些参数的取值范围；（3）模型参数的分布特点。在目前的层析反演方法中，这些先验信息的利用一般是通过每次迭代对模型参数进行更新之后再对其进行外部约束来实现的。然而，旅行时层析成像理论是在"模型参数发生微小扰动射线路径不变"（即线性近似）的假设下发展起来的，如果对模型连续进行两次修正（尤其第二次约束修正往往比较大），这种前提假设很有可能遭到破坏，从而使反演失效甚至不稳定。通过正则化方法将先验信息融入反演方程组中就可以避免出现二次修正，达到对先验信息的有效利用。

正则化一直是反演理论研究的热点，但是前人研究正则化主要是为了克服反演算法的不稳定性。Clapp R G 等（1998，2004）使用正则化方法将地层倾角信息融入反演算法中，在提高反演精度的同时也提高了反射层析的收敛性。Fomel S（2005，2007）采用正则化方法实现了在层析过程中对模型进行平滑处理，而且平滑算子可以按照要求任意设定，在理论模型上取得了较好的效果。本节基于对先验信息的分类，提出了针对不同先验信息的正则化方法，尤其对于难于实现的第二类先验信息，提出了利用罚函数对其进行正则化处理的方法。最后，将这三种正则化公式统一在一个层析方程中。

1. 走时层析的阻尼最小二乘解

在线性假设下，初至波走时层析成像简化为求解大规模稀疏病态线性方程组：

$$L\Delta s = \Delta t \qquad (7-1-28)$$

式中　L——$m \times n$ 维矩阵，矩阵元素 l_{kj} 代表第 k 条射线在第 j 个模型参数单元内的长度；

　　　Δs——长度为 n 的列向量，代表模型慢度参数修正量；

　　　Δt——m 维列向量，代表观测的初至波走时与理论计算的初至波走时残差。

根据 Tarantola A 等（1982）对非线性反演问题目标函数的定义，基于射线理论的初至波走时层析成像的目标函数（不考虑观测数据误差与先验模型误差）可以定义为：

$$\Phi\left(\Delta s\right) = \left(L\Delta s - \Delta t\right)^{\mathrm{T}}\left(L\Delta s - \Delta t\right) + \varepsilon^2 \Delta s^{\mathrm{T}} \Delta s \qquad (7-1-29)$$

式中　ε——衡量数据残差与模型残差权重的阻尼因子。

根据 $\dfrac{\partial \Phi}{\partial \Delta s} = 0$，则得：

$$\Delta s^{\mathrm{est}} = \left(L^{\mathrm{T}} L + \varepsilon^2 I\right)^{-1} L^{\mathrm{T}} \Delta t \qquad (7-1-30)$$

式中　I——单位矩阵；

　　　Δs^{est}——慢度扰动量。

式（7-1-30）即为式（7-1-28）的阻尼最小二乘解（Fomel S，2005，2007；Tarantola A et al.，1982）。

2. 外部约束方法

对于传统的走时层析方法，先验信息的利用主要是通过进一步约束更新后的速度模型来完成的，通常称这种约束方法为外部约束层析方法。根据先验信息的不同约束方法分为三种：第一种是紧约束，即根据第一类先验信息强行将某些参数的值修改为先验值；第二种为宽约束，即根据第二类先验信息约束模型的每个参数到预先设定的范围之内，如果 $v_i > v_{\max}$，则 $v_i = v_{\max}$，如果 $v_i < v_{\min}$，则 $v_i = v_{\min}$；第三种为平滑处理，走时层析反演本身的混定特性导致了模型参数的修改量与射线的覆盖密度相关，但根据第三类先验信息，反演结果应该比较平坦或平滑，这就意味着必须在模型参数被修正后再进行

平滑处理。平滑因子视具体情况而定，太小无法达到约束目的，太大则会降低反演的分辨率。

3. 正则化方法

根据上述对先验信息的分类，可以采用正则化方法将不同的先验信息融入到反演方程中，为了方便与外部约束方法对比，将正则化约束方法称为内部约束方法。对于第一类先验信息，相当于在线性方程组［式（7-1-28）］下增加约束方程组 $W_1\Delta s = W_1(s'-s_0)$，其中 W_1 为 $k\times n$ 维矩阵，k 为被紧约束的参数个数：

$$w_i = \begin{bmatrix} 0 & 0 & \cdots & 0 & 1 & 0 & \cdots & 0 \end{bmatrix} \tag{7-1-31}$$

式（7-1-31）中，被约束参数的位置为1，其他为0。式（7-1-28）重写为：

$$\begin{pmatrix} L \\ \varepsilon_1 W_1 \end{pmatrix}\Delta s = \begin{pmatrix} \Delta t \\ \varepsilon_1 W_1(s'-s_0) \end{pmatrix} \tag{7-1-32}$$

式中　ε_1——衡量第一类正则化权重的正则化因子；

　　　W_1——第一类正则化矩阵；

　　　s'——先验模型慢度向量；

　　　s_0——当前模型慢度向量。

以 $\begin{pmatrix} L \\ \varepsilon_1 W_1 \end{pmatrix}$ 代替式（7-1-28）中的 L，$\begin{pmatrix} \Delta t \\ \varepsilon_1 W_1(s'-s_0) \end{pmatrix}$ 代替式（7-1-28）中的 Δt，式（7-1-30）改写为：

$$\left(L^T L + \varepsilon^2 I + \varepsilon_1^2 W_1^T W_1\right)\Delta s^{est} = L^T\Delta t + \varepsilon_1^2 W_1^T W_1(s'-s_0) \tag{7-1-33}$$

对于第二类先验信息，可以采用罚函数法将式（7-1-34）所示的不等式约束最优化问题转化为无约束的最优化问题：

$$\begin{cases} \Phi(\Delta s) = (L\Delta s - \Delta t)^T(L\Delta s - \Delta t) + \varepsilon^2\Delta s^T\Delta s \to \min \\ s_{\min_j} \leqslant s_{0_j} + \Delta s_j \leqslant s_{\max_j}, j=1,2,\cdots,n \end{cases} \tag{7-1-34}$$

式中　$s_{\min}$——最小先验慢度向量；

　　　$s_{\max}$——最大先验慢度向量。

根据非线性最优化理论，可以根据式（7-1-34）创建罚函数：

$$F(\Delta s,\varepsilon_2) = \Phi(\Delta s) - \varepsilon_2\left[\sum_{j=1}^N\ln\left(s_{\max_j}-s_{0_j}-\Delta s_j\right)+\sum_{j=1}^N\ln\left(s_{0_j}+\Delta s_j-s_{\min_j}\right)\right] \to \min \tag{7-1-35}$$

式（7-1-35）是式（7-1-28）的新的目标函数，其中罚因子 ε_2 可以是一个较小的正数，它既是式（7-1-35）的罚因子，又是式（7-1-28）的第二类正则化因子。考虑到初始模型一般在解集空间内，如果有使得 $s_{\max_j}-s_{0j}-\Delta s_j \to 0$ 或 $s_{0j}+\Delta s_j-s_{\min_j} \to 0$ 的 Δs_j 存在，那么式（7-1-35）等号右侧第二项将是一个很大的数，这样的 Δs_j 不能使式（7-1-35）取得最小值。所以满足无约束最优化问题式（7-1-35）的解同样满足式（7-1-34）定义的不等式约束最优化问题。根据 $\dfrac{\partial F(\Delta s,r)}{\partial \Delta s}=0$，利用泰勒展开，省略 Δs 二次及二次以上的高阶小项，可以得到式（7-1-35）的最优解表达式：

$$\left[\boldsymbol{L}^{\mathrm{T}}\boldsymbol{L}+\varepsilon^2\boldsymbol{I}+\varepsilon_2^2\boldsymbol{W}_2^{\mathrm{T}}\boldsymbol{W}_2 \right]\Delta \boldsymbol{s}^{\mathrm{est}}=\boldsymbol{L}^{\mathrm{T}}\Delta \boldsymbol{t}+\varepsilon_2^2\boldsymbol{W}_2^{\mathrm{T}}\boldsymbol{K} \tag{7-1-36}$$

$$\boldsymbol{W}_2=\begin{pmatrix} \boldsymbol{A} \\ \boldsymbol{B} \end{pmatrix},\ \boldsymbol{A}=\mathrm{diag}\left[\frac{1}{\left(s_{0_j}-s_{\min_j}\right)}\right],\ \boldsymbol{B}=\mathrm{diag}\left[\frac{1}{\left(s_{0_j}-s_{\max_j}\right)}\right] \tag{7-1-37}$$

式中　$\boldsymbol{K}$——所有元素均为 1 的 $2n\times n$ 维矩阵；

　　　$\boldsymbol{A}$、$\boldsymbol{B}$——$n\times n$ 维的对角阵。

第三类先验信息的正则化处理方法与第一类先验信息的处理方法相同，即在式（7-1-28）下增加平滑方程组 $\boldsymbol{W}_3\Delta \boldsymbol{s}=-\boldsymbol{W}_3\boldsymbol{s}_0$。如果模型参数在空间上是平坦的，则 $\boldsymbol{W}_3$ 为 $(n-1)\times n$ 维一阶差分矩阵：

$$\boldsymbol{W}_3=\begin{bmatrix} -1 & 1 & & & & \\ & -1 & 1 & & & \\ & & \cdot & \cdot & & \\ & & & \cdot & \cdot & \\ & & & & \cdot & \cdot \\ & & & & 1 & -1 \end{bmatrix} \tag{7-1-38a}$$

如果模型参数在空间上是光滑的，则 $\boldsymbol{W}_3$ 为 $(n-2)\times n$ 维二阶差分矩阵：

$$\boldsymbol{W}_3=\begin{bmatrix} -1 & 2 & -1 & & & \\ & -1 & 2 & -1 & & \\ & & \cdot & \cdot & \cdot & \\ & & & \cdot & \cdot & \cdot \\ & & & \cdot & \cdot & \cdot \\ & & & -1 & 2 & -1 \end{bmatrix} \tag{7-1-38b}$$

则式（7-1-1）重写为：

$$\begin{pmatrix} \boldsymbol{L} \\ \varepsilon_3\boldsymbol{W}_3 \end{pmatrix}\Delta \boldsymbol{s}=\begin{pmatrix} \Delta \boldsymbol{t} \\ -\varepsilon_3\boldsymbol{W}_3\boldsymbol{s}_0 \end{pmatrix} \tag{7-1-39}$$

式中　ε_3——权衡第三类正则化权重的正则化因子；

　　　$\boldsymbol{W}_3$——第三类正则化矩阵。

仍以 $\begin{pmatrix} L \\ \varepsilon_3 W_3 \end{pmatrix}$ 代替式（7-1-28）中的 L，$\begin{pmatrix} \Delta t \\ -\varepsilon_3 W_3 s_0 \end{pmatrix}$ 代替式（7-1-28）中的 Δt，式（7-1-30）改写为：

$$\left(L^{\mathrm{T}}L + \varepsilon^2 I + \varepsilon_3^2 W_3^{\mathrm{T}} W_3\right)\Delta s^{\mathrm{est}} = L^{\mathrm{T}}\Delta t + \varepsilon_3^2 W_3^{\mathrm{T}} W_3\left(-s_0\right) \qquad (7\text{-}1\text{-}40)$$

当同时考虑以上三种先验信息时，式（7-1-28）对应 Δs 的最优估计满足下述方程：

$$\begin{aligned} \left(L^{\mathrm{T}}L + \varepsilon^2 I + \varepsilon_1^2 W_1^{\mathrm{T}} W_1 + \varepsilon_2^2 W_2^{\mathrm{T}} W_2 + \varepsilon_3^2 W_3^{\mathrm{T}} W_3\right)\Delta s^{\mathrm{est}} &= L^{\mathrm{T}}\Delta t + \varepsilon_1^2 W_1^{\mathrm{T}} W_1\left(s' - s_0\right) \\ &+ \varepsilon_2^2 W_2^{\mathrm{T}} K + \varepsilon_3^2 W_3^{\mathrm{T}} W_3\left(-s_0\right) \end{aligned} \qquad (7\text{-}1\text{-}41)$$

式中，W_1、W_2、W_3 分别由式（7-1-31）、式（7-1-37）、式（7-1-38）决定，ε、ε_1、ε_2、ε_3 是可以由尝试得到的较小量。

4. 理论模型试验

为了对比内、外部两种约束方法的层析成像效果，设计了图 7-1-47（a）所示的二维起伏地表理论模型。模型中第一层为强烈横向变速的低速带，速度 1000～3600m/s，第二层、第三层均为均匀介质，速度分别为 3500m/s、1900m/s。该理论模型的 608 炮观测数据均匀分布在横向 9950～39310m 的范围内，观测系统为 2000m—20m—20m—20m—2000m。外部约束方法对应的阻尼最小二乘解为式（7-1-30），内部约束方法对应的阻尼最小二乘解为式（7-1-41），其中 ε，ε_1，ε_2，ε_3 都等于 1，W_3 取二阶差分矩阵。两种方法都采用 LSQR 方法求解线性代数方程组。外部约束和内部约束对应的反演结果分别如图 7-1-47

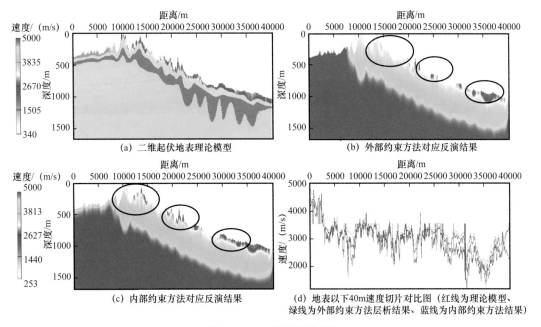

(a) 二维起伏地表理论模型 (b) 外部约束方法对应反演结果

(c) 内部约束方法对应反演结果 (d) 地表以下40m速度切片对比图（红线为理论模型、绿线为外部约束方法层析结果、蓝线为内部约束方法结果）

图 7-1-47　理论模型试验

（b）、（c）所示。两种方法的目标函数值分别为 8.0928 和 4.781。不难看出，内部约束比外部约束具有更高的分辨率和反演精度，特别是圈出的地方更加明显。图 7-1-47（d）是理论模型、外部约束方法、内部约束方法层析结果在地表以下 40m 速度切片对比图。从该图更加直观地看出，内部约束方法的层析结果更接近理论模型，说明本节提出的正则化方法比传统的外部约束方法具有更高的反演精度和分辨率。

5. 实际资料处理

为了检验本节提出的正则化方法在实际中的应用效果，选取了西部某条二维地震测线数据进行了实际地震资料处理。该测线所在地区地表起伏严重，海拔 1100～3500m，地表复杂，横向速度变化剧烈。测线长约 35km，排列长度 15km，556 炮，炮间距与检波器间距均为 20m。

该实际资料采用内部约束方法，其中第三类正则化矩阵采用二阶差分算子，ε，ε_1，ε_2，ε_3 都等于 1，W_3 取二阶差分矩阵。拾取初至的最大炮检距为 1000m，20m 的道距，20m 的炮距。初始模型的浅层 50m 左右范围是根据地表调查资料建立起来的，中深层采用常速初始模型［图 7-1-48（a）］。图 7-1-48（b）是该测线最终层析成像反演结果，图 7-1-48（c）显示了该测线拾取初至与最终反演模型的理论计算初至的对比，从该图可以看出，拾取初至与理论计算初至吻合较好，说明层析结果基本反映了真实的近地表速度结构。如图 7-1-49 所示，两个剖面的主要构造基本相同，但折射静校正的剖面比层析静校正剖面分辨率更高一些。另外，它们细节上有些差别，层析剖面中圈出的部分比折射剖面反映得更加细致。

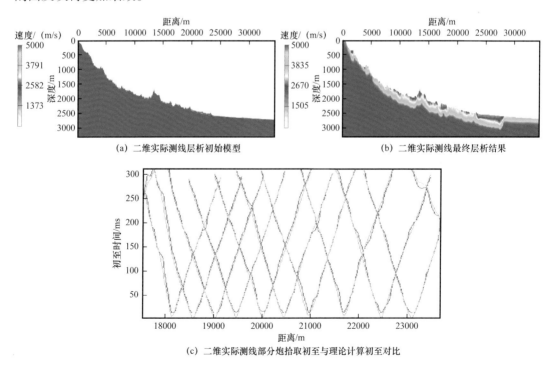

（a）二维实际测线层析初始模型　　　　　　　　（b）二维实际测线最终层析结果

（c）二维实际测线部分炮拾取初至与理论计算初至对比

图 7-1-48　某实际二维测线的处理结果

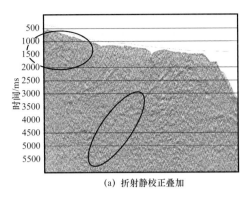
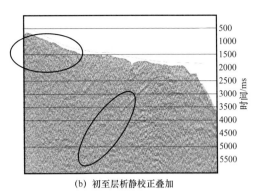

(a) 折射静校正叠加　　　　　　　　　　　(b) 初至层析静校正叠加

图 7-1-49　实际数据叠加剖面对比

6. 小结

克服地球物理反演多解性的一个重要方法，就是利用先验信息对反演过程及反演结果进行约束。传统的地震走时层析方法主要是通过外部约束来达到利用先验信息的目的，这样做会破坏走时层析的线性假设条件，甚至会使层析算法不稳定。先验信息可分为三类，利用正则化方法将这三类先验信息融入层析方程中，不但保证了层析成像的初始假设条件，而且还可以达到更有效地利用先验信息的目的。理论试验和实际资料的处理结果也证明了这种内部约束方法的优越性。但这种处理方法仍存在有待解决的问题，例如三类正则化方法所对应正则化系数是尝试得到的，如何得到它们的理论表达式需要更深入地研究。

先验信息的作用较为明显，它能够使已知速度区域上的反演结果精度大大提高，显著降低层析反演的多解性，提高层析反演结果的质量。然而，在修改目标函数时，常需要在先验信息约束项前加一个权重因子，该因子通常是小于 1 的数，不同的权重值将会导致反演精度波动很大，过大或过小都可能使迭代过程陷入局部极值，导致目标函数无法收敛，所以需要进行大量的数值实验来测试该权重值的大小，才能够得到一个较好的先验信息约束下的反演结果。

第二节　基于程函方程的伴随状态法初至波走时反演方法

精确的近地表速度建模是后续地震资料处理和解释的关键步骤之一。包含有直达波、折射波和回转波的地震初至波，具有最先到达、能量强、信息可靠、易于拾取等特点，目前被大量研究和应用，并产生了利用初至波不同信息的不同反演方法，如初至波走时反演（Olson K B，1989）、初至波包络反演（敖瑞德等，2015）、初至波相位反演（Choi Y et al.，2013）、初至波波形反演（Sheng J et al.，2006）及初至波多信息联合反演（Liu Z et al.，2017）。

从理论上讲，利用初至波动力学信息反演的精度更高，但影响初至波动力学信息的因素较多，信息稳定性差，会导致反演的非线性强，对初始模型要求更高，也更容易陷入局部极值。而初至波走时信息基本上只受速度宏观分布的影响，信息可靠性高，因此初至波走时反演方法稳定性更强，在近地表以及井间速度建模等方面的应用更广泛。

传统的初至波走时层析基于地震射线理论，联合迭代重建法、散射积分法等传统反演方法通过射线追踪建立层析方程组，然后通过求解该方程进而迭代获得反演结果。这些传统方法需要进行射线追踪，面临着三维射线追踪效率低、对高性能计算与计算资源要求高等难题。而基于波动方程的初至波走时反演中，地表起伏剧烈时的初至波精确模拟目前仍然是一个难题。

近年来，不需要射线追踪的基于伴随状态法的初至波走时层析成像方法（Adjoint State Tomography method，简称 AST）得到广泛关注。这种方法通过程函方程计算的走时场和伴随方程计算的伴随场来计算目标函数的梯度，避免了射线追踪和 Fréchet 导数矩阵的计算。伴随状态法是由 Lions 于 1968 年在自动控制学科首先提出，该方法在计算目标函数的梯度时，避免了必须计算异常庞大的物理量随参数的变化率（即 Fréchet 导数）的难题。

基于程函方程的 AST 最早由 Sei A 等（1994）提出，尽管他们利用体积分定义目标函数，得到的伴随方程不需要考虑地表形态，但得到的在边界处伴随场为零的伴随方程不合理，致使其应用很少。自此之后，几乎所有的有关 AST 的理论及应用均基于面积分定义目标函数，由此得到的伴随方程都依赖于地表的法向量。但是，这种传统 AST 无论在理论上还是应用过程中尚存在一定问题。一方面，基于面积分定义目标函数，无法合理地处理井中观测问题；另一方面，得到的伴随方程的边界条件依赖于地表法向量，导致伴随变量的计算不准确引起梯度不合理，从而降低反演精度。

本节对这种传统 AST 简要介绍之后，指出并论证了方法问题，并介绍了一种改进方法，即不依赖于地表法向量的改进的 AST 走时反演层析成像方法（Han P E et al.，2019；董良国等，2021）。主要改进之处包括：（1）采用体积分定义目标函数，避免了传统方法不能较好地处理井中观测数据的缺陷，可以适应任意地表或井中观测系统。（2）采用摄动法得到了新的伴随方程，克服了传统方法中伴随场计算依赖于地表法向量的缺陷，使检波点处的走时残差正确地反传播至地下，进而得到更合理的速度修正方向，提高了速度反演精度。（3）对 Sei 和 Symes 方法中不合理的伴随方程边界条件进行了完善。

一、传统 AST 原理

观测和理论走时达到最佳逼近是走时反演的基本原则。目前传统伴随状态法初至波走时层析普遍采用面积分定义目标函数（Leung S et al.，2006；Taillandier C et al.，2009；Noble M et al.，2010；Waheed U et al.，2014，2016）：

$$J(c) = \frac{1}{2} \int_{\partial\Omega} \left[t(\boldsymbol{r}) - T^{\mathrm{obs}}(\boldsymbol{r}) \right]^2 \mathrm{d}\boldsymbol{r} \qquad (7\text{-}2\text{-}1)$$

式中　$\boldsymbol{r}$——检波点的位置，检波点位于观测区域 Ω 的边界 $\partial\Omega$ 上；

　　　$T^{\mathrm{obs}}(\boldsymbol{r})$——$r$ 处的实际观测走时；

$t(\boldsymbol{r})$——在当前模型下 r 处计算的理论走时。

在高频假设下，走时场满足程函方程：

$$F(t,c)=\left[\nabla t(\boldsymbol{x})\right]^2-\frac{1}{c^2(\boldsymbol{x})}=0,\ t(\boldsymbol{x}_{\text{source}})=0 \qquad (7\text{-}2\text{-}2)$$

式中　$c(\boldsymbol{x})$——空间位置 x 处的介质速度，m/s；

　　　$t(\boldsymbol{x}_{\text{source}})$——震源点处的地震波走时。

将控制方程［式（7-2-2）］与伴随变量 λ（即乘子）引入目标函数［式（7-2-1）］后，形成新的目标函数：

$$L(c,\lambda,t)=\frac{1}{2}\int_{\partial\Omega}\left[t(\boldsymbol{r})-T^{\text{obs}}(\boldsymbol{r})\right]^2\mathrm{d}\boldsymbol{r}-\frac{1}{2}\int_{\Omega}\lambda(\boldsymbol{x})F\left[t(\boldsymbol{x}),c(\boldsymbol{x})\right]\mathrm{d}\boldsymbol{x} \qquad (7\text{-}2\text{-}3)$$

式中　λ——拉格朗日乘子。

在最优化过程中，t、λ 和 c 相互独立，所以当目标函数达到极小值时，目标函数满足以下三个关系：

$$\frac{\partial L}{\partial\lambda}=0 \qquad (7\text{-}2\text{-}4)$$

$$\frac{\partial L}{\partial t}=0 \qquad (7\text{-}2\text{-}5)$$

$$\frac{\partial L}{\partial c}=0 \qquad (7\text{-}2\text{-}6)$$

由式（7-2-4）可以得到控制方程，即式（7-2-2）。由式（7-2-6）可以得到目标函数的梯度：

$$\frac{\partial L}{\partial c}=\frac{\partial J}{\partial c}=-\frac{\lambda(\boldsymbol{x})}{c^3(\boldsymbol{x})} \qquad (7\text{-}2\text{-}7)$$

使用扰动法求解式（7-2-5），对理论走时 t 做 $\delta t=\varepsilon\tilde{t}$ 的扰动，并舍去高阶项，令 ε 趋于无穷小，可以得到：

$$\frac{\partial L}{\partial t}=\frac{\partial L}{\partial\varepsilon}\Big|_{\varepsilon=0}=\int_{\partial\Omega}\tilde{t}(\boldsymbol{r})\left[t(\boldsymbol{r})-T^{\text{obs}}(\boldsymbol{r})-\boldsymbol{n}\cdot\lambda(\boldsymbol{r})\nabla t(\boldsymbol{r})\right]\mathrm{d}\boldsymbol{r}+\int_{\Omega}\tilde{t}(\boldsymbol{x})\cdot\nabla\cdot\left[\lambda(\boldsymbol{x})\nabla t(\boldsymbol{x})\right]\mathrm{d}\boldsymbol{x}=0 \quad (7\text{-}2\text{-}8)$$

式中　$\boldsymbol{n}$——边界 $\partial\Omega$ 上位置 $\boldsymbol{r}$ 处的外法向单位矢量。

由于扰动方向 $\tilde{t}$ 的任意性，根据式（7-2-8），可以得到伴随场 $\lambda(\boldsymbol{x})$ 满足：

$$\boldsymbol{n}\cdot\lambda(\boldsymbol{r})\nabla t(\boldsymbol{r})=t(\boldsymbol{r})-T^{\text{obs}}(\boldsymbol{r}),\ \boldsymbol{r}\in\delta\Omega \qquad (7\text{-}2\text{-}9)$$

$$\nabla\cdot\left[\lambda(\boldsymbol{x})\nabla t(\boldsymbol{x})\right]=0,\ \boldsymbol{x}\in\Omega \qquad (7\text{-}2\text{-}10)$$

利用式（7-2-9），根据检波点处的走时残差设置检波点处的伴随场 λ 的初值后，再利用方程（7-2-10）将走时残差反向传播即可获得伴随场 $\lambda(x)$，进而通过式（7-2-7）可以得到目标函数对速度的梯度，然后通过线性搜索算法很方便地获得一个优化的步长 α_n，这样就可以利用局部优化算法进行速度迭代：

$$c_{n+1} = c_n - \alpha_n \cdot \nabla J_n \qquad （7-2-11）$$

得到最终的速度反演结果。可见，这种 AST 方法的核心是利用伴随方程计算伴随场 $\lambda(x)$，而关键是伴随方程。

二、传统 AST 存在的问题

自从 Sei A 等（1994）提出 AST 走时反演方法之后，有关 AST 的所有文献中，所用的伴随场方程式（7-2-9）和式（7-2-10）都依赖于边界的法向量。下面具体分析其中存在的问题。

问题一：传统 AST 采用面积分定义目标函数，决定了其无法处理检波器在模型内部的情况。

式（7-2-1）采用面积分定义目标函数，就预先假定了所有检波器均位于模型表面，造成传统 AST 只适用于检波点在边界上，无法考虑检波器在模型内部的情况。当进行 VSP 观测以及井间观测时，检波器在模型内部，这时式（7-2-1）的面积分定义目标函数的方式就不适用，这时伴随方程式（7-2-9）中所谓的边界法向当然无从谈起。可见，对于检波点在地下的情况（如井中观测），这种传统的 AST 方法是不适用的。

问题二：传统 AST 方法中，伴随场依赖于模型表面的法向量，这是有悖射线理论的。

在传统 AST 中，在有检波点的边界处，伴随场 $\lambda(x)$ 满足式（7-2-9）的边界条件 $\boldsymbol{n} \cdot \lambda(x) \nabla t(x) = t(\boldsymbol{r}) - T^{\text{obs}}(\boldsymbol{r})$，显然与检波点位置处的地表法向量有关，这是不合理的。因为忽视了地震波走时只依赖于地震波经过的介质、与观测点处的曲率无关这一客观事实。这样，就会引起计算的伴随场不合理，从而导致梯度畸变，造成传统伴随状态法走时层析成像结果不正确，Han P E 等在 2019 年就已经发现了这个现象。

举一个单点激发、单点接收的例子。走时场 $t(x)$ 和唯一检波点处的时差 $t(\boldsymbol{r}) - T^{\text{obs}}(\boldsymbol{r})$ 确定且不为零。如果在这个唯一的检波点处的地表法向量与走时场在该处的梯度 $\nabla t(x)\big|_{x=r}$ 方向垂直（这种情况一定存在），这时，传统方法的伴随方程的边界条件永远不成立！因此，根据传统 AST 的边界条件无法得到正确的伴随场，最终导致计算的梯度不正确。

设计一个除地表形状外中间对称的高速异常体模型（图 7-2-1），初始速度也是两边对称的纵向梯度模型（图 7-2-2）。在该模型的中心地表激发，在两侧具有相同横向距离和深度、但地表形态不同的两个位置（图 7-2-1 中 R 处）接收。由于炮点两侧真实和初始速度模型、两个观测点都是完全对称的，只要地表起伏不是极端剧烈，从地震波传播的客观现实来讲，每一轮迭代的梯度在激发点两侧也应该是对称的。但是，在首次迭代中，尽管左、右两个检波点具有相同的走时差 $t(\boldsymbol{r}) - T^{\text{obs}}(\boldsymbol{r})$，但由于左、右两个检波点处的地表法向量 $\boldsymbol{n}$ 不同，因此，利用依赖于地表法向量的传统 AST 得到的伴随场两侧并不对称（图 7-2-3），由此得到的梯度场当然也不对称（图 7-2-4）。从这个简单的例子，可以看出传统 AST 方法的伴随方程存在明显的不合理之处。

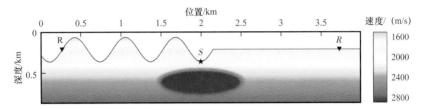

图 7-2-1　不同地表法向量的对称接收点试验的真实模型

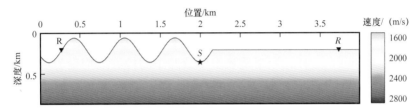

图 7-2-2　不同地表法向量的对称接收点试验的初始模型

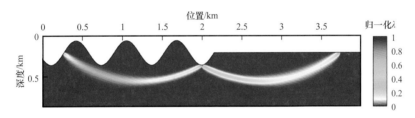

图 7-2-3　传统 AST 方法归一化后的伴随场分布

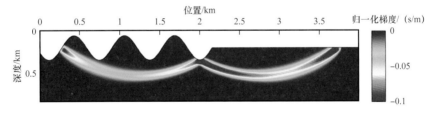

图 7-2-4　传统 AST 计算的梯度

问题三：当地表和井中同时观测时，传统 AST 无法正确计算梯度。

Waheed U 等（2016）在采用传统 AST 反演的文章附录中指出，在计算伴随场时，井中接收时采用 $\nabla \cdot \left[\lambda(x) \nabla t(x) \right] = 0$ 的处理方式（他们的文章中没有说明原因，也没有进行井中观测的试验），但在地面检波点处仍然使用传统 AST 中伴随方程，结果仍然依赖于地表的法向。地面和井中检波器采用不同的处理方式，造成井中和地表的检波器对梯度的贡献不是一个数量级，致使地表走时数据基本不起作用，这是不合理的。因为，尽管地表与井中观测数据的照明范围不同，但走时观测数据的地位应该是等同的。

在 1994 年 SEG 年会上，Sei A 等首次提出了伴随状态法走时层析成像方法，尽管他们利用体积分定义目标函数，但他们得到的伴随方程为：

$$\begin{cases} \nabla \cdot \left(\lambda(\boldsymbol{x}) \nabla t(\boldsymbol{x}) \right) = \left[T^{\mathrm{obs}}(\boldsymbol{x}) - t(\boldsymbol{x}) \right]^2 \delta(\boldsymbol{x} - \boldsymbol{r}), \text{在} \Omega \text{区域内} \\ \lambda(\boldsymbol{x}) = 0, \partial\Omega \text{边界上} \end{cases} \tag{7-2-12}$$

上述伴随方程尽管不涉及地表的法向量，但推导出的伴随场在边界上为零的边界条件并不合理。如果检波点位于地表，就很难利用地表各检波点的走时残差正确地计算地下伴随场，因为边界处的伴随场和梯度通常不为 0。

三、改进的 AST 原理

若使用传统 AST 中的式（7-2-1）来定义走时层析目标函数，检波点只能位于区域 Ω 的边界 $\partial\Omega$ 上。这里，将 $\partial\Omega'$ 面定义为 $\partial\Omega$ 面向外的一个拓展面，拓展的空间部分充填空气，速度为 340m/s。这样，原来地表上以及井中的检波点均变为区域 Ω' 的内部点（图 7-2-5）。

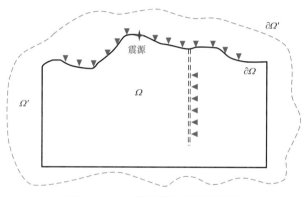

图 7-2-5　计算区域的拓展示意图

现在基于拓展的新空间 Ω' 及其边界 $\partial\Omega'$，利用体积分定义伴随状态法初至波走时层析目标函数（董良国等，2021）：

$$J(c) = \sum_{i=1}^{N} \frac{1}{2} \int_{\Omega'} \left[t(\boldsymbol{x}) - T^{\mathrm{obs}}(\boldsymbol{x}) \right]^2 \delta(\boldsymbol{x} - \boldsymbol{r}_i) \mathrm{d}\boldsymbol{x} \tag{7-2-13}$$

式中　r_i——第 i 个检波点的位置（共有 N 个检波点）；

　　　x——计算区域 Ω' 内任意位置，使用 δ 函数 $\delta(x) = \begin{cases} 1, x = 0 \\ 0, x \neq 0 \end{cases}$ 控制区域 Ω' 内检波点处目标函数的计算；

　　　$T^{\mathrm{obs}}(\boldsymbol{x})$——炮点至 x 处的实际观测初至波走时；

　　　$t(\boldsymbol{x})$——在当前模型下炮点至 x 处计算的理论走时，它满足式（7-2-2）。

将控制方程式（7-2-2）与伴随变量 λ（即乘子）引入目标函数式（7-2-13）后，形成新的目标函数：

$$L(c,\lambda,t) = \sum_{i=1}^{N} \frac{1}{2} \int_{\Omega'} \left[t(\boldsymbol{x}) - T^{\mathrm{obs}}(\boldsymbol{x}) \right]^2 \delta(\boldsymbol{x}-\boldsymbol{r}_i)\mathrm{d}\boldsymbol{x} - \frac{1}{2} \int_{\Omega'} \lambda(\boldsymbol{x}) F\left[t(\boldsymbol{x}), c(\boldsymbol{x}) \right] \mathrm{d}\boldsymbol{x} \qquad （7-2-14）$$

在最优化过程中，走时场变量 t、伴随变量 λ 和速度 c 相互独立，所以当目标函数达到极小值时，目标函数仍满足以下三个关系：

$$\frac{\partial L}{\partial \lambda} = 0 \qquad （7-2-15）$$

$$\frac{\partial L}{\partial t} = 0 \qquad （7-2-16）$$

$$\frac{\partial L}{\partial c} = 0 \qquad （7-2-17）$$

由式（7-2-15）可以得到控制式（7-2-2）。而由式（7-2-17）可以得到目标函数式（7-2-13）的梯度：

$$\nabla J = \frac{\partial J}{\partial c} = \frac{\partial L}{\partial c} = -\frac{\lambda(\boldsymbol{x})}{c^3(\boldsymbol{x})} \qquad （7-2-18）$$

利用式（7-2-18）得到目标函数对速度的梯度后，再通过线性搜索算法可以很方便地获得一个优化的步长 α_n，这样就可以利用式（7-2-11）进行速度迭代，得到最终的速度反演结果。

可见，由于每一次迭代中的当前速度模型 $c(\boldsymbol{x})$ 已知，伴随场 $\lambda(\boldsymbol{x})$ 的求取是确定目标函数梯度的关键。而由式（7-2-16）就可以导出控制伴随场 $\lambda(\boldsymbol{x})$ 的伴随方程。

对理论走时 t 做 $\delta t = \varepsilon \tilde{t}$ 的扰动，并舍去高阶项，有：

$$L(c,\lambda,t+\varepsilon\tilde{t}) = \sum_{i=1}^{N} \frac{1}{2} \int_{\Omega'} \left[t(\boldsymbol{x}) + \varepsilon\tilde{t}(\boldsymbol{x}) - T^{\mathrm{obs}}(\boldsymbol{x}) \right]^2 \delta(\boldsymbol{x}-\boldsymbol{r}_i)\mathrm{d}\boldsymbol{x}$$
$$- \frac{1}{2} \int_{\Omega'} \lambda(\boldsymbol{x}) F\left[t(\boldsymbol{x}) + \varepsilon\tilde{t}(\boldsymbol{x}), c(\boldsymbol{x}) \right] \mathrm{d}\boldsymbol{x}$$

即：

$$L(c,\lambda,t+\varepsilon\tilde{t}) = \sum_{i=1}^{N} \frac{1}{2} \int_{\Omega'} \left[t(\boldsymbol{x}) + \varepsilon\tilde{t}(\boldsymbol{x}) - T^{\mathrm{obs}}(\boldsymbol{x}) \right]^2 \delta(\boldsymbol{x}-\boldsymbol{r}_i)\mathrm{d}\boldsymbol{x}$$
$$- \frac{1}{2} \int_{\Omega'} \lambda(\boldsymbol{x}) \left\{ \left[\nabla\left(t(\boldsymbol{x}) + \varepsilon\tilde{t}(\boldsymbol{x}) \right) \right]^2 - \frac{1}{c^2(\boldsymbol{x})} \right\} \mathrm{d}\boldsymbol{x}$$

由于扰动方向 $\tilde{t}(\boldsymbol{x})$ 的任意性，目标函数 L 对变量 t 的梯度可以写为：

$$\frac{\partial L}{\partial t} = \frac{\partial L}{\partial \varepsilon}\bigg|_{\varepsilon=0} = \sum_{i=1}^{N} \int_{\Omega'} \tilde{t}(\boldsymbol{x}) \left[t(\boldsymbol{x}) - T^{\mathrm{obs}}(\boldsymbol{x}) \right] \delta(\boldsymbol{x}-\boldsymbol{r}_i)\mathrm{d}\boldsymbol{x} - \int_{\Omega'} \nabla\tilde{t}(\boldsymbol{x}) \cdot \lambda(\boldsymbol{x})\nabla t(\boldsymbol{x})\mathrm{d}\boldsymbol{x} \qquad （7-2-19）$$

根据关系式 $\nabla\cdot(\alpha\boldsymbol{v})=\alpha\nabla\cdot\boldsymbol{v}+\nabla\alpha\cdot\boldsymbol{v}$，并令 $\alpha=\tilde{t}(\boldsymbol{x})$，$\boldsymbol{v}=\lambda(\boldsymbol{x})\nabla t(\boldsymbol{x})$，则式（7-2-19）可以写为：

$$
\begin{aligned}
\frac{\partial L}{\partial t}=&\sum_{i=1}^{N}\int_{\Omega'}\tilde{t}(\boldsymbol{x})\big[t(\boldsymbol{x})-T^{\mathrm{obs}}(\boldsymbol{x})\big]\delta(\boldsymbol{x}-\boldsymbol{r}_i)\mathrm{d}\boldsymbol{x}-\int_{\Omega'}\nabla\cdot\big[\tilde{t}(\boldsymbol{x})\lambda(\boldsymbol{x})\nabla t(\boldsymbol{x})\big]\mathrm{d}\boldsymbol{x}\\
&+\int_{\Omega'}\tilde{t}(\boldsymbol{x})\nabla\cdot\big[\lambda(\boldsymbol{x})\nabla t(\boldsymbol{x})\big]\mathrm{d}\boldsymbol{x}
\end{aligned}
\tag{7-2-20}
$$

对式（7-2-20）的第二个积分项 $\int_{\Omega'}\nabla\cdot\big[\tilde{t}(\boldsymbol{x})\lambda(\boldsymbol{x})\nabla t(\boldsymbol{x})\big]\mathrm{d}\boldsymbol{x}$ 使用高斯散度定理，得到：

$$
\begin{aligned}
\frac{\partial L}{\partial t}=&\int_{\Omega'}\tilde{t}(\boldsymbol{x})\bigg\{\sum_{i=1}^{N}\big[t(\boldsymbol{x})-T^{\mathrm{obs}}(\boldsymbol{x})\big]\delta(\boldsymbol{x}-\boldsymbol{r}_i)+\nabla\cdot\big[\lambda(\boldsymbol{x})\nabla t(\boldsymbol{x})\big]\bigg\}\mathrm{d}\boldsymbol{x}\\
&-\int_{\partial\Omega'}\tilde{t}(\boldsymbol{x})\big[\boldsymbol{n}\cdot\lambda(\boldsymbol{x})\nabla t(\boldsymbol{x})\big]\mathrm{d}\boldsymbol{x}
\end{aligned}
\tag{7-2-21}
$$

当目标函数达到极小值时，由于目标函数对走时场变量 t 的导数为零，即 $\frac{\partial L}{\partial t}=0$。再考虑到扰动方向 $\tilde{t}(\boldsymbol{x})$ 的任意性，可以得到边界 $\partial\Omega'$ 上的边界条件和区域 Ω' 内部的反传播方程分别为：

$$
\boldsymbol{n}\cdot\lambda(\boldsymbol{x})\nabla t(\boldsymbol{x})=0,\ \boldsymbol{x}\in\partial\Omega'
\tag{7-2-22}
$$

$$
\nabla\cdot\big[\lambda(\boldsymbol{x})\nabla t(\boldsymbol{x})\big]=\sum_{i=1}^{N}\big[T^{\mathrm{obs}}(\boldsymbol{x})-t(\boldsymbol{x})\big]\delta(\boldsymbol{x}-\boldsymbol{r}_i),\ \boldsymbol{x}\in\Omega'
\tag{7-2-23}
$$

由于区域 Ω 及其边界 $\partial\Omega$ 均位于扩展的区域 Ω' 之内，因此，无论在区域 Ω 内还是在边界上，伴随场 $\lambda(\boldsymbol{x})$ 均满足式（7-2-23），即伴随方程为：

$$
\nabla\cdot\big[\lambda(\boldsymbol{x})\nabla t(\boldsymbol{x})\big]=\sum_{i=1}^{N}\big[T^{\mathrm{obs}}(\boldsymbol{x})-t(\boldsymbol{x})\big]\delta(\boldsymbol{x}-\boldsymbol{r}_i),\ \boldsymbol{x}\in\Omega\text{ 和 }\partial\Omega
\tag{7-2-24}
$$

式（7-2-24）即为改进后的 AST 的伴随方程（董良国等，2021）。可以看到，在实际需要计算的区域 $\Omega+\partial\Omega$ 范围内，无论在模型边界还是模型内部，改进后的伴随方程具有统一的形式，而且与地表的法向量无关。

由于每一次迭代中的理论走时场 $t(\boldsymbol{x})$ 可以通过求解程函方程式（7-2-2）确定，这样，求解式（7-2-24）即可确定伴随场 $\lambda(\boldsymbol{x})$，再利用式（7-2-18）即可获得目标函数的梯度，进而利用式（7-2-11）进行速度迭代反演。

需要指出的是，这种改进的 AST 与传统 AST 的唯一差别，就是确定伴随场 $\lambda(\boldsymbol{x})$ 的伴随方程不同。传统 AST 的伴随方程是式（7-2-9）和式（7-2-10），利用式（7-2-9）设置边界上检波点处的伴随场 $\lambda(\boldsymbol{x})$ 的初值，再利用式（7-2-10）确定伴随场 $\lambda(\boldsymbol{x})$。而这种改进的 AST 的伴随方程是统一为式（7-2-24），地表和地下检波点具有相同的处理方式，并且伴随场的分布与模型边界的法向量无关，自然克服了前面指出的传统 AST 存在的三个缺陷。

也就是说，改进的 AST 适用于各种地表和井中同时观测方式，地下和井中观测数据的处理方式得到统一，从理论方法上避免了 Waheed U（2016）处理井中观测时的井中和地表观测数据对梯度贡献不一致的问题。无论是内部点还是边界上，改进方法的伴随方程都遵从统一形式，伴随场的计算与模型边界的法向量无关，不需要区分检波点位置处的地表法向量，这样更符合实际物理意义，保证了计算的梯度场的正确性。

对图 7-2-1、图 7-2-2 使用改进的 AST 计算得到首轮迭代的梯度（图 7-2-6）。可以发现，炮点两侧的梯度场是对称的，符合理论预期，证明改进的 AST 方法中新的伴随方程的正确性。

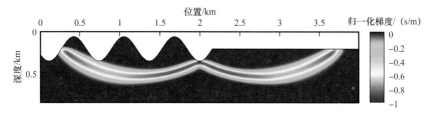

图 7-2-6　新伴随状态法归一化的梯度分布

AST 的核心是反演梯度，其依赖于走时场和伴随场的计算。至于如何利用程函方程计算初至波走时场，目前已经提出了多种方法，例如，有限差分法、旅行时线性插值射线追踪算法（Asakawa E et al.，1993）、最短路径射线追踪法（Moser T，1991）、波前重构法（Vinje V et al.，1993）、快速匹配法（Sethian J A，1996）、快速扫描法（Zhao H，2005）等。这些方法具有不同的计算效率和计算精度，可以根据实际要求选择使用。这些方法也可以用于求解伴随场，具体方法可以参见有关文献，这里不再赘述。

四、理论模型数据与实际资料近地表建模试验

1.Foothill 起伏地表模型

下面通过 Foothill 模型［图 7-2-7（a）］试验说明改进的 AST 的反演效果。该模型地表起伏剧烈，速度横向变化大，且近地表存在大量速度倒转现象，对初至波走时层析成像是一个很大的挑战。

模型离散网格数为 1255×300，网格间距为 20m。共有 126 炮，炮距为 200m，最大炮检距 4km，道距为 20m。与地表起伏相关的梯度模型作为初始速度模型［图 7-2-7（b）］。

使用改进的 AST 的最终速度反演结果如图 7-2-7（c）所示，可以看出，较好地表达了近地表 1km、4km 与 15km 处速度反转地层的形态，10～15km 的低速地层形态与真实模型近似一致。

如图 7-2-8 所示，在 10～15km 处反演结果不仅获得了低速地层的宏观形态，在数值上拟合程度也很高，在 4km 和 15km 等速度反转区域，反映了速度横向变化的趋势与大致形态。可以看出，近地表附近的反演结果基本体现了真实速度模型的宏观变化特征。

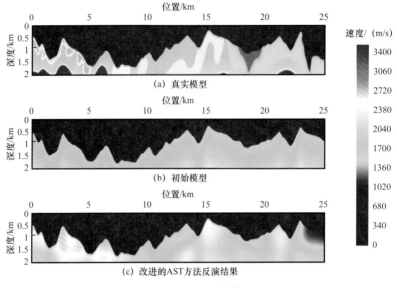

图 7-2-7 速度模型

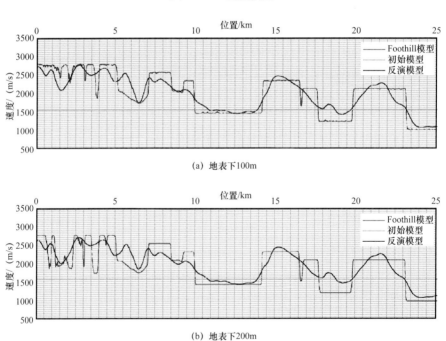

图 7-2-8 地表下不同深度的速度剖面

如图 7-2-9 所示，反演初至与真实初至也吻合得较好，尤其近炮检距的初至波走时吻合更准确，证明了新伴随状态法层析成像方法重建近地表宏观速度模型的可靠性。

2. 二维实际地震资料近地表速度建模

现在将改进的 AST 用于实际二维地震勘探资料的近地表建模与静校正实验，以此验证改进的 AST 法层析的实际成像效果。实际地震勘探资料来源于某工区的一条二维测线，工区地表分布着灌木、湿地等，高程变化为 0～50m，局部高差达 30m。低降速带厚度为 5～30m，高速层速度最高达 2000m/s。采用可控震源施工，初至拾取难度大，资料信噪比低，静校正问题突出。共 722 炮地震数据，炮间距约 25m。每炮最多 384 道，道间距为 20～30m。

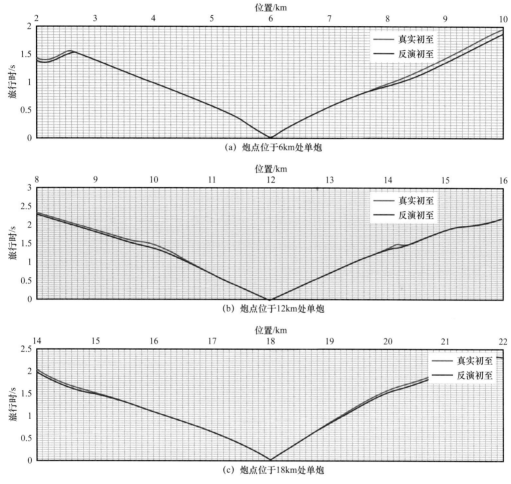

图 7-2-9　单炮各道初至吻合情况

使用预估的近地表背景速度模型作为初始模型，以 2000m 偏移距以内的初至波走时作为反演数据，网格为 3606×251，网格尺寸为 5m×2m，反演迭代 50 代。图 7-2-10 为改进 AST 法初至反演近地表速度，按 1700m/s 选取风化层底界面并以黑线标识在图上。图 7-2-11 显示了反演结果的两炮的初至拟合情况。可以看出，反演模型较好拟合了初至波观测走时。

使用高程静校正和伴随状态法层析成像计算的静校正量对地震数据进行静校正，获得叠加剖面（图 7-2-12）。可以看到，伴随状态法层析成像静校正结果的连续性和分辨率均优于高程静校正。

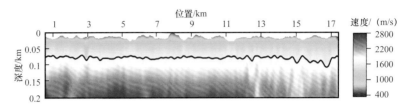

图 7-2-10 改进的 AST 法初至反演近地表速度

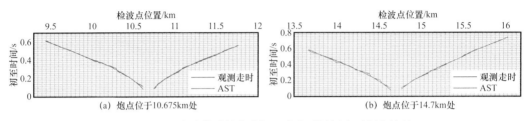

(a) 炮点位于10.675km处　　　　　　　(b) 炮点位于14.7km处

图 7-2-11　改进伴随状态法初至波走时层析走时拟合情况

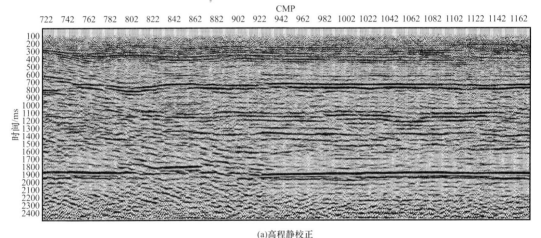

(a)高程静校正

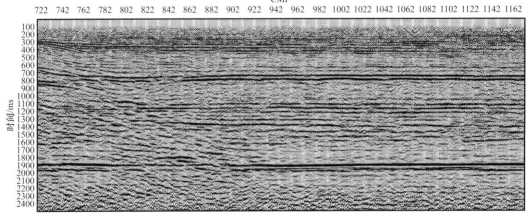

(b) 伴随状态法层析静校正

图 7-2-12　不同方法静校正后的叠加剖面

3. 三维实际地震资料近地表速度建模

三维实际地震勘探资料取自柴达木盆地山地山前带，地表大部分区域地形较为平缓，但局部变化剧烈，高差可达 1km。利用 2.5km 炮检距以内的初至波走时数据反演近地表速度，初始模型采用与地表形态相关的梯度模型，地表速度为 3000m/s，垂向梯度因子为 1.2m/s。

改进的 AST 使用于 $771 \times 441 \times 80$ 正方体方格，三个方向的网格间距均为 25m，共迭代 24 次，目标函数收敛为初始模型的 2.7%，反演结果如图 7-2-13 所示，其中 X 轴为 Crossline 方向，Y 轴为 Inline 方向。从图中可以发现，反演结果体现了近地表速度的横向剧烈变化，低速层速度约 1200m/s，较初始模型下降约 2000m/s。

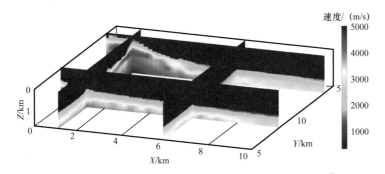

图 7-2-13　改进的 AST 反演成像结果

图 7-2-14 为炮点（$X=12750m$，$Y=5450m$）处的观测记录走时拟合，可以看出各检波点走时拟合良好，说明 AST 法反演结果和克浪系统反演结果均反映了真实地质情况。

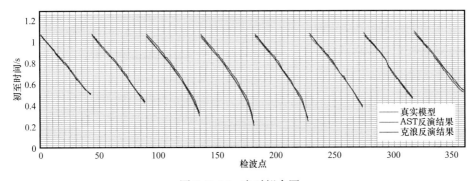

图 7-2-14　走时拟合图

选取 2200m/s 的速度层为高速层顶界面，对风化层进行剥离，风化层底界面以上至海拔 2800m 的充填速度为 2500m/s，使用改进的 AST 得到的静校正量进行静校正，并与高程静校正结果对比（图 7-2-15）可见，改进的 AST 法的叠加剖面［图 7-2-15（b）］的同相轴连续性明显强于高程静校正叠加剖面。

五、小结

本节分析了目前传统的伴随状态法走时层析方法的不足：一是伴随方程依赖于地表

法向量，二是无法合理处理井中观测问题，三是 Sei A 等（1994）的 AST 法中伴随方程边界条件不合理。在此基础上，进一步介绍了一种改进的不依赖地表法向量的改进的 AST 方法，从理论上得到了不依赖于地表法向量的伴随方程，克服了传统方法中伴随场计算依赖于地表法向量的缺陷，使检波点处的走时残差正确地反传播至地下，进而得到更合理的速度修正方向，提高了速度反演精度。同时，改进方法还适应地表和井中同时观测的任意观测系统。理论模型及实际地震资料近地表速度建模反演试验结果证实了改进方法的正确性。

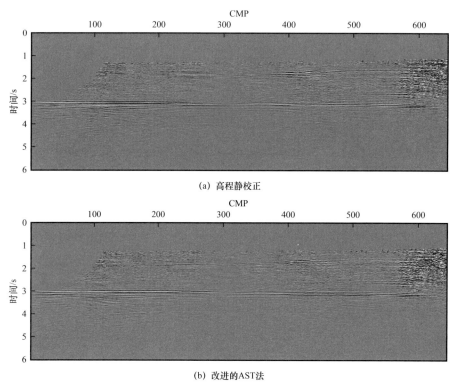

图 7-2-15 不同方法静校正后的一条 Inline 方向的叠加剖面

第三节 菲涅尔体地震层析成像理论与方法

目前，地震层析成像技术主要包括走时层析和波形层析。走时层析是通过解释地震波到达时来反演地下速度分布（Bishop T N et al.，1985；杨文采，1997），或者是利用地震波某类相关信号的时差反演地下速度结构，如地震勘探中偏移速度分析技术（Yl-Yahya K，1989）。然而，基于高频射线理论的走时层析成像技术必然造成射线路径沿高速区域的优势采样，而没有考虑地震波的不同频率成分，导致反演精度降低（Vasco D W et al.，1993），只能反演速度空间变化的低波数成分。尽管反演的这个平滑背景速度基本可以满足偏移成像要求，但其空间分辨率较低的现实影响了对地下结构的精细认识

（Marquering H et al.，1999），也阻碍了对油气储层的精细识别。

地震信号具有一定的频带宽度，不仅高频射线路径上的介质性质影响地震波传播，射线附近的介质特征也影响地震波传播。只有定量地描述空间中每一点对接收信息的影响程度，才有可能得到更精确的反演结果。在地震层析成像中，这种影响可以用层析核函数描述，又称为 Fréchet 核函数（Tarantola A，1987）。理论研究表明，影响地震波传播的主要区域集中于射线邻域的第一菲涅尔体内（Woodward M J，1992；Červený V et al.，1992）。简单起见，本节将第一菲涅尔体简称为菲涅尔体，将传统射线层析中的单位矩阵替换为菲涅尔体范围内的层析核函数的地震层析成像方法称为菲涅尔体层析成像。菲涅尔体范围约束的层析核函数即为菲涅尔体层析核函数。

自从 Slaney M 等（1984）深入地分析对比研究了均匀介质中 Born 近似与 Rytov 近似散射层析后，大量学者研究了 Fréchet 核函数与菲涅尔体层析成像方法。Marquering H 等（1998）等在理论上建立了 Rytov 波场与 Born 散射场之间的关系，并导出了相位与振幅扰动与 Born 散射场之间的定量表达式。Marquering H 等（1999）、Spetzler G 等（2001）进一步从不同的角度出发建立了均匀介质情况下单频、带限走时层析核函数，并描述了该层析核函数的特点。在这些工作的基础上，Dahlen F 等（2000）沿用 Marquering H 等（1998）的方法导出了非均匀介质情况下单频、带限菲涅尔体走时层析核函数的计算方法，并研究了该核函数的特点。

鉴于核函数是有限频地震层析成像中的核心问题，本节首先从波动方程的 Born 近似与 Rytov 近似出发，导出不同维数情况下振幅与走时菲涅尔体层析核函数的表达式。作为一种特殊情况，本节进一步导出了均匀介质情况下菲涅尔体层析核函数的解析表达式。根据菲涅尔体的物理意义，总结了不同情况下菲涅尔体层析核函数分布特点。最后通过理论模型试验与实际资料处理，将该方法与传统的射线层析进行了对比，验证了菲涅尔体地震层析成像的良好效果。

一、基本原理

基于射线理论的初至波走时延迟可以表达为：

$$\Delta\tau = \int_\Gamma \Delta s(r)\mathrm{d}r \qquad (7-3-1)$$

式中　$\Delta s(r)$——射线路径 Γ 上 r 处的慢度扰动。

式（7-3-1）表明，只有射线路径上的点才对接收的走时信息具有影响，而且射线路径上的任意点对接收的走时信息具有相同的影响权重。对式（7-3-1）进行离散即得到层析成像线性方程组。

然而，根据地震波传播的有限频理论（Marquering H et al.，1999），对于某个特定震相的观测信息，不仅射线路径上的点对该信息具有影响，中心射线域上的其他点对接收信息也具有影响，而且空间不同位置的点对接收信息的影响程度不同。这种影响可以用核函数表达。空间慢度扰动对接收的地震波走时的影响可以用核函数 $K_T(r)$ 表达。有限频地震波传播的走时延迟 $\Delta\tau$ 为：

$$\Delta\tau = \int_V K_T(r)\Delta s(r)\mathrm{d}r \qquad (7-3-2)$$

式中 V——中心射线附近对初至信息贡献最大的邻域范围，即菲涅尔体范围。

地震波场相位的一阶扰动遵循 Rytov 近似。介质扰动前地震波场 u_0（以下简称为背景波场）、一阶 Born 散射场 u_1、扰动后 Rytov 波场 u_R 之间满足（Wielandt E，1987）：

$$u_R = u_0 \exp\left(\frac{u_1}{u_0}\right) \qquad (7-3-3)$$

其中：

$$u_0 = A_0(\boldsymbol{r},\omega)\exp\left[\mathrm{i}\varphi_0(\boldsymbol{r},\omega)\right] \qquad (7-3-4\mathrm{a})$$

$$u_R = \left[A_0(\boldsymbol{r},\omega)+\Delta A(\boldsymbol{r},\omega)\right]\exp\left\{\mathrm{i}\left[\varphi_0(\boldsymbol{r},\omega)+\Delta\varphi(\boldsymbol{r},\omega)\right]\right\} \qquad (7-3-4\mathrm{b})$$

式中 A_0——背景波场的振幅；

φ_0——包含初相位信息的背景波场相位；

ω——圆频率。

将式（7-3-4）代入式（7-3-3）得到相位扰动 $\Delta\varphi$ 与一阶 Born 散射场 u_1 之间的关系 [（式 7-3-5）]。注意式（7-3-4）中的 A_0、φ_0、ΔA、$\Delta\varphi$ 都是实数，而非复数。在 Born 近似 $\Delta A \ll A_0$ 条件下，式（7-3-5）可以进一步简化为式（7-3-6）。

$$\ln\left(1+\frac{\Delta A}{A_0}\right)+\mathrm{i}\Delta\varphi = \frac{u_1}{u_0} \qquad (7-3-5)$$

$$\frac{\Delta A}{A_0}+\mathrm{i}\Delta\varphi = \frac{u_1}{u_0} \qquad (7-3-6)$$

因此，走时扰动 $\Delta\tau$ 与 u_1 之间存在如下关系：

$$\Delta\tau = \mathrm{Im}(u_1/u_0)/\omega \qquad (7-3-7)$$

式中 Im——复数的虚部。

Born 散射场可以表达为

$$u_1(g,s) = \int_V \frac{2\omega^2\Delta s(r)}{v_0(r)}G_0(g,r)u_0(r,s)\mathrm{d}r \qquad (7-3-8)$$

式中 $G_0(g,r)$——无扰动速度场 $v_0(r)$ 中在 r 处激发、在 g 处接收的格林函数值。

将式（7-3-8）代入式（7-3-7），再根据式（7-3-2）即得到单频走时层析核函数表达式：

$$K_T(r,\omega) = \frac{2\omega}{v_0(r)}\mathrm{Im}\left[\frac{G_0(g,r)u_0(r,s)}{u_0(g,s)}\right] \qquad (7-3-9)$$

由此可见，单频走时层析核函数的计算，关键在于格林函数的求取与理论波场的合成。对于简单的情况，如均匀介质、脉冲点源情况下，可以在理论上得到核函数的解析表达式。对于复杂的情况，则需要采用波动方程或动力学射线追踪、利用式（7-3-9）计算菲涅尔体层析核函数数值解。理论上格林函数采用频率域双程波波动方程计算得到，为了提高计算效率，三维透射波核函数采用动力学射线追踪计算得到。

考虑到观测数据具有一定的带宽，给出以下带限走时层析核函数表达式：

$$K_T\left(r\right) = \int_{\omega_1}^{\omega_2} P\left(\omega\right) K_T\left(r,\omega\right) \mathrm{d}\omega \qquad （7-3-10）$$

式中　$P\left(\omega\right)$——权系数，它可以根据振幅谱计算得到，需要满足关系式 $\int_{\omega_1}^{\omega_2} P\left(\omega\right)\mathrm{d}\omega = 1$。

下面的研究中，$P\left(\omega\right)$ 由高斯公式计算得到：

$$P\left(f\right) = w\left(f\right) \bigg/ \int_{f_1}^{f_2} w\left(f\right)\mathrm{d}f \qquad （7-3-11a）$$

$$w\left(f\right) = \frac{1}{\sigma\sqrt{2\pi}} \mathrm{e}^{-\frac{\left(f-f_0\right)^2}{2\sigma^2}} \qquad （7-3-11b）$$

式中　f——圆频率；

σ——中心频率 f_0 附近具有较高能量的带宽展布范围。

二、层析核函数的性质及菲涅尔体边界的确定

菲涅尔体大小与频率有关，为了确定带限菲涅尔体的范围，首先考虑背景场为均匀介质，脉冲点源激发这一特殊情况下的单频与带限菲涅尔体边界的确定方法。在上述特殊情况下式（7-3-9）中的无扰动波场即为格林函数。根据均匀介质中格林函数解析表达式（7-3-12）即可得到均匀介质、脉冲点源情况下单频振幅与走时层析核函数表达式（7-3-13）与式（7-3-14）（为方便对比分析，将其列于表 7-3-1 中）：

$$G_0^{2\mathrm{D}}\left(g,s\right) = \frac{\mathrm{i}}{4} H_0^{(1)}\left(k_0 |s-g|\right) \qquad （7-3-12a）$$

$$G_0^{3\mathrm{D}}\left(g,s\right) = \frac{\mathrm{e}^{\mathrm{i}k_0|s-g|}}{4\pi|s-g|} \qquad （7-3-12b）$$

式中　s——激发点；

$H_0^{(1)}$——第一类零阶 Hankel 函数。

式（7-3-12a）为二维均匀介质格林函数解析表达式，式（7-3-12b）为三维均匀介质格林函数解析表达式。

表 7-3-1　振幅与走时层析核函数表达式

维度	$K_A(r, \omega)$		$K_T(r, \omega)$	
二维	$A_0(\omega, g/s)\sqrt{\dfrac{l_{sg}\omega^3}{2\pi v l_{rs} l_{rg}}}\cos\left(\omega\Delta t + \dfrac{\pi}{4}\right)$	（7-3-13a）	$\sqrt{\dfrac{l_{sg}\omega}{2\pi v l_{rs} l_{rg}}}\sin\left(\omega\Delta t + \dfrac{\pi}{4}\right)$	（7-3-14a）
三维	$A_0(\omega, g/s)\dfrac{l_{sg}\omega^2}{2\pi v l_{rs} l_{rg}}\cos(\omega\Delta t)$	（7-3-13b）	$\dfrac{l_{sg}\omega}{2\pi v l_{rs} l_{rg}}\sin(\omega\Delta t)$	（7-3-14b）

　　注：l_{rs}、l_{rg}、l_{sg} 分别代表 r 到 s、r 到 g、s 到 g 的距离；Δt 为绕射射线（$s \to r \to g$）相对于中心射线（$s \to g$）的走时延迟，即 $\Delta t = (l_{rs} + l_{rg} - l_{sg})/v$。

　　图 7-3-1 为在均匀介质、点源激发情况下，根据式（7-3-10）、式（7-3-13）、式（7-3-14）计算得到的不同维度走时带限层析核函数。图 7-3-2 为图 7-3-1 中 $x = 500\text{m}$ 处的垂向剖面。可以发现单频核函数在中心射线一定邻域范围内基本可以同相叠加，而在该范围之外则因异相叠加而相互抵消。因此，根据波的同相叠加原理，将中心射线邻域内核函数值大于零的范围定义为单频菲涅尔体范围。那么，结合式（7-3-13）、式（7-3-14）不难得到不同情况下用绕射走时延迟 $\Delta t_{\max}$ 定义的单频菲涅尔体的范围。二维或三维情况下，走时菲涅尔体的边界分别为 3/8 周期或 4/8 周期，并不是任何情况下都等于 1/2 周期。

　　菲涅尔体层析中的另一个主要问题是菲涅尔体 V 边界的确定。在带限菲涅尔体地震层析成像中，很难根据某种原则确定带限菲涅尔体的边界，尤其当多路径存在时。因此，可以利用某个特定频率的单频菲涅尔体边界近似替代带限菲涅尔体边界。如图 7-3-2 所示，在中心频率对应的菲涅尔体范围内，绿线与红线可以很好地吻合，这说明将中心频率或主频对应的单频菲涅尔体范围作为带限菲涅尔体的边界是可行的。

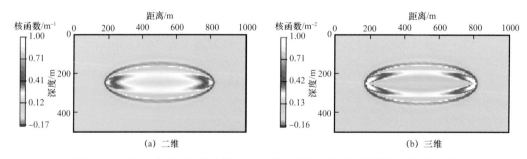

图 7-3-1　均匀介质点源激发情况下二维走时与三维走时的带限层析核函数
由 0～100Hz 范围每 2Hz 离散采样的单频层析核函数高斯加权叠加得到。激发点位于（200m，250m）处，检波点位于（800m，250m）处。白色虚线为 50Hz 中心频率对应的菲涅尔体范围

　　因此，将满足上述边界条件、具有式（7-3-9）所描述属性的单频层析核函数称为单频菲涅尔体层析核函数，简称为单频菲涅尔体。同理，将满足中心频率边界条件的、具有式（7-3-10）所描述属性的带限层析核函数称为带限菲涅尔体层析核函数，简称为带限菲涅尔体。不难看出，无论是单频菲涅尔体还是带限菲涅尔体，描述的不仅是某一特

定震相地震波主能量的传播范围，而且是该范围内空间不同点的慢度扰动对接收信息的影响权重，该接收信息是这一特定震相的走时、振幅甚至波形。

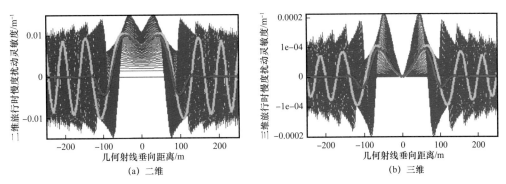

图 7-3-2　上图 $x=500$m 处抽取的二维走时与三维走时的层析核函数垂向剖面
蓝线为式（7-3-13）、式（7-3-14）计算得到的单频层析核函数剖面，红线为式（7-3-10）对单频核函数进行高斯加权叠加得到的带限层析核函数剖面，绿线为 50Hz 中心频率（主频）对应的单频层析核函数

　　菲涅尔体层析核函数与炮检点的位置、介质速度结构、子波、频率等多个因素有关，在复杂介质情况下核函数也会很复杂，在某些情况下甚至会存在多路径现象。但根据 Liu 等（2009）研究，在平缓非均匀介质中，带限菲涅尔体边界仍然可以采用这一规则近似确定。缓变非均匀介质中的带限菲涅尔体数值模拟结果如图 7-3-3 所示。

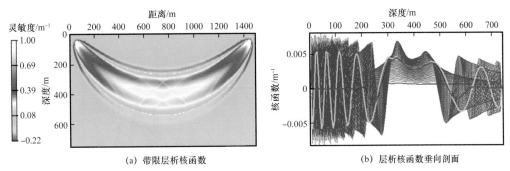

图 7-3-3　等梯度模型点源激发情况下二维走时带限层析核函数与垂向剖面
激发点位于（50m，50m）处，检波点位于（1450m，50m）处。由 0～100Hz 之间每 2Hz 离散采样的单频层析核函数高斯加权叠加得到，图（b）为 $x=750$m 处抽取的垂向剖面。蓝线为 0～100Hz 之间每 2Hz 离散采样的单频层析核函数，红线为带限层析核函数，绿线为 50Hz 主频对应的单频层析核函数

三、数值实验

　　设计二维复杂地表理论模型如图 7-3-4 所示。模型离散为 4001×75 个网格，采样间隔为 10m×10m，速度从 800m/s 变化到 4300m/s。利用弹性波方程合成 640 炮记录，第一个激发点位于水平方向 5000m 处，激发点水平间隔 40m，中间激发两边接收，接收点水平间距为 20m，最大炮检距 2000m，最小炮检距 0m。在模拟记录上拾取初至后，分别进行初至波射线走时层析与初至波菲涅尔体走时层析，反演结果如图 7-3-5 所示。为了定量对比两种层析方法在该理论模型上的反演效果，提取了地表以下 80m、160m 不同深

度处的速度剖面，如图7-3-6所示，射线层析基本上可以准确地反演模型的背景场信息，但对介质的高波数扰动不够敏感；而菲涅尔体层析成像方法在准确地反演低波数成分的同时还可以准确地反演较高波数成分。

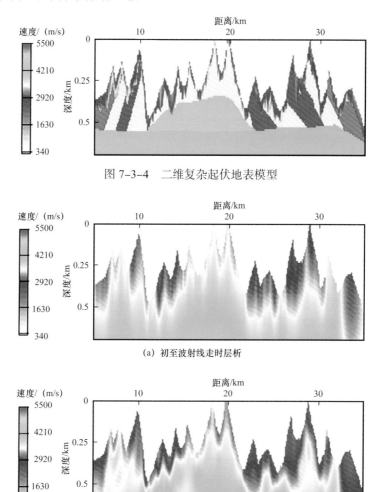

图7-3-4　二维复杂起伏地表模型

（a）初至波射线走时层析

（b）菲涅尔体走时层析

图7-3-5　初至波射线走时与菲涅尔体走时层析反演结果

四、小结

本节基于Born与Rytov近似，给出了单频走时层析核函数表达式，当然，可以通过同样的方法得到单频振幅层析核函数，从而进行振幅层析反演。但是由于实际勘探中初至波振幅信息的利用难度很大，因此，本书不做介绍。该表达式不仅适合均匀介质情况，同样适合于非均匀介质情况。在此基础上，提出通过高斯加权叠加单频核函数得到带限菲涅尔体层析核函数的方法。在均匀介质假设前提下，根据单频波的同相叠加原理，给出了不同维度走时、振幅单频菲涅尔体的空间分布范围。二维振幅、三维振幅、二维走时、三维走时菲涅尔体的空间分布范围分别为 1/8 周期、2/8 周期、3/8 周期和 4/8 周期。同时，根据均匀介质与缓变非均匀介质带限层析核函数的模拟结果，提出在带限菲涅尔体层析反演中，可以采用中心频率或主频对应的单频菲涅尔体边界约束带限菲涅尔体。

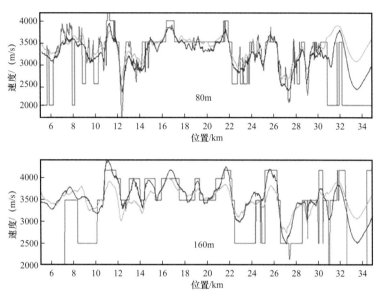

图 7-3-6　地表以下 80m、160m 深度处速度剖面对比
红线为理论模型，绿线为射线层析反演结果，蓝线为菲涅尔体层析反演结果

第四节　基于波动方程的初至波走时反演方法

初至波的走时作为地震数据中最为稳健、最容易识别的信息，已被广泛应用于石油勘探行业并取得了巨大的成功。几十年来，基于射线理论的走时层析技术由于其高效性成为工业界最常用的近地表建模手段。然而，正如前面章节所介绍的，由于地震波是有限频带时域信号，地震波的传播不仅依赖于几何射线路径上的介质性质，也会受到其周围介质的物理性质的影响。这样使得基于高频近似的射线理论的走时层析技术受到焦散、多路径和阴影区等固有缺陷的限制。因此，如果直接利用地震波的高频近似理论，会使最终结果或多或少地偏离真实的速度分布，尤其是难以分辨小尺度不均匀体。

为了考虑地震波传播的带限特征，Luo Y 等（1991）提出了基于波动方程的走时反演方法（Wave-equation-based Traveltime Inversion，简称 WTI）。WTI 方法可以充分结合走时反演和全波场模拟的优势，即：结合了走时反演目标函数良好的线性特征和波动方程模拟的高精度。Marquering H 等（1999）利用观测数据和模拟数据互相关函数展开，给出了波场扰动与走时扰动的关系，由此可以导出相应的带限地震波走时敏感度核函数。为了缓解 WTI 对地震波振幅的依赖性，Luo Y 等（2016）基于 Rytov 近似提出了全走时反演（full-traveltime inversion），缓解了振幅模拟不准确、数据噪声等对 WTI 的影响。为了适应实际大尺度应用问题，Wang J 等（2021）提出了一种高效的基于单频成分的波动方程走时反演方法，下面介绍该方法的基本原理和数值试验。

一、基本原理

WTI 的目标是获得一个最佳的速度模型，使观测的和计算的初至波走时之间的差异最小化。使用 L2 范数的目标函数通常定义如下（Luo Y et al.，1991）：

$$J = \frac{1}{2} \sum_{s,r} \left\| \Delta t \left(\boldsymbol{x}_s, \boldsymbol{x}_r \right) \right\|_2^2 \tag{7-4-1}$$

式中　$\Delta t \left(\boldsymbol{x}_r, \boldsymbol{x}_s \right)$——观测初至波和计算初至波之间的走时残差；

　　　$\boldsymbol{x}_s$ 和 $\boldsymbol{x}_r$——炮点和检波点的空间位置。

走时残差的估计是波动方程走时反演中的一个关键步骤，在本节中，假设 $\Delta t \left(\boldsymbol{x}_r, \boldsymbol{x}_s \right)$ 是通过互相关函数最大化自动拾取的：

$$C_t \left(\boldsymbol{x}_s, \boldsymbol{x}_r; \tau \right) = \int d_{\text{obs}} \left(\boldsymbol{x}_s, \boldsymbol{x}_r; t + \tau \right) d_{\text{cal}} \left(\boldsymbol{x}_s, \boldsymbol{x}_r; t \right) \mathrm{d}t \tag{7-4-2}$$

式中　$C_t \left(\boldsymbol{x}_s, \boldsymbol{x}_r; \tau \right)$——观测初至波 $d_{\text{obs}} \left(\boldsymbol{x}_s, \boldsymbol{x}_r; t \right)$ 和模拟初至波 $d_{\text{cal}} \left(\boldsymbol{x}_s, \boldsymbol{x}_r; t \right)$ 的互相关函数。

走时残差 $\Delta t \left(\boldsymbol{x}_r, \boldsymbol{x}_s \right)$ 的最大化互相关函数（7-4-2），即：

$$\Delta t \left(\boldsymbol{x}_s, \boldsymbol{x}_r \right) = \arg \max_{\tau} \left[C_t \left(\boldsymbol{x}_s, \boldsymbol{x}_r; \tau \right) \middle| \tau \in \left[-T_{\max}, T_{\max} \right] \right] \tag{7-4-3}$$

式中　$T_{\max}$——预估的观测和模拟初至波走时之间的最大时差。

走时敏感核函数可以通过定义连接函数导出（Luo Y et al.，1991）：

$$k_{ij} = -\int \frac{\dot{d}_{\text{obs}} \left(\boldsymbol{x}_s, \boldsymbol{x}_r; t + \Delta t_i \right)}{\int \ddot{d}_{\text{obs}} \left(\boldsymbol{x}_s, \boldsymbol{x}_r; t + \Delta t_i \right) d_{\text{cal}} \left(\boldsymbol{x}_s, \boldsymbol{x}_r; t \right) \mathrm{d}t} \frac{\partial d_{\text{cal}} \left(\boldsymbol{x}_s, \boldsymbol{x}_r; t \right)}{\partial v_j} \mathrm{d}t \tag{7-4-4}$$

式（7-4-4）代表的是第 i 个炮检对走时残差 Δt_i 对第 j 个模型速度 v_j 的偏导数，$\dot{d}_{\text{obs}} \left(\boldsymbol{x}_s, \boldsymbol{x}_r; t \right)$ 和 $\ddot{d}_{\text{obs}} \left(\boldsymbol{x}_s, \boldsymbol{x}_r; t \right)$ 分别代表观测初至波对时间的一阶和二阶导数。Wang J 等（2021）利用帕萨瓦尔定理导出了走时敏感核函数的频率域表达式：

$$k_{ij} = -\int \frac{\left[\mathrm{i}\omega \tilde{d}_{\text{obs}} \left(\boldsymbol{x}_s, \boldsymbol{x}_r; \omega \right) \exp \left(\mathrm{i}\omega \Delta t_i \right) \right]^*}{E} \frac{\partial \tilde{d}_{\text{cal}} \left(\boldsymbol{x}_s, \boldsymbol{x}_r; \omega \right)}{\partial v_j} \mathrm{d}\omega \tag{7-4-5}$$

$$E = \int \left[-\omega^2 \tilde{d}_{\text{obs}} \left(\boldsymbol{x}_s, \boldsymbol{x}_r; \omega \right) \exp \left(\mathrm{i}\omega \Delta t_i \right) \right]^* \tilde{d}_{\text{cal}} \left(\boldsymbol{x}_s, \boldsymbol{x}_r; \omega \right) \mathrm{d}\omega \tag{7-4-6}$$

式中　$\tilde{d}_{\text{obs}} \left(\boldsymbol{x}_s, \boldsymbol{x}_r; \omega \right)$ 和 $\tilde{d}_{\text{cal}} \left(\boldsymbol{x}_s, \boldsymbol{x}_r; \omega \right)$——频率域的初至波。

图 7-4-1 展示的是在均匀模型中计算的单炮检对走时敏感核函数。图 7-4-1（b）展示了使用频带［0，80Hz］、频率采样间隔 0.25Hz 计算的敏感核函数。图 7-4-1（b）与时间域计算的梯度图 7-4-1（a）几乎完全相同，这证明了当使用的频带足够宽，频率采样

间隔满足香农采样定理时，频率域和时间域计算的敏感核函数是完全等效的。当使用的频率数目减少时，敏感核函数中第一菲涅尔体外会出现等时面噪声［图 7-4-1（c）（d）］。值得注意的是，即便使用单个频率，敏感核函数在第一菲涅尔体内的分布特征也与时间域计算的敏感核函数相同。Wang J 等（2021）利用这一现象提出了一种高效的单频 WTI 方法，为 WTI 在实际大规模问题的应用提供了可能。

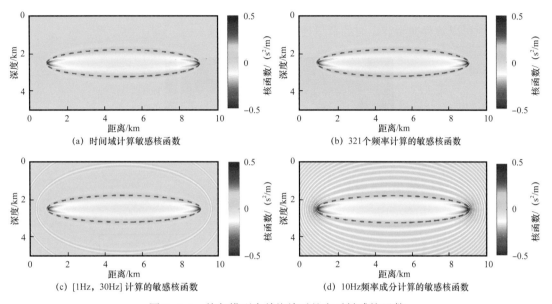

(a) 时间域计算敏感核函数

(b) 321个频率计算的敏感核函数

(c) [1Hz，30Hz] 计算的敏感核函数

(d) 10Hz频率成分计算的敏感核函数

图 7-4-1　均匀模型中单炮检对的走时敏感核函数

二、数值试验

1. Marmousi 模型

在本节中，使用 Marmousi 模型来测试 WTI 方法的性能。Marmousi 模型剖分为 501×140 个网格，水平和垂直方向的网格间距为 15m［图 7-4-2(a)］。在初始速度模型中，速度随深度线性增加［图 7-4-2(b)］，速度从海底的 1500m/s 线性增加到 2.085km 深度的 2700m/s。共有 101 炮沿模型顶面均匀分布，每一炮都由一条检波器线记录，检波器间距为 75m，最大偏移距为 7.5km。正演和反演中都采用峰值频率为 7Hz 的雷克子波。

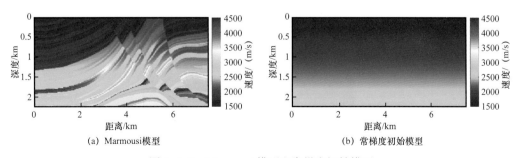

(a) Marmousi模型

(b) 常梯度初始模型

图 7-4-2　Marmousi 模型和常梯度初始模型

波动方程初至波走时反演成功地恢复了 Marmousi 模型的中、长波长成分（图 7-4-3），由于本实验中数据的偏移距较长（7.5km），WTI 有效更新深度达到了 2km。垂向速度剖面对比（图 7-4-4）更进一步证明了 WTI 恢复了 Marmousi 模型的总体趋势。图 7-4-5 展示了不同模型计算的走时与炮记录的叠加图，黄线和真实走时（红线）有较大的时差，这表明本实验所用的常梯度初始模型很粗糙，缺乏解释运动学信息的中－长波长成分。经过 WTI，蓝点所示的走时与真实走时（红线）匹配得很好，这说明 WTI 实现了数据匹配的目标，得到了可以解释初至波走时的背景速度模型。

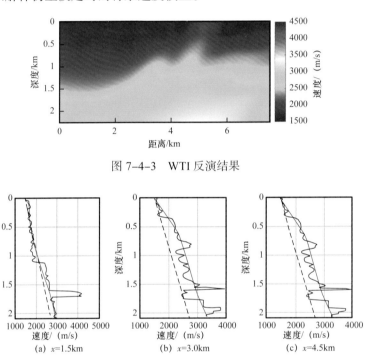

图 7-4-3　WTI 反演结果

图 7-4-4　不同位置处真实模型（黑色实线）、初始模型（黑色虚线）和 WTI 反演结果（红色线）的垂向剖面对比

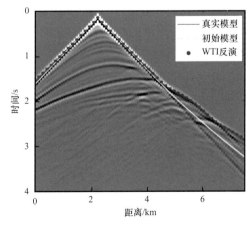

图 7-4-5　第 50 炮真实模型（红线）、初始模型（黄线）和 WTI 反演结果（蓝色点）初至走时匹配情况

2. Foothill 模型

WTI 方法应用于复杂地形的 Foothill 模型［图 7-4-6（a）］，模型网格离散的水平和垂直方向的网格间距为 20m。将一维梯度模型设置为初始模型［图 7-4-6（b）］，其中速度随距地面深度线性增加，地表速度为 1500m/s，底部最大速度为 2742m/s。共有 126 个均匀分布在地表的炮点用于生成"观测"地震数据。WTI 方法恢复了 Foothill 模型的中、长波长成分（图 7-4-7），准确地恢复了大尺度速度异常。可以清楚地看到，在不同深度，反演的速度剖面与真实速度剖面吻合良好（图 7-4-8）。

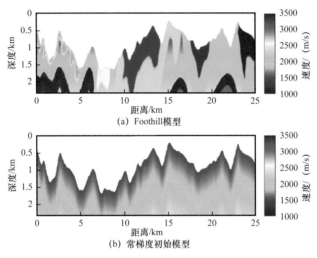

(a) Foothill模型

(b) 常梯度初始模型

图 7-4-6　Foothill 模型和常梯度初始模型

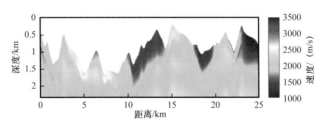

图 7-4-7　WTI 反演结果

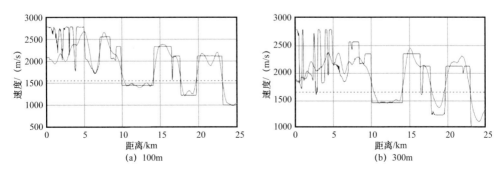

(a) 100m

(b) 300m

图 7-4-8　距地表不同深度处的真实模型（黑色实线）、初始模型（黑色虚线）和 WTI 反演结果（红色实线）的水平剖面对比

3. 陆上实际地震数据应用

本节使用陆上实际地震资料测试 WTI 方法的有效性。数据集包含由 712 炮组成的测线，震源间隔为 50m。每一炮均由 384 个检波器采集，检波器间距约为 25m，最大偏移量为 4.8km。对该地震数据集做了三维到二维转换、去除面波、带通滤波的预处理。在反演中，为了仅使用初至波，根据自动拾取的初至走时对其他震相进行了切除。初始模型为常梯度速度模型，其中速度随深度线性增加，从模型顶部表面的 1800m/s 到底部的 2700m/s［图 7-4-9（a）］，图 7-4-9（b）展示了 WTI 的反演结果。由于近炮检距初至地震资料受到面波的污染，在反演过程中将最小炮检距阈值设置为 250m。

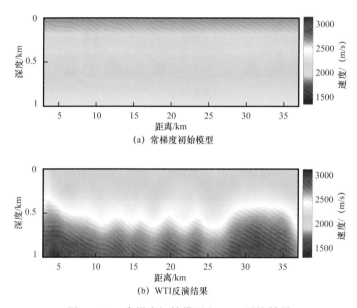

(a) 常梯度初始模型

(b) WTI 反演结果

图 7-4-9　常梯度初始模型和 WTI 反演结果

图 7-4-10 显示了不同炮的初至走时匹配情况。初始模型的模拟走时和观测走时之间存在明显偏差［图 7-4-10（a）］，表明初始速度模型在运动学上不准确。由 WTI 反演模型计算的走时［图 7-4-10（b）］与观测的走时吻合良好，这表明 WTI 实现了数据匹配的目标，并且可能重建了地下介质速度变化的中、长波长成分。

三、小结

本节回顾了波动方程初至波走时反演的基本原理，展示了时间域和频率域的走时敏感核函数。通过数值例子证明了时间域和频率域走时敏感核函数表达式的等效性，并指出时间域计算的走时核函数和使用不同数目的频率计算的走时核函数在第一菲涅尔体内有良好的一致性，进而提出可以在频率域高效地实施波动方程初至波走时反演。Marmousi 模型和起伏地表 Foothill 模型的数值实验证明了 WTI 方法在恢复模型中、长波长成分的有效性。陆上资料的应用进一步证明了 WTI 方法可以利用初至波的走时信息恢复地下介质的背景成分。

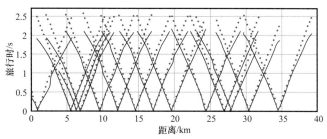

(a) 观测（黑线）和初始模型的模拟（红点）初至走时之间的匹配

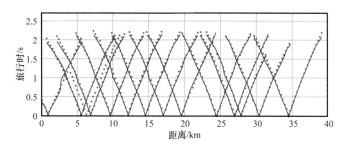

(b) 观测（黑线）和WTI反演结果（红点）的模拟初至走时之间的匹配

图 7-4-10　不同模型不同炮点的观测和模拟初至走时的匹配

第五节　初至波相位走时反演方法

前面章节已经介绍，由于地震波是有限频带时域信号，地震波的传播不仅依赖于几何射线路径上的介质性质，也会受到其周围介质的物理性质的影响。此外，波的散射、衍射、波前分裂和波前弥合（Liu Y et al.，2012）等都将影响地震波的走时。因此，如果直接利用地震波的高频渐近理论，即几何光学近似理论实施速度反演，会使最终结果或多或少地偏离真实的速度分布，尤其是难以分辨小尺度不均匀体。

相对于传统的基于几何射线理论的层析成像方法，有限频层析以"波路径"替代传统走时层析成像中的"几何射线路径"，更准确地描述了地震信号对介质速度结构的灵敏度。此外，"波路径"对低速区域的敏感性与高速区域一样，从而改善了高频射线路径对高、低速区域采样的差异所产生的问题（Wielandt E，1987）。Spetzler G 等（2004）、刘玉柱等（2009）基于有限频理论提出了菲涅尔体地震层析成像方法进一步改善了射线走时层析的精度。然而，该方法认为只在有限的空间区域的介质速度对观测数据是敏感的，反演精度仍有待提高。Sheng J 等（2006）提出了一种反演近地表速度结构的初至波波形层析成像方法。相对于传统的射线走时层析，初至波波形层析利用了更多的信息，因此能够得到更精确的结果，但它的计算成本与常规的 FWI 相同，且同样面临 FWI 中的诸多挑战。

除了几何射线路径和波路径以外，利用波场相位信息同样可以反演地下速度结构（Shin C et al.，2006）。这是因为，在 Rytov 近似框架下介质扰动引起的波场残差主要来自于相位变化。然而，绝大多数相位反演都仅仅提取了相位而没有消除相位折叠现象，这样会使反演陷入局部极值，严重破坏了反演的稳定性。

本节对相位反演进行了改进，并将其基本思想用于初至波走时层析，提出了初至波相位走时层析成像方法。一方面，通过对波场取对数提取依赖频率的走时（为了与其他走时区分，本节称其为相位走时），丰富了对走时信息的利用；另一方面，通过对波场施加强阻尼得到初至波形，从而压制噪声，解决了 Poggiagliolmi E 等（1982）相位展开方法中对高频情况下低信噪比数据应用不理想的问题，避免了相位提取中的周波跳跃问题。相比于瞬时走时，本节实验中频带上限也能做到更高。同时，该方法利用 Rytov 近似计算相位走时层析的全空间敏感核函数，通过使用 Liu Y 等（2015）提出的改进的散射积分算法，很好地解决了大规模矩阵的存储问题，提高了反演的稳定性。最后将 Overthrust 模型的初至波相位走时层析反演结果与传统射线走时层析和菲涅尔体走时层析的反演结果进行对比。

一、理论方法

指数衰减波场 $\bar{u}(t)$ 可以表示为原波场 $u(t)$ 与指数衰减项 $e^{-\alpha t}$ 的乘积：

$$\bar{u}(t) = u(t)e^{-\alpha t} \tag{7-5-1}$$

式中 α——阻尼因子。

对上述阻尼波场作傅里叶变换得：

$$\hat{u}(\omega) = \int_0^\infty \bar{u}(t)e^{i\omega t}dt = \int_0^\infty u(t)e^{i(\omega+i\alpha)t}dt \tag{7-5-2}$$

式中 ω——角频率。

在式（7-5-2）的最右项中，α 位于复角频率的虚部，这意味着频率域正演时使用复角频率将会生成指数衰减波场，其中复角频率的虚部为阻尼因子。当阻尼因子很大时，可以压制初至波之后的波形，从而得到初至波形（Shin C et al.，2002），近似表达为：

$$\bar{u}(t) = \xi e^{-\alpha t}\delta(t-\tau) \tag{7-5-3}$$

式中 ξ 和 τ——分别为初至波的振幅和走时。

对式（7-5-3）作傅里叶变换可以写成：

$$\hat{u}(\omega) = \xi e^{-i(\omega+i\alpha)\tau} \tag{7-5-4}$$

式（7-5-4）中，相位为初至走时与复角频率的乘积。对该式左右取对数，将振幅与相位分离，再用相位项除以对应的角频率：

$$\ln\left[\hat{u}(\omega)\right] = \ln(\xi) - i(\omega+i\alpha)\tau = \ln(\xi) + \alpha\tau - i\omega\tau \tag{7-5-5}$$

便能够获得初至时刻 τ。该方法计算得到的初至时刻是依赖于频率的，相当于提取了地震记录的相位走时信息。

通过监测相位的不连续性和 2π 周期判定展开相位。当某点的相位跳跃大于某个特定值时，该点即为一个不连续点，在该点将相位翻折上去，即进行了一个相位展开操作。对所有不连续点都进行该操作，即可得到真实的依赖频率的相位走时。

反演中使用的频率相关的相位走时层析核函数为（Woodward M J，1992）：

$$K\left(\omega,x;x_r,x_s\right)=\frac{2\omega}{c_0^2\left(x\right)}\operatorname{Im}\left[\frac{G_0\left(\omega,x,x_r\right)u_0\left(\omega,x,x_s\right)}{u_0\left(\omega,x_r,x_s\right)}\right] \tag{7-5-6}$$

式中　x——空间任意一点，x_r 表示检波点位置，x_s 表示炮点位置；

　　　$G_0\left(\omega,x,x_r\right)$ 或 $G_0\left(\omega,x,x_s\right)$ ——当前模型 c_0 下 x_r 或 x_s 在 x 点的格林函数；

　　　$u_0\left(\omega,x,x_s\right)$、$u_0\left(\omega,x_r,x_s\right)$ ——分别为炮点 x_s 激发在 x、x_r 点的波场。

同时，使用 Liu Y 等（2015）提出的改进的散射积分算法，将梯度计算中大规模的核函数—向量乘运算表示为具有明确物理含义的向量—标量乘的累加运算，大大减少内存占用量的同时方便地实现预条件最速下降方向，提高收敛效率，即：

$$p=\left[\operatorname{diag}\left(\boldsymbol{K}^{\mathrm{T}}\boldsymbol{K}\right)\right]^{-1}\boldsymbol{K}^{\mathrm{T}}\Delta\tau \tag{7-5-7}$$

二、初至波相位信息的提取

本节使用 Overthrust 模型进行数值实验，展示初至波相位信息的提取过程。理论模型如图 7-5-1 所示，模型包括 801×187 个网格，网格间距均为 25m，模型总大小为 20km×4.65km。共设置 199 个炮点，均匀分布在地表以下 25m 的水平线上，炮间距为 100m，第一炮的位置在横向 100m 处。每一炮包含 200 个检波点，均匀分布于地表，检波点间距为 100m，第一个检波点的位置在横向 50m 处。利用声波方程正演得到地震记录，震源函数为雷克子波，主频为 4Hz，采样长度为 8000ms，采样间隔为 1ms。

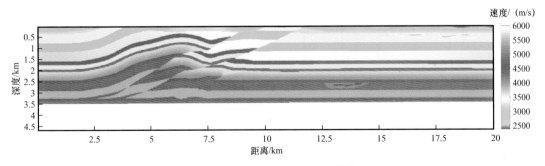

图 7-5-1　真实 Overthrust 速度模型

对得到的初至波形作傅里叶变换，再对其取对数便得到初至相位信息。对第 101 炮的地震记录进行上述操作，图 7-5-2（a）展示了该地震记录不同频率的初至相位走时，随着频率的增大，周期跳跃的现象越来越严重，且折叠的值域范围也在不断收敛。通过监测相位不连续性和 2π 周期判定进行相位展开，图 7-5-2（b）为不同频率的非折叠相位（Choi Y et al.，2013）走时。为了更直观地进行显示，将不同频率的非折叠相位走时放在一起进行对比。图7-5-3（a）分别展示了第1炮、第101炮和第151炮所有频率的非折叠相位走时，图7-5-3（b）为图7-5-3（a）中对应最大偏移距处的放大细节，可见不同频率的非折叠相位走时是有差别的，且偏移距越大差别越大。在勘探频带内，20km偏移距不同频率的走时差异约为20ms，但这种差别在极低频时则非常明显，如图7-5-4所示。

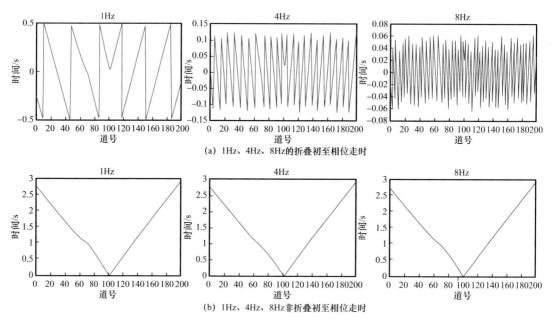

(a) 1Hz、4Hz、8Hz的折叠初至相位走时

(b) 1Hz、4Hz、8Hz非折叠初至相位走时

图7-5-2　第101炮地震记录的折叠初至相位走时与非折叠初至相位走时

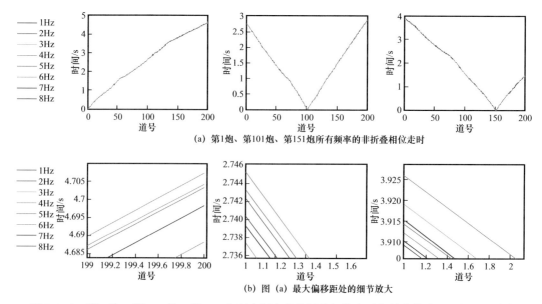

(a) 第1炮、第101炮、第151炮所有频率的非折叠相位走时

(b) 图 (a) 最大偏移距处的细节放大

图7-5-3　第1炮、第101炮、第151炮所有频率的非折叠相位走时与最大偏移距处的细节放大

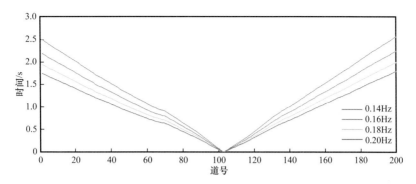

图 7-5-4　极低频时的非折叠相位走时，不同频率会有很大差别

三、层析核函数分析

本节使用的核函数为 Rytov 近似下的频率域表达式（7-5-6）。为了显示不同频率下核函数的区别，本节做了下述数值实验。图 7-5-5（a）为 $v=2000m/s$ 的均匀速度模型，包含 $201×201$ 个网格，网格大小为 $10m×10m$，左边蓝星表示激发点位置，右边蓝星表示接收点位置。图 7-5-5（b）至（d）展示了不同频率的核函数。可以看到，在低频时，菲涅尔体胖度较大，能量分布在整个菲涅尔体范围内，随着频率的增高，菲涅尔体胖度逐渐减小，能量也逐渐向中心射线集中。对 $2\sim100Hz$ 之间每 2Hz 离散采样的单频层析核函数进行加权叠加，加权函数为 Ricker 子波的振幅谱，得到带限层析核函数 K_T：

$$K_T = \int_{\omega_1}^{\omega_2} P(\omega)K_T(r,\omega)\mathrm{d}\omega \qquad (7-5-8)$$

式中　$K_T(r,\omega)$——单频层析核函数。

加权函数 $P(\omega)$ 为：

$$P(\omega) = 4\sqrt{\pi}\frac{\omega^2}{\omega_0^3}\mathrm{e}^{-\frac{\omega^2}{\omega_0^2}} \qquad (7-5-9)$$

式中　ω_0——角频率，$\omega_0=2\pi f_0$；

f_0——雷克子波的主频。

最后得到的带限层析核函数剖面如图 7-5-5（e）所示。图 7-5-6 为 $x=1000m$ 处的垂向剖面，可以发现单频层析核函数在中心射线的一定邻域范围内基本能够进行同相叠加，而在该范围之外则因异相叠加而相互抵消。由于在主频对应的菲涅尔体范围内，绿线和红线能够很好地吻合，所以在常规的菲涅尔体层析中常利用主频对应的单频菲涅尔体边界近似代替带限菲涅尔体边界（Liu Y et al.，2009）。然而，不同频率的层析核函数不尽相同，利用主频对应的单频菲涅尔体边界约束带限菲涅尔体会导致一定的反演误差。相位走时层析方法使用所有频率的全空间（而非限于菲涅尔体内）层析核函数信息，且利用频率依赖的相位信息，从低频到高频，不同频率下都进行了迭代反演，从而保证可以得到更精确的反演结果。

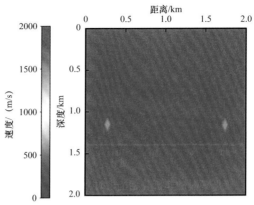

(a) 左边蓝星为激发点，位置在（250m，1000m）处，右边为接收点，位置在（1750m，1000m）处

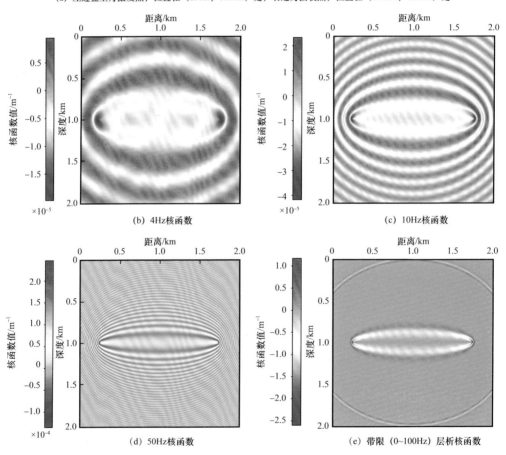

(b) 4Hz核函数 (c) 10Hz核函数

(d) 50Hz核函数 (e) 带限（0~100Hz）层析核函数

图 7-5-5 简单均匀速度模型的单频与带限层析核函数（$v=2000$m/s）

四、初至波相位走时层析实验

使用 Overthrust 模型来验证初至波相位走时层析方法的有效性。理论模型如图 7-5-1 所示，初始模型如图 7-5-7 所示，为 $v=v_0+\Delta v \cdot z$ 的等梯度模型，其中 $v_0=2300$m/s，$\Delta v_0=22.581$m/s，z 为模型深度。

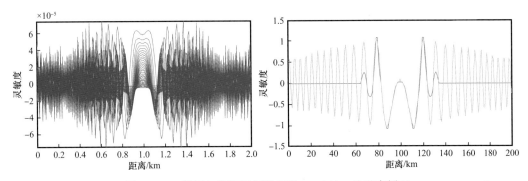

图 7-5-6 单频与带限层析核函数 $x=1000$m 处垂直剖面

红线为对所有单频层析核函数进行振幅谱加权叠加得到的带限层析核函数的垂直剖面，绿线为 30Hz 主频对应的单频层析核函数的垂直剖面，均做了归一化处理

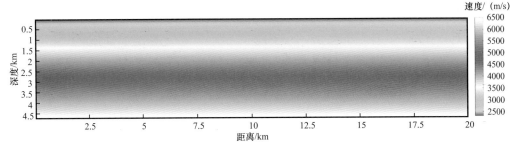

图 7-5-7 初始梯度模型

反演选取的频带范围为 1～8Hz，每个频率迭代 10 次。图 7-5-8 至图 7-5-10 展示了 1Hz、4Hz 和 8Hz 的反演结果和对应频率最后一次迭代的梯度。分析可以发现，随着频率的增大，迭代次数的增多，反演精度也在不断提高，特别是地表浅部的速度结构尤为明显。从梯度上看，低频的梯度更新量集中在速度模型的浅部，而随着频率的增大，梯度更新量逐渐往模型深部发展，梯度值逐渐减小，且对模型局部速度的更新越来越精细。图 7-5-11 为不同频率反演结果在地下 200m、300m 处的速度剖面，更直观地显示了在近地表区域随着频率的增大，反演精度与分辨率也在不断提升。

为了验证初至波相位走时层析的反演能力，将其与传统射线走时层析和菲涅尔体走时层析（Liu Y et al.，2009）作对比。如图 7-5-12 所示，初至波相位走时层析与菲涅尔体走时层析都准确地反演出了模型中的中低波数扰动信息，对该模型近地表的速度结构都有一定程度的更新。相比于传统射线走时层析，相位走时层析浅层低速异常反演更加准确。尽管随着深度的加深，初至波相位走时层析方法的反演精度逐渐降低，但总体上还是优于射线走时层析的，能大致反映真实速度的变化趋势。如图 7-5-13 所示，初至波相位走时层析方法收敛得更快，且在不同频率会出现阶梯状下降的现象。尽管在高频时目标函数值会有轻微上升，但整体趋于稳定，且最终收敛值更小。为了进行细节对比，分别抽取地表以下 100m、200m、300m 处的速度剖面，如图 7-5-14 所示，传统射线走时层析的反演速度变化极为平滑，且容易受深部高速体的影响，导致在部分浅部反演速度过大;相位走时层析和菲涅尔体走时层析的反演结果也出现该现象,但总体控制得更好。在横向速度剧烈变化的部分区域,菲涅尔体走时层析的反演速度变化较为平缓,而相位走时层析反演的速度在这些位置能体现出相应的变化。因此,相位走时层析方法更加稳定,反演结果更精确,特别是对于速度模型的局部细节,处理得更好。同时也可以看到,

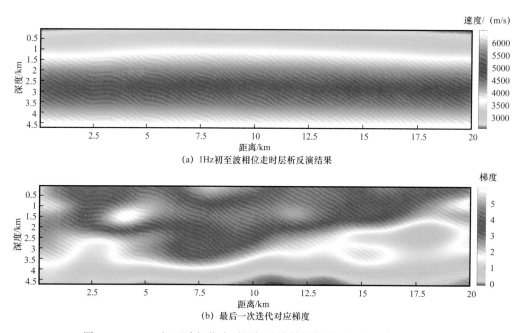

(a) 1Hz初至波相位走时层析反演结果

(b) 最后一次迭代对应梯度

图 7-5-8 1Hz初至波相位走时层析反演结果与最后一次迭代对应梯度

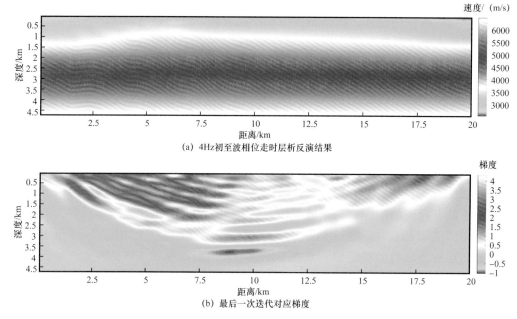

(a) 4Hz初至波相位走时层析反演结果

(b) 最后一次迭代对应梯度

图 7-5-9 4Hz初至波相位走时层析反演结果与最后一次迭代对应梯度

初至波相位走时层析与菲涅尔体走时层析在表层的反演结果基本相近，一定程度上说明了在地震勘探的频带范围内，利用射线走时构建目标函数仍是较为精确的一种方法，这样可以避免时间域模拟，进而大幅降低计算量。

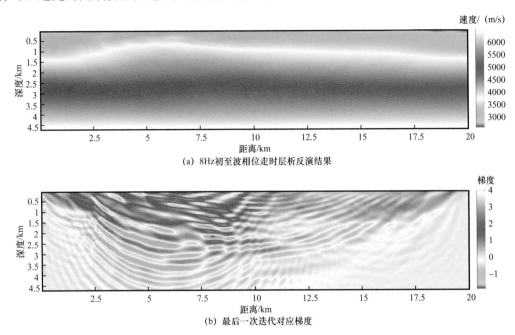

(a) 8Hz初至波相位走时层析反演结果

(b) 最后一次迭代对应梯度

图 7-5-10　8Hz 初至波相位走时层析反演结果与最后一次迭代对应梯度

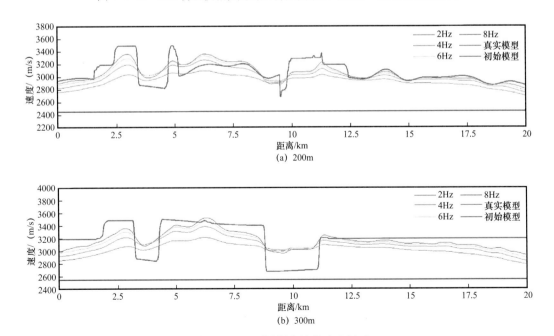

(a) 200m

(b) 300m

图 7-5-11　不同深度处的速度剖面

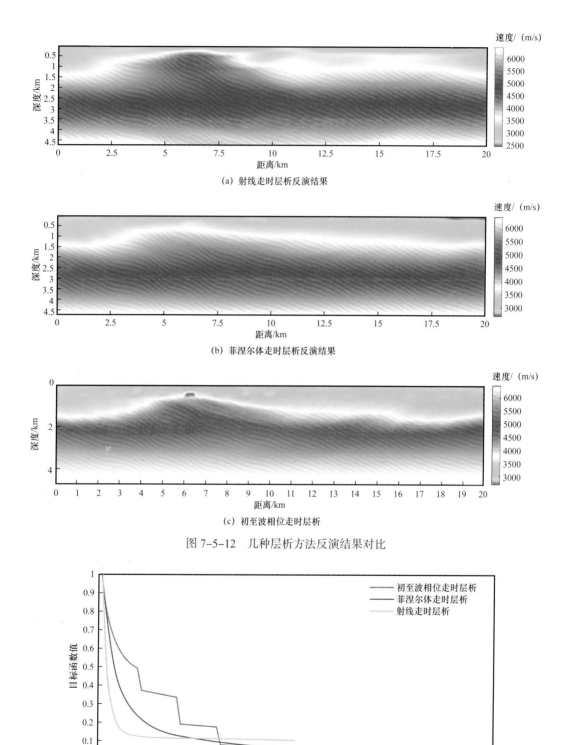

(a) 射线走时层析反演结果

(b) 菲涅尔体走时层析反演结果

(c) 初至波相位走时层析

图 7-5-12 几种层析方法反演结果对比

图 7-5-13 三种方法的目标函数收敛曲线

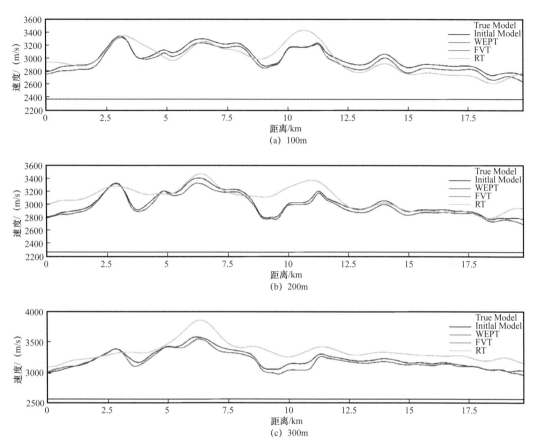

图 7-5-14 三种方法在地表以下不同深度处的速度剖面对比结果
黄线表示真实模型，黑线表示初始模型，红线表示相位走时层析结果，蓝线表示菲涅尔体走时层析结果，
绿线表示射线走时层析结果

五、小结

基于相位反演的初至波相位走时层析成像方法的核心是：（1）利用依赖于频率的相位走时信息，而非单一的无限频率射线走时；（2）通过监测相位不连续性和 2π 周期判定来消除相位折叠现象。通过对原始数据进行阻尼变换和取对数，定义并提取了与频率有关的初至相位信息。实践表明：随着频率的增大，相位周期跳跃现象越来越严重，而通过监测相位的不连续性和 2π 周期判定可以对相位进行有效展开。同时，实验证明：强阻尼应用下的相位展开操作能够得到真实的与频率有关的相位走时信息。相比于射线走时层析，相位走时层析利用基于波动方程导出的核函数而非射线路径，考虑了波传播的有限频特征，具有更高的反演精度；相比于菲涅尔体走时层析，初至波相位走时层析利用频率依赖的无折叠走时，利用了更多的初至波信息，并利用全空间的核函数信息，改善了反演质量。它们在表层的反演结果相近，一定程度上说明了在地震勘探的频带范围内，利用射线走时残差构建波动方程走时层析目标函数仍是较为精确的一种方法，且可以避免时间域模拟，大幅度降低计算量。

第六节　全波形反演方法

全波形反演方法（FWI）是近四十年来发展起来的速度建模方法，尽管目前的实际应用还不是很广泛，但在理论上它是精度最高的地下参数反演方法。从 20 世纪 80 年代初提出 FWI 方法，特别是近年来，由于计算能力的提升、实际观测数据质量的提高，尤其是逆时偏移技术的发展和成功应用，推动了 FWI 的迅猛发展，掀起了 FWI 理论方法和实际应用研究的热潮。

20 世纪 80 年代初，Lailly P（1983）首先通过把参数反演问题转化为局部优化问题，建立了地震成像与参数反演之间的桥梁。Tarantola A（1984）将 Claerbout 的成像理论转换为最小二乘优化问题，从波动方程出发建立了一套完整的时间域 FWI 的理论框架，通过梯度法使模拟记录和观测记录的误差在二范数意义下达到最小来更新速度模型。Pratt R G 等（1998）将 FWI 推广到频率域，奠定了频率域 FWI 的基础。时间域正演结合频率域反演的混合域全波形反演方法（Sirgue L et al.，2008）的提出，有效地回避了三维频率域全波形反演对内存的苛刻需求，极大地推动了 FWI 的实用化进程。

当利用 FWI 进行高分辨率的地震成像时，由于地震数据与地下参数之间的关系异常复杂，FWI 呈现强烈的非线性性质（Jannane M et al.，1989；董良国等，2013），使常规 FWI 经常受到周跳（cycle-skipping）现象的困扰。如何降低 FWI 对初始模型精度的强烈依赖，一直是 FWI 研究中的重要课题，目前主要通过不同的反演策略解决 FWI 中的强非线性问题。例如，多尺度反演（Bunks C et al.，1995）、频率选择策略（Sirgue L et al.，2004）、复频率地震数据阻尼反演（Brenders A et al.，2007；Brossier R et al.，2009）、分时窗反演（Sheng J et al.，2006）、层剥离反演（Shipp R M et.al.，2002；Wang Y et.al.，2009），等。

这些数据分级策略一定程度上改善了 FWI 的非线性程度，但是这些分尺度的反演方法并没有完全克服周跳问题，尤其在处理实际地震资料时，仍然存在很强的局限性：一是获得一个足够精确的初始模型较困难，二是由于噪声的存在使低频数据并不可靠，三是由于有限的采集孔径致使地震数据中缺乏远炮检距信息。这些局限性使常规 FWI 在面对实际问题时，往往显得捉襟见肘。

为了摆脱常规 FWI 对低频信息、远炮检距数据和较好初始模型的依赖，另一种思路是修正 FWI 的目标函数。采用地震波场的某种具有物理意义的变换构建目标函数，可以使目标函数凸性更好，反演过程更稳健，一定程度上可以降低 FWI 的非线性程度。例如，通过互相关函数获取旅行时差的波动方程走时反演（Luo Y et.al.，1991），基于相位与振幅匹配的目标函数反演方法（Fichtner A et.al.，2008，2010），基于瞬时相位和包络的反演方法（Bozdağ E et.al.，2011；Chi B et.al.，2013；Huang C et.al.，2015；敖瑞德等，2015）。除此之外，Laplace 域波形反演（Shin C et.al.，2008）、Laplace-Fourier 域波形反演（Shin C et.al.，2009）、正则化积分方法（Chauris H et.al.，2012）和 Beat tone 波形反演（Hu W，2014）等，也是基于这种策略提取地震数据中的不同信息，进行反演。另外，反射波波形反演（RWI）是近十年来的一个研究热点（Xu S et.al.，2012）。由于本节主要介绍初至波 FWI，因此对 RWI 不再赘述。

本节首先介绍一个波形反演的基本框架，给出基于地震数据子集的波形反演的基本思路和方法（董良国等，2015），然后具体介绍一种基于波动方程的初至波多信息联合反演近地表建模方法（张建明等，2021），而常规的波动方程初至波走时反演（Luo Y et.al.，1991）、初至波波形反演（Sheng J et.al.，2006），以及初至波包络反演（Chi B et.al.，2013）都是这种联合反演方法的一个特例。

一、FWI 方法基本原理

1. 数据子集与核函数分解

常规 FWI 通过使模拟数据和观测数据的信息达到最佳匹配推断介质参数的。设 x_s 和 x_r 分别为炮点和检波点的空间位置，时间域 FWI 最常用的最小平方目标函数为：

$$J\left(\boldsymbol{m}\right)=\frac{1}{2}\sum_{x_s,x_r}\int\left[u\left(\boldsymbol{x}_r,t;\boldsymbol{x}_s\right)-d\left(\boldsymbol{x}_r,t;\boldsymbol{x}_s\right)\right]^2\mathrm{d}t \qquad （7-6-1）$$

式中　$u\left(\boldsymbol{x}_r,t;\boldsymbol{x}_s\right)$ 和 $d\left(\boldsymbol{x}_r,t;\boldsymbol{x}_s\right)$——分别是模拟和观测地震数据。

与此相对应的描述地震数据摄动与模型参数摄动之间的关系为：

$$\Delta\boldsymbol{d}=\boldsymbol{K}\Delta\boldsymbol{m} \qquad （7-6-2）$$

式中　$\Delta\boldsymbol{d}$、$\boldsymbol{K}$、$\Delta\boldsymbol{m}$——分别为数据残差、描述数据与模型参数之间关系的 Fréchet 导数或核函数以及模型参数修改量。

利用 Gauss–Newton 法，可以得到模型量为：

$$\Delta\boldsymbol{m}=\left[\boldsymbol{K}^\mathrm{T}\boldsymbol{K}\right]^{-1}\boldsymbol{K}^\mathrm{T}\Delta\boldsymbol{d} \qquad （7-6-3）$$

式中　$\boldsymbol{K}^\mathrm{T}\Delta\boldsymbol{d}$——梯度方向；

　　　$\left[\boldsymbol{K}^\mathrm{T}\boldsymbol{K}\right]^{-1}$——近似 Hessian 的逆。

在数据与模型参数之间的关系比较简单的情况下，式（7-6-3）将地震数据和地下模型参数分别看作一个整体的做法是可行的。然而，地下模型数据具有不同性质的不同分量，例如高、低波数分量，而实际观测地震数据中也有不同性质的不同成分或数据子集，例如折射波、反射波、面波等不同震相及走时、振幅、相位等不同信息。这些不同数据子集与模型参数不同成分之间的非线性程度是不同的（董良国等，2013）：模型的不同成分在不同震相上的体现不同，即使在同一震相上体现的信息也不同，例如速度低波数摄动主要体现在折射波和反射波走时上，而速度高波数摄动主要体现在反射波振幅上；初至波主要受浅中层结构的影响，而浅、中、深层介质性质都会影响来自深层的反射波。不同数据子集与不同模型参数成分之间的这种复杂关系，决定了不同数据子集具有不同的反演能力，这就要求要具体分析它们之间的关系，从而降低 FWI 的非线性程度。具体地说，就是将常规 FWI 中描述地震数据摄动与模型参数摄动之间关系修改为：

$$\begin{pmatrix} \Delta d_1 \\ \vdots \\ \Delta d_N \end{pmatrix} = \begin{pmatrix} K_{11} & \cdots & K_{1M} \\ \vdots & \ddots & \vdots \\ K_{N1} & \cdots & K_{NM} \end{pmatrix} \begin{pmatrix} \Delta m_1 \\ \vdots \\ \Delta m_M \end{pmatrix} \qquad (7\text{-}6\text{-}4)$$

式中 Δd_i、Δm_j、K_{ij}——分别为数据子集残差、模型参数分量的修改量以及描述不同数据子集与不同模型参数成分之间关系的子核函数。

通过上述关系发现，模型参数的修改量主要是由子核函数和数据子集残差决定的。采用伴随状态法（Tarantola，1984；Plessix R E，2006），将数据残差沿子核函数（波路径）反投影，或者采用散射积分法（Zhao H et al.，2005；Liu Y et al.，2015），显式地计算和存储核函数并求取反演（层析）方程组，模型参数的修改量均可以通过数据残差和核函数求取。

而本节所介绍的基于数据子集的波形反演方法（董良国等，2015），就是着重分析子核函数和数据子集的性态。当采用伴随状态法时，究竟采用何种数据子集残差沿着何种子核函数进行反投影，这将决定模型中的何种波数成分在何处空间分布下进行更新。

核函数的特征和计算是有限频层析（Tromp J et al.，2005；Liu Y et al.，2009）、波动方程层析（Woodward M J，1992）和 FWI（Tarantola，1984）中的关键问题。理论上，FWI 的核函数可以考虑各种数据扰动与模型扰动间的相互作用。对于常密度声介质中的 FWI，在包含所有波数成分的模型中，其核函数定义为：

$$K_v(\boldsymbol{x};\boldsymbol{x}_s,\boldsymbol{x}_r) = -\int \frac{1}{v^3(\boldsymbol{x})} \frac{\partial^2}{\partial t^2} f(t) * G(\boldsymbol{x},t;\boldsymbol{x}_s) G(\boldsymbol{x}_r,t;\boldsymbol{x}) * f^*(t) \mathrm{d}t \qquad (7\text{-}6\text{-}5)$$

式中 $v(\boldsymbol{x})$——$\boldsymbol{x}$ 位置处的初始模型速度，m/s；

$G(\boldsymbol{x}, t; \boldsymbol{x}_s)$ 和 $G(\boldsymbol{x}_r, t; \boldsymbol{x})$——分别为炮点 $\boldsymbol{x}_s$ 和检波点 $\boldsymbol{x}_r$ 到空间任意点 $\boldsymbol{x}$ 的 Green 函数；

$f(t)$ 和 $f^*(t)$——分别为震源函数和伴随震源。

将数据残差（伴随震源）沿核函数进行反投影，可以更新各种模型参数成分。为了区分不同的数据子集和不同的模型参数成分间的不同关系，首先将 Green 函数分解为背景场和散射场：

$$\begin{aligned} G(\boldsymbol{x},t;\boldsymbol{x}_s) &= G^0(\boldsymbol{x},t;\boldsymbol{x}_s) + G^s(\boldsymbol{x},t;\boldsymbol{x}_s) \\ G(\boldsymbol{x}_r,t;\boldsymbol{x}) &= G^0(\boldsymbol{x}_r,t;\boldsymbol{x}) + G^s(\boldsymbol{x}_r,t;\boldsymbol{x}) \end{aligned} \qquad (7\text{-}6\text{-}6)$$

式中 $G^0(\boldsymbol{x}, t)$——背景波场（包括直达波和折射波）；

$G^s(\boldsymbol{x}, t)$——背景波场遇到模型中的扰动（例如反射界面、绕射点等）所产生的散射场。

将式（7-6-6）代入式（7-6-5）中，可以得到：

$$K_v(\boldsymbol{x};\boldsymbol{x}_s,\boldsymbol{x}_r) = K_1(\boldsymbol{x};\boldsymbol{x}_s,\boldsymbol{x}_r) + K_2(\boldsymbol{x};\boldsymbol{x}_s,\boldsymbol{x}_r) + K_3(\boldsymbol{x};\boldsymbol{x}_s,\boldsymbol{x}_r) + K_4(\boldsymbol{x};\boldsymbol{x}_s,\boldsymbol{x}_r) \qquad (7\text{-}6\text{-}7)$$

其中：

$$K_1(\boldsymbol{x};\boldsymbol{x}_s,\boldsymbol{x}_r)=-\int\frac{1}{v^3(\boldsymbol{x})}\frac{\partial^2}{\partial t^2}f(t)*G^0(\boldsymbol{x},t;\boldsymbol{x}_s)G^0(\boldsymbol{x}_r,t;\boldsymbol{x})*f^*(t)\mathrm{d}t$$

$$K_2(\boldsymbol{x};\boldsymbol{x}_s,\boldsymbol{x}_r)=-\int\frac{1}{v^3(\boldsymbol{x})}\frac{\partial^2}{\partial t^2}f(t)*G^0(\boldsymbol{x},t;\boldsymbol{x}_s)G^s(\boldsymbol{x}_r,t;\boldsymbol{x})*f^*(t)\mathrm{d}t$$

$$K_3(\boldsymbol{x};\boldsymbol{x}_s,\boldsymbol{x}_r)=-\int\frac{1}{v^3(\boldsymbol{x})}\frac{\partial^2}{\partial t^2}f(t)*G^s(\boldsymbol{x},t;\boldsymbol{x}_s)G^0(\boldsymbol{x}_r,t;\boldsymbol{x})*f^*(t)\mathrm{d}t$$

$$K_4(\boldsymbol{x};\boldsymbol{x}_s,\boldsymbol{x}_r)=-\int\frac{1}{v^3(\boldsymbol{x})}\frac{\partial^2}{\partial t^2}f(t)*G^s(\boldsymbol{x},t;\boldsymbol{x}_s)G^s(\boldsymbol{x}_r,t;\boldsymbol{x})*f^*(t)\mathrm{d}t$$

（7-6-8）

相比于 FWI 的全核函数，这种分解并没有引入新的核函数。$K_1(\boldsymbol{x};\boldsymbol{x}_s,\boldsymbol{x}_r)$ 代表炮点和检波点间的背景波场的作用，而 $K_2(\boldsymbol{x};\boldsymbol{x}_s,\boldsymbol{x}_r)$ 和 $K_3(\boldsymbol{x};\boldsymbol{x}_s,\boldsymbol{x}_r)$ 则考虑了炮点或者检波点一端的散射场作用，$K_4(\boldsymbol{x};\boldsymbol{x}_s,\boldsymbol{x}_r)$ 则为二者散射场的相互作用。图 7-6-1 为不同子核函数的物理解释示意图。

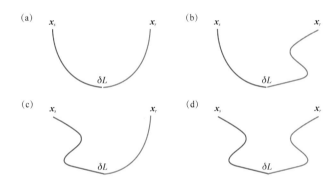

图 7-6-1　不同子核函数的物理解释示意图
（a）透射核函数；（b）炮点反射核函数；（c）检波点反射核函数；（d）炮点和检波点散射核函数

FWI 的全核函数是由直达波、折射波和反射波所有波场间相互作用而形成，通过核函数分解可以更好地了解不同波场间的相互作用，更重要的是可以更好地理解不同数据子集与不同模型参数成分之间的关系。图 7-6-2 展示了一个简单的两层模型中的 FWI 全核函数以及通过核函数分解得到的各个子核函数，可以看出，不同子核函数之间存在很大的差异，通过这样的分解，可以更好地发掘全核函数中包含的不同级别的非线性信息。假设透射波场的振幅为 1，背向反射波场的振幅为反射系数的量级 R（譬如 0.1）。那么核函数中的最强能量贡献为透射核函数［图 7-6-2（c）］，将折射波的数据子集沿透射核函数反投影，就可以很好地更新折射波波路径覆盖区域的背景速度，但是这部分能量在 RWI 中会变为零。在 FWI 的初期阶段，不需要的分量是偏移响应［图 7-6-2（d）］，其强度为 R，是由反射波沿折射波路径投影而得到的。而反演背景速度需要令反射波沿着类似透射形状的波路径进行背景速度更新［图 7-6-2（e）（f）］，其中的兔耳朵状反射波子核函数的强度仅为 R^2。因此，受欢迎的兔耳朵状反射波子核函数比不需要的偏移响应的强度要小一个数量级，如果不采用核函数分解，需要的低波数能量被不需要的高频偏移响应掩盖，这就是常规 FWI 通常难以利用反射波更新背景速度的最主要原因。

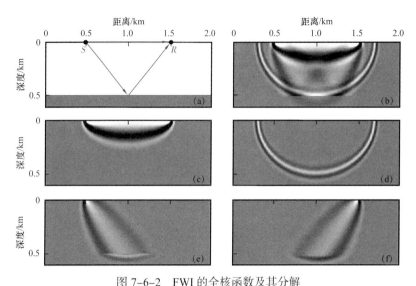

图 7-6-2　FWI 的全核函数及其分解

（a）单界面模型；（b）总核函数；（c）透射核函数；（d）偏移响应；（e）（f）为反射核函数

在分析核函数分解与不同子核函数的物理含义的基础上，就可以利用部分地震信息进行波形反演，以降低常规 FWI 中匹配全部信息所引起的高度非线性问题。因为匹配整个地震道的标准实在太高，在初始模型还达不到要求情况下，匹配整个地震道所有信息的难度实在太大。有时也没有必要，因为这时更迫切需要解决的是宏观速度模型，能匹配好地震道的某个主要特征也许就可以满足某些要求（如构造成像）。也就是说，要抛弃粗放式的对整个地震记录的匹配方式，而需仔细分析不同参数变化在不同地震数据子集的具体体现，在精细分析资料的基础上，在 FWI 的不同阶段采用不同的地震数据子集。

2. 基于地震数据子集的波形反演方法

在上述思路指导下，本节给出基于地震数据子集的波形反演具体方法。为简单起见，这里只是考虑最小平方目标函数。为此，定义基于地震数据子集 FWI 的最小平方目标函数（董良国等，2015）为：

$$J\left(\boldsymbol{m}\right) = \frac{1}{2}\sum_{\boldsymbol{x}_s,\boldsymbol{x}_r}\int\left\{\Re\left[u\left(\boldsymbol{x}_r,t;\boldsymbol{x}_s\right)\right] - \Re\left[d\left(\boldsymbol{x}_r,t;\boldsymbol{x}_s\right)\right]\right\}^2 \mathrm{d}t \qquad （7\text{-}6\text{-}9）$$

式中　$\Re\left(u\right)$ 和 $\Re\left(d\right)$——分别表示对数据 u 和 d 进行某种数学操作；

$\Re$——提取某个地震数据子集的操作算子。

显然，$J\left(\boldsymbol{m}\right)$ 是衡量模拟数据子集 $\Re\left[u\left(\boldsymbol{x}_r,t;\boldsymbol{x}_s\right)\right]$ 和观测数据子集 $\Re\left[d\left(\boldsymbol{x}_r,t;\boldsymbol{x}_s\right)\right]$ 之间的匹配程度的函数。

设地震波场 $u\left(\boldsymbol{x}_r,t;\boldsymbol{x}_s\right)$ 所满足的波动方程为：

$$F\left[u\left(\boldsymbol{m}\right),\boldsymbol{m}\right] = 0 \qquad （7\text{-}6\text{-}10）$$

对不同的物理正问题，$F(u, \boldsymbol{m})=0$ 具有不同的形式。例如，对常密度声波传播问题，物理参数为介质速度 v，这时 $F(u, v)$ 为：

$$\left(\frac{1}{v^2}\frac{\partial^2}{\partial t^2}-\Delta\right)u(x,t)=f(t)\delta(x) \tag{7-6-11}$$

式中　$f(t)$——震源项。

使式（7-6-9）的目标函数最小化的求解过程，通常采用局部优化方法，其模型更新公式为：

$$\boldsymbol{m}_{k+1}=\boldsymbol{m}_k+a_k\boldsymbol{p}_k \tag{7-6-12}$$

式中　$\boldsymbol{p}_k$ 和 a_k——分别为第 k 次迭代的更新方向和步长。

目标函数的梯度计算是 FWI 中核心问题。由式（7-6-9）可得：

$$\frac{\partial J(\boldsymbol{m})}{\partial u}=\left\{\Re\left[u(\boldsymbol{x}_r,t;\boldsymbol{x}_s)\right]-\Re\left[d(\boldsymbol{x}_r,t;\boldsymbol{x}_s)\right]\right\}\frac{\partial\Re}{\partial u} \tag{7-6-13}$$

因此，利用伴随状态法的基本思路（Plessix R E，2006），可以确定基于地震数据子集的波形反演梯度：

$$\frac{\partial J}{\partial \boldsymbol{m}}=-\left\langle\lambda,\frac{\partial F(u,\boldsymbol{m})}{\partial\boldsymbol{m}}\right\rangle=-\sum_{\boldsymbol{x}_s,\boldsymbol{x}_r}\int\lambda(\boldsymbol{x},T-t;\boldsymbol{x}_s)\cdot\frac{\partial F\left[u(\boldsymbol{x},t;\boldsymbol{x}_s),\boldsymbol{m}\right]}{\partial\boldsymbol{m}}\mathrm{d}t \tag{7-6-14}$$

其中，计算伴随场 $\lambda(\boldsymbol{x}, t; \boldsymbol{x}_s)$ 的伴随方程为：

$$\left[\frac{\partial F(u,\boldsymbol{m})}{\partial u}\right]^*\lambda=\left\{\Re\left[u(\boldsymbol{x}_r,t;\boldsymbol{x}_s)\right]-\Re\left[d(\boldsymbol{x}_r,t;\boldsymbol{x}_s)\right]\right\}\frac{\partial\Re}{\partial u} \tag{7-6-15}$$

可见，对不同的物理正问题，均可以利用式（7-6-15）的伴随方程计算伴随场 λ，其计算过程相当于一次地震波反向传播，而计算 $\partial F(u, \boldsymbol{m})/\partial\boldsymbol{m}$ 则是由具体反演采用的核函数决定的。当采用全核函数时，目标函数为式（7-6-9）的基于地震数据子集的 FWI，与基于目标函数式（7-6-1）的 FWI 一样，每次迭代均可以经过两次地震波正演并利用式（7-6-14）就可以计算目标函数的梯度。而采用反射核函数时，每次迭代所需的正演次数与 RWI 一致，为四次。

可见，利用不同的地震数据子集进行波形反演时，梯度计算方法具有统一的形式，即式（7-6-14）和式（7-6-15），而且形式与常规 FWI 或者 RWI 完全一致，伴随方程的形式也相同。只是对不同的正问题、不同的目标函数形式及不同的地震数据子集，计算伴随场的伴随震源不同而已。对于如式（7-6-9）的最小平方目标函数，其伴随震源不但取决于接收点处模拟数据子集 $\Re\left[u(\boldsymbol{x}_r,t;\boldsymbol{x}_s)\right]$ 和观测数据子集 $\Re\left[d(\boldsymbol{x}_r,t;\boldsymbol{x}_s)\right]$ 之差，还与选取数据子集的方式（即 $\Re$）有关。

至于选取什么样的地震数据子集，取决于实际地震数据特征和不同反演阶段。通过利用具体的体现数据子集和不同模型分量之间关系的子核函数确定反演梯度，就可以实现分步骤、分尺度的地震波形反演。

从理论上讲，只要从地震数据中抽取有意义的信息，均可以利用这些信息构成的地震数据子集按照上述思路进行波形反演。体现地震数据某个特征的地震数据子集，它需要具备以下条件：（1）能够体现地震信号的某个或某些"宏观"变化特点，主要反映地下参数的宏观变化；（2）在物理上和（或）从信号角度具有一定的含义；（3）可以通过一定的数学手段进行提取。

实际上，前人的一些 FWI 反演方法和策略，也不同程度地体现了基于地震数据子集进行 FWI 的基本想法，目的都是通过利用部分信息降低波形反演的非线性程度。这些数据子集可以是：

（1）地震数据中某种特定震相构成的数据子集。例如，若 $\Re$ 选取初至波的波形，相应的反演则退化为初至波波形反演（Sheng J et al.，2006）或者高斯束初至波波形反演（刘玉柱等，2014）；若 $\Re$ 选取反射波的波形，相应的反演则退化为反射波波形反演（Xu S et al.，2012）。

（2）地震数据中某个特定时间和空间观测孔径的数据构成的数据子集。例如，为了降低反演的非线性程度，$\Re$ 可以是选取地震记录某一个时窗的波形的操作，这时相应的反演就退化为层剥离 FWI（Shipp R M et al.，2002）；若 $\Re$ 是选取不同偏移距的地震数据，相应的反演就是采用分偏移距反演策略的 FWI（Singh S et al.，1989；董良国等，2013）。

（3）地震数据经过特定数学变换后构成的数据子集。例如，若 $\Re$ 是 Laplace 变换，这时上述基于数据子集的 FWI 就退化为 Laplace 域 FWI（Shin C et al.，2008），实际上就是通过 Laplace 变换主要利用初至信息，更稳健地为下一步的反演建立一个低波数初始速度模型。若 $\Re$ 对地震道进行积分，这时相应的反演就退化为基于道积分的 FWI（Chauris H et al.，2012），这种方法可以在数据缺失低频或者初始模型不好时为常规 FWI 提供一个较好的初始模型。若 $\Re$ 通过 Hilbert 变换提取地震道的包络，相应的反演就变为基于包络的 FWI（Bozdağ E et al.，2011；Chi B et al.，2013；），在地震数据缺失低频信息时，可以利用这种波形反演方法建立一个相对可靠的初始速度模型。而司空见惯的多尺度分频反演策略（Bunks C et al.，1995），实际上也是利用低频地震数据子集构造的目标函数非线性程度低的特点，更稳健地建立一个相对可靠的低波数初始速度模型，以此为基础再逐步利用高频成分的地震数据子集，从而在反演中逐渐提高反演的分辨率。

至于选取何种地震数据子集，取决于反演阶段和反演目的，还取决于实际地震资料的特点。利用 FWI 为偏移成像提供宏观模型，需反演速度变化的低波数成分，可以选取体现地震数据宏观信息的数据子集，例如走时信息、地震道包络、Laplace 变换、积分变换、相位信息等，在反演中只需匹配部分信息就能解决建模问题，同时可以降低反演的非线性程度。如果成像问题已经解决，需要 FWI 进行精细储层反演与描述，可考虑利用体现数据精细变化特征的地震数据子集，因为地震数据的细微变化特征主要体现储层的变化。为了反演近地表速度模型，FWI 过程中可以只选取初至波数据子集，这也是本节的主要内容。

二、基于波动方程的初至波多信息联合反演方法

前面简要地介绍了波形反演的基本框架、思路和方法，下面具体介绍一种基于波动方程的初至波多信息联合反演方法（张建明等，2021）。

1. 方法简介

在山地地震勘探中，建立一个相对精确的近地表速度模型是后续地震资料处理和解释的关键步骤之一。包含有直达波、折射波和回转波的地震初至波，最先被检波器记录到，并且通常能量较强，很容易识别。因此，在构建近地表速度模型时初至波应用最为广泛。初至波中的不同信息（如旅行时、相位、振幅、包络、波形）均可以反演近地表速度。由于走时层析方法往往只能得到分辨率较低的宏观速度模型，为了充分利用初至波包含的动力学信息，有人提出了初至波波形层析成像（EWT）（Sheng J et al.，2006），这种方法可以利用地震初至波中的全部信息，理论上可以得到高分辨率的近地表速度模型。从理论上讲，EWT 比走时层析具有更高的反演精度，但它使用初至波波形残差构造目标函数，导致反演非线性较强，对初始模型要求更高，也更容易陷入局部极值。其他初至波信息，如包络信息（Bozdağ E et al.，2011；Chi B et al.，2013）和相位信息（Choi Y et al.，2013）也可以用于构建反演的目标函数，更新近地表速度模型的长波长分量。

不同的地震初至波信息（包括走时、包络和波形）对速度参数的敏感性和反演能力不同，对初始速度模型也有不同的依赖性。理想情况下，在速度反演过程中应充分利用这些信息，综合利用这些方法进行联合反演，可以有效地降低反演对初始模型的依赖，得到高精度的近地表速度模型。Liu Z 等（2017）提出了一种近地表速度结构建模的旅行时、波形和波形包络的联合反演方法，利用初至波旅行时约束近地表模型，并使用波形包络获得包含中低波数成分的背景速度，使用波形获得高波数的速度模型。该方法可以有效地提高近地表速度建模的精度，但该方法的每次迭代都需要射线追踪和波动方程数值模拟，且需要人工拾取观测数据的初至，效率较低且需要耗费巨大的人力、物力。

下面介绍一种建立近地表速度模型的基于波动方程的初至波旅行时、波形和波形包络联合反演方法（JTWE）（张建明等，2021）。该方法基于统一的波动方程，无需射线追踪，因此适用于复杂介质模型。一次地震波场模拟结果可以同时用于走时、波形和包络的联合反演，而且通过波形的互相关可直接提取初至波时差，无需进行走时拾取，提高了反演效率，具有非常高的实用价值。同时，在不同的反演阶段采用不同权重因子的旅行时、波形和包络信息进行联合反演，自然地实现了多尺度反演，可以有效提高近地表速度建模精度。

JTWE 同时将地震波的旅行时、波形包络和波形考虑在内，通过不同的权重因子调节不同信息的比例，JTWE 的目标函数为：

$$J = \omega_1 J_t + \omega_2 J_e + (1 - \omega_1 - \omega_2) J_w \qquad (7\text{-}6\text{-}16)$$

式中 ω_1，ω_2——分别为走时和包络的权重因子。

走时、包络和波形部分的目标函数分别为：

$$J_t = \frac{1}{2}\sum_{s,r}\left\|\Delta\tau\left(\boldsymbol{x}_s,\boldsymbol{x}_r\right)\right\|^2$$

$$J_e = \frac{1}{2}\sum_s\sum_r\int\left\{\ln\left[E\left(\boldsymbol{x}_r,t;\boldsymbol{x}_s\right)\right] - \ln\left[E_0\left(\boldsymbol{x}_r,t;\boldsymbol{x}_s\right)\right]\right\}^2 \mathrm{d}t \qquad (7-6-17)$$

$$J_w = \frac{1}{2}\sum_s\sum_r\int\Delta u\left(\boldsymbol{x}_r,t;\boldsymbol{x}_s\right)^2 \mathrm{d}t$$

式中 $\Delta\tau\left(\boldsymbol{x}_s,\boldsymbol{x}_r\right)$——对应于炮点 $\boldsymbol{x}_s$ 和检波点 $\boldsymbol{x}_r$ 的观测和模拟初至波的走时残差；

E 和 E_0——分别为观测与模拟的初至波形的包络；

$\Delta u\left(\boldsymbol{x}_r,t;\boldsymbol{x}_s\right)$——模拟地震数据 $u\left(\boldsymbol{x}_r,t;\boldsymbol{x}_s\right)$ 与观测地震数据 $d\left(\boldsymbol{x}_r,t;\boldsymbol{x}_s\right)$ 的残差，$\Delta u\left(\boldsymbol{x}_r,t;\boldsymbol{x}_s\right) = u\left(\boldsymbol{x}_r,t;\boldsymbol{x}_s\right) - d\left(\boldsymbol{x}_r,t;\boldsymbol{x}_s\right)$。

模拟地震数据 $u\left(\boldsymbol{x}_r,t;\boldsymbol{x}_s\right)$ 满足时间域声波方程：

$$L\left[u\left(\boldsymbol{x},t;\boldsymbol{x}_s\right)\right] = \delta\left(\boldsymbol{x}-\boldsymbol{x}_s\right)f\left(t\right) \qquad (7-6-18)$$

其中：

$$L = \frac{1}{c^2\left(\boldsymbol{x}\right)} - \nabla^2 \qquad (7-6-19)$$

式中 $u\left(\boldsymbol{x},t;\boldsymbol{x}_s\right)$——空间位置 $\boldsymbol{x}$ 处的波场；

L——声波波动方程微分算子；

$c\left(\boldsymbol{x}\right)$——$\boldsymbol{x}$ 处的速度。

传统 FWI 的目标函数一般定义为模拟数据和观测数据残差的 $L2$ 泛函：

$$J_w = \frac{1}{2}\sum_s\sum_r\int_T\Delta u\left(\boldsymbol{x}_r,t;\boldsymbol{x}_s\right)^2 \mathrm{d}t \qquad (7-6-20)$$

利用伴随状态法（Tarantola A，1984；Plessix R E，2006）可以求出梯度表达式：

$$\nabla_w J\left(\boldsymbol{x}\right) = \frac{2}{c^3\left(\boldsymbol{x}\right)}\sum_s\int_T\left\{\frac{\partial u^2\left(\boldsymbol{x},t;\boldsymbol{x}_s\right)}{\partial t^2}u'\left(\boldsymbol{x},t;\boldsymbol{x}_s\right)\right\}\mathrm{d}t \qquad (7-6-21)$$

式中 $u'\left(\boldsymbol{x},t;\boldsymbol{x}_s\right)$——伴随源，是 $f_w\left(\boldsymbol{x}_r,t;\boldsymbol{x}_s\right) = u\left(\boldsymbol{x}_r,t;\boldsymbol{x}_s\right) - d\left(\boldsymbol{x}_r,t;\boldsymbol{x}_s\right)$ 的反传波场。

在地震初至波包络反演中，目标函数定义为包络对数残差的 $L2$ 泛函：

$$J_e = \frac{1}{2} \sum_s \sum_r \int_T \left\{ \ln\left[E\left(\boldsymbol{x}_r, t; \boldsymbol{x}_s\right)\right] - \ln E_0\left(\boldsymbol{x}_r, t; \boldsymbol{x}_s\right) \right\}^2 \mathrm{d}t \qquad (7\text{-}6\text{-}22)$$

基于伴随状态法可以推导出包络反演的伴随源为（Chi B et al., 2013；敖瑞德等，2015）：

$$f_e\left(\boldsymbol{x}_r, t; \boldsymbol{x}_s\right) = -\left[\ln\frac{E_0(t)}{E(t)}\right]\frac{u(t)}{E^2(t)} + H\left\{\left[\ln\frac{E_0(t)}{E(t)}\frac{\tilde{u}(t)}{E^2(t)}\right]\right\} \qquad (7\text{-}6\text{-}23)$$

在波动方程走时反演中，目标函数定义为相对走时差的 L_2 泛函（Luo Y et al., 1991）：

$$J_t = \frac{1}{2} \sum_{s,r} \left\| \Delta\tau\left(\boldsymbol{x}_s, \boldsymbol{x}_r\right) \right\|^2 \qquad (7\text{-}6\text{-}24)$$

$$\Delta\tau\left(\boldsymbol{x}_s, \boldsymbol{x}_r\right) = \arg\max_\tau \left[C_t\left(\boldsymbol{x}_s, \boldsymbol{x}_r; \tau\right) \middle| \tau \in \left[-T, T\right] \right] \qquad (7\text{-}6\text{-}25)$$

式中　$\Delta\tau\left(\boldsymbol{x}_s, \boldsymbol{x}_r\right)$ ——对应于炮点位置 $\boldsymbol{x}_s$ 和检波点位置 $\boldsymbol{x}_r$ 的观测初至波和模拟初至波的走时残差，即该走时残差通过互相关函数的最大值自动拾取；

　　　T ——观测初至波和模拟初至波的最大时差。

借助连接函数的概念（Luo Y et al., 1991），可以推导出波动方程走时反演的伴随源：

$$f_t\left(\boldsymbol{x}_r, t; \boldsymbol{x}_s\right) = \Delta\tau \frac{\dot{d}\left(\boldsymbol{x}_r, t + \Delta\tau; \boldsymbol{x}_s\right)}{\int \ddot{d}\left(\boldsymbol{x}_r, t + \Delta\tau; \boldsymbol{x}_s\right) u\left(\boldsymbol{x}_r, t; \boldsymbol{x}_s\right) \mathrm{d}t} \qquad (7\text{-}6\text{-}26)$$

再结合联合目标函数中的权重，即可得到 JTWE 目标函数的梯度：

$$\nabla J(\boldsymbol{x}) = \frac{2}{c^3(\boldsymbol{x})} \sum_s \int \left\{ \frac{\partial u^2\left(\boldsymbol{x}, t; \boldsymbol{x}_s\right)}{\partial t^2} \left[u_t'\left(\boldsymbol{x}, t; \boldsymbol{x}_s\right) + u_e'\left(\boldsymbol{x}, t; \boldsymbol{x}_s\right) + u_w'\left(\boldsymbol{x}, t; \boldsymbol{x}_s\right) \right] \right\} \mathrm{d}t \qquad (7\text{-}6\text{-}27)$$

式中　$c(\boldsymbol{x})$ ——在计算区域位置 $\boldsymbol{x}$ 处的速度；

　　　$u_t'\left(\boldsymbol{x}, t; \boldsymbol{x}_s\right)$、$u_e'\left(\boldsymbol{x}, t; \boldsymbol{x}_s\right)$ 和 $u_w'\left(\boldsymbol{x}, t; \boldsymbol{x}_s\right)$ ——分别代表走时、包络和波形的伴随波场，与之对应的伴随震源分别为：

$$f_t'\left(\boldsymbol{x}_r, t; \boldsymbol{x}_s\right) = \omega_1 \Delta\tau \frac{\dot{d}\left(\boldsymbol{x}_r, t + \Delta\tau; \boldsymbol{x}_s\right)}{\int \ddot{d}\left(\boldsymbol{x}_r, t + \Delta\tau; \boldsymbol{x}_s\right) u\left(\boldsymbol{x}_r, t; \boldsymbol{x}_s\right) \mathrm{d}t} \qquad (7\text{-}6\text{-}28)$$

$$f_e'\left(\boldsymbol{x}_r, t; \boldsymbol{x}_s\right) = \omega_2 \left[\ln\frac{E_0(t)}{E(t)}\right]\frac{u(t)}{E^2(t)} + H\left[\ln\frac{E_0(t)}{E(t)}\frac{\tilde{u}(t)}{E^2(t)}\right] \qquad (7\text{-}6\text{-}29)$$

$$f_w'\left(\boldsymbol{x}_r, t; \boldsymbol{x}_s\right) = \left(1 - \omega_1 - \omega_2\right)\left[u\left(\boldsymbol{x}_r, t; \boldsymbol{x}_s\right) - d\left(\boldsymbol{x}_r, t; \boldsymbol{x}_s\right)\right] \qquad (7\text{-}6\text{-}30)$$

式中 $\tilde{u}(x_r,t;x_s)$ ——波场 $u(x_r,t;x_s)$ 的 Hilbert 变换；

H——Hilbert 变换；

$\dot{d}(x_r,t+\Delta\tau;x_s)$ 和 $\ddot{d}(x_r,t+\Delta\tau;x_s)$ ——观测数据的一阶和二阶时间导数。

令：

$$u'_{all}(x,t;x_s) = u'_t(x,t;x_s) + u'_e(x,t;x_s) + u'_w(x,t;x_s) \tag{7-6-31}$$

为总的伴随波场，它是由总的伴随震源 $f'(x_r,\ t\ ;x_s)$ 反向传播得到，其中：

$$f'(x_r,t;x_s) = f'_t(x_r,t;x_s) + f'_e(x_r,t;x_s) + f'_w(x_r,t;x_s) \tag{7-6-32}$$

这样，在每一次迭代中，只需要对式（7-6-32）的复合伴随震源 $f'(x_r,\ t\ ;x_s)$ 进行一次反向传播，再结合正演模拟波场 $u(x_r,\ t\ ;x_s)$，就可以利用式（7-6-27）计算联合反演目标函数的梯度。由于式（7-6-28）至式（7-6-30）的计算量非常小，几乎可以忽略不计，因此，这种联合反演方法与单独采用波形反演的计算量基本相同。

当 $\omega_1=1$、$\omega_2=0$ 时，JTWE 方法就退化为波动方程初至波多走时反演（Luo Y et al.，1991）。当 $\omega_1=0$、$\omega_2=0$ 时，JTWE 方法就退化为波动方程初至波波形反演（Sheng J et al.，2006）。当 $\omega_1=0$、$\omega_2=1$ 时，JTWE 方法就退化为初至波包络反演（Chi B et al.，2013）。

2. 模型试验

使用两个数值实例展示所提出的 JTWE 方法的反演能力。第一个例子为横向周期速度变化模型，主要说明变权重 JTWE 相比于固定权重 JTWE 的优势。第二个例子为 Foothill 模型，主要说明联合反演的必要性以及变权重 JTWE 相较于串联反演有更强的克服周波跳跃的能力。

1）横向周期速度变化模型试验

第一个例子为横向周期速度变化模型［图 7-6-4（a）］。模型横纵向网格数为 501×51，水平和垂直网格尺寸均为 10m。在试验过程中，使用主频为 15Hz 的雷克子波，炮间距为 50m，101 个震源均匀分布于地表，每个震源有 501 个检波器在地表均匀分布。初始模型是速度为 2500m/s 常速模型。在包含 15 个阶段的联合反演过程中，旅行时的权重因子是一个从 1 衰减到 0 的指数函数。波形的权重因子函数与走时的权重因子函数是反对称的，即从 0 到 1 指数增大，其余部分是包络的权重因子（图 7-6-3）。这样设计权重因子，充分考虑了走时与速度之间的弱非线性关系，在反演的初期阶段可获得一个宏观的背景速度模型。在不同的反演阶段，走时与速度之间的这种弱非线性关系不会被丢弃，而是作为包络和波形的约束加载在目标函数中，并且逐渐减小其比重，而加大波形信息的权重，以便在 JTWE 的后期阶段，波形信息被充分利用，从而反演得出较高精度的近地表速度模型。

在相同的常速初始模型基础上，对比了不同的反演试验，包括初至波波形反演、固

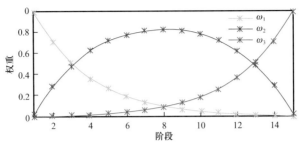

图 7-6-3 JTWE 权重因子系数

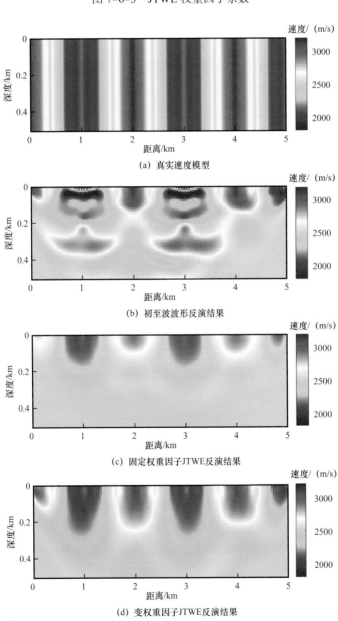

图 7-6-4 横向周期速度模型及不同方法反演结果

定权重因子联合反演（$\omega_1=0.7$，$\omega_2=0.2$）以及变权重因子联合反演。由于常速初始模型与真实模型相差较大，初至波波形反演陷入局部最小值［图7-6-4（b）］。变权重因子联合反演［图7-6-4（d）］的效果明显优于固定权重因子JTWE［图7-6-4（c）］。这是因为在固定权重因子JTWE的整个迭代过程中，各部分的权重保持不变，导致对走时、包络和波形中的信息利用不足。而变权重因子JTWE则可以通过改变不同信息的权重，在反演的不同阶段强调利用不同的信息。例如：在反演初期阶段主要利用走时信息，在反演后期主要利用波形信息，整个过程采用本节所提的权重选择策略自动修正权重因子。自然地实现了多尺度反演，最终得到了分辨率更高、更有效的反演结果。实验表明，在JTEW反演初期，较大的走时信息权重可以提高反演的稳定性。然后逐渐减小走时信息权重，增加波形信息的权重，可以充分利用不同的信息，得到更准确的反演结果。从图7-6-5的150m和200m深度处的水平速度曲线上，可以更清晰地得出这个结论，这正是变权重因子JTWE的意义所在。

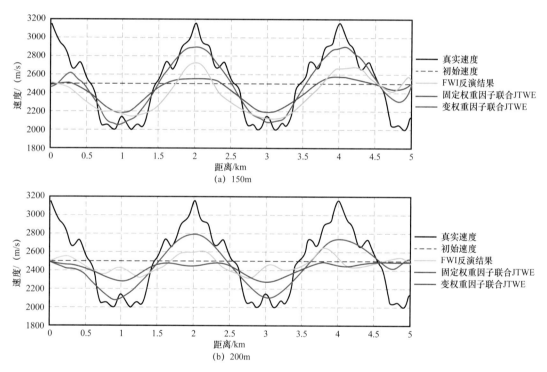

图7-6-5　不同深度处的JTEW和FWI反演的水平速度剖面

　　图7-6-6展示了反演结果的第101炮的波形拟合情况，可以明显地观察到，由于初始模型的估计偏离了真实模型，由初始模型计算所得的理论波形并不能与观测波形良好地匹配。在局部区域，如图7-6-6（a）显示的区域A和区域B，观测数据和计算数据相位差异超过了1/2周期。若直接使用初至波波形反演，近道波形拟合较好，但是远道波形仍然无法较好地拟合，最终反演陷入局部极值［图7-6-6（b）］。使用固定权重的JTWE较单纯波形反演波形拟合结果有了很大程度地提升［图7-6-6（c）］，然而固定权重的反演策略不能充分利用不同信息，导致最终波形仍然存在一定偏差。而变权重JTWE则能

在不同的反演阶段充分利用不同信息，达到完美的波形匹配效果［图 7-6-6（d）］。

2）Foothill 模型试验

对复杂的 Foothill 模型也采用不同的初至波反演策略。Foothill 模型横纵向网格数为 1255×100，网格间距为 20m。地面均匀激发 126 炮，每炮 1255 个检波器均匀分布于地表。正演模拟使用的是基于纵向坐标变换的起伏地表地震波模拟方法，其中第 65 炮波形及初至波波形如图 7-6-7 所示。

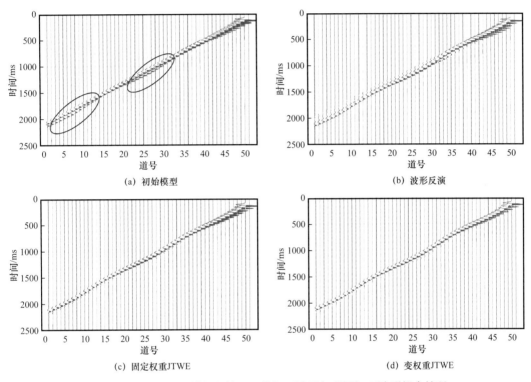

(a) 初始模型　　　　　　　　　　　　　　(b) 波形反演

(c) 固定权重JTWE　　　　　　　　　　　(d) 变权重JTWE

图 7-6-6　不同模型模拟的第 101 炮初至波形与观测初至波形拟合情况

红色为观测初至波形，蓝色为不同反演结果对应的正演初至波形

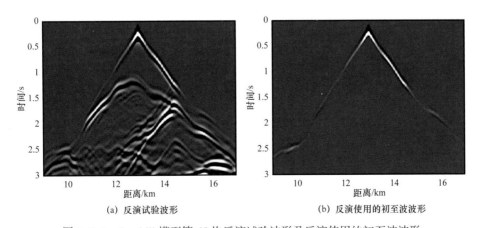

(a) 反演试验波形　　　　　　　　　　　(b) 反演使用的初至波形

图 7-6-7　Foothill 模型第 65 炮反演试验波形及反演使用的初至波波形

初始速度模型为常梯度模型图［7-6-8（b）］，由于初始模型与真实模型［图 7-6-8（a）］相差较大，初至波波形反演［图 7-6-8（c）］和初至波包络反演［图 7-6-8（d）］的效果都比较差。在地下不同深度的速度剖面曲线上（图 7-6-9），初至波波形反演结果和初至波包络反演结果都是在初始模型附近抖动，说明由于初始模型较差致使二者均陷入局部极值。这时，即使采用同样的常梯度初始模型，提出的 JTEW 方法在反演初始阶段充分利用走时信息提供初始模型，并在后续阶段充分利用包络信息和波形信息不断提

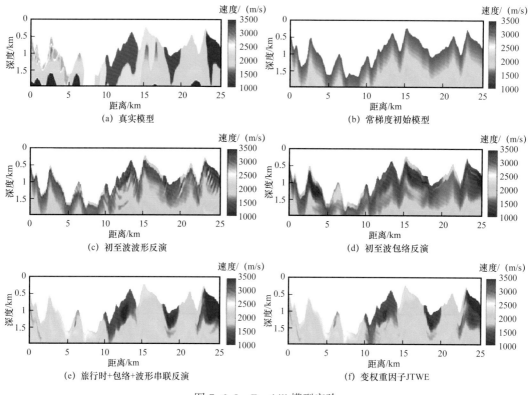

图 7-6-8　Foothill 模型实验

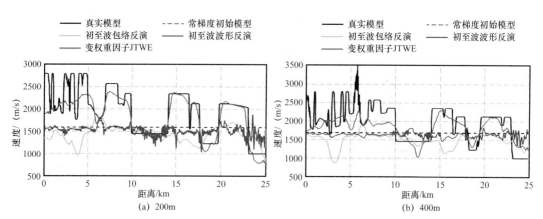

图 7-6-9　地表下不同深度处的反演速度模型的速度剖面

高反演精度，得到了高精度的反演结果［图 7-6-8（f）和图 7-6-9］。这也正是多信息联合反演相对于单信息反演的优势。

需要指出，串联反演分三个阶段［图 7-6-8（e）］。第一个阶段：只利用地震波走时信息，降低反演的非线性程度，提高反演的收敛性，以得到一个相对平滑的背景宏观速度模型。第二阶段：仅使用地震波包络信息进行初至波包络反演，目的是为了得到一个较走时反演结果精度更高的速度模型。第三阶段：用前两个阶段反演得到的较为良好的速度模型作为初始模型，使用初至波波形信息，以反演得到高分辨率的近地表速度模型。可以看出，所谓的串联反演也只不过是联合反演的一种特殊形式，即第一阶段 $\omega_1=1$、$\omega_2=0$，第二阶段 $\omega_1=0$、$\omega_2=1$，第三阶段 $\omega_1=0$、$\omega_2=0$。

值得关注的是，走时目标函数在串联反演过程中出现明显的漂移现象［图 7-6-10（a）］，本质上，这是一个周波跳跃问题。这就意味着在串联反演结束后走时信息匹配较好，然而在串联反演过程中，走时反演后的包络和波形反演则放弃了走时信息，由于包络和波形反演过程中没有走时信息约束，波形发生周波跳跃，从而陷入局部极值。在联合反演过程中，目标函数均平稳下降（［图 7-6-10（b）］。这是由于在联合反演的整个迭代过程中都使用走时信息作为包络和波形约束，使波形匹配在一定程度上避免周波跳跃而陷入局部极值。因此，变权因子联合反演可以有效克服周波跳问题，最终提高近地表速度模型的反演精度，这也是联合反演较串行反演的优势之一。

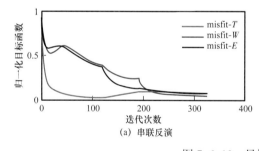
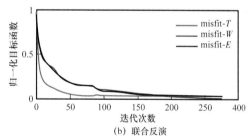

图 7-6-10　目标函数下降曲线

分析不同反演结果与真实模型之间波场互相关与衡量不同反演结果走时的拟合情况（图 7-6-11）。从图 7-6-11 中可以观察到三个现象：第一，对比图 7-6-11（a）与图 7-6-11（b）可知，经过初至波波动方程走时反演，互相关函数的极大值明显靠近零值，说明波动方程走时反演数据匹配较好。第二，对比图 7-6-11（b）与图 7-6-11（c）可知，基于走时反演结果，经过包络和波形反演，互相关函数的某些极值（特别是远炮检距）反而离零值更远。这说明从走时反演结果出发，经过串行反演中的包络和波形反演，数据的走时信息反而匹配更差了，这对目标函数的分析结论是一致的（图 7-6-10），原因也与前面分析的一样：因为进行包络和波形反演时完全丢弃了走时信息的匹配。第三，对比图 7-6-11（c）与图 7-6-11（d）可知，与串联反演相比，联合反演的走时信息匹配更好，联合反演结果模拟的初至波和观测初至波的互相关函数极值基本在零值附近。这样的结果与目标函数分析得到的结论相互印证，说明了联合反演在一定程度上可以有效克服周波跳跃的问题，这也体现了联合反演较串行反演的优势。

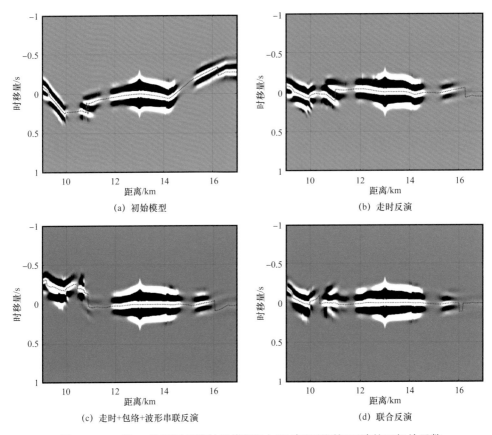

图 7-6-11　第 66 炮不同反演结果模拟的初至波和观测初至波的互相关函数

三、FWI 的发展展望

尽管 FWI 在理论上是目前精度最高的地下参数反演方法，但直到现在还尚未纳入实际地震数据处理、成像和反演的常规流程之中。该技术在实际中的一些成功应用，还主要体现在常规地震成像质量的提升，属于锦上添花的范畴。根本原因在于传统的 FWI 理论要求理论模拟地震数据与实际观测地震数据的最佳匹配，而由于各种因素致使在反演中要达到这一目标非常困难，主要在于：（1）影响实际地震波形的因素实在太多，而 FWI 中所使用的地震波传播理论无法对这些因素进行准确描述，实际接收地震数据中一些震相预测不准，甚至无法预测；（2）由于震源激发、检波器接收以及观测方式等技术因素，实际接收地震数据的完备性以及信噪比等有待提高；（3）目前的优化反演技术并不完善。

尽管 FWI 技术目前在实际应用中还面临许多难题，但它在信息匹配思想框架下搭建了参数反演和地震偏移成像之间的桥梁。随着地震波描述理论的发展、数据采集技术和反演理论的完善以及计算机技术的提升，FWI 技术将会与常规的地震数据处理和解释流程逐渐融合在一起。

为此，面对 FWI 面临的强烈非线性问题以及实际资料中的诸多现实难题，本节介绍了基于地震数据子集的波形反演思路，并给出了统一的基于地震数据子集的波形反演方法。实际上就是要抛弃 FWI 中对整个地震记录的匹配方式，而是要仔细研究不同参数在不同地震数据子集上的具体体现，在精细分析资料的基础上，在 FWI 的不同阶段采用不同的地震数据子集，在数据拟合框架下实现分步骤、分尺度的地震反演。这是地震数据和地下参数之间复杂关系的客观要求，也是地震数据处理与解释中的不同阶段、不同反演目标的客观要求。

第七节　各向异性初至波走时反演方法

前面章节中叙述的初至波走时反演方法普遍是基于各向同性介质的假设。然而，地下岩层普遍存在各向异性特征（Crampin S，1978），介质的各向异性对地震波传播的运动学和动力学特性都有严重的影响（Tsvankin I et al.，1990），因此，构建近地表各向异性参数模型对于地震数据近地表校正和地震成像至关重要。尤其是近年来，随着"两宽一高"地震勘探技术的广泛应用，在大偏移距的地震数据中，介质的各向异性对地震数据的影响更加突出。若以传统的各向同性方法处理各向异性的地震数据，在成像道集上，表现为道集无法拉平；在成像剖面上，表现为绕射波无法收敛，成像分辨率降低甚至成像错误（Han Q Y et al.，2005）。目前，在地震深部成像中已经考虑介质的各向异性（Weibull W W et al.，2014），但在地震数据的近地表校正中还普遍基于近地表介质的各向同性假设，已无法满足实际地震勘探的需求。

由于沉积压实作用，近地表介质往往表现为具有垂向对称轴的横向各向同性特征（即 VTI 介质），这是最典型的一类各向异性介质。三个独立参数就可以描述 VTI 介质中声波的传播特征，最典型的参数化方式为 Thomsen 参数化模式（v_0，ε，δ）。其中，v_0 表示地震波沿 VTI 介质对称轴纵向传播的速度，ε 定义了 P 波各向异性的特征，δ 决定了垂直入射方向上的 P 波相速度函数的二阶导数（Thomsen L，1986）。VTI 介质的参数反演是一类典型的多参数反演问题，多参数加剧了反演的非线性和不稳定性，最主要的原因就是多参数之间的交叉耦合问题，即不同参数会产生相似的数据扰动（Operto S et al.，2013），这种数据上的相似性来自不同参数的辐射模式在特定角度范围内的相互重叠。由于实际观测数据很难区分数据扰动来源于哪个参数的摄动，这种参数耦合就会引起不准确的反演结果。

目前，针对反演过程中的多参数耦合问题，有三类最常见的处理方法：

（1）参数化模式的选择。全波形反演的参数化选择往往基于辐射模式的分析（Prieux V et al.，2013），而走时反演中参数化的选择往往从多参数的敏感核分析开始（Djebbi R et al.，2017）。辐射模式和敏感核可以一定程度上揭示多参数之间的耦合效应，通过分析，最终找到最有利于多参数解耦的参数化方式。

（2）分级反演策略。传统的分级反演策略（Gholami Y et al.，2013）将反演分为不同的阶段，先固定弱参数反演强参数，待强参数反演结束后再固定强参数反演弱参数。

这种分级反演策略在第一个反演阶段依赖于相对准确的弱参数模型，否则强参数反演误差会增大，导致第二阶段弱参数反演误差也增大。而优化的分级反演策略（杨积忠等，2014；刘玉柱等，2014）需要先做一轮多参数同时反演，此时往往是强参数更新不足，弱参数更新过量。在第二轮同时反演时，使用第一轮反演得到的强参数模型作为初始模型，弱参数初始模型与第一轮反演的初始模型一致。这样，两轮反演后，强参数和弱参数反演结果均优于第一轮的反演结果。

（3）基于 Hessian 矩阵的多参数同时反演策略（Operto S et al.，2013；Wang Y W et al.，2016）。多参数反演中的 Hessian 矩阵呈现块对角占优的特征，其中，对角线元素体现了地震波传播的几何扩散效应，非对角线元素体现了多参数之间的耦合效应。简单地采用对角元素来近似 Hessian 矩阵并不能很好地解决参数之间的耦合（Operto S et al.，2006）。如果在反演中能够更多地利用 Hessian 矩阵的非对角线元素信息，在反演过程中就可以实现一定程度的多参数解耦（Wang Y W et al.，2016）。其中，Wang Y W et al.（2016）提出了一种块对角 Hessian 预条件的 EFWI，可以考虑相同空间位置的不同参数之间的耦合效应。与此同时，基于二阶伴随状态法（Métivier L et al.，2013）或改进的散射积分法（Liu Y et al.，2015）的截断高斯牛顿优化方法，通过迭代求解牛顿方程，将 Hessian 信息逐渐引入多参数 EFWI 反演中，可以更好地压制参数耦合、同时获取多种参数估计（Sun M A et al.，2017）。

当然，不同参数之间的耦合效应是地震波传播的固有特性，上述方法和策略尽管具有一定的效果，但耦合效应不可能完全消除。不同参数对于数据有不同的敏感度和耦合效应，不同观测方式得到的地震数据所体现出来的耦合程度也不同，地震数据中不同震相上也具有不同的耦合特征（Wang T F et al.，2017）。因此，如何尽可能地减少参数之间的耦合效应，降低参数之间的交叉混叠假象，这是利用初至波走时进行 VTI 介质多参数反演、有效重建近地表介质的地震波速度和各向异性参数的关键问题。

本节聚焦上述第一类方法，基于更高精度的 Fomel 群速（慢）度近似（Fomel S，2004），张建明等（2022）推导得到了声波 VTI 介质中 16 种参数化模式下走时反演的多参数敏感核解析解，详细分析了 4 种参数化模式的多参数敏感核随角度变化特征和多参数之间的耦合效应，并将子空间方法（Kennett B et al.，1988）引入到 VTI 介质多参数走时反演中，提出了在全方位观测和地表激发接收两种观测方式下的不同的参数化选择和多参数反演策略。

一、VTI 介质多参数初至波走时敏感核的解析解

在 VTI 介质中，地震初至波走时 T 可表示为：

$$T = \int_L S_\varphi \mathrm{d}l \qquad (7\text{-}7\text{-}1)$$

式中　S_φ——依赖于各向异性参数的地震波群慢度；

　　　　φ——代表初至波传播方向与 VTI 介质对称轴的夹角，即群角；

　　　　L——射线路径。

当各向异性介质参数扰动时，由射线路径 L 变化引起的走时扰动相比于因参数摄动引起的走时扰动为二阶小量，可以忽略。因此，由参数摄动引起的一阶走时扰动 ΔT 可近似表示为：

$$\Delta T = \int_L \Delta S_\varphi \mathrm{d}l = \int_L \frac{\partial S_\varphi}{\partial \boldsymbol{m}} \Delta \boldsymbol{m}^\mathrm{T} \mathrm{d}l = \int_L \boldsymbol{K}_m \Delta \boldsymbol{m}^\mathrm{T} \mathrm{d}l \qquad （7\text{-}7\text{-}2）$$

式中　ΔS_φ——群慢度扰动量。

在声波 VTI 介质中，$\boldsymbol{m} = (\alpha, \beta, \gamma)$ 是由三个独立的各向异性参数 α、β 和 γ 构成的行向量，且它们在不同的参数化模式下具有不同的形式，具体表达形式将在下一节中详细给出。而 $\boldsymbol{K}_m = \partial S_\varphi / \partial \boldsymbol{m} = \left(\dfrac{\partial S_\varphi}{\partial \alpha}, \dfrac{\partial S_\varphi}{\partial \beta}, \dfrac{\partial S_\varphi}{\partial \gamma} \right)$，其中 $\dfrac{\partial S_\varphi}{\partial \alpha}$、$\dfrac{\partial S_\varphi}{\partial \beta}$ 和 $\dfrac{\partial S_\varphi}{\partial \gamma}$ 分别就是 VTI 介质中初至波走时对参数 α、β 和 γ 的敏感核函数。

利用式（7-7-2）中的走时残差 ΔT 来反演 VTI 介质中各点处的三参数 (α, β, γ)，可以使用基于程函方程的伴随状态反演方法（Waheed U et al.，2016），而本节使用 VTI 介质中的射线追踪方法。不管使用哪种反演方法，式（7-7-2）右侧的敏感核函数 $\boldsymbol{K}_m$ 在反演中都居于核心地位，对其性态的全面了解和把握是做好反演的前提。因此，本节聚焦该敏感核函数，在对 VTI 介质中全部 16 种参数化模式下的多参数敏感核详细分析的基础上，总结参数之间的耦合效应，提出了在全方位观测和地表激发接收两种观测方式下的不同的参数化选择和多参数反演策略。

声波 VTI 介质走时反演的多参数敏感核可以基于不同的群慢度近似得到，由于 Fomel 群慢度近似在强各向异性介质中依然具有较高的精度，所以，本节推导均基于 Fomel 群慢度近似公式（Fomel S，2004）：

$$S_\varphi = \sqrt{\frac{1+2Q}{2(1+Q)} E(\varphi) + \frac{1}{2(1+Q)} D} \qquad （7\text{-}7\text{-}3）$$

其中：

$$D = \sqrt{E^2 + 4(Q^2 - 1) AC \sin^2(\varphi) \cos^2(\varphi)}$$

$$E = A \sin^2 \varphi + C \cos^2 \varphi$$

Q、A、C 由 VTI 介质的三个独立参数决定，它们在不同参数化模式中具有不同的表达形式，将在本章第八节中详细讨论。

利用式（7-7-3），首次得到了 VTI 介质多参数初至波走时敏感核的解析解（张建明等，2022）：

$$K_m = \frac{\partial S_\varphi}{\partial m} = \frac{1}{2S_\varphi}\left[E\frac{4(1+Q)\dfrac{\partial Q}{\partial m}-2(1+2Q)\dfrac{\partial Q}{\partial m}}{4(1+Q)^2}+\frac{1+2Q}{2(1+Q)}\frac{\partial E}{\partial m}-D\frac{\dfrac{\partial Q}{\partial m}}{2(1+Q)^2}+\frac{1}{2(1+Q)}\frac{\partial D}{\partial m}\right] \quad (7\text{-}7\text{-}4)$$

其中：

$$\begin{aligned}\frac{\partial D}{\partial m}=\frac{1}{2D}\Big[&2E\frac{\partial E}{\partial m}+8Q\frac{\partial Q}{\partial m}AC\sin^2\varphi\cos^2\varphi+4(Q^2-1)\frac{\partial A}{\partial m}C\sin^2\varphi\cos^2\varphi\\&+4(Q^2-1)A\frac{\partial C}{\partial m}\sin^2\varphi\cos^2\varphi\Big]\end{aligned} \quad (7\text{-}7\text{-}5)$$

在不同的 VTI 介质参数化模式下，尽管初至波走时反演中多参数敏感核的解析解具有统一的形式［式（7-7-4）］，但由于 Q、A、C 具有不同的表达形式，决定了在不同参数化模式下的 VTI 介质初至波走时反演的敏感核是不同的。

二、VTI 介质多参数初至波走时反演敏感核与耦合分析

二维声波 VTI 介质可以由三个独立参数（慢度参数 S_0、S_h、S_n 和各向异性参数 ε、η、δ 的组合）来描述模型，理论上有 $C_6^3 = 20$ 种组合方式，但是因为存在 $S_h = S_0/\sqrt{2\varepsilon+1}$、$S_n = S_0/\sqrt{2\delta+1}$、$\eta = (\varepsilon-\delta)/(2\delta+1)$ 的关系，在 $(S_0,\ S_h,\ \varepsilon)$、$(S_0,\ S_n,\ \delta)$、$(\eta,\ \delta,\ \varepsilon)$ 和 $(S_n,\ S_h,\ \eta)$ 四种参数化模式中的三个参数相互依赖，无法得到独立的三参数敏感核，所以，只能得到 16 种参数化模式下的多参数敏感核。下面把选取了其中具有代表性的四种参数化模式重点分析，其余 12 种参数化模式的敏感核详见张建明等（2022）文章。

1. 参数化模式 1：$m = (S_0,\ \varepsilon,\ \delta)$

这种参数化模式由 Thomsen 提出，其中 S_0 表示地震波沿 VTI 介质对称轴纵向传播的慢度，ε 定义了 P 波各向异性的特征，主要影响水平向传播的地震波速度，δ 决定了垂直入射方向上的 P 波相速度函数的二阶导数（Thomsen L，1986）。对于 Thomsen 参数化模式下的 VTI 介质，Fomel 群慢度公式中的 $Q = 1 + 2(\varepsilon-\delta)/(1+2\delta)$，$A = S_0^2/(1+2\varepsilon)$，$C = S_0^2$。将 Q、A、C 及其对 S_0、ε、δ 的偏导数代入敏感核表达式（7-7-4）中，即可得到 VTI 介质 Thomsen 参数化下的初至波走时反演敏感核的解析表达式：

$$\begin{aligned}K_{S_0}=\frac{\partial S_\varphi}{\partial S_0}=\frac{1}{2S_\varphi}\Bigg\{&\frac{1+2Q}{1+Q}\left(\frac{S_0}{1+2\varepsilon}\sin^2\varphi+S_0\cos^2\varphi\right)+\frac{1}{(1+Q)D}\\&\times\Bigg[E\left(\frac{S_0}{1+2\varepsilon}\sin^2\varphi+S_0\cos^2\varphi\right)+(Q^2-1)\left(\frac{2S_0}{1+2\varepsilon}\right)C\sin^2\varphi\cos^2\varphi\\&+2(Q^2-1)AS_0\sin^2\varphi\cos^2\varphi\Bigg]\Bigg\}\end{aligned} \quad (7\text{-}7\text{-}6)$$

$$K_\varepsilon = \frac{\partial S_\varphi}{\partial \varepsilon} = \frac{1}{2S_\varphi}\left\{ \frac{E}{(1+Q)^2(1+2\delta)} + \frac{1+2Q}{1+Q}\frac{-S_0^2\sin^2\varphi}{(1+2\varepsilon)^2} - \frac{D}{(1+2\delta)(1+Q)^2} \right.$$

$$+ \frac{1}{(1+Q)D}\left[E\frac{-S_0^2\sin^2\varphi}{(1+2\varepsilon)^2} + 4Q\frac{1}{1+2\delta}AC\sin^2\varphi\cos^2\varphi \right. \qquad (7\text{-}7\text{-}7)$$

$$\left.\left. + (Q^2-1)\frac{-2S_0^2}{(1+2\varepsilon)^2}C\sin^2\varphi\cos^2\varphi \right]\right\}$$

$$K_\delta = \frac{\partial S_\varphi}{\partial \delta} = \frac{1}{2S_\varphi}\left\{ E\frac{-1-2\varepsilon}{(1+Q)^2(1+2\delta)^2} + \frac{D(1+2\varepsilon)}{(1+Q)^2(1+2\delta)^2} + \frac{Q}{(1+Q)D}\left[\frac{-1-2\varepsilon}{(1+2\delta)^2}AC\sin^2\varphi\cos^2\varphi \right] \right\} \quad (7\text{-}7\text{-}8)$$

图 7-7-1 展示了参数化模式 1 中的三个参数敏感核的数值算例（在计算敏感核时，选取的参数为 $S_0 = 1/3000$s/m、$\varepsilon = 0.2$、$\delta = 0.1$），数值大小代表了初至波走时对参数敏感性的相对强弱。在相同参数化模式下，VTI 介质参数不同，敏感核略有不同，但基本形态类似。

为简单起见，在后面的其他 15 种参数化中，不再列出走时反演敏感核的解析表达式，只是给出根据敏感核解析表达式而得到的敏感核的数值算例。

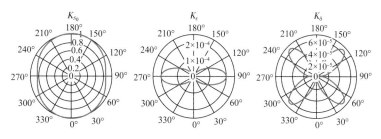

图 7-7-1　参数化模式 1 的三参数敏感核

可以发现，在该参数化模式下，垂向慢度 S_0 的敏感性最强，ε 次之，δ 的敏感性最弱。由于 δ 参数的敏感性最低，对初至波运动学特性影响极其微弱，所以在反演过程中一般不反演 δ 参数，而是通过测井资料直接提供的 δ 作为已知参数（Alkhalifah T et al.，2014），从而只反演 S_0 和 ε 两个参数。

角度代表了初至波传播方向与 VTI 介质对称轴的夹角，即射线群角。将群角分为三个角度范围进行分析，分别为小角度范围（0°～30°）、中角度范围（30°～60°）和大角度范围（60°～90°）。由图 7-7-1 可见，S_0 在所有角度范围内敏感性基本一致，表现为近似各向同性特征。ε 只在大角度范围内敏感性强，且角度越大敏感性越强，90° 时敏感性最强，0° 时敏感性为 0。所以说 ε 参数控制着大角度地震波的速度变化。δ 在中角度范围内敏感性相对较强，小角度 0° 和大角度 90° 时，敏感性为零。因此，在小角度范围内，三参数的耦合效应最弱，0° 时不存在三个参数的耦合问题。在中角度范围内三参数存在相对较强的耦合效应，其中，在 45° 左右时，S_0 和 δ 两参数耦合效应达到峰值。在大角度范围内，

S_0 和 ε 两参数存在相对较强的耦合效应，90° 时，S_0 和 ε 两参数的耦合效应达到最强。

可以预见，在炮点和检波点都在地表的常规观测方式下，地震初至波以中大角度范围穿过地表，由于初至波走时对 S_0 和 ε 两参数都有相对较强的敏感性，而对 δ 参数不敏感，此时尽管存在参数耦合效应，在步长计算相对准确时，仍然可以通过多参数同时反演策略得到有效的 S_0 和 ε 两参数模型。

2. 参数化模式 2：$\boldsymbol{m} = \left(S_{\mathrm{h}}, \eta, \delta \right)$

根据各向异性参数之间的参数转换关系：

$$S_{\mathrm{h}} = \frac{S_0}{\sqrt{2\varepsilon+1}}, S_{\mathrm{n}} = \frac{S_0}{\sqrt{2\delta+1}}, \eta = \frac{\varepsilon-\delta}{2\delta+1} \qquad (7\text{-}7\text{-}9)$$

在参数化模式 2 中，$Q = 1+2\eta$、$A = S_{\mathrm{h}}^2$、$C = S_{\mathrm{h}}^2 \left\{ 1+2\left[(2\eta+1)\delta+\eta \right] \right\}$。将 Q、A、C 的表达式及其对 S_{h}、η、δ 相应的偏导数，代入敏感核表达式（7-7-4），即可得到 VTI 介质在参数化 $\boldsymbol{S} = \left(S_{\mathrm{h}}, \eta, \delta \right)$ 下的初至波走时反演敏感核的解析解。

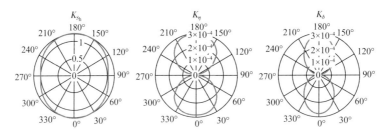

图 7-7-2 参数化模式 2 的三参数敏感核

由图 7-7-2 可见，在 $\boldsymbol{m} = \left(S_{\mathrm{h}}, \eta, \delta \right)$ 参数化模式下，水平慢度 S_{h} 的敏感性最强，η 和 δ 的敏感性相对较弱。S_{h} 在全角度范围内的敏感性大体一致，而 η 和 δ 只在中小角度范围内有相对较强的敏感性。角度越小，η 和 δ 敏感性越强，0° 时 η 和 δ 两参数的敏感性都达到峰值。

这就说明，在中小角度范围内，三个参数之间存在非常强的参数耦合效应，尤其在 0° 时，三个参数间的耦合效应达到最强。而在中大角度范围内，参数耦合效应随角度增大而逐渐减弱，90° 时不存在参数耦合效应，初至波走时只对 S_{h} 敏感。这就意味着，利用中大角度传播的地震波走时，可以较好地反演 S_{h}，且此时受 η 和 δ 参数耦合影响非常小。即在地表激发接收的观测方式下，该参数化模式是反演 S_{h} 的最佳参数化方式。

3. 参数化模式 3：$\boldsymbol{m} = \left(S_{\mathrm{n}}, \eta, \delta \right)$

在参数化模式 3 中，$Q = 1+2\eta$、$A = S_{\mathrm{n}}^2(1+2\delta) \Big/ \left\{ 1+2\left[(2\eta+1)\delta+\eta \right] \right\}$、$C = S_{\mathrm{n}}^2(1+2\delta)$。将 Q、A、C 及其对 S_{n}、η 和 δ 相应的偏导数的表达式代入敏感核表达式（7-7-4），即可得到 VTI 介质在参数化模式 3 下的初至波走时反演敏感核的解析解。

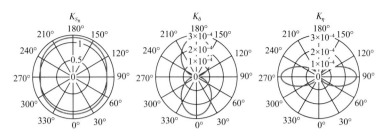

图 7-7-3　参数化模式 3 的三参数敏感核

由图 7-7-3 可见，在该参数化模式下，S_n 敏感性最强，η 和 δ 的敏感性相对较弱。S_n 在全角度范围内都有较强的敏感性，δ 只在中小角度范围内敏感性较强，且角度越小敏感性越强，0° 时达到峰值。η 只在中大角度范围内有较强的敏感性，且角度越大敏感性越强，90° 时达到峰值。

这就说明，在中小角度范围内，S_n 和 δ 两参数的耦合效应较强，且角度越小耦合效应越强，0° 时最强。在中大角度范围内 S_n 和 η 两参数的耦合效应较强，且角度越大耦合效应越强，90° 时最强。

上述分析表明，在地表激发接收的观测方式下，当地震初至波以中大角度范围穿过近地表时，初至波走时对 S_n 和 η 两参数都有较强的敏感性而对 δ 敏感性很弱，因此该参数化模式适合 S_n 和 η 两个参数反演。

4. 参数化模式 4：$\boldsymbol{m} = \left(S_0, S_h, S_n \right)$

在参数化模式 4 中时，$Q = S_n^2 / S_h^2$、$A = S_h^2$、$C = S_0^2$，将 Q、A、C 及其对 S_0、S_h 和 S_n 相应的偏导数的表达式代入敏感核表达式（7-7-4）式即可得到 VTI 介质在参数化模式 4 下的初至波走时反演敏感核的解析解。

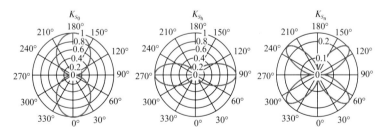

图 7-7-4　参数化模式 4 的三参数敏感核

由图 7-7-4 可见，在该参数化模式下，三慢度敏感性量级基本一致，S_n 稍弱。S_0 只在中小角度范围内有较强的敏感性，且角度越小敏感性越强，0° 时敏感性最强。S_h 只在中大角度范围内有较强的敏感性，且角度越大敏感性越强，90° 时敏感性最强。S_n 只在中角度范围内有相对较强的敏感性，50° 左右时，敏感性最强。

上述分析说明，S_0 和 S_h 两个参数之间没有太强的参数耦合效应。S_n 参数敏感性相对较弱，且在中角度范围内与 S_0 和 S_h 两个参数存在较弱的耦合效应。这就意味着，在这种参数化模式中，当介质模型被全方位角度的初至波照明时，三个参数分别影响不同角度范围的初至波走时，三参数之间的耦合效应最弱，最有利于多参数反演。但是，当射线覆盖角度只有中大角度（如地表激发接收的观测方式）时，利用这种参数化模式同时反演三参数极具挑战性，S_0 参数的反演尤其困难，S_n 也因敏感性相对较弱难以反演，所以，在这种情况下三慢度的参数化模式并非最优。

通过对比分析上述四种以及张建明等（2022）文献的附录中其余的 12 种参数化模式的敏感核特征，可以发现，对于不同的参数化模式，都有两个明显特性：（1）在不同的参数化模式下，三个参数的敏感性强弱不同，慢度参数总是强参数，敏感性大于其他各向异性参数。（2）在同一种参数化模式下，三个参数的敏感性具有明显的角度特性。也就是说，在不同的参数化模式中，不同参数的敏感性不同，参数之间的耦合效应特征也不同。其中，在参数化模式 4 中三个慢度参数之间耦合影响相对微弱，在其他参数化模式中存在两个参数耦合影响微弱的情况，如参数化模式 9 中的 S_0 和 S_h 两个参数之间的耦合效应相对较弱，参数化模式 11 中的 S_h 和 S_n、δ 两个参数之间的耦合效应比较弱，参数化模式 14 中的 S_0 与 S_n、η 两个参数之间的耦合效应比较弱，参数化模式 15 中的 S_0、S_h 两个参数之间耦合效应较弱，参数化模式 3 中的 η 和 δ 两个参数之间耦合效应较弱。除上述几种参数化模式外，在其他参数化模式中没有明显的两参数解耦或三参数解耦情况存在。这也意味着，反演不同的参数需要根据敏感核和参数耦合效应特征，有针对性地选择合理的参数化模式，同时也需要考虑不同的观测方式，因为观测方式影响地震初至波的传播角度。

三、VTI 介质多参数初至波走时反演策略及数值试验

在不同的观测方式下，地震初至波穿过模型的角度覆盖范围不同。加上不同的参数化模式中多参数的敏感性随角度变化特征不同，因此，对于不同的观测方式，应该有针对性地选择不同的参数化模式以反演不同的参数，并制定相应的反演策略。

下面将重点讨论全方位观测和地表激发接收两种观测方式下的参数化选择和反演策略。同时需要说明，本节在模型试验中涉及慢度（速度）参数时，均是采用慢度更新方式，但为方便阅读，显示的模型均是速度模型。

1. 全方位观测反演策略及试验

在全方位观测方式下，地下介质会被不同方位角度的地震初至波所照明，地震初至波走时对不同参数化模式的三个参数都会有不同程度的响应，不同参数化模式中的三个参数之间的耦合效应不一致。此时，只需要选择一种三个参数之间耦合效应最弱的参数化模式，在不需要其他反演策略的情况下就可以较好地同时反演得到三个参数。前面的多参数敏感核与耦合分析已经表明，在三慢度参数化中，三个参数之间的耦合效应最弱，且三个参数的敏感性强弱基本一致，为全方位观测方式下的最佳参数化模式。下面，采用异构的球状模型来验证上述理论分析的正确性。

设计的异构模型如图 7-7-5 所示，而初始模型为 $v_0=2000\text{m/s}$、$v_h=2366\text{m/s}$、$v_n=2192\text{m/s}$ 的均匀模型。网格数 $n_x=n_z=401$，网格间距 $d_x=d_z=10\text{m}$。四周布满 400 个炮点和 1600 个检波器，通过匹配这些检波器处的初至波走时与相应位置的"观测"走时，使走时误差的平

方和达到最小，从而得到反演结果，如图 7-7-6 所示。

从反演结果来看，v_0［图 7-7-6（a）］和 v_h［图 7-7-6（b）］参数反演结果比较精确，v_n［图 7-7-6（c）］参数反演尽管一定程度上还是受 v_0 和 v_h 参数耦合的影响，但也得到有效更新。这是因为在迭代反演的过程中，v_0 和 v_h 两参数几乎没有参数耦合效应，可以不断被有效更新，当 v_0 和 v_h 两参数得到充分更新后，走时残差主要由 v_n 参数引起，v_n 参数在迭代反演后期也得到了有效更新。但是，从前面的参数化模式 4 的敏感性分析结果可以看出，相对于 v_0 和 v_h，初至波走时对 v_n 的敏感性相对较弱，容易受到 v_0 和 v_h 的影响，因此在最终的反演结果上，v_n 的反演仍然存在一定的误差。

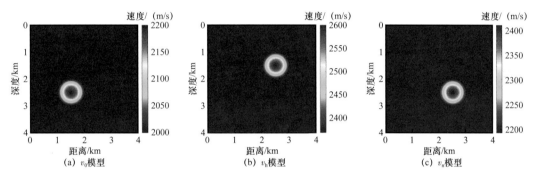

(a) v_0模型　　　　　(b) v_h模型　　　　　(c) v_n模型

图 7-7-5　三慢度参数化下的多参数真实模型

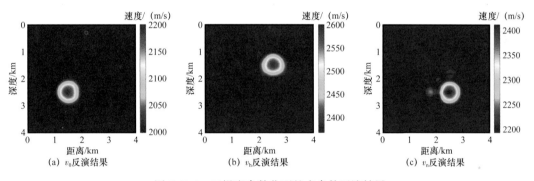

(a) v_0反演结果　　　　(b) v_h反演结果　　　　(c) v_n反演结果

图 7-7-6　三慢度参数化下的多参数反演结果

如果异构模型的参数化模式为 Thomsen 参数化（S_0, ε, δ），如图 7-7-7 所示，则三参数反演过程中存在较强的参数耦合效应，导致三个参数的反演结果相互串扰（图 7-7-8），尤其是弱参数 δ［图 7-7-8（c）］受 v_0［图 7-7-8（a）］和 ε［图 7-7-8（b）］参数耦合影响尤为突出。通过该实验，验证了在观测系统完备情况下，前面敏感核分析得到的三慢度参数化模式为最佳参数化模式结论的正确性。

2. 地表观测反演策略及试验

在激发点和检波点均位于地表的观测方式下，地震初至波只会以中大角度范围传播。观测系统的不完备性，加剧了反演的非线性和不稳定性，同时反演三个参数尤其困难。根据前面的参数化模式 4 的敏感性分析结果发现，在地表激发和接收的观测方式下，利用三慢度的参数化模式并非最优，此时应有针对性地选择不同的参数化模式分别反演不同的参数。

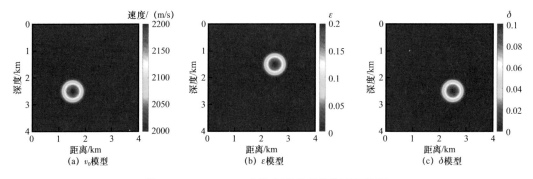

图 7-7-7　Thomsen 参数化下的多参数真实模型

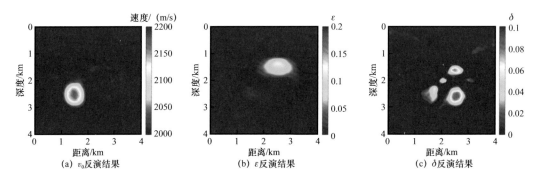

图 7-7-8　Thomsen 参数化下的多参数反演结果

基于多种参数化的多参数敏感核分析，发现以下三个特征：（1）在敏感性如图 7-7-1 的 Thomsen 参数化模式（S_0, ε, δ）中，初至波走时对 S_0 和 ε 两个参数均有更强的敏感性，而对 δ 的敏感性非常小，δ 对初至波走时影响非常微弱。因此，尽管在反演中即使采用错误的 δ 模型，仍然可以有效地将 S_0 和 ε 两个参数反演出来。（2）在参数化模式（S_n, η, δ）中，从图 7-7-3 的敏感性特征可以看到，当初至波以中大角度范围穿过模型时，初至波走时对 S_n、η 两个参数比较敏感，而对 δ 不敏感。因此，在反演中即使采用错误的 δ 模型，也可以有效地反演 S_n、η 两个参数。（3）同理，在参数化模式（S_h, η, δ）中，从图 7-7-2 的敏感性特征可以看到，初至波走时只对 S_h 敏感而对 η 和 δ 两个参数不敏感，因此，尽管反演中使用错误的 η 和 δ 模型，也可以有效反演得到 S_h。

通过上述分析，对于地表观测地震数据，张建明等（2022）提出了下面的 VTI 介质多参数三步法初至波走时反演策略。即采用（S_0, ε, δ）参数化模式，反演 S_0 和 ε；采用（S_n, η, δ）参数化模式，反演 S_n 和 η 参数；采用（S_h, η, δ）参数化模式，反演 S_h；最后再通过关系 $S_n = S_0 / \sqrt{2\delta + 1}$，换算得到 δ 参数。采用这样独立的三种不同参数化的三步反演策略，就可以得到较好的近地表六参数模型。

下面通过数值模型试验，证明上述反演策略的正确性和有效性。试验采用的 VTI 模型如图 7-7-9 所示，其中 v_0、ε、δ 三个参数的真实模型为 BP 模型，η、v_n、v_h 三个参数

的真实模型由 v_0、ε、δ 通过参数换算得到。初始 v_0、v_n、v_h 模型均为相同的常梯度速度模型［图 7-7-10（a）］，初始 ε、η、δ 参数模型的值均为 0［图 7-7-10（b）］，可见，六个参数的初始模型距离真实模型都比较远。网格数 $n_x=801$，$n_z=116$，网格间距 $d_x=d_z=20\text{m}$。地表均匀布设满 401 个炮点和 801 个检波器，炮点和检波点的水平间距分别为 40m 和 20m，最大偏移距为 8km。

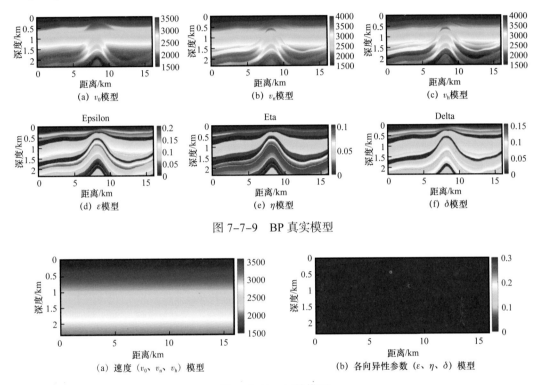

图 7-7-9　BP 真实模型

图 7-7-10　初始模型

首先验证了参数化模式 1 中不同参数的扰动对走时影响的强弱。图 7-7-11（a）展示了不同参数扰动时第 1 炮的走时场，图 7-7-11（c）是对应地表检波器处初至波走时。黑实线是三参数均为真实模型下计算得到的走时场，红色虚线是速度参数为初始模型（ε 和 δ 为真实模型）时的走时场，蓝色虚线是 $\varepsilon=0$（v_0 和 δ 为真实模型）时的走时场，洋红色虚线是 $\delta=0$（v_0 和 ε 为真实模型）时的走时场。图 7-7-11（b）展示了 δ 扰动与真实模型下走时场的误差。如图 7-7-11 所示，v_0 和 ε 两个参数的扰动都会对初至波走时产生明显影响，而 δ 扰动对走时几乎没有影响。在实际模型试验的偏移距（8km）范围内，最大走时误差为毫秒级［图 7-7-11（b）］，与实际地震勘探噪声引起的走时误差同等量级，因此，δ 对走时的影响可以忽略，反演 δ 没有实际意义。

采用三种不同的参数化模式分别反演不同的参数，这三种参数化模式的反演过程相互独立、互不影响，可以同时进行。其中采用参数化模式 1 反演得到的 v_0 和 ε 两个参数的反演结果分别如图 7-7-12（a）（d）所示，走时目标函数变化如图 7-7-13（a）所示。采用参数化模式 3，反演得到的 v_n 和 η 两个参数的反演结果分别如图 7-7-12（b）（e）所示，走时目标函数变化如图 7-7-13（b）所示。采用参数化模式 2，反演得到的 v_h 的反演结果如图 7-7-12（c）所示，走时目标函数变化如图 7-7-13（c）所示。当参数化模式 1 和参数化模式 2 都充分收敛后，就可以由 v_0 和 v_n 换算得到 δ 模型 [图 7-7-12（f）]。如图 7-7-14 所示，多参数反演结果和对应的模型剖面都可以反映宏观的背景模型。δ 参数尽管误差相对较大，反演结果偏高，也依然可以反映背景模型的宏观变化。

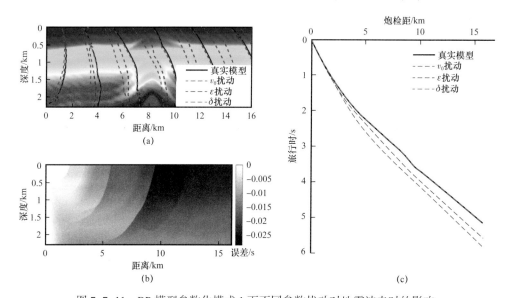

图 7-7-11　BP 模型参数化模式 1 下不同参数扰动对地震波走时的影响

（a）对应不同参数模型的走时场，黑线：真实三参数模型走时场；红虚线：v_0 为初始模型，ε 和 δ 为真实模型时的走时场；蓝虚线：ε 为初始模型，v_0 和 δ 为真实模型时的走时场；洋红色虚线：δ 为初始模型，v_0 和 ε 为真实模型时的走时场；（b）δ 为初始模型时的走时场与真实模型走时场残差；（c）对应（a）的地表检波器接收走时

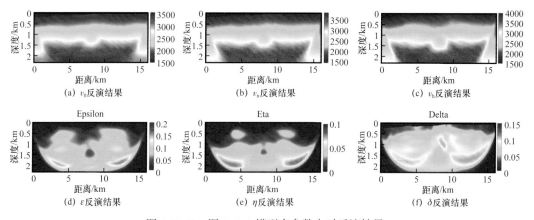

图 7-7-12　图 7-7-9 模型多参数走时反演结果

图 7-7-15 展示了不同炮点位置处基于真实模型（黑线）、初始模型（蓝线）及最后反演得到的模型计算的初至波走时数据（红线）。由图可见，初始模型（蓝线）与真实模型（黑线）的初至波走时数据不能匹配，而反演结果（红线）与真实模型（黑线）的初至波走时数据匹配良好。反演结果和走时匹配都证明了提出的参数化选择和参数反演策

略的有效性。

四、结论

在不同的参数化模式下，初至波走时对某个参数的敏感性强弱以及随角度的变化特征也是不一致的。在同一种参数化模式中，三个参数敏感性的强弱程度不同，慢度（速度）参数为强参数，其他各向异性参数为弱参数。三个参数的敏感性随角度变化的特征也不同。在不同的参数化模式中，三个参数之间的参数耦合效应互不相同。

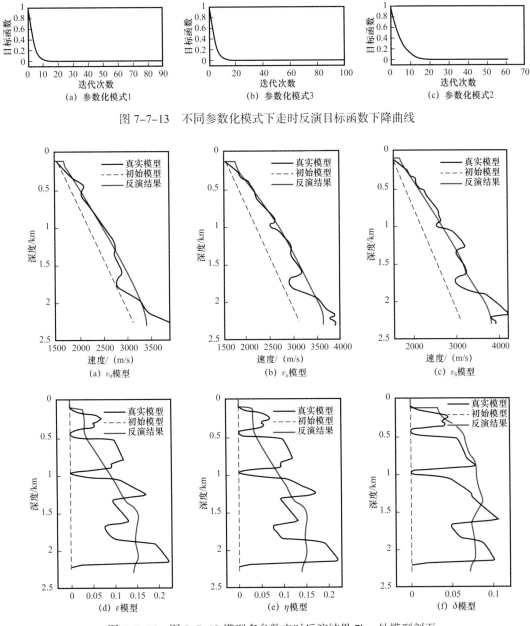

图 7-7-13　不同参数化模式下走时反演目标函数下降曲线

图 7-7-14　图 7-7-12 模型多参数走时反演结果 7km 处模型剖面

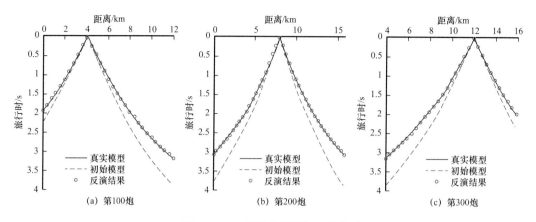

图 7-7-15　不同位置处初至波走时

在多种 VTI 介质参数化敏感核和参数耦合分析的基础上，提出了在全方位和地表观测方式下的两种反演策略（张建明等，2022），并通过模型试验证明了提出的反演策略的有效性。在全方位观测方式下，地下介质被全方位的地震初至波照明，不同参数化模式中的三个参数都会对初至走时数据产生不同程度的响应。此时，只需要选择三个参数之间耦合影响弱的参数化模式，在无须额外的反演策略的情况下就可以同时反演得到较好的三参数模型。相比其他参数化模式，三慢度参数化中的三个参数之间的耦合效应最弱，因此，在全方位观测方式下，三慢度参数化为最佳参数化模式。在地表观测方式下，本节通过 16 种参数化模式下的初至波走时敏感核分析，提出了 VTI 介质多参数三步法初至波走时反演策略。即，选择参数化模式（S_h，η，δ）可以有效地将 S_h 反演出来；选择参数化模式（S_n，η，δ）可以有效地反演 S_n 和 η 两个参数；选择参数化模式（S_0，ε，δ）可以有效地反演 S_0 和 ε 两个参数。最后，通过参数换算关系将 S_0 和 S_n 换算为 δ，即可得到近地表 VTI 介质的 S_0、S_h、S_n、ε、η 和 δ 六个参数的模型。同时，在地表观测方式下，反演 v_0 和 ε 两个参数也可以选择参数化模式 5：$\boldsymbol{m}=$（S_0，ε，η）。因为在参数化模式 5 中，走时对 η 的敏感性与参数化模式 1 中走时对 δ 参数的敏感性类似，都非常微弱。因此，选择参数化模式 5，在 η 模型偏离真实模型时也能反演到较准确的背景 v_0 和 ε 模型。

VTI 介质只是一种特殊的（具有垂直对称轴）TI 介质，当地下介质具有倾斜对称特征时（TTI 介质），相应的多参数的敏感核特征也会旋转相应的倾斜角度。因此，本节得到的 VTI 介质多参数敏感核及分析方式同样适用于 TTI 介质多参数敏感核分析。

第八章　Q 调查与 Q 建模技术

品质因子 Q 用来描述地层介质的黏弹性特征，能够量化因介质黏弹性性质引起的地震波能量衰减和频散，是表征地层吸收衰减性质的一个重要参数。完全弹性介质的 Q 趋近于无穷大，不存在介质对地震波的吸收衰减作用。非完全弹性介质的黏弹性越大，Q 越小，介质对地震波能量的吸收衰减作用越大。可靠的品质因子模型是进行反 Q 滤波的前提条件。同时，Q 是描述岩石和流体特性（如孔隙度、渗透率、饱和度、黏度）的重要参数。对于某些岩石或流体，Q 甚至比速度更加敏感，同时估计速度和 Q 可以为岩石或流体的研究提供更多的依据，以相互论证或补充。

在实际数据处理过程中需采用相应的处理技术，如球面发散补偿、反 Q 滤波、时频域振幅补偿等，对地震波的振幅衰减及频率色散进行补偿处理，恢复传播过程中被衰减的振幅和被色散的频率。对近地表的吸收衰减进行补偿目前主要采用表层 Q 补偿技术，因此，确定表层 Q 是关键。现有近地表 Q 的确定方法可分为岩石样本测试 Q 估计和地层原位测量 Q 估计两大类。前者按照测试原理不同进一步细分为应力—应变法、驻波法和行波法三种，而后者按照野外观测技术的不同细分为面波法、大炮初至法、层析成像法、微测井资料估算法和井地联合 Q 反演等。

第一节　Q 估算的理论基础与影响因素

一、地震波吸收衰减的定量表征

为了能够定量研究地震波的吸收衰减，国内外学者引入了许多参数来表征地层对地震波的吸收衰减量，包括吸收系数、衰减因子、对数衰减率和品质因子。

（1）吸收系数，表示地震波振幅沿传播距离 x 的衰减量，通常表示为：

$$\alpha = \frac{1}{x_2 - x_1} \ln \frac{A(x_1)}{A(x_2)} \tag{8-1-1}$$

式中　$A(x_1)$、$A(x_2)$——分别为距离 x_1 和 x_2 处的地震波振幅；

　　　α——吸收系数。

（2）衰减因子，表示地震波振幅随旅行时 t 的衰减量，通常表示为：

$$\beta = \frac{1}{t_2 - t_1} \ln \frac{A(t_1)}{A(t_2)} \tag{8-1-2}$$

式中　$A(t_1)$、$A(t_2)$——分别为旅行时 t_1 和 t_2 处的地震波振幅；

β——衰减因子，1/s。

（3）对数衰减率，表示地震波振幅在 1 个波长距离 λ 上或在 1 个时间周期 T 上的衰减量，通常表示为：

$$\delta = \ln \frac{A_0}{A} \tag{8-1-3}$$

式中　A_0、A——分别为参照点和波传播 1 个波长或 1 个周期后的地震波振幅；
　　　　δ——对数衰减率。

对数衰减率与吸收系数间存在下列关系：

$$\alpha = \frac{1}{\lambda} \ln \frac{A_0}{A} = \frac{\delta}{\lambda} = \frac{\delta}{vT} = \frac{\delta}{v} f \tag{8-1-4}$$

式中　λ——波长，1/m；
　　　　f——频率，Hz；
　　　　v——速度，m/s；
　　　　T——周期，1/s。

式（8-1-4）表明 α 是关于频率的线性函数，这是地震勘探中吸收衰减与频率关系的基础假设。

（4）Q，如果利用地震波能量在 1 个波长的距离上或 1 个周期的时间内相对的衰减量来描述介质的吸收性质，可以表示为：

$$\frac{\Delta E}{E} = \frac{A_0^2 - A^2}{A_0^2} = 1 - \left(\frac{A}{A_0} \right)^2 = 1 - e^{-2\delta} \approx 1 - (1 - 2\delta) = 2\delta \tag{8-1-5}$$

$$\frac{1}{Q} = \frac{1}{2\pi} \frac{\Delta E}{E} = \frac{2\delta}{2\pi} = \frac{\delta}{\pi} \tag{8-1-6}$$

式中　ΔE——地震波能量相对衰减量，J；
　　　　E——地震波能量，J。

在地震勘探中，经常使用物理量 Q 来度量介质对地震波能量的吸收衰减的强弱，是一个无量纲量。介质 Q 越大，能量的损耗率越小，介质越接近完全弹性。

由式（8-1-4）和式（8-1-6）可知，吸收系数与品质因子之间的关系为：

$$\alpha = \frac{\pi f}{Qv} = \frac{\pi}{Q\lambda}$$

或

$$Q = \frac{\pi}{\alpha \lambda} \tag{8-1-7}$$

二、品质因子的估算原理

根据黏弹性介质理论，在黏弹性介质中传播的地震波振幅谱可表示为：

$$u(r,f)=s(f)g(f)p(r)\exp\left(-\frac{\pi rf}{vQ}\right) \qquad (8-1-8)$$

式中　r——炮检距；

$u(r,f)$——接收点的振幅谱；

$s(f)$——震源信号振幅谱；

$g(f)$——检波器耦合项；

$p(r)$——与频率无关的几何扩散、反射透射损失等项。

对传播距离为 r_1 和 r_2 的振幅谱 $u(r_1,f)$ 和 $u(r_2,f)$ 的比值取对数，有：

$$\ln\frac{u(r_2,f)}{u(r_1,f)}=\ln\frac{s_2(f)g_2(f)}{s_1(f)g_1(f)}+\ln\frac{p_2(r_2)}{p_1(r_1)}+\frac{\pi f(r_2-r_1)}{Qv} \qquad (8-1-9)$$

在激发和接收耦合一致的假设条件下，式（8-1-9）可简化为：

$$r(f)=b-\frac{\pi\Delta t}{Q}f \qquad (8-1-10)$$

其中：

$$r(f)=\ln\left[\frac{u(r_2,f)}{u(r_1,f)}\right], \quad \Delta t=\frac{r_2-r_1}{v}$$

式中　b——与频率无关的常数。

根据式（8-1-10），谱比对数值是与频率相关的线性函数，因此，可以利用其斜率计算 Q，有：

$$\frac{1}{Q}=\frac{-P}{\pi\Delta t} \qquad (8-1-11)$$

式中　P——线性拟合斜率。

三、影响 *Q* 估算的因素

地震波衰减参数是除速度参数外一个很重要的地层属性参数，在地震勘探中，通过地震波的吸收衰减的空间分布规律研究，可以预测油气的储量和储层位置，具有很重要的理论和工程实践指导意义，所以有必要分析清楚各种影响吸收衰减的因素。地震波能量的吸收衰减是由地层介质结构、孔隙度、饱和度等很多因素共同决定的，如地层岩性、孔隙度、温度、压力以及地震波频率范围等都是影响吸收衰减的因素，同时采集时也有很多因素影响着最终 *Q* 的精度（于倩倩，2017）。

1. 采集因素的影响

1）激发因素对 Q 计算的影响

激发子波的差异指由于激发围岩、压实程度等因素的差异，不同深度位置炸药激发产生的震源子波不同。理论上讲，若不存在激发子波的差异，利用井中激发地面接收微测井资料，选取地面零偏移距接收点接收的两道地震信号即可计算对应地层的等效 Q。在谱比法计算 Q 值的理论中，激发子波一致是基本假设之一，但若激发子波存在差异，不同深度的两炮产生的震源子波不同，直接进行计算无法消除震源项的影响，也就无法准确求取 Q，即如果存在激发子波差异，则式（8-1-9）中的炮点项无法消除，那么由式（8-1-9）简化得到的式（8-1-10）变为：

$$r(f) = w_1(f) + b - \frac{\pi \Delta t}{Q} f \qquad (8-1-12)$$

其中：
$$w_1(f) = \ln\left[\frac{s_2(f)}{s_1(f)}\right]$$

式中 $w_1(f)$——关于频率的函数。

从式（8-1-12）可以看出，在震源子波不一致的情况下衰减量 $r(f)$ 与频率拟合得到的斜率不仅仅是 Q 的函数，还包含 $w_1(f)$ 的影响，这样就无法通过拟合得到的斜率，利用式（8-1-11）计算 Q。

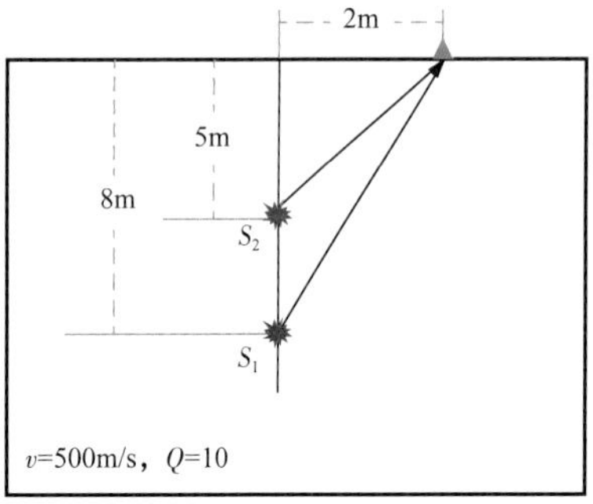

利用图 8-1-1 所示的一个简单模型来分析激发因素对 Q 计算的影响。给定两个震源的激发子波主频，采用雷克子波，根据式（8-1-8）、式（8-1-9）可得接收点的振幅谱及振幅谱比值的对数曲线，如图 8-1-2 至图 8-1-3 所示，显然当激发子波一致时，可以准确得到介质的理论 Q，而当激发子波不一致时，计算所得 Q 与理论 Q 有很大差异。

图 8-1-1 单层介质激发接收示意图

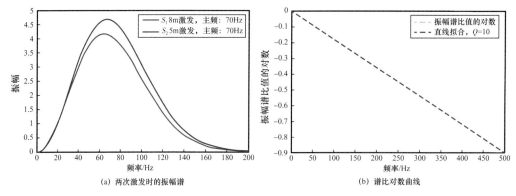

(a) 两次激发时的振幅谱　　　　　　(b) 谱比对数曲线

图 8-1-2 两次主频 70Hz 激发时的振幅谱及谱比对数曲线

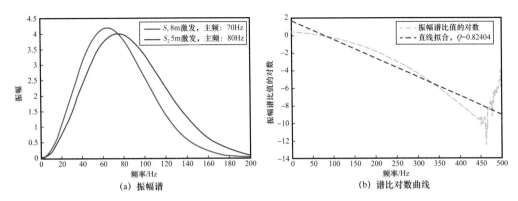

图 8-1-3 主频分别为 70Hz、80Hz 两次激发时的振幅谱及谱比对数曲线

在实际生产中，当近地表地层为均匀层状介质时，同一套地层内部的激发条件基本一致，如果采用的激发药量和封井方式相同，层内各点的激发子波不会有太大差异，可利用同一层中不同深度激发产生的信号来计算该层 *Q*。但是，当近地表地层为连续介质时，地层压实程度、速度、密度等随深度逐渐变化，不同深度激发点的激发条件会存在较大差异，激发子波的一致性很难保障。在这种情况下，利用不同深度激发的信号来计算 *Q*，会面临激发子波差异的影响，导致计算结果不可靠。图 8-1-4 是塔西南黄土塬区采用地面接收、井中 60~10m 固定 250g 药量激发得到的地震记录及其初至波主频随激发深度变化的曲线。从图中可以看到，初至波主频随深度增加反而逐步增大，这与深度增加衰减量增大频率应该逐渐降低的理论规律相悖。究其原因，是黄土塬近地表激发条件随深度增加逐步改善，激发子波的主频提高，掩盖了吸收衰减对初至波主频的衰减影响。如果利用这套数据计算 *Q*，将会出现不正确的结果。图 8-1-5 是地面接收、深度 10m 和 60m 激发得到的地震波初至频谱及其谱比对数曲线，利用谱比法计算，取拟合频带为 20~150Hz，得到的 *Q* 为 7.075。

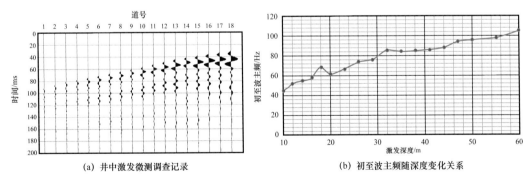

图 8-1-4 井中激发微测调查记录与初至波主频随深度变化关系

在常用的几种调查方法中，地面接收—井中激发微测井和双井微测井等调查方法都存在激发子波差异问题，在对近地表连续介质地层进行 *Q* 调查时，应慎用此类方法。

2）检波器响应差异影响

检波器响应差异主要指不同检波器的工作状态与地层的耦合程度不同导致接收效果

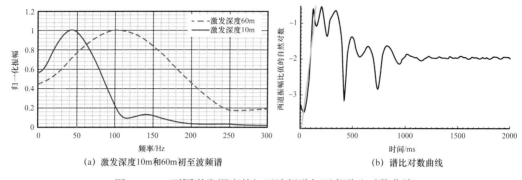

(a) 激发深度10m和60m初至波频谱　　　　　　　(b) 谱比对数曲线

图 8-1-5　不同激发深度的初至波频谱与两者谱比对数曲线

存在差异。通常在算 Q 时假设各个检波器的响应是一致的，实际上，由于不同检波器本身的自然频率响应不同，加之在埋置时与地层的耦合程度上存在差异，不同检波点的耦合响应是不同的，特别是地面与井中检波器之间的差异较大。检波点耦合差异会给 Q 估算结果带来较大的误差。

关于检波器耦合响应的研究，已经有不少学者做了相关工作，Krohn 等（1984）提出了一个检波器耦合模型：

$$R(f) = \frac{-\left(\dfrac{f}{f_g}\right)^2 \left(1 - i \dfrac{f}{f_c} \eta_c\right)}{\left[1 - \left(\dfrac{f}{f_g}\right)^2 - i \dfrac{f}{f_g} \eta_g\right]\left[1 - \left(\dfrac{f}{f_c}\right)^2 - i \dfrac{f}{f_c} \eta_c\right]} \tag{8-1-13}$$

式中　f_g——检波器内置弹簧的谐振频率；

　　　　f_c——检波器与大地之间的谐振频率；

　　　　η_g——检波器内置弹簧的阻尼因子；

　　　　η_c——检波器与大地之间的阻尼因子。

检波器与大地之间耦合较差：$f_g=8Hz$，$\eta_g=1.4$，$f_c=100Hz$，$\eta_c=0.2$。

检波器与大地之间耦合较好：$f_g=8Hz$，$\eta_g=1.4$，$f_c=100Hz$，$\eta_c=1.0$。

当检波器与大地之间的阻尼因子较小时，在谐振频率（$f_c=100Hz$）附近，检波器振幅耦合响应变化剧烈；当检波器与大地之间的阻尼因子较大时，在谐振频率附近，检波器振幅耦合响应相对平缓（图 8-1-6）。

设计一个简单的模型来验证激发因素对 Q 计算的影响，模型如图 8-1-1 所示。给定两个检波器的耦合参数，采用雷克子波，根据接收点的地震记录，可得振幅谱及振幅谱比值的对数曲线（图 8-1-7、图 8-1-8），显然检波器的不同耦合对计算所得 Q 的影响很大。

图 8-1-9 是采用一种双井微测井的变形形式采集得到的单炮记录。施工时，在距离5m 的位置上打深、浅各一口井，深井用于激发，激发深度 210m、激发药量 1kg，浅井用

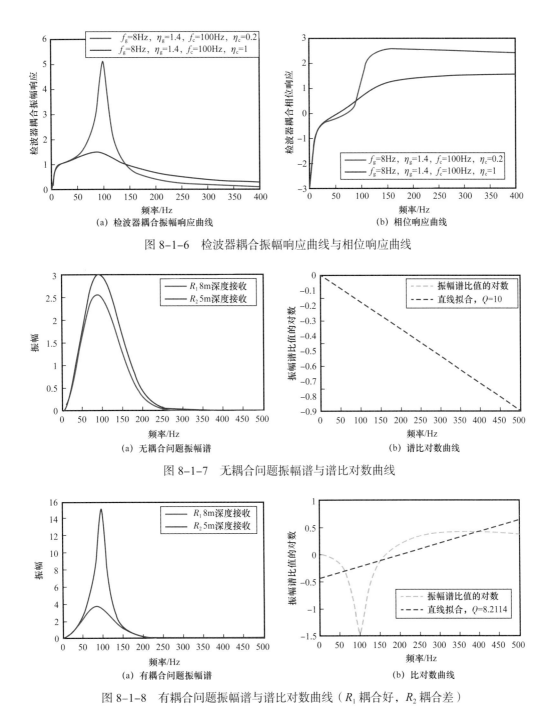

(a) 检波器耦合振幅响应曲线

(b) 相位响应曲线

图 8-1-6 检波器耦合振幅响应曲线与相位响应曲线

(a) 无耦合问题振幅谱

(b) 谱比对数曲线

图 8-1-7 无耦合问题振幅谱与谱比对数曲线

(a) 有耦合问题振幅谱

(b) 比对数曲线

图 8-1-8 有耦合问题振幅谱与谱比对数曲线（R_1 耦合好，R_2 耦合差）

于接收，井深 18m，在井中 3～18m 深度按照 0.5～1.5m 点距安置 11 个检波器。由于在井中安置检波器的难度较大，检波器的耦合效果难以保障，存在耦合差异。对图 8-1-9 所示的单炮中各道初至波进行振幅和主频分析得到图 8-1-10 所示的结果。从图中可以看，初至波的最大振幅和主频有随着激发点和接收点距离的减小（接收点深度的增加）

逐渐增大的总体趋势，但离散度较大，存在激发点和接收点距离的减小最大振幅和主频反而降低的局部变化，反映出检波器耦合差异带来的影响。在计算 Q 时，如果选择到两个耦合条件差异较大的地震道，其计算要么比实际大，要么比实际小，甚至可能会出现负值。

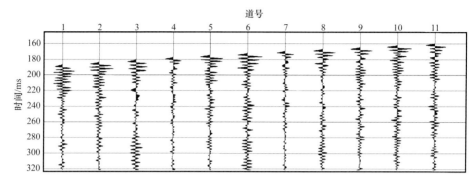

图 8-1-9 双井井中激发、井中接收单炮记录

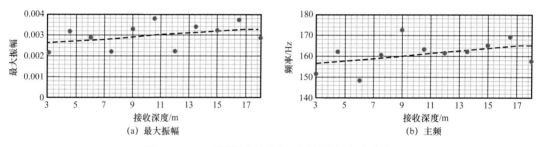

图 8-1-10 不同深度接收初至波最大振幅与主频

3）射线路径对 Q 计算的影响

以地面激发井中接收微测井为例，井深 40m，0～40m 间隔放置一个接收点，地面上分别在偏移距 0、1m、2m、3m、4m、5m、10m 位置处激发，模型及射线路径如图 8-1-11 所示。假设接收因素一致，每一炮相邻深度点的两道记录计算 Q。因为考虑射线路径计算得到的 Q 与实际完全一致，所以考虑射线路径计算的 Q 曲线与实际 Q 曲线是完全重合的。图 8-1-12（a）为零偏移距计算的 Q 曲线与实际 Q 曲线的对比，显然当偏移距为 0 时，只有界面位置计算的 Q 略有误差，其他非界面位置计算结果与实际 Q 一致。图 8-1-12（b）、（c）、（d）分别为偏移距 2m、4m、10m 时计算的 Q 曲线与实际 Q 曲线的对比，通过对比分析可以得到如下结论：

（1）整体上看，只有零偏移距时非界面位置计算得到的 Q 与理论 Q 一致；

（2）偏移距越大，计算得到的 Q 偏离理论 Q 越大。

（3）相对而言，偏移距对浅层计算结果影响更大。偏移距大到一定程度，从浅到深所有的深度求得的 Q 都不可信。

（4）最浅层，未到第一层界面处，计算得到的 Q 与理论 Q 一致。

（5）对这个理论模型来说，第二层计算的 Q 受偏移距影响最大，只有零偏能获得准确 Q。

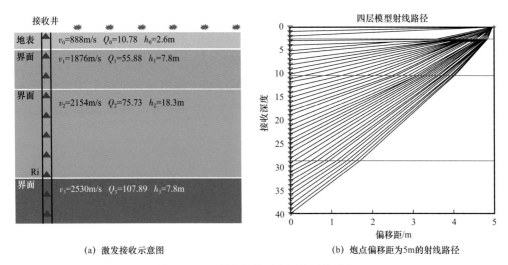

（a）激发接收示意图　　　　　　　　　（b）炮点偏移距为5m的射线路径

图 8-1-11　激发接收示意图与射线路径

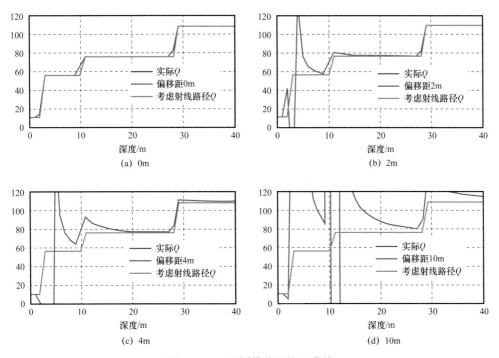

（a）0m　　　　　　　　　　　　　（b）2m

（c）4m　　　　　　　　　　　　　（d）10m

图 8-1-12　不同偏移距的 Q 曲线

（6）在一定的偏移距范围内（0～5m），深层计算得到的 Q 相对准确。

（7）计算近地表 Q 需要考虑射线路径对 Q 的影响。

4）面波影响

面波作为一种强干扰波，长期以来一直困扰着地球物理工作者。虽然现在已经有不少去面波的方法，但都无法达到理想的效果。在微测井中，面波是主要干扰波之一，特别是在浅表层激发接收时，面波会与直达波干涉到一起，严重影响直达波的提取。

图 8-1-13 为采用地面激发、井中与地面排列同时接收时的黏弹性波动方程模型正演模拟记录，可以看出，采用地面激发井中接收时，第 1 道（深度 0）和第 2 道（深度 5m）的初至波形与其他道有明显差异。与地面排列接收记录对比可知，井中接收的第 1 道和第 2 道初至后面的两个续至强相位为面波，在第 2 道上能明显看出初至波与面波的干涉现象。由于受到面波影响，无法提取第 1 道和第 2 道的初至波，因此无法计算这两道之间的 Q。

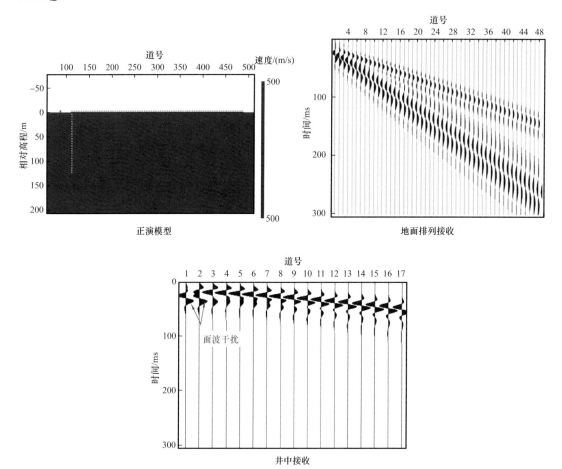

图 8-1-13　地面激发井中 + 地面排列接收黏弹性波动方程模型正演记录

5）虚反射影响

当采用井中激发、井中接收方法观测时，接收到的信号包括一次下行波和地表、地下地层界面产生的虚反射。当一次下行波与虚反射的旅行时差较小时，虚反射就与一次下行波混叠在一起，影响一次下行波初至的提取。

如图 8-1-14 所示，在双井微测井井底检波器接收的共检波点道集上，可以看到地表产生的虚反射，在第 19 道前虚反射与初至波是完全分开的，此时虚反射不会影响初至波提取和用初至波估算 Q 的结果。但是，从第 20 道开始，随着激发点与地面距离的减小，虚反射与一次下行波的时差逐渐减小，虚反射与一次下行波初至逐渐叠加到一起，产生干涉，初至波波形特征发生明显改变，尤其是第 25 道至第 28 道（激发深度 2～0.5m），此时无法准确提取到初至波信息用于计算 *Q*。

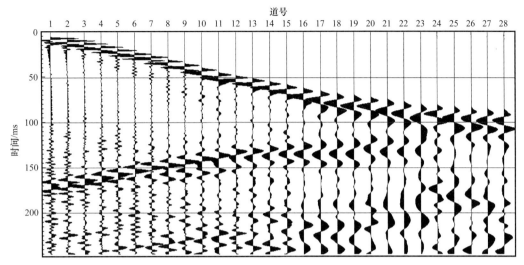

图 8-1-14　双井微测井井底检波器共检波点道集记录

6）近场影响

通常情况下，地震信号是由远场和近场两部分组成。对于常规地震勘探而言，由于传播路径较远，近场分量往往可以忽略不计。然而，对于浅层地震勘探，特别是近地表 *Q* 估算时，近场分量不可忽视，它会产生一种与固有衰减同一纲量的视衰减，严重影响 *Q* 的估算。因此，近地表 *Q* 计算时，必须重视近场的影响，否则 *Q* 估算将会出现较大的偏差。研究证明，在近似均匀各向同性介质中，近场对频谱的影响仅仅表现在低频段。对于微测井而言，由于其尺度较小，可以近似认为其满足均匀各向同性介质假设。因此可以通过适度的选取高频段来进行计算，避开近场对 *Q* 估算的影响。

除了上述影响外，当激发点与接收点过近时，地震波场尚不稳定，会出现初至波形异常的现象，也会影响 *Q* 估算结果。图 8-1-15 为在一口井深 100m 的井中 5～100m 井段自下而上以 1～5m（下疏上密）点距布设激发点进行激发、在相距 5m 的另一口井中深度 42m 处接收得到的共检波点道集记录。图中第 10 道至第 18 道激发深度 55～29m，炮点与接收点距离约在 14m 内，初至波波形与其他道差异较大。这些差异并非吸收衰减影响的结果，利用这些近距离接收到的初至信息计算 *Q*，会得到不可靠的结果。

7）入射角影响

理论上，地震波振幅会受入射角的影响。采用微测井观测，激发点与接收点存在一定的横向距离，当靠近地表激发或接收时，地震波从激发点到接收点的入射角往往很大，导致接收到的地震波振幅比深层近垂直出射时小，不能正确地反映传播距离越大能量衰减越大、振幅越低的规律。如图 8-1-16 所示，采用左侧观测系统正演得到右侧 3 个共接收点道集记录。图中激发点 S_2 与接收点 R 的距离小于激发点 S_4 与接收点 R 的距离，地震波从 S_2 点传播到 R 点受到的吸收衰减作用更小，振幅应该更大，但实际情况是 S_4 点激发

时 R 点接收的信号振幅更大。这就是因为 S_2 点到 R 点入射角大于 S_4 点到 R 点的入射角带来的影响，最终将会影响到 Q 估算的结果。

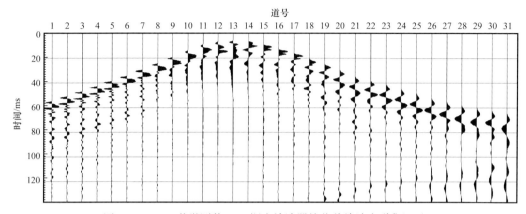

图 8-1-15　双井微测井 30m 深度检波器接收共检波点道集记录

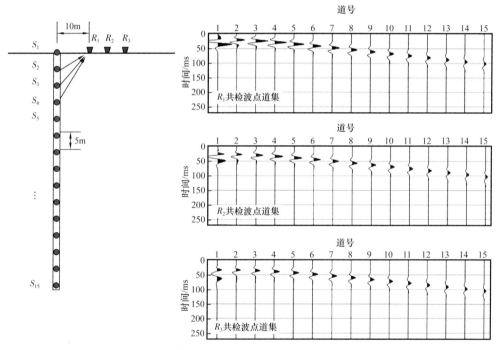

图 8-1-16　地面接收井中激发微测井黏弹性波动方程模型正演记录

2.岩性因素影响

岩性对地震波衰减的影响和岩石的种类、含水饱和度有关。对于不同的岩石种类，地震波的吸收衰减强度不同，而且 Q 的大小和介质的弹性相关，弹性越好，Q 越大，衰减就越小；对于干燥的岩石来说，衰减与频率的变化无关，而对于含水的岩石来说，衰减与频率的变化有较大关系。

3. 地震波频率的影响

关于地震波衰减是否与频率相关是有争议的。Kjartansson E（1979）得出的结论是 Q 与频率无关，这一结论被普遍接受，一直以来认为 Q 在一定的频带范围是一个常数。目前大部分的关于 Q 的估计以及反 Q 滤波都是基于这个结论。通过进一步研究，很多专家发现 Q 与频率是相关的。国内学者黄凯等（1997）做了大量实验，总结出饱含水的岩样和饱含油的岩样，地震波的衰减量都会随频率的变化而变化，不同的温度压力条件下，对于饱含水和饱含油的岩样来说品质因子的倒数都会随着频率的增加而增加，也说明了地震波在地下介质中传播时，高频成分的衰减相比于低频成分较快，这就使得地震波的主频降低，主频逐渐向低频方向转移（于倩倩，2017；于倩倩等，2017）。

4. 温度的影响

地震波衰减和温度之间存在一定的关系。在流体饱和度比较高的情况下，温度和其黏度存在相互作用和相互影响的关系；在流体饱和度比较低的情况下，升高温度会导致表征衰减的特征参数 Q 的减小。后来又有学者提出，当温度小于 150℃ 时，地震波的衰减和温度的变化无关；当温度大于 150℃ 时，地震波的衰减随着温度的升高而减弱；当温度升高到沸点附近的时候，地震波的衰减随着温度有一个剧烈的变化。有学者对井下实际地震资料进行分析研究表明，当水或者是油饱和的时候，温度升高，地震波的吸收衰减反而减小，表征衰减的参数 Q 变大。

5. 压力的影响

地震波衰减和压力之间也存在一定的关系，当地震波在饱和岩石中传播时，衰减程度会随着压力的改变而改变，压力增大，地震波衰减减小；当压力增加到一定程度时，Q 保持不变，可以说在一定频率范围内，地震波衰减与压力成反比。原因是波速会随着压力的增大而增大，使介质的弹性降低，地震波衰减增强，Q 减小。

第二节　近地表 Q 测量方法

近地表 Q 测量方法主要有两条途径：（1）通过对近地表岩石现场采样，在室内借助不同方法技术实施实验测试来估算岩样 Q；（2）在不破坏原有岩石或地层的基础上，直接对原状地层进行现场原位观测，然后借助一定处理方法，关键观测数据估算 Q。赵秋芳等（2018，2019）根据现有近地表 Q 测定、观测及估算方法特点对其进行初步分类（表 8-2-1）。

一、岩石样本测试 Q 估算方法

实验室岩石样本 Q 测试方法，按照室内具体测试方法技术的不同，可将其进一步细分为应力—应变法、驻波法和行波法三类。三种方法测量频率明显不同，其中应力—应

变法测量频率低，最贴近地震勘探的频率范围；行波法测量频率最高；驻波振动法测量频率基本介于二者之间。

表 8-2-1　近地表 Q 测量方法分类

按测试方法或资料来源分类			测试技术与 Q 估算方法		测量频率范围 / Hz	方法特点	
岩石样本测量 Q 估算	静态测量	应力—应变法或应力应变曲线法	经典应力—应变法		<1	测试难度大，效率低，难以广泛应用	可选用贴近地震勘探的频率实施测量
	动态测量		交变应力—应变法		0.01～1000	效率显著提高	
		驻波振动法	动态谐振法	自由振动法（单摆法）	100～100	Q 估计精度较高，且能适用较低频率；无法用于地震勘探，考虑围压等复杂条件时测量不易实现	
				强迫振动法（共/谐振杆法）			
		行波法	动态脉冲法或超声波法	反射波法	> 100k	测量原理与地震波传播理论相同，方法简便。因频率高，当存在频散时，测试 Q 无法直接用于地震勘探。适合高温高压测量	
				透射波法			
地震原位测量 Q 估算	地面观测	面波法—瑞利波、勒夫波	面波勘探	谱比法层析反演法	10～30	探测深度较浅，主要反映近地表风化壳 Q 值	
			大炮面波				
		初至波法	大炮初至波	谱比法频移法层析反演等	10～200	可揭示近地表低、降速层和高速层平均 Q	
			小折射初至折射波				
	微测井	初至直达波	单井微测井	谱比法频移法	10～500	Q 估计精度高，可实现 Q 纵向分层，成本高	
			双井微测井				
			多井微测井				
	联合估算法	井地联合微测井观测法	多井微测井与地面观测联合 Q 估算	谱比法频移法层析反演等	10～500	可揭示 Q 空间分布，兼具微测井法与大炮初至法双重优点	
		多数据源、多波场联合	面波、初至波、反射波、等联合 Q 反演，或纵横波联合 Q 反演	波传播模拟层析反演等	10～500	可揭示 Q 空间分布，计算工作量大，影响因素多，理论上可反演全空间 Q	

1. 应力—应变法

经典应力—应变法相对较成熟，但测试难度大，效率低，且测量所得静态测试结果与地震波传播的动态特性不匹配，直接用于地震勘探存在一定差异性。交变应力—应变法克服了经典应力—应变法诸多缺点和不足，测试方法技术已基本成熟。目前可实现不同温压力条件下岩石样本的弹性模量和衰减特性测试，但测试效率仍较低，且可变温度范围多在 100℃以下。超低频测量通常为静态或准静态测量，测量结果与经典应力—应变法类似不适用于地震勘探。加载频率处于 30Hz 以下的测试研究在公路工程应用较多，且已被列入公路工程质量评价规范。其大多测量道路的弹性模量或进行动静态测试结果的对比分析，对于衰减特性的测量关注较少。对于地震勘探而言，交变应力—应变法可实现与地震频率相一致的岩石样本弹性模量和衰减测量。因应力波与地震波具有内在本质的一致性，因此基于中低频交变应力—应变法的动态测量结果，可较好地反映岩石样本的中低频衰减特性，且可直接用于地震勘探。正因如此，在沉寂多年后，随着测试仪器和工艺的不断改进，目前该方法已成为地震勘探岩石样本 Q 值测试的新宠，备受业界推崇，呈现出良好的发展应用前景。

2. 行波法

行波法也称为动态脉冲法，是基于平面波假设和常 Q 模型假设，通过测量求取岩石样本中超声脉冲波传播的衰减谱，进而采用谱比法换算求取 Q。目前常用测试法主要有脉冲透射波法、脉冲反射波法及改进法。

不论是透射波法还是反射波法，在 Q 测量过程中脉冲波传播振幅的变化除了受到样本身固有衰减特性的影响外，还会受到几何扩散、界面反射、透射以及岩石内部非均匀散射等多种因素的影响，因此，测试过程中设法消除除固有衰减外的其他因素对波传播振幅影响是关键。谱比法可在一定程度上减少或降低几何扩散、界面反射、透射等因素的影响，因而在超声波 Q 测试计算中被广泛应用。

总体而言，超声波 Q 测试技术基本成熟，可实现不同温压力条件下的岩石样本弹性模量和衰减特性的高效测试，且 Q 测试估算结果相对较稳定。因测量原理与地震波传播原理相同，且易于实现，是目前应用最广且最为成熟的方法之一。与前两种测试方法相比，超声波测试频率远远高于地震勘探频率，是三类样本测试方法中测量频率最高的方法。正因如此，当地层岩石品质因子不满足常 Q 假设条件或者说存在频散时，超声实验 Q 测试结果将无法直接用于地震勘探。

3. 驻波振动法

驻波指具有相同频率、相同振幅且振动方向相同的两列简谐波在同一直线上沿相反方向等速传播时二者相互叠加干涉所形成的一种波动现象。驻波振动法 Q 测量主要是测量样本（通常加工成圆柱状、棱柱状或矩形截面板状）在激振外力作用下发生弯曲振动（测量纵波品质因子）或扭转振动（测量横波品质因子）及其与样本端面反射振动相互干涉形成的驻波振幅变化，因此，该方法称为驻波振动法或动态谐振法。其独特优点在于可用较低的频率（一般为 1～10kHz）测试获得相对较高精度的 Q。

按照样本激振后观测方法和原理的不同，驻波振动法可分为自由振动法和强迫振动法两种，且尤以强迫振动法应用最广。自由振动法也称为自由振动阻尼衰减法，是测量岩石样本激振产生的机械振动振幅随时间的衰减变化。测量过程中，首先需激振岩石样本，并通过调节激振频率让岩石样本处于谐振状态，使得接收驻波振动信号幅值到达最大值。然后终止激振，让岩石样本处于自由振动状态。此时，因内摩擦作用岩石样本振动能量不断损耗、振幅随时间逐渐减小，相应振动曲线红色实线。然后利用不同振动周期振动信号极大振幅点的连线（振动信号外包络线）确定样本阻尼自由振动衰减曲线。强迫振动法也称为共振法、谐振法、动态谐振法、共振棒（杆）法、谐振曲线法等。主要是利用岩石棒（杆、板）的强迫振动所形成的驻波谐振效应，通过测量驻波谐振振幅随频率变化的谐振曲线来求取岩石样本 Q 的一种测量方法。它可实现纵、横波品质因子的测量。

总体而言，驻波振动法可适用于较低频率的 Q 测定，且 Q 估算精度较高，但因其测量原理与地震波传播理论不同，通常无法直接用于地震勘探。此外，当测量环境条件较复杂（如考虑温度、压力变化的影响）时，测量往往难以实现。正因如此，在地震勘探岩石样本测试研究和应用中具有很大局限性。

二、地震波原位测量 Q 估算方法

地震原位测量 Q 估算主要是利用地面测量数据和微测井观测数据来估算或反演近地表 Q。地面测量数据通常包括常规地面地震观测数据、专门用于近地表结构调查的浅层折射波数据以及工程地震中的面波勘探数据等。因测量数据频率与地震勘探基本一致，Q 估算结果可直接用于地震波衰减特性分析和补偿处理应用。不同来源数据 Q 估算结果的纵向分辨率和空间采样率存在较大差异。

1. 地面观测法

目前可用于近地表 Q 估算的地震波主要有：面波、初至直达波、初至折射波和浅层反射波。下面分别就面波法和初至波法 Q 估算方法原理加以阐述。利用反射波数据反演估算地层 Q 的研究尽管很多，但大多集中在深层储层研究，真正用于近地表 Q 建模的研究则很少。

1）面波法

目前，面波法在近地表地层结构和速度分析方面已取得较好的应用，并已成为工程勘查的重要技术手段之一。基于面波法数据的衰减研究和 Q 估算最早始于天然地震和工程勘查中，在地震勘探中的研究和应用才刚刚起步，尚处于初级阶段。面波法 Q 估算主要是利用瑞利波和勒夫波的衰减特性来估算地层纵横波品质因子，且以瑞利波的应用居多。对近地表 Q 估算而言，瑞利波数据可通过常规地面地震勘探资料获得，如大炮记录中的面波干扰信息。

瑞利波沿自由地表传播时，通常具有高能量、低速度和低频率特点。在半空间均匀

介质中，瑞利波一般呈指数规律衰减，相速度与频率无关，不存在频散现象。在非均匀介质中，瑞利波具有频散特性，不同频率的谐波成分传播相速度不同，进而会造成面波波形随传播距离的变化，而且面波频散与介质的层状结构有直接联系，这为利用面波估算近地表属性参数提供了基础。在常 Q 模型假设和 Q 为深度函数的层状模型假设前提下，Xia J 等（2002，2012，2013，2014）推导了瑞利波衰减系数与纵波品质因子、横波品质因子之间的关系，探讨了反演瑞利波衰减系数的可行性，并利用高频振幅信息来求得近地表的品质因子。2015 年，夏江海对利用面波信息估算品质因子进行了系统总结和阐述。理想情形下，用高频（$\geqslant$2Hz）瑞利波可估算近地表 30m 深度范围内 Q。具体反演算法如下。

在平面波假设条件下，瑞利波随传播距离成指数衰减，与 Futterman 吸收衰减模型相一致。因此，基于谱比法原理可由任意两道面波记录谱求取瑞利波频域衰减系数 $\alpha_R(f)$，有：

$$\alpha_R(f) = -\frac{\ln\left[\left|\dfrac{W(x+d_x)}{W(x,f)}\right|\sqrt{\dfrac{x+d_x}{x}}\right]}{d_x} \tag{8-2-1}$$

式中　W——瑞利波振幅谱；

　　　x——炮检距；

　　　d_x——两检波器间距。

在层状介质假设条件下，瑞利波衰减系数和纵横波耗散因子之间的关系可表示为：

$$\alpha_R(f) = \frac{\pi f}{C_R^2(f)}\left[\sum_{i=1}^{n}P_i(f)Q_{P_i}^{-1} + \sum_{i=1}^{n}S_i(f)Q_{S_i}^{-1}\right] \tag{8-2-2}$$

其中：

$$S_i(f) = v_{S_i}\frac{\partial C_R(f)}{\partial v_{S_i}} \qquad P_i(f) = v_{P_i}\frac{\partial C_R(f)}{\partial v_{P_i}} \tag{8-2-3}$$

式中　$C_R(f)$——瑞利波相速度；

　　　n——层状介质模型的层数；

　　　v_{P_i}、v_{S_i}——分别为第 i 层的纵波速度、横波速度；

　　　Q_P^{-1}、Q_S^{-1}——分别为第 i 层的纵波耗散因子、横波耗散因子。

式（8-2-2）反映了瑞利波衰减系数相对 Q_P^{-1}、Q_S^{-1} 的变化率，它完全控制了瑞利波的衰减系数对 Q_P^{-1}、Q_S^{-1} 的灵敏度。式（8-2-1）和式（8-2-2）共同构成了由面波衰减估算纵波品质因子、横波品质因子的基本公式。

具体计算中，首先需确定速度频散曲线 $C_R(f)$。目前常用速度频散曲线确定方法主要有面波谱分析法（SASW）和多道面波分析法（MASW）。前者是在频率域通过计算两个检波器之间的相位差来提取频散曲线，计算效率和精度均较低。后者则是采用带阻尼的广义线性迭代反演从多道地震数据中来提取频散曲线和进行横波速度的反演，不仅能够较好地压制噪声，而且计算精度较高。

对于勒夫波，其与瑞利波最大的不同是衰减系数与纵波速度无关，仅与剪切波速度有关，且频散曲线较为简单（Xia J et al.，2013）。利用勒夫波衰减系数来反演耗散因子的表达式较瑞利波所用参数更少，表达式更简洁，减少了反演的非唯一性，因此，反演结果较瑞利波更稳定。然而，由于纵波能量和随机噪声的影响使得衰减系数求取存在较大误差，通过衰减系数反演横波品质因子仍然难以获得较高的精度。

综上所述，尽管理论上采用面波法可同时估算纵波品质因子、横波品质因子，但因面波数据处理、信息提取及高精度频散曲线和衰减系数求取方法等尚待完善，Q估算精度还较低，相关算法理论还有待深入研究和完善。此外，由于来自自由地表面波的趋肤效应，面波法探测深度有限，仅可反映自由地表附近有限深度地层的衰减特性。

2）初至波法

初至波法主要利用大炮记录或浅层折射（即小折射）记录中的初至直达波和折射波的振幅、能量差异等信息，基于谱比法或质心频移法等算法原理来直接估算近地表地层平均品质因子，或通过层析成像算法来反演确定近地表Q的空间分布（Wang S et al.，2015，Johnston D H et al.，1980，严又生等，2001）。两种波Q估算结果的唯一差异是探测深度不同。大炮采集通常在潜水面以下高速层中以炸药激发，而小折射采集则多采用浅坑炸药激发（坑深一般不大于0.5m）或采用重锤敲击激发，因激发深度不同，大炮记录初至波与小折射初至波传播路径截然不同，因而所反映的近地表衰减特性也不完全相同。

对于小折射而言，基于初至直达波的Q估算主要反映低速层的衰减特性；基于降速层的初至折射波的Q估算主要反映降速层的衰减特性；基于高速层的初至折射波的Q估算主要反映高速层的衰减特性。相比较而言，基于炸药震源大炮记录的初至直达波的Q估算主要反映低、降速层及部分高速层衰减的平均效应，相应初至折射波则来自于近地表高速层之下的深部高速地层，因此，从严格意义上来讲，基于大炮初至折射波的Q估算已不再反映通常意义下的近地表衰减特性。这一点很容易被研究者忽略，错误地认为大炮初至折射波反映的是近地表高速层的衰减特性。不过，当采用可控源激发时，因震源点位于地面，相应大炮记录初至波与小折射初至波一样可较好地反映近地表衰减特性。

2. 微测井法

作为近地表结构调查最常用方法之一，微测井具有施工简单、地表适应能力强、应用范围广和测量精度高等诸多优点。早期微测井主要用于近地表结构调查和速度分层，直到高分辨率地震勘探出现，利用微测井资料估算近地表衰减特性才逐渐得以应用。

按照微测井观测系统的不同，又可分为单井微测井、双井微测井、多井微测井和井地联合微测井。单井微测井是目前应用最多的微测井观测方式，其常用观测系统主要有井中激发—井口或地面接收、井口激发—井中接收［图8-2-1（a）（b）］两种类型。在钻井条件便利、激发条件较好、地表平坦的平原区大多采用井中激发—井口或地面接收。

实际施工中通常在井口周围呈扇形排列或十字交叉状排列布设一定数量检波器，以便获得更丰富的试验区微测井信息。对于诸如山地等激发条件较差、钻井困难的探区，往往采用井口激发—井中接收观测系统。在某些特殊情况下，为了进行数据对比分析，两种观测模式可交替或同时采用。

双井微测井和多井微测井主要针对复杂近地表结构调查或者专门为某一特殊目的而设计。以多井微测井为例，其大多用于复杂近地表衰减特性的精细研究。就现场观测方式而言，双井微测井类似于井间地震，通常在一口井中依次激发，在另一口井中多道接收［图 8-2-1（c）］。有时也采用双井微测井的变形形式如图 8-2-1（d）所示，采用 1 口浅井作为接收井、1 口深井作为激发井。施工时，在激发井井底布设 1 个炮点，接收井的井口和井底各布设 1 个接收点。通过井口和井底检波器接收到的 2 个地震道的初至信息，可计算接收井井口至井底地层的等效 Q。采用该方法时，激发井井深一般大于接收井 15～20m，确保地震波尽量垂直入射，减小入射角差异，同时通过增大激发点与接收点的距离，使检波器接收的是子波稳定后的信号。

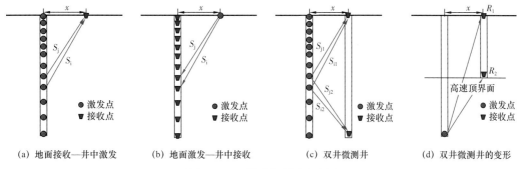

图 8-2-1　微测井观测示意图

多井微测井常用观测模式有圆形排列观测和直线排列观测两种模式。前者通常由位于潜水面之下的井底位置向上每隔一定深度依次激发，然后以炮井井口为圆心，有限长度为半径，沿圆弧等间距布设若干深度渐变的接收井，并在井底布设检波器接收［图 8-1-2（a）］。后者则是利用地面地震勘探的炮井在潜水面以下单点激发，从炮井向外沿测线方向以较小的间距，按一定的间距钻若干不同深度接收井，并在井底分别埋置检波器接收［图 8-1-2（b）］。两种模式均要求必须保证在低、降速层的顶、底部各有接收点。这类观测系统的优点是，能根据需要得到整个低降速层不同深度的地震记录，记录的信噪比高；缺点是，要通过钻井方式埋置检波器，在钻井过程中钻井液或钻头压力对地层原有弹性特性的改造不可避免。

目前，基于微测井资料实施 Q 估算多采用谱比法、频移法及 Q—v 经验公式法等，且以单井微测井近地表衰减 Q 估算应用居多。需要指出的是，在近地表品质因子地震原位测试方法中，当实测资料品质较好时，基于微测井资料的 Q 估算精度最高。通常影响微测井 Q 估算结果精度的主要原因在于：（1）因钻井破坏作用导致井壁附近浅层介质的压实程度和湿度改变，进而可能会改变浅层介质速度与 Q。（2）因检波器埋置条件和耦合

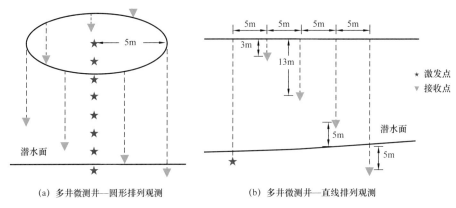

(a) 多井微测井—圆形排列观测　　　(b) 多井微测井—直线排列观测

图 8-2-2　多测井观测系统示意图

效应的差异导致所接收初至波波形和振幅差异。对于井中接收微测井，井壁的光滑程度直接影响井中检波器的耦合效果，特别是对于检波器与井壁的耦合影响尤为显著，采用井底检波器接收耦合效果相对要好一点。（3）因不同深度激发条件（岩性、耦合性）差异导致激发子波波形、能量、频宽及主频等差异。对于井中激发微测井，激发是主要影响因素，再次为接收影响；对于井中接收微测井而言，检波器与井壁的耦合效应是最大影响因素，其次才是激发的影响。（4）品质因子和旅行时间随射线路径变化导致基于常 Q 模型 Q 估算方法适应性变差。由此可见，利用微测井数据估算 Q，设法降低或消除上述各因素的影响是保证估算精度的关键。

总体而言，基于微测井数据的近地表 Q 估算是目前估算精度较高、应用最广的方法之一。与单井微测井相比，双井微测井、多井微测井以及井地联合微测井因实施工艺繁杂、勘探成本高，主要用于复杂近地表衰减特性的分析研究中。

3. 联合 Q 估算与反演

随着复杂近地表地震勘探工作量的不断增加及地震勘探对分辨力要求的不断增大，对复杂近地表地层结构和吸收衰减特性的精细建模要求也越来越迫切。为此，将微测井 Q 估算的纵向高分辨率与地面观测 Q 估算的横向高密度相结合，采用井地联合观测数据或多源多波场数据估算和反演近地表 Q，构建精细近地表 Q 模型已成为当前研究的主旋律。前者被称为井地联合 Q 估算，后者则可称为多源多波场联合 Q 反演或层析成像。

1）井地联合 Q 估算

井地联合 Q 估算主要是利用微测井纵向 Q 分层能力强以及地面观测横向 Q 采样密度大的优点来构建精细近地表 Q 模型。目前主要有两种实现途径：一是通过设计专门的井地联合微测井观测系统，并基于实测数据实现精细近地表 Q 估算；一是利用单独测量的微测井和地面大炮初至波数据分别实施 Q 估算，然后通过两种 Q 估算结果的数据融合来构建精细近地表 Q 空变模型，进而用于衰减补偿处理以提高地震资料分辨率。目前井地联合微测井常见观测系统是在图 8-2-1、图 8-2-2 所示的单井和多井微测井观测系统基础上增加了地面排列。其突出优点是可实现井地观测数据的互补。

2）多源多波场联合 *Q* 反演

多源多波场联合 *Q* 反演主要指将多种来源数据（如面波勘探、小折射、大炮记录、微测井等）的多种波场类型（如纵波、横波或直达波、折射波、反射波、面波等）观测数据共同作为基础数据实施联合 *Q* 反演成像。随着计算机技术的发展，特别是并行计算技术的出现，极大提高了基于波传播模拟和层析成像等反演算法的计算效率，相关软件技术日趋成熟并投入商业应用。但是，不论是纵横波联合反演还是井地联合反演大多用于深层储层反演成像。在近地表速度建模和衰减研究中常见大炮初至反演、微测井初至波反演等单一数据源或单一波场的反演，真正基于多种数据源或多种波场类型的联合近地表 *Q* 反演与建模研究则很少。现有近地表联合反演大多以初至波（初至直达波、折射波）的应用最为普遍，但将浅层反射波用于近地表结构调查或衰减研究很少。随着各种反演成像算法和软件工业化应用程度的提高，基于多源多波场联合 *Q* 反演构建精细近地表 *Q* 模型无疑具有良好发展前景。特别是随着多波多分量观测技术在近地表调查中的推广应用，开展纵波、横波观测数据联合解释与反演方法研究比单分量、单一波场的分析更具有实际意义。

三、小结

这些 *Q* 调查方法中，井中观测方法能够精细观测近地表波场，是现阶段近地表 *Q* 调查的主要方法。但是受激发接收一致性、面波、虚反射、近场、入射角度等因素的影响，目前常用的井中观测方法还无法完全满足近地表精细 *Q* 调查的需要。其中，井中激发—地面接收微测井、地面激发—井中接收微测井主要面临激发一致性问题，双井微测井、双井微测井的变形形式面临激发一致性问题和虚反射影响。除此之外，在进行浅表层的 *Q* 调查时，由于激发接收点的距离较近，常见的几种调查方法都无法避免面波、近场和入射角度等因素的影响。在影响 *Q* 调查精度的几个因素中，解决激发子波的一致性问题的难度较大，至少无法在野外施工环节解决，因而在表层具有连续介质特性的地区应尽量不使用井中激发—地面接收微测井和双井微测井的连续介质区。接收耦合一致性问题可通过施工工艺和装备的改进来解决，当采用地面激发—井中接收微测井和双井微测井的变形形式时，应尽量采用多极井中检波器接收以提高耦合一致性。面波、近场和入射角度问题可通过合理设计炮检点位置来解决，双井微测井的变形形式是解决该问题的有效方法。综上所述，采用井下多极检波器接收的地面激发—井中接收微测井调查中深层、采用井下多极检波器接收的双井微测井变形形式调查浅表层，是一种相对理想的近地表 *Q* 调查解决方案。

第三节 地震波估算 *Q* 的方法

Futterman W I（1962）将岩石对地震波的吸收衰减描述为地层的基本属性，对地下介质对地震波的吸收作用进行了系统的阐述。在此之后，针对地层的吸收衰减参数，尤其是 *Q* 的求取方面，许多学者进行了大量的研究，提出了很多算法，通常这些方法可以分

为直接 Q 估算法和 Q 层析反演法两大类，一类是基于信号理论的 Q 估计主要是基于时空域频谱分析理论，主流的方法有频谱比法、频移法、谱模拟法、小波及 S 变换等时频分析法，该类方法存在很大的局限性，得到的 Q 值实际上是地震波在特定传播路径上 Q 效应的累计量，是一种等效 Q，精度较低；另一类是基于层析理论的 Q 估计，是近年来研究的热点，它的基本原理是基于衰减旅行时层析理论，利用初至波、折射波、反射波等地下波场信息，建立沿地震波传播路径的考虑了吸收效应的旅行时网格层析方程，反演地下网格点上相对准确的地层 Q 模型，该类方法依赖于速度模型的精度，并且对地震数据处理要求较高，地震资料振幅、频率处理不当会直接造成 Q 估计方法不准确。赵秋芳等（2019）按算法原理的不同对 Q 估算方法进行了初步分类，并给出了相关代表性方法（表 8-3-1）。

表 8-3-1 地层品质因子估算方法分类

方法分类		代表性方法	优点	不足
直接 Q 估算法（解析法）	时间域	振幅衰减法、上升时间法、子波模拟法、解析信号法等	算法简单；运算速度快；计算效率高	Q 估算精度受资料品质影响较大 算法稳定性、抗噪性：SR＜CFS＜LSAD
	频率域	谱比法（SR）、拟合法、频谱模拟法、质心频移法（CFS）、指数法、对数谱面积差（LSAD）法等		
	时频域	谱比法、质心频移法等		
	统计法	李庆忠 $Q—v$ 公式等		基于 $Q—v$ 统计关系的近似估算，精度受制于经验回归关系的合理性
Q 反演成像法	Q 层析反演	波传播模拟法 Q 反演	可实现 Q 空间分布精细描述	算法较复杂；对原始资料分辨率、信噪比、保真度等要求高
		以谱比法或质心频率法等理论为基础构建目标函数		

时频域 Q 估计方法：李宏兵等（2004）推导了小波尺度域的地震波能量衰减公式，并从反射地震记录中直接估算品质因子，并应用于定性刻画地震衰减属性检测烃类的存在。Elapavuluri P 等（2004）提出了互相关方法，通过扫描的方式估计 Q。赵伟等（2008）提出利用零偏 VSP 资料在小波域计算介质 Q 的方法，基于单程波传播理论得到了零相位子波情况下的时频域 Q 计算方法。

统计法：通过对大量的资料处理，来统计处品质因子和纵波速度存在的经验关系，总结出广泛适用或者适用于某一工区的公式。其中，使用最广泛的为李庆忠（1994）经验公式。何汉漪（2001）确立了适用于莺歌海工区的 $Q—v$ 经验公式。李生杰等（2001a，2001b）获得准噶尔盆地南缘地区地层 Q 与纵波速度 v_p 的经验公式。

下面就时间域 Q 估算、频率域 Q 估算、Q 层析反演这三类种的代表性算法的基本原理做简要概述。

一、时间域 Q 计算方法

Gladwin M T 等（1974）基于地震波衰减过程中的脉冲增宽现象，提出上升时间原理。Kjartansson E（1979）对该原理进一步研究，提出了升时法，利用上升时间（或脉冲宽度）进行 Q 估测。与谱比法相比，上升时间法条件易满足，但存在缺陷，即最大斜率点的位置和确定斜率都有误差。Tyce R C（1981）提出了振幅衰减法，Jannsen D 等（1985）提出了子波模拟法，利用旅行时差和频散关系，通过改变 Q，人为修正参考信号，直到与观测信号最佳近似。Engelhard L（1986）在复地震道分析基础上提出了解析信号法。时间域求取 Q 的方法所面临的困难是地震资料信噪比较低，振幅信息不保真。振幅不保真的原因是地震数据受采集、处理过程中的诸多因素的影响，不能通过有效的技术方法进行准确校正，因而 Q 计算精度不高。所以时间域 Q 求取方法在实际资料处理中很难得到广泛应用。

1. 上升时间法

1974 年，Gladwin M T 提出了上升时间法，这种方法是基于地震波在地层中传播过程中存在的频散效应。上升时间 τ 定义为：地震波传播的第一周期内波形的最大振幅与最大斜率之比。也就是说，只要找出地震子波第一周期内的波形的最大斜率对应的时间点，过此时间点，按照波形最大斜率作一条直线。这条直线与零值振幅线、过波峰且平行于时间轴的直线，分别有一个交点。两交点对应的两个时刻的时间差就是上升时间。

利用 Q 与上升时间之间的经验公式：

$$\tau = \tau_0 + c\int_0^t Q^{-1}\mathrm{d}t \qquad (8\text{-}3\text{-}1)$$

对于分段不变的 Q 而言：

$$\tau = \tau_0 + cQ\Delta t，\quad 即\ \frac{1}{Q} = \frac{c\Delta t}{\tau - \tau_0} \qquad (8\text{-}3\text{-}2)$$

式中　τ_0——初始子波上升时间；

　　　t——地震波旅行时。

对于不同时刻的两个地震子波，通过对上升时间进行线性拟合可以求取斜率 Q。进而可以求取分段地层的 Q。其中，c 的取值与地震波的激发和接收条件有关。Kjartanson 等从理论上证实，$Q \geqslant 20$ 时，c 为 0.530 ± 0.04；$Q < 20$ 时，c 与 Q 有关。

2. 振幅衰减法

振幅衰减法是基于地震波在地层中传播出现的振幅衰减提出的，是一种相对简单的 Q 计算方法。沿地震波在地层中的射线路径，选取空间中的两个时间点，$t_1 = x_1/c$ 时刻对应的振幅为 A_1，$t_2 = x_2/c$ 时刻对应的振幅为 A_2，通过两个时刻地震波振幅之比，求取地层的 Q：

$$A_2 = A_1 \exp\left[-\frac{\pi f}{vQ}(x_2 - x_1)\right] \qquad (8\text{-}3\text{-}3)$$

$$Q = \frac{\pi f (x_2 - x_1)}{v} \frac{1}{\ln \frac{A_1}{A_2}} \qquad (8\text{-}3\text{-}4)$$

振幅衰减法需要真振幅记录。但是，振幅的选取不是固定的。实际运算过程中，由于选取振幅的不同，实际的 Q 计算过程中有三种方法。

（1）最大值法：取子波中的最大瞬时振幅值进行计算，是比较常用的方法。

（2）平均值法：分别计算子波上不同采样点的振幅，计算不同时间段的 Q 取平均。

（3）线性近似法：考虑球面扩散等非固有衰减对振幅的影响，假设这些影响是与频率无关的常数 $1/D$。则 t_2 处的振幅可以表示为：

$$A_2 = A_1 \frac{1}{D} \exp\left[-\frac{\pi f}{vQ}(x_2 - x_1) \right] \qquad (8\text{-}3\text{-}5)$$

对式（8-3-5）两边同时取自然对数，可得：

$$\ln \frac{A_1}{A_2} = \ln D + \frac{\pi f}{vQ}(x_2 - x_1) \qquad (8\text{-}3\text{-}6)$$

式（8-3-6）可以看成斜率为 $\dfrac{\pi}{vQ}(x_2 - x_1)$，截距为 $\ln D$ 的线性方程。通过计算不同频率对应的频谱比的对数，应用最小二乘法拟合即可求得 Q。

振幅衰减法的缺陷是需要真振幅数据，因为影响振幅的因素很多，真振幅数据很难得到，因此在实际应用中，振幅衰减法很少用到。

3. 解析信号法

解析信号法源于复地震道分析，Engelhard L（1986）提出解析信号法来估算介质的 Q。一个地震道可以用瞬时振幅 $\alpha(t)$ 和瞬时相位 $\phi(t)$ 表示：

$$u(t) = \alpha(t) \cos[\phi(t)] \qquad (8\text{-}3\text{-}7)$$

解析延拓到复平面有：

$$z(t) = \alpha(t) \cos[\phi(t)] = u(t) + \mathrm{i} v(t) \qquad (8\text{-}3\text{-}8)$$

式中 $z(t)$——$u(t)$ 的解析信号；

$v(t)$——$u(t)$ 的正交引号。

使用傅里叶变换时，$z(t)$ 和 $u(t)$ 满足单一的变换关系。知道 $u(t)$ 和 $v(t)$，瞬时振幅 $\alpha(t)$ 和瞬时相位 $\phi(t)$ 及瞬时频率 $f(t)$ 都可以计算得到地震品质因子的表达式：

$$\frac{1}{Q} = -2 \frac{d}{d(\Delta x/c)} \left[\ln \frac{\alpha(T)}{G} \right] \frac{1}{2\pi f(t)} \qquad (8\text{-}3\text{-}9)$$

式中 Δx——介质中的传播路径；

c——波速；

G——几何扩散；

T——内部时间。

对有限层而言，微分算子可以用差分代替：

$$\frac{1}{Q} = \frac{-2}{2\pi f(T)\Delta t}\Delta\ln\frac{\alpha(T)}{G} \tag{8-3-10}$$

在真振幅谱下，解析信号法的效果很好。但由于真振幅数据很难获得，所以解析信号法很少应用在实际资料处理中。

二、频率域 Q 计算方法

Bath M（1974）首次提出了谱比法，该方法取两个时间处或两个深度处的子波，进行频谱分析，求取频率域中两个不同时刻（或深度）子波频谱的比值，并求取比值的对数，频率与求得的频谱比对数呈现一种线性关系，Q 是拟合求得的频谱比斜率的函数，谱比法是目前品质因子计算方法应用最为广泛的一种方法。Quan Y L 等（1997）提出了质心频率偏移法（CFS），推导出 Q 与质心频率的关系，从 VSP 资料中估算地震的吸收衰减，该方法也视为上升时间法的频率域形式。质心频率法利用频谱的统计学特征，具有较强的抗噪性，但计算复杂，而且震源子波频谱必须满足高斯谱假设。Zhang C 等（2002）提出了峰值频率法，主要是根据峰值频率与 Q 之间存在的关系。Yih Jeng 等（1999）对频谱比法进行了改进，他们假定 Q_s、Q_p 与频率相关用于测量浅地表 Q。

1. 谱比法

受衰减作用的影响，地震脉冲的频谱在其传播过程中发生很多变化：其振幅不断减小，峰值频率向低频移动，频带逐渐变窄等。谱比法是利用振幅衰减计算 Q，这种方法计算简单，理论精度高，是目前最为流行的 Q 估算方法。

假设地震波在地层中的传播时刻 t_1 和 t_2 处的振幅谱分别用式（8-3-11）式（8-3-12）表示：

$$B_1(f,t_1) = A(t_1)B_1(f)G_1(f)\exp\left(-\frac{\pi f t_1}{Q}\right) \tag{8-3-11}$$

$$B_2(f,t_2) = A(t_2)B_2(f)G_2(f)\exp\left(-\frac{\pi f t_2}{Q}\right) \tag{8-3-12}$$

式中　$A(t)$——包涵几何扩散、投射损失等与频率无关的函数；

　　　Q——与频率无关的吸收衰减因子；

　　　$B(f)$——初始时刻地震子波的振幅谱；

　　　$G(f)$——检波器响应。

谱比后取对数得：

$$\ln\frac{B_2\left(f,t_2\right)}{B_1\left(f,t_1\right)} = \ln\frac{A\left(t_2\right)}{A\left(t_1\right)} + \ln\frac{B_2\left(f\right)G_2\left(f\right)}{B_1\left(f\right)G_1\left(f\right)} - \frac{\pi f\left(t_2-t_1\right)}{Q} \qquad (8-3-13)$$

假设两个接收点具有相同的震源子波和检波器响应，则式（8-3-13）可简化为：

$$\ln\frac{B_2\left(f,t_2\right)}{B_1\left(f,t_1\right)} = C - \frac{\pi f\left(t_2-t_1\right)}{Q} \qquad (8-3-14)$$

显然频谱对数比值是一个线性函数。进行线性拟合，所得直线斜率为：

$$k = -\frac{\pi\left(t_2-t_1\right)}{Q} \qquad (8-3-15)$$

所以由式（8-3-16）进行 Q 计算：

$$Q = -\frac{\pi\left(t_2-t_1\right)}{k} \qquad (8-3-16)$$

由于谱比法不受几何扩散和透射损失等与频率无关因素的影响，因此，谱比法成为应用最广泛的 Q 估算方法。比值对频率的关系表示在某个层段内衰减与频率的关系，频谱比法原理简单，但是容易受信噪比、拟合频段等因素影响。

2. 峰值频率频移法

峰值频率是频谱中最大振幅对应的频率，受衰减作用的影响，地震脉冲的峰值频率向低频移动，利用这种特性，Zhang C 等（2002）提出了峰值频率频移法计算 Q。

假设震源子波可由雷克子波表示，雷克子波的振幅谱可以由式（8-3-17）给出：

$$S_0\left(f\right) = \frac{2}{\sqrt{\pi}}\frac{f^2}{f_m^2}\exp\left(-\frac{f^2}{f_m^2}\right) \qquad (8-3-17)$$

式中 f_m——雷克子波的主频，即峰值频率。

地震波在地层中传播时间 t 后，衰减后的振幅谱可以表示为：

$$S_1\left(f\right) = S_0\left(f\right)\exp\left(-\frac{\pi ft}{Q}\right) \qquad (8-3-18)$$

对式（8-3-18）关于频率求导，导数为零时的频率即为 t 时刻的峰值频率 f_p：

$$\frac{dS_1\left(f\right)}{df} = \frac{dS_0\left(f\right)}{df}\exp\left(-\frac{\pi ft}{Q}\right) + S_0\left(f\right)\exp\left(-\frac{\pi ft}{Q}\right)\left(-\frac{\pi t}{Q}\right) = 0 \qquad (8-3-19)$$

对式（8-3-17）关于频率求导：

$$\frac{dS_0\left(f\right)}{df} = \frac{2}{\sqrt{\pi}}\frac{2f}{f_m^2}\exp\left(-\frac{f^2}{f_m^2}\right) + \frac{2}{\sqrt{\pi}}\frac{f^2}{f_m^2}\exp\left(-\frac{f^2}{f_m^2}\right)\left(-\frac{2f}{f_m^2}\right) \qquad (8-3-20)$$

把式（8-3-20）代入式（8-3-19），可得 t 时刻的峰值频率 f_p：

$$f_p = f_m^2 \left[\sqrt{\left(\frac{\pi t}{4Q}\right)^2 + \left(\frac{1}{f_m}\right)^2} - \frac{\pi t}{4Q} \right] \qquad （8-3-21）$$

所以 Q 可以用峰值频移表示：

$$Q = \frac{\pi t f_p f_m^2}{2\left(f_m^2 - f_p^2\right)} \qquad （8-3-22）$$

3. 质心频率频移法

地震波在地下传播时，根据地震波的吸收衰减理论，高频成分的能量比低频成分的能量衰减得快，因此，可以通过计算地震波传播过程中子波频谱的质心频率的偏移量，计算地层介质的品质因子。

假设地震震源子波振幅谱 $S(f)$ 是高斯谱，则可以表示为：

$$S(f) = \exp\left[-\frac{(f - f_S)^2}{2\sigma_S^2} \right] \qquad （8-3-23）$$

其中：

$$f_S = \frac{\int f S(f)\,\mathrm{d}f}{\int S(f)\,\mathrm{d}f} \qquad （8-3-24）$$

$$\sigma_S^2 = \frac{\int (f - f_S)^2 S(f)\,\mathrm{d}f}{\int S(f)\,\mathrm{d}f} \qquad （8-3-25）$$

式中　f_S——震源子波质心频率；

σ_S^2——震源子波振幅谱的方差。

同样的，经过介质的吸收衰减后，检波器接收到的信号的质心频率和 f_R 方差分别为：

$$f_R = \frac{\int f R(f)\,\mathrm{d}f}{\int R(f)\,\mathrm{d}f} \qquad （8-3-26）$$

$$\sigma_R^2 = \frac{\int (f - f_R)^2 R(f)\,\mathrm{d}f}{\int R(f)\,\mathrm{d}f} \qquad （8-3-27）$$

$H(f)$ 是介质的响应函数，常 Q 模型下，地震吸收衰减是频率的线性函数，因此 $H(f)$ 可写成：

$$H(f) = \exp\left(-f \int \alpha_O \,\mathrm{d}l\right) \qquad （8-3-28）$$

其中：
$$\alpha_O = \pi/(Qv)$$

接收点的振幅谱可以写成：
$$R(f) = G(f)H(f) = C\exp\left[-\frac{(f-f_R)^2}{2\sigma_S^2}\right] \qquad (8\text{-}3\text{-}29)$$

其中：
$$f_R = f_S - \sigma_S^2\int_{ray}\alpha_O\mathrm{d}l \qquad (8\text{-}3\text{-}30)$$

$$f_d = 2f_S\sigma_S^2\int_{ray}\alpha_O\mathrm{d}l - \left(\sigma_S^2\int_{ray}\alpha_O\mathrm{d}l\right)^2 \qquad (8\text{-}3\text{-}31)$$

$$C = G\exp\left(-\frac{f_d}{2\sigma_S^2}\right) \qquad (8\text{-}3\text{-}32)$$

由式（8-3-30）可得：
$$f_R = f_S - \sigma_S^2\pi L/(Qv) \qquad (8\text{-}3\text{-}33)$$

式中　L——射线路径。

所以：
$$Q = \frac{\pi t\sigma_S^2}{f_S - f_R} \qquad (8\text{-}3\text{-}34)$$

4. 理论模型数据分析

频率域 Q 计算方法是目前常用的近地表 Q 估算方法，本节对几种常用的频率域算法（谱比法，峰值频率频移法、质心频率频移法）进行了理论数据试算分析。将主频为 60Hz 的零相位雷克子波作为初始的地震脉冲，并依 Futterman 衰减模型生成一系列衰减之后的地震子波，理论 Q 为 40（图 8-3-1）。分别使用谱比法、质心频率频移法及峰值频率频移法进行 Q 计算。在无噪声情况下针对不同频段计算得到的 Q（图 8-3-2），可以看出，频谱比法反演的结果基本上接近真值，峰值频率频移法稍微有些偏差，质心频率频移法误差较大。从含噪数据不同频段反演的 Q 结果可以看出（图 8-3-3 至图 8-3-6）：质心频率频移法误差较大，而且误差随着延迟时间的增大而增大；峰值频率频移法计算得到的 Q 误差较小，误差基本跟延迟时间无关；频谱比法反演结果最稳定。同时可以看出，频段的选择对于质心频率频移法和峰值频率频移法至关重要，若频段选择合理，三种算法都具备一定的抗干扰能力。

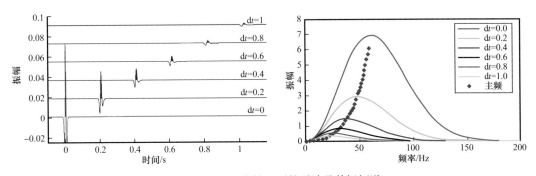

图 8-3-1 无噪声情况下的子波及其振幅谱

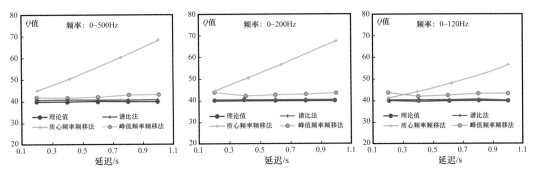

图 8-3-2 无噪声情况下不同频段与方法计算得到的 *Q*

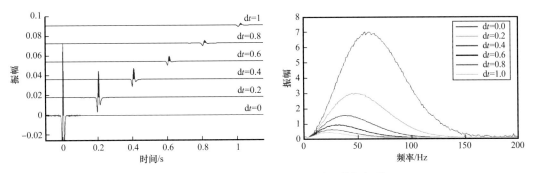

图 8-3-3 信噪比 SNR=30 的子波及其振幅谱

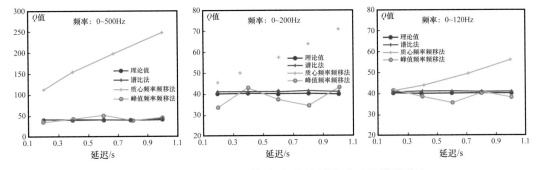

图 8-3-4 信噪比 SNR=30 情况下不同频段与方法计算得到的 *Q*

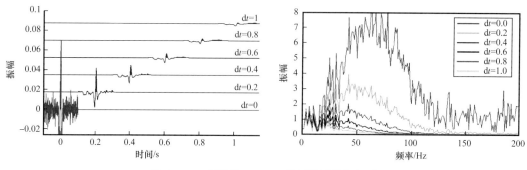

图 8-3-5　信噪比 SNR=5 的子波及其振幅谱

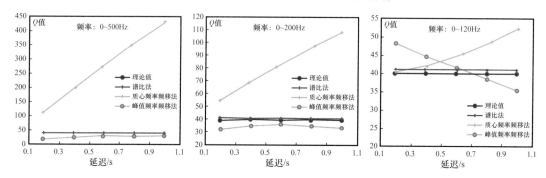

图 8-3-6　信噪比 SNR=5 情况下不同频段与方法计算得到的 Q

三、实际数据分析

1. 地面激发井中接收微测井

图 8-3-7（a）为塔里木某工区地面激发井中接收微测井数据，图 8-3-7（b）为速度分层结果。该数据的观测系统为：接收深井 40m；井中接收为一串检波器，共四道，道间距为 1m；激发偏移距为 1m；每放一炮，检波器串向上提 4m。为了保证激发子波的一致性，采用相同震源的相邻道计算 Q（采用谱比法），显然这样计算 Q 不能保证接收耦合因素的一致。图 8-3-8 为检波器串在 32～35m 接收深度计算 Q 情况，从左至右依次为

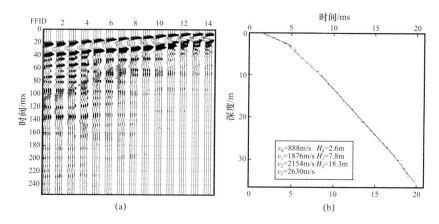

图 8-3-7　塔里木某工区地面激发井中接收微测井数据及其速度分层解释结果

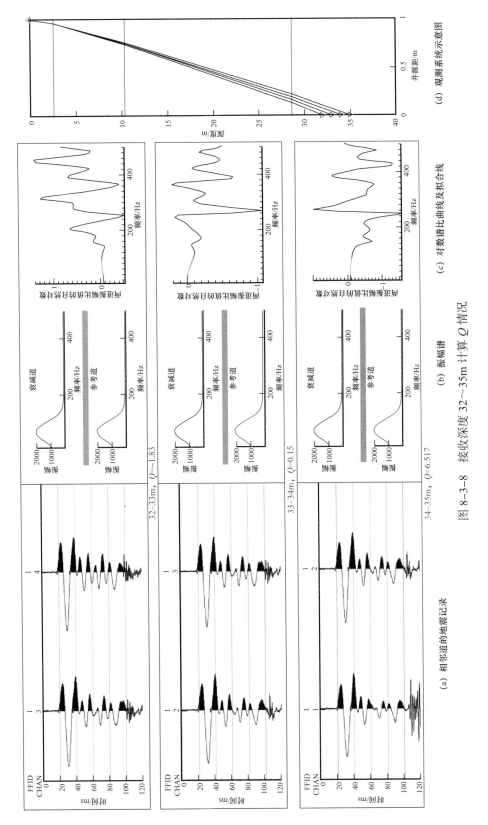

图 8-3-8　接收深度 32～35m 计算 Q 情况

(a) 相邻道的地震记录　　(b) 振幅谱　　(c) 对数谱比曲线及拟合线　　(d) 观测系统示意图

相邻道的地震记录、振幅谱、对数谱比曲线及拟合线、观测系统示意图。

如图 8-3-9 所示，Q 曲线中剔除了所有的负值，以及大的异常值。速度曲线与 Q 曲线基本没有相关性，且 Q 分布不合理。在多个探区尝试了多口地面激发井中接收微测井数据计算 Q，很难得到理想的结果，所以采用这种数据很难获得准确的近地表 Q。

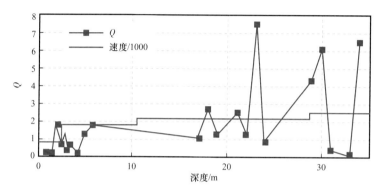

图 8-3-9　井中微测井 Q 曲线及速度曲线

2. 井中激发地面接收微测井

图 8-3-10（a）为准噶尔盆地某工区井中激发地面接收微测井数据，图 8-3-10（b）为速度分层结果。该数据的观测系统为：激发深井 33m，井中激发 26 次；地面 12 道接收，1～3 道炮检距 1m，4～6 道炮检距 2m，7～9 道偏移距 3m，10～12 道炮检距 4m。采用相同地面道相邻激发点计算 Q，显然这样计算 Q 不能保证激发因素的一致性。

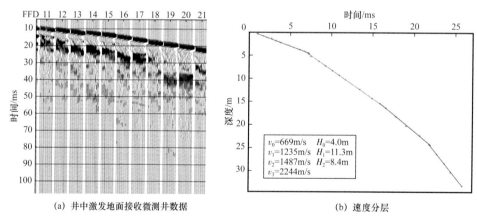

(a) 井中激发地面接收微测井数据　　　　　　(b) 速度分层

图 8-3-10　准噶尔盆地某工区井中激发地面接收微测井数据及其速度分层解释结果

图 8-3-11 显示的是每炮第一道数据，炮检距为 1m，激发深度从浅到深，采用固定增益方式显示。从这个共检记录上看，能量从浅到深的衰减规律不明显。

分别采用谱比法、质心频率频移法以及峰值频率频移法计算得到的 Q 曲线如图 8-3-12 所示。图中三种算法的 Q 计算结果比较接近，但是与速度曲线没有相关性，且 Q 曲线分布不合理。尝试了多个探区的多口井中激发地面接收微测井数据计算 Q，很难得到理想的结果，所以采用这种数据同样很难获得准确的近地表 Q。

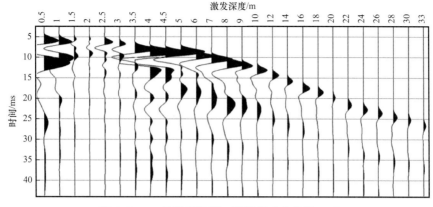

图 8-3-11　抽取每炮第 1 道数据（井检距 1m）

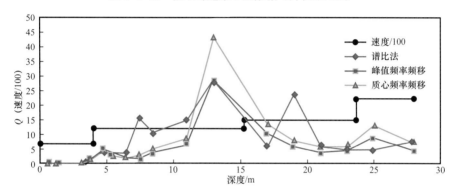

图 8-3-12　地面微测井 Q 曲线及速度曲线

3. 双井微测井

这里以吉林油田某工区的双井微测井为例，两口井的井深都是 20m，井间距离为 5m，激发井中放了 22 炮，共 13 道接收，1～12 道为地面道，其中：1～4 道距激发井 1m；5～8 道距激发井 2m，9～12 道距激发井 3m；第 13 道为井底接收道。选择同一激发点的地面道数据和井底道数据计算 Q，显然这样计算 Q 不能保证接收因素的一致性。

选取高速层中的某个激发点，例如选择激发深度 15m 炮点的地面道数据和井底道数据，如图 8-3-13 所示。图中红线为初至，蓝线为底切，用来确定用于频谱分析的波形数

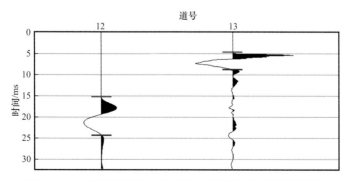

图 8-3-13　激发深度 15m 炮点的地面道数据和井底道数据

据。图 8-3-14 为图 8-3-13 中两道数据的振幅谱图和振幅谱比值对数图，图（a）蓝色曲线为地面道振幅谱；图（b）红色曲线为井底道振幅谱；图（c）黑色曲线为两道振幅谱比值对数曲线，右侧绿线为谱比法拟合直线。谱比法计算所得的 Q 为 2.35。

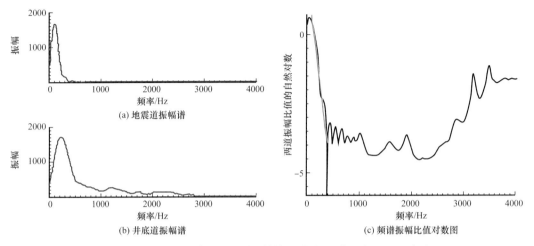

(a) 地震道振幅谱

(b) 井底道振幅谱

(c) 频谱振幅比值对数图

图 8-3-14　地面道数据和井底道数据的振幅比值对数图及拟合线

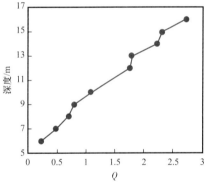

图 8-3-15　计算 Q 与深度对应曲线

高速层中每个炮点的地面道数据和井底道数据都可以计算出一个 Q，实际计算中选择高速层中的多个炮点，计算出多个 Q，如图 8-3-15 所示，取平均值作为最终的表层 Q，该点表层最终 Q 为 1.52。

在准噶尔盆地、塔里木盆地、吐哈油田、辽河油田、吉林油田等多个区域选择了多口双井微测井数据，选择同一激发点的地面道数据和井底道数据计算 Q，都能得到稳定的结果，所以双井微测井是目前主流的近地表 Q 调查手段。

第四节　近地表 Q 建模

地下介质通常是黏弹性的，在其吸收衰减的作用下将导致地震波振幅的衰减以及相位延迟（频率色散）效应（Aki K et al.，2002）。描述介质的这种黏滞性通常采用 Q 来表征。建立一个高精度的 Q 模型将对准确补偿地震波振幅损失和相位延迟起到关键性作用，从而大大改善带 Q 补偿的逆时偏移或者最小二乘偏移的成像精度（Zhu T et al.，2014）。同时，Q 可以在一定程度上指示岩性和油气，对储层预测也具有重要意义。根据野外观测和实验室测量结果，可以得到空间控制点上有限深度范围内的 Q，常用的方法有经验公式法 Q 建模、相对近地表 Q 建模、微测井约束的 Q 建模等。同时，地球物理反演方法是获取品质因子参数的一种有效途径。地震波信号的衰减随着频率的提高而增强，这种数据频带的降低特征是常规 *Q* 反演的出发点。但此类方法依赖于相应速度模型的精确度，速度的误差将严重影响 *Q* 模型的反演精度。因此，同时重建高精度的速度和 *Q* 将是一个不错的选择。

一、经验公式法 *Q* 建模

尽管 *Q* 和速度是两个相互独立的参数，但从实际现象观察，二者又有一定的相似之处，如基本上都随地层深度递增。同时，在地震勘探实践中，地层速度的获取远比地层 *Q* 的获取容易，获取地层速度的技术也远比获取地层 *Q* 的成熟。为此，许多学者都曾试图建立地层速度与地层 *Q* 之间的经验关系，以避开直接求取 *Q* 所面临的困难。如李庆忠（1994）给出了速度与 *Q* 间的经验公式：

$$Q=3.516 \times v^{2.2} \times 10^{-6} \tag{8-4-1}$$

由于 *Q* 随频率变化很小，吸收衰减主要取决于地层岩石的致密程度，越致密岩石 *Q* 越大。而岩石的致密程度与纵波的传播速度有关，因此可以建立纵波速度与 *Q* 的经验公式。结合层析反演得到的近地表的厚度和速度模型，计算得到近地表空变的 *Q* 模型。但是需要说明的是该经验公式是对大套地层吸收规律的总结，并非是速度与 *Q* 的绝对关系，而且通常层析反演的速度会比实际的速度偏高，因此计算所得到的 *Q* 相对较大，与实际有所差异，这种方法误差相对较大，但可以用于分析近地表对地震波吸收衰减的相对影响。

二、相对近地表 *Q* 建模

相对 *Q* 是分析地震记录共炮域和共检域能量得到的相对振幅衰减值和表层结构调查所建立的表层模型旅行时，利用地震初至信息求取相对振幅衰减系数，再利用初至层析反演得到的表层速度模型计算得到近地表的旅行时，利用旅行时与振幅衰减系数的关系式求取近地表的 *Q*，计算公式如下：

$$R \times scale = \frac{A(f)}{A_0(f)} = e^{-\frac{\pi f t}{Q}} \tag{8-4-2}$$

式中　*R*——相对振幅系数；

　　　scale——对相对振幅系数进行的处理；

　　　f——频率；

　　　$A_0(f)$、$A(f)$——分别为地层吸收前、后地震信号的振幅谱；

　　　t——地震波在近地表的传播时间。

因为是利用振幅衰减关系计算得到的，与实际 *Q* 存在误差，可称之为相对 *Q* 场。这种方法计算难度相对较大，对道集的初至振幅的拾取和振幅的衰减系数计算至关重要。可以利用双井微测井求取的绝对 *Q* 进行校正，校正后的 *Q* 模型可以用于近地表 *Q* 补偿处理。

三、微测井约束的 Q 建模

在野外近地表微测井调查，利用时间、频率域 Q 计算方法求取近地表 Q 与相应的近地表速度值，得到了井点处准确的 $Q—v$ 关系对，拟合出低速带厚度与 Q 的关系曲线，或是拟合速度—厚度—Q 的关系方程，再结合初至层析反演得到的表层速度模型，通过关系曲线或是关系方程计算得到整个工区的近地表 Q 模型，这种方法计算的 Q 与实际 Q 模型较为接近，计算效率相对较高，Q 模型较可靠。

四、谱比法 Q 层析反演方法

前面介绍了时间域与频率域的几种代表性 Q 估算方法。时间域方法一般是利用子波振幅的变化估算 Q，计算简单，但由于受到几何扩散、透射损失等非地层吸收的影响，因此时间域方法往往难以求取准确的 Q。频率域方法通常基于信号频谱的变化来估算 Q，不受频率无关因素的影响，应用较为广泛。其中，谱比法由于其相对简单的原理及较好的适用性，工业化应用程度较高。但由于其对噪声较为敏感，反演结果有时并不稳定。质心频率偏移法利用信号衰减前后的质心频率变化估算衰减量，进而求得 Q。与谱比法相比，该方法抗噪性强，计算稳定，但算法复杂，且依赖于震源子波假设。相对于时间域算法，这些方法有其优势，但傅里叶变换需要利用窗函数提取子波，易受到干涉、子波截断效应等影响。

针对常规 Q 估算方法的不足，随着速度层析反演技术的发展，Q 估算方法逐渐与各种层析反演技术相结合。近年来，许多学者提出了多种 Q 反演的方法，如谱比法 Q 层析反演方法、Q 波形层析反演等。谱比法 Q 层析反演是在频率域 Q 层析反演基础上，建立的一种与走时层析反演类似的 Q 层析反演方法，该方法利用了地震波在频率域的振幅信息来求取 Q。与传统频谱比法相比，该方法采用相同道不同频率振幅求取频谱拟合直线的斜率，再通过迭代拟合方法求取 Q，在保证反演稳定性和精度的情况下，提高了计算效率，下面简要地介绍一下原理。

1. 谱比法的改进

谱比法利用的是同一震源的不同时刻振幅谱进行 Q 的求取，实际传播的射线路径中，通常每一炮中含有多个地震道记录，为了消除震源振幅不准确的影响，对同炮相邻道的振幅谱求比值，可以得到如下方程组：

$$\begin{cases} \ln\dfrac{A_j(f)}{A_O(f)} = -\dfrac{\pi x_j f}{Q_j v_j} + K_j \\ \ln\dfrac{A_{j+1}(f)}{A_O(f)} = -\dfrac{\pi x_{j+1} f}{Q_{j+1} v_{j+1}} + K_{j+1} \end{cases} \qquad (8\text{-}4\text{-}3)$$

式（8-4-3）中两式相减可以得到：

$$\ln\frac{A_j(f)}{A_{j+1}(f)} = -\frac{\pi x_j f}{Q_j v_j} + \frac{\pi x_{j+1} f}{Q_{j+1} v_{j+1}} + K \qquad (8\text{-}4\text{-}4)$$

式中　$A_j(f)$、$A_{j+1}(f)$——分别为第 j 道、第 $j+1$ 道的频谱；

　　　x_j、x_{j+1}——分别为第 j 道、第 $j+1$ 道的射线路径；

　　　K——与频率无关的常数。

传统谱比法利用的是相邻两道的振幅进行傅里叶变换，取相同频率进行计算，由于不同道射线经过的网格是不同的，所以相对应的速度和 Q 是不同的。为了便于计算，对谱比法进行了改进，改进后的谱比法抽取每一道数据进行傅里叶变换，选取两个不同的频率进行计算即可。对式（8-3-48）进行改进后可以得到：

$$\ln\frac{A_j(f_1)}{A_j(f_2)}=-\frac{\pi x}{Qv}(f_1-f_2) \tag{8-4-5}$$

式中　p——频谱拟合直线的斜率，$p=-\dfrac{\pi l}{Qv}$。

2. 谱比法 Q 层析方程中斜率残差的计算

斜率残差的计算是 Q 层析中的另一个重要过程，对于斜率的求取首先需要根据射线追踪方法计算出射线路径长度：从给定的炮点位置出发，根据射线追踪方法记录射线在网格中的路径长度以及射线到达顶界面的位置。根据公式：

$$p=-\frac{\pi l}{Qv} \tag{8-4-6}$$

可以求出射线经过每个网格的初始斜率。

对于理论斜率值的求取是基于叠前 CMP 道集资料进行的，很多 Q 求取方法都是基于叠后地震资料或者零偏移距垂直地震剖面资料，由于叠加效应的影响往往不能保存较为完整的振幅、频率等信息，用这类资料估算的 Q 不能准确地反映储层的发育情况。相比于叠后资料，叠前 CMP 道集完整性保留地下介质的相关信息。零偏移距垂直地震剖面资料在 Q 估算方面具有独特的优势，但却存在采集成本较高、覆盖范围有限的问题。相比于零偏移距 VSP 数据，叠前 CMP 道集资料的覆盖范围广并且性价比高，能包含更多与岩性、结构以及物性相关的速度和 Q 属性参数信息。

3. 谱比法 Q 层析反演方程的建立及求解

谱比法 Q 层析反演方程的建立类似于走时层析反演方程的建立，观测数据和模型数据间存在一定残差，其灵敏度矩阵、斜率及品质因子的倒数满足如下关系式：

$$L\Delta q=\Delta p \tag{8-4-7}$$

式中　Δq——品质因子的倒数；

　　　Δp——模型数据和观测数据的斜率残差。

谱比法 Q 层析反演方程的求解同常规层析反演方法类似，主要分为两步：首先根据前面已经推导出了品质因子倒数的扰动与斜率扰动之间的线性关系，构建 Q 层析反演方程组；再通过合适的反演方法进行方程组的求解，求得 Δq 的更新量。在实际的地震波 Q 层析中，震源以及接收点的数量远远小于网格点数量，并且 Q 层析反演方程组中的敏感核函数是大型系数矩阵，数据量很大，需要选择计算效率高且能保持稳定的反演方法进行求解。目前关于求解层析反演方程组的方法有很多，常用的线性反演方法主要有代数重建法（ART）、共轭梯度方法、最小二乘 QR 分解法（LSQR）、联合迭代重建法（SIRT），非线性的反演方法主要有模拟退火法、蒙特卡洛法。

近地表 Q 层析反演的具体实现过程可概括为：

（1）利用走时层析的方法进行反演，得到速度场，在已有的速度场基础上进行射线追踪；

（2）匹配实际数据与射线追踪相应的道，并进行傅里叶变换，求取斜率残差和核函数；

（3）利用斜率残差和核函数建立 Q 层析方程组，并用 LSQR 等方法进行 Q 层析反演计算得到品质因子倒数的变化量；

（4）将初始 Q 场进行更新，判断是否满足给定的条件，满足则停止迭代输出 Q 模型，不满足则继续迭代一直到满足迭代条件为止。

五、波形 Q 层析反演方法

全波形反演基于数据匹配残差最小化的思想实现地下介质参数的重建，由于充分利用了地震信号的波形信息，全波形反演理论上可以得到最高精度的反演结果。而利用波形反演技术重建地下 Q 模型的方法，则称为 Q 波形反演（若只利用初至波波形反演近地表的 Q 模型，则习惯称为波形 Q 层析）。波形反演方法依赖于求解波动方程预测波形，Q 波形反演方法自然要求数值求解能够描述衰减机制的黏声或黏弹方程。求解黏声或黏弹方程可以在频率域或者时间域进行，而在频率域求解用复速度（Aki K et al.，2002）表达的黏声或黏弹方程，因为需要对大型矩阵进行 LU 分解，内存消耗巨大，特别在三维情况下，目前的机器性能往往难以满足，限制了其在实际问题中的应用。而在时间域求解，则涉及弛豫因子与应变的卷积运算，这要求在求解当前应力、应变时存取所有以往时刻的应力、应变量，对内存的要求同样巨大。为了克服时间域求解的内存消耗问题，不同的学者通过不同的近似模型得到了不同的近似方程，主要可分为两类：一类是通过不同的物理模型等效近似地球介质的黏弹现象，具有代表性的有麦克斯韦模型、Kelvin–Voigt 模型以及标准线性体模型。另一类是通过数学模型等效近似介质在地震波频带范围内的常 Q 特征（Kjartansson E，1979）。

在这两类近似模型中，第一类模型对应的黏弹或黏声方程在数值求解过程中需要存储大量辅助变量，且 Q 在方程中以隐式形式存在，难以进行直接的参数反演（Fichtner A et al.，2014）。第二类模型对应的比较有代表性的方程是 Caputo M（1967）提出的分数阶方程以及由此导出的后续一系列修正方程（Carcione J M et al.，2002，2010；Zhu T et al.，2014），但这些方程中普遍存在分数阶导数的阶数与参数相关的问题，求解时需要在空间域与波数域之间频繁切换，大大降低了模拟效率，且需要假设参数的空间变化平缓，在强非均质介质条件下存在较大的数值误差。为此，Xing G 等（2019）利用级数展开以及系数优化技术提出了一种常分数阶黏声方程，此方程中分数阶导数均为常数，避免了数值求解中的多域切换。同时，该方程中振幅衰减和速度频散项的完全分离，为 Q 补偿的逆时偏移和波形反演提供了便利。为此，本节将介绍基于常分数阶黏声方程的黏声全波形反演方法。

1. 方法原理

Xing G 等（2019）提出的描述地震波在衰减介质中的传播的常分数阶黏声方程：

$$\left(\frac{1}{v^2}\frac{\partial^2}{\partial t^2}-\nabla^2\right)p-\left[\frac{\gamma\omega_0}{v}\left(-\nabla^2\right)^{\frac{1}{2}}-\frac{\gamma v}{\omega_0}\left(-\nabla^2\right)^{\frac{3}{2}}\right]p+\left[\frac{\pi\gamma}{v}\left(-\nabla^2\right)^{\frac{1}{2}}-\frac{\pi\gamma^2}{\omega_0}\nabla^2\right]\frac{\partial p}{\partial t}=f \qquad （8-4-8）$$

式中　p——压力场；

　　　　f——震源；

　　　　v——参考速度；

　　　　γ——与 Q 有关的参数，$\gamma=\frac{1}{\pi}\arctan\frac{1}{Q}$；

　　　　ω_0——参考角频率。

式（8-4-8）中分数阶拉普拉斯算子 $\left(-\nabla^2\right)^{\frac{1}{2}}$ 和 $\left(-\nabla^2\right)^{\frac{3}{2}}$ 的阶数均为常数，可以直接在波数域数值求解。式（8-4-8）可以分为三项，其中第一个括号为常规声波方程，第二个括号为速度频散项，第三个括号为振幅衰减项。这种各类效应完全分离的控制方程，为后续的 Q 补偿的逆时偏移或者利用 Q 补偿预条件梯度的全波形反演提供了便捷的实施条件。Huang C 等（2021）以式（8-4-8）为基础建立黏声全波形反演方法的流程如下：

首先建立基于数据匹配的目标函数：

$$E=\frac{1}{2}\left|d-p\left(\boldsymbol{m}\right)\right|^2 \qquad （8-4-9）$$

式中　$\boldsymbol{m}$——介质参数，此处具体为 $\begin{bmatrix}\boldsymbol{v}\\\gamma\end{bmatrix}$；

　　　　$p\left(\boldsymbol{m}\right)$——在当前速度与 Q 模型下通过求解式（8-4-8）得到的合成数据；

　　　　d——观测数据。

在最小二乘条件下，使得式（8-4-9）达到极小时所对应的速度与品质因子模型，即认为是需要重建的地下模型的最佳反演结果。求解这样一个最优化问题，通常采用基于梯度的迭代寻优算法，其求解过程可以表达为：

$$\begin{bmatrix}\boldsymbol{v}\\\gamma\end{bmatrix}_{i+1}=\begin{bmatrix}\boldsymbol{v}\\\gamma\end{bmatrix}_i+\begin{bmatrix}\alpha^{\boldsymbol{v}}\boldsymbol{g}^{\boldsymbol{v}}\\\alpha^{\gamma}\boldsymbol{g}^{\gamma}\end{bmatrix}_i \qquad （8-4-10）$$

式中 α^v 和 α^γ——速度和与品质因子相关的 γ 的步长；

  g^v 和 g^γ——速度与 γ 的梯度。

梯度计算是全波形反演的一个核心部分，下面将基于式（8-4-8），给出黏声全波形反演中速度与品质因子对应的梯度公式的详细推导。

波恩理论指出，模型 $\delta\boldsymbol{m}=\begin{bmatrix}\delta v\\\delta\gamma\end{bmatrix}$ 的扰动将引起波场的扰动 δp，假设介质 $\boldsymbol{m}$ 中波场为 $p(\boldsymbol{m},\omega)$，介质扰动后 $\boldsymbol{m}+\delta\boldsymbol{m}$ 对应的波场为 $S(\boldsymbol{m}+\delta\boldsymbol{m},\omega)$。它们分别满足式（8-4-8）和式（8-4-11）：

$$\left[\frac{1}{(v+\delta v)^2}\frac{\partial^2}{\partial t^2}-\nabla^2\right]s-\left[(\gamma+\delta\gamma)\frac{\omega_0}{(v+\delta v)}\left(-\nabla^2\right)^{\frac{1}{2}}-(\gamma+\delta\gamma)\frac{(v+\delta v)}{\omega_0}\left(-\nabla^2\right)^{\frac{3}{2}}\right]s$$

$$+\left(\pi(\gamma+\delta\gamma)\frac{1}{(v+\delta v)}\left(-\nabla^2\right)^{\frac{1}{2}}-\pi(\gamma+\delta\gamma)^2\frac{1}{\omega_0}\nabla^2\right)\frac{\partial s}{\partial t}=f \qquad （8-4-11）$$

用式（8-4-10）减去式（8-4-8），并同时利用泰勒展开并忽略高阶项 $\frac{1}{(v+\delta v)^2}\approx\frac{1}{v^2}-\frac{2\delta v}{v^3}$ 和 $\frac{1}{v+\delta v}\approx\frac{1}{v}-\frac{\delta v}{v^2}$，整理后可以得到式（8-4-12）和式（8-4-13）：

$$\left(\frac{1}{v^2}\frac{\partial^2}{\partial t^2}-\nabla^2\right)\delta p-\left[\gamma\frac{\omega_0}{v}\left(-\nabla^2\right)^{\frac{1}{2}}-\gamma\frac{v}{\omega_0}\left(-\nabla^2\right)^{\frac{3}{2}}\right]\delta p$$

$$+\left[\pi\gamma\frac{1}{v}\left(-\nabla^2\right)^{\frac{1}{2}}-\pi\gamma^2\frac{1}{\omega_0}\nabla^2\right]\frac{\partial\delta p}{\partial t}=\Delta f \qquad （8-4-12）$$

$$\Delta f=\delta v\cdot\left[\frac{2}{v^3}\frac{\partial^2}{\partial t^2}-\frac{\gamma\omega_0}{v^2}\left(-\nabla^2\right)^{\frac{1}{2}}+\frac{\gamma}{\omega_0}\left(-\nabla^2\right)^{\frac{3}{2}}+\frac{\pi\gamma}{v^2}\left(-\nabla^2\right)\frac{1}{2}\frac{\partial}{\partial t}\right]s$$

$$+\delta\gamma\cdot\left[\frac{\omega_0}{v}\left(-\nabla^2\right)^{\frac{1}{2}}-\frac{v}{\omega_0}\left(-\nabla^2\right)^{\frac{3}{2}}-\left(\frac{\pi}{v}\left(-\nabla^2\right)^{\frac{1}{2}}-\frac{2\pi\gamma}{\omega_0}\nabla^2\right)\frac{\partial}{\partial t}\right]s \qquad （8-4-13）$$

由于参数的扰动较小，可以将式（8-4-13）中的扰动后的波场 $S(\boldsymbol{m}+\delta\boldsymbol{m},\omega)$ 近似为 $p(\boldsymbol{m},\omega)$，从而得到式（8-4-14）：

$$\Delta f=\delta v\cdot\left[\frac{2}{v^3}\frac{\partial^2}{\partial t^2}-\frac{\gamma\omega_0}{v^2}\left(-\nabla^2\right)^{\frac{1}{2}}+\frac{\gamma}{\omega_0}\left(-\nabla^2\right)^{\frac{3}{2}}+\frac{\pi\gamma}{v}\left(-\nabla^2\right)^{\frac{1}{2}}\frac{\partial}{\partial t}\right]p$$

$$+\delta\gamma\cdot\left\{\frac{\omega_0}{v}\left(-\nabla^2\right)^{\frac{1}{2}}-\frac{v}{\omega_0}\left(-\nabla^2\right)^{\frac{3}{2}}-\left[\frac{\pi}{v}\left(-\nabla^2\right)^{\frac{1}{2}}-\frac{2\pi\gamma}{\omega_0}\nabla^2\right]\frac{\partial}{\partial t}\right\}p \qquad （8-4-14）$$

从式（8-4-12）和式（8-4-14）可以看出，扰动波场 δp 满足以 Δf 为源的黏声方程式（8-4-12）。因此，扰动场可以表示为：

$$
\begin{aligned}
\delta p\left(\boldsymbol{x}_r, \boldsymbol{x}_s, \omega\right)=\iiint & \left(\delta v \cdot\left[\frac{2}{v^3} \frac{\partial^2}{\partial t^2}-\frac{\gamma \omega_0}{v^2}\left(-\nabla^2\right)^{\frac{1}{2}}+\frac{\gamma}{\omega_0}\left(-\nabla^2\right)^{\frac{3}{2}}+\frac{\pi \gamma}{v}\left(-\nabla^2\right)^{\frac{1}{2}} \frac{\partial}{\partial t}\right] p\right. \\
& \left.+\delta \gamma \cdot\left\{\frac{\omega_0}{v}\left(-\nabla^2\right)^{\frac{1}{2}}-\frac{v}{\omega_0}\left(-\nabla^2\right)^{\frac{3}{2}}-\left[\frac{\pi}{v}\left(-\nabla^2\right)^{\frac{1}{2}}-\frac{2 \pi \gamma}{\omega_0} \nabla^2\right] \frac{\partial}{\partial t}\right\} p\right) G\left(\boldsymbol{x}_r, \boldsymbol{x}, \omega\right) \mathrm{d}^3 \boldsymbol{x}
\end{aligned}
$$

（8-4-15）

式中 $\boldsymbol{x}_r$ ——检波器位置；

   $\boldsymbol{x}$ ——空间任意点；

   $G\left(\boldsymbol{x}_r,\ \boldsymbol{x},\ \omega\right)$ ——从点 $\boldsymbol{x}$ 传播到 $\boldsymbol{x}_r$ 的格林函数。

从式（8-4-15）可以得到速度和 γ 的敏感核函数：

$$
k_v=\frac{\partial p}{\partial v}=\left\{\frac{2}{v^3} \frac{\partial^2 p}{\partial t^2}-\left[\gamma \frac{\omega_0}{v^2}\left(-\nabla^2\right)^{\frac{1}{2}}-\frac{\gamma}{\omega_0}\left(-\nabla^2\right)^{\frac{3}{2}}\right] p+\pi \gamma \frac{1}{v^2}\left(-\nabla^2\right)^{\frac{1}{2}} \frac{\partial p}{\partial t}\right\} G\left(\boldsymbol{x}_r, \boldsymbol{x}, \omega\right)
$$

（8-4-16）

$$
k_\gamma=\frac{\partial p}{\partial v}=\left\{\left[\frac{\omega_0}{v}\left(-\nabla^2\right)^{\frac{1}{2}}-\frac{v}{\omega_0}\left(-\nabla^2\right)^{\frac{3}{2}}\right] p-\left[\frac{\pi}{v}\left(-\nabla^2\right)^{\frac{1}{2}}-\frac{\pi \gamma}{\omega_0} \nabla^2\right] \frac{\partial p}{\partial t}\right\} G\left(\boldsymbol{x}_r, \boldsymbol{x}, \omega\right)
$$

（8-4-17）

而梯度则是核函数与数据残差的内积：

$$
g^m=k_m \delta d
$$

（8-4-18）

有了速度和品质因子的梯度，则可以采用梯度法进行迭代反演，实现 *Q* 的波形反演建模。

2. 数值实验

为展示 *Q* 波形反演重建高精度 *Q* 与速度模型的能力，下面将通过两个理论模型实验来验证 *Q* 波形层析方法的正确性与有效性。在数值实验中，求解黏声方程将采用交错网格差分与伪谱法相结合的方式进行，而反演过程则采用 L-BFGS 的梯度优化方法（Huang C et al.，2021）。

1）异常体模型

图 8-4-1 展示了速度和 *Q* 的异常体模型，该模型中背景速度和 *Q* 均为均匀介质，分别为 $v_P=3\mathrm{km/s}$、$\gamma=0.005$，而侵入体的参数分别为 $v_P=2.5\mathrm{km/s}$、$\gamma=0.005$。模型大小为 1km×2.5km，采用左右两侧井间观测系统采集地震数据。炮点位于左侧炮井，共激发 40 炮，深度在 80m 与 2420m 之间均匀分布。每炮由右侧的接收井接收地震数据，井中深度从 80m 到 2420m 均匀布设 40 个检波器。反演时以背景速度与背景 γ 作为初始模型。图 8-4-2 展示了 *Q* 波形反演重建的速度与 *Q* 模型，图 8-4-3 显示了在 $x=0.4\mathrm{km}$ 位置处的

抽线结果，可以看出，利用 Q 波形反演可以很好地重建高精度的速度与 Q。而图 8-4-4 的目标函数收敛曲线则表明该方法具有很快的收敛特性，可以在迭代 10 次以内收敛到真实模型附近。

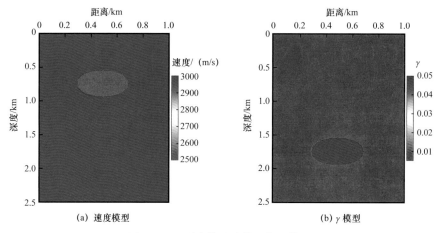

图 8-4-1　异常体速度模型与 γ 模型

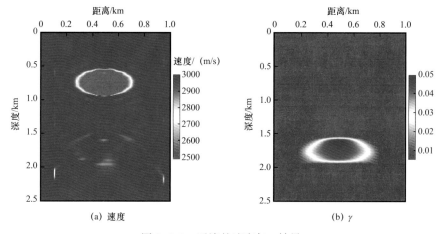

图 8-4-2　反演的速度与 γ 结果

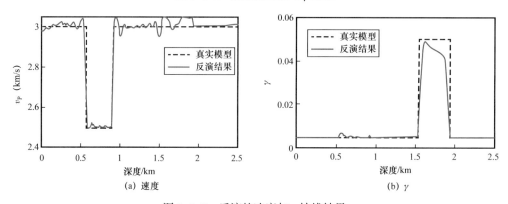

图 8-4-3　反演的速度与 γ 抽线结果

2）气烟囱模型

上面采用一个简单的异常体模型验证了方法的正确性和有效性，下面将采用一个非均质性强的实际地质模型来测试方法的适用性。图 8-4-5 是一个典型的气烟囱模型（Zhu T et al.，2014），模型大小为 3.39km×1.44km。模型中海底火山喷出的气体在近海底面形成了一个低速、强衰减的气云区。这个气云区的存在，将严重影响气云下方的结构成像，为此，需要准确的速度与 *Q* 模型。实验采用反射观

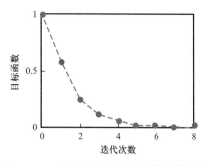

图 8-4-4　反演过程中目标函数下降曲线

测系统，海面激发 80 炮，每炮采用 160 个检波器均匀分布在海面接收。图 8-4-5（c）（d）展示的是反演中采用的初始模型，而图 8-4-5（e）（f）是最终重建的速度和 *Q* 模型。图 8-4-5（a）（b）与图 8-4-5（e）（f）比较，可以发现，通过 *Q* 波形反演，速度与 *Q* 的结构都获得了较好的恢复，且边界清晰，反演结果分辨率较高，为气烟囱下方的成像与解释提供了可靠依据。图 8-4-6 展示了利用初始模型与最终反演结果分布合成的单炮记录与观测数据的波形比较，可以看出，经过反演，数据中的大部分反射波都获得了较好的匹配，也从另一个方面验证了反演结果的可靠性。

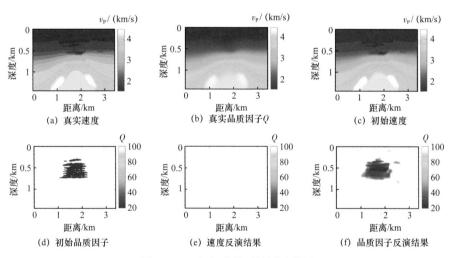

图 8-4-5　气烟囱模型的测试结果

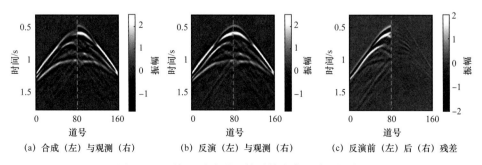

图 8-4-6　炮记录波形比较（其中直达波已切除）

第九章 复杂区应用实例

我国西部油气勘探区域多为沙漠、戈壁、黄土塬、山地，近地表地震和地质条件极为复杂，主要表现为地形起伏较大、近地表层岩性变化剧烈、低降速带厚度变化大。复杂的近地表条件使得近地表建模与静校正问题异常突出，直接影响最终地震资料的成像质量。不同地表类型的近地表特征、资料品质差别非常大，导致其适用的表层调查、静校正与近地表建模方法也有很大差别。本章选择了塔里木盆地库车山地区、鄂尔多斯盆地黄土塬区、塔里木盆地大沙漠区等典型有代表性应用实例，展示了复杂区近地表调查、静校正与近地表建模的应用方法与效果。

第一节 库车山地山前带静校正应用实例

塔里木盆地库车山地山前带蕴含着丰富的油气资源，勘探前景广阔，不仅是我国"西气东输"工程的主要气源地，还是塔里木油田公司天然气勘探的重大突破区。库车前陆盆地地震地质条件复杂，同时具备我国西部复杂山地山前带的典型近地表特征，地震勘探一直面临着静校正、低信噪比、复杂构造成像等勘探难题。多年来，围绕这些问题，开展了大量的技术攻关和研究，探索形成了一系列针对性技术措施，有效地改善了资料品质，先后建成了克拉2、迪那2、克深2及大北3等一批西气东输主力气田，展示了库车坳陷良好的油气勘探前景，有力地推动了该区油气勘探进程。

一、近地表特征

库车坳陷位于塔里木盆地北部，海拔 3900～4200m 以上的高山常年积雪，气候恶劣，风力强劲。库车山地地形起伏剧烈，地表切割严重，峭壁林立、沟壑纵横，冲沟、河流极为发育，山顶到沟底的相对落差较大，一般在 30～500m 之间，夏季经常会有洪水、山体滑坡以及泥石流等地质灾害。此外，山地坡度较大，可达 30°～80°，山体断崖、陡坎、绝壁、险坡比比皆是。地表类型多种多样，地表条件复杂多变，包括第四系的戈壁砾石区、山前洪积的巨厚戈壁砾石区、西域组砾石山体区及新近系和古近系的砂泥岩山体（图 9-1-1）。此外还存在农田村庄等地表类型，河流、冲沟密布，近地表结构纵、横向上变化剧烈。

风化层总厚度一般在几米至 200m 之间变化，低降速层厚度和速度在纵、横向上变化较快。戈壁砾石区近地表在垂向上一般为三层或者多层结构，低速在 400～700m/s 之间，降速在 800～1200m/s 范围内变化，次高速为 1500～1800m/s，高速层速度为 2000～2300m/s。风化层总厚度在 20～200m 之间。砾石山体区的近地表在垂向上一般也是三层或多层结构，其速度分布与戈壁砾石区较为相近，只是风化层厚度比戈壁砾石区

(b) 第四系砾石Q₂

(c) 第四系砾石山体Q₁x

(a) 某三维近地表岩性分布

(d) 新近系砂泥岩山体

(e) 古近系—白垩系砂泥岩山体

(f) 侏罗系及更老地层

图 9-1-1　库车典型岩性分布及地表照片

薄，一般在 20～40m 之间。新近系、古近系及白垩系砂泥岩山体表层在垂向上一般为二层结构，风化层厚度较薄，一般不超过 15m，低速在 400～700m/s 之间，高速层速度在 2300～2700m/s 之间，局部可超过 3000m/s。基岩出露区近地表在垂向上为二层结构，风化层厚度一般在 10m 之内，风化层速度一般为 450～800m/s，高速层速度在 3000m/s 以上。库车山地山前带复杂的近地表结构，给表层调查及近地表建模带来困难。

首先是表层调查困难。尤其是巨厚戈壁砾石区，风化层厚度较大，往往在 100m 以上，甚至达到 200m；在平面上分布广泛，面积达 100～300km² （图 9-1-2）。由于风化层巨厚，且近地表结构在垂向上近似为连续介质，如果采用浅层折射法开展表层调查，很难得到准确的近地表结构。倘若全部采用微地震测井开展表层调查，钻井周期长，生产成本高。

针对巨厚戈壁砾石区表层调查，以往曾根据单炮浅层反射时间及初至信息估算低降速带厚度及速度 [图 9-1-3（a）]：首先在单炮上读取最浅层反射波的时间 ΔT；其次根据单炮中低速层的初至时间以及炮检距之间的差值可以计算风化层的平均速度 v_a，同理得到高速层速度 v_s；最后，根据下式近似估算低降速带厚度：

$$h = \frac{v_a \Delta T}{2\cos\left(\arcsin\dfrac{v_a}{v_s}\right)}$$

（9-1-1）

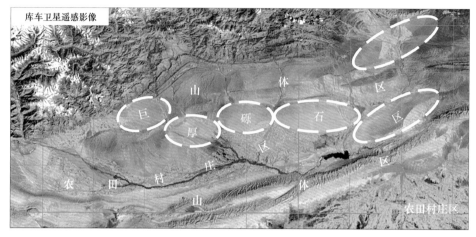

图 9-1-2 库车巨厚戈壁砾石区分布示意图

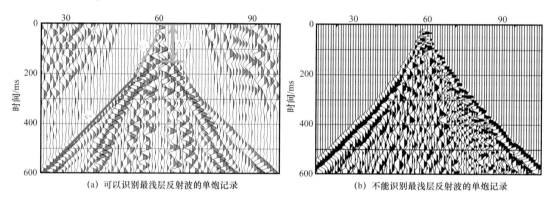

(a) 可以识别最浅层反射波的单炮记录   (b) 不能识别最浅层反射波的单炮记录

图 9-1-3 库车典型岩性分布及地表照片

式中 h——低降速带厚度；

        v_a——低降速带平均速度；

        v_s——高速层速度；

        ΔT——最浅层反射波时间。

但是，应用上述方法时需要在单炮上能够识别最浅层反射波同相轴并读取其时间，只有在原始单炮信噪比较高的前提下，且表层的第一高速层顶界面是潜水面等强波组抗界面才可能实现。如果原始单炮的信噪比较低或者浅表层没有强波组抗界面［图 9-1-3 (b)］，就无从获得 ΔT，该方法也就失去了用武之地。因此，巨厚戈壁砾石区的表层调查是实际工作中的一个难点。

其次是表层建模困难。库车山地山前带地表岩性多变，低降速带速度和厚度纵横向上变化剧烈。低降速带总厚度从几米至 200m（图 9-1-4），农田村庄区的高速层速度在 2000m/s 左右，山前带戈壁高速层速度一般在 2000～2500m/s 之间变化，砾石山体区高速层速度在 2000～2300m/s 之间。但是在新近系、古近系砂泥岩山体高速层速度较高，一般在 2500～3000m/s 之间，基岩出露区高速层速度甚至在 3000m/s 以上。复杂的近地表条件给准确表层建模工作带来困难：一是合理的表层调查控制点位不易确定；二是高速顶界面高程的趋势很难准确预判。

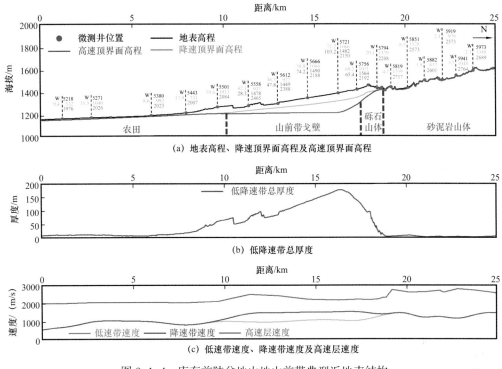

(a) 地表高程、降速顶界面高程及高速顶界面高程

(b) 低降速带总厚度

(c) 低速带速度、降速带速度及高速层速度

图 9-1-4　库车前陆盆地山地山前带典型近地表结构

二、表层调查方法

目前表层调查方法较多，包括浅层折射法、微地震测井法、静水面高程调查法、地质露头调查法、山体速度调查法、面波反演法、电磁探地雷达法（GPR）等。针对施工区的近地表结构特点，灵活地运用上述方法，在生产中发挥了重要作用。库车山地山前带近地表结构复杂，在开展表层调查工作时，主要采用微地震测井法，适当地采用浅层折射方法予以补充。

1. 浅层折射法

浅层折射法是一种极为常用、成熟有效且灵活易用的表层调查方法。根据各观测点的初至时间以及距离建立时距关系，在时距曲线图中，通过拟合低速、降速以及高速控制点的斜率求取速度，根据截距时与延迟时的关系，获得各层的厚度。浅层折射的排列长度应该在超前距离的基础上，保证追踪的高速层折射波时距曲线的控制距离不小于40m 为原则，同时道间距离以确保直达波、各层折射波时距曲线的控制道数不少于 4 道为原则。因为浅层折射方法只适用于地表相对较为平坦、地层倾角较小、地下折射界面较为稳定的近地表结构地区，并且要求表层结构为均匀层状、横向变化不大、垂向上速度为正序分布，否则其解释精度很难满足勘探精度需求。在库车山地山前带，适用于浅层折射法的地表类型主要是在风化层厚度较小的农田村庄区，其他地表类型很难保证浅层折射法的表层调查精度。由于浅层折射法操作过程中需要采用炸药进行地面激发，存在一定的 HSE 风险，且受原理的限制，适用条件较为苛刻，因此通常作为微地震测井法的一种补充方式。

2. 微地震测井调查法

微地震测井调查法包括井中激发地面接收微地震测井和地面激发井中接收微地震测井两种调查方式，井中激发微地震测井也就是常规的微地震测井法，井中接收微地震测井法也称作 MVSP。微地震测井法通常是根据透射波或者直达波的初至时间计算钻井段深度范围内的速度和厚度信息。在已钻井段下方存在明显波组抗界面的情况下，根据 MVSP 接收的复合波信息，在 $f—k$ 域可分离出上行波，从而预测已钻井底下方部分地层的速度和厚度信息。微地震测井法不受地形的影响，几乎适用于任意近地表结构条件，只要能够钻井并钻入高速层中即可进行近地表结构调查。该表层调查精度高，适用范围广，是目前地震勘探中最常用的表层调查方法。由于需要钻穿低降速层并且在高速层中至少需要 4 个以上的控制点，尤其是在巨厚风化层区域，钻井成本较高，这是该方法的劣势。

MVSP 调查方法采用重锤地面激发、通过井中移动检波器在不同的深度接收不同振次信号的方式进行表层调查，调查后完钻的井可重复利用。MVSP 调查的接收点距可视实际需求而调整，一般都比常规微地震测井的点距小，数据采样率高，因此其表层调查精度相对较高。在 MVSP 施工过程中，采用重锤多次激发，由于重锤的落点并不唯一等原因，造成不同振次之间存在随机初至时间漂移现象［图9-1-5（a）］。较小的初至时间漂移会影响资料的解释精度［图9-1-5（b）］，较大的初至时间漂移则可能造成时深曲线不合格、资料无法解释而成为废品。因此，需要针对性地解决不同振次之间的初至时间漂移问题，以保证 MVSP 的表层调查精度。在 MVSP 施工过程中，可在井口增加一个验证检波器，作为辅助道记录重锤激发每个振次的直达波到达时间。采集过程中要确保验证检波器状态良好，位置固定，与地表周围介质耦合良好。每次锤击时，该验证检波器与位于井中某一深度的检波器同时接收并记录信号。室内资料解释过程中，首先将每个振次的验证检波器接收到的直达波时间放在一起统计，剔除异常值并求取每个振次的相对初至漂移时间；再根据每个振次的初至漂移时间对井中检波器所接收到的透射波或直达波时间予以校正；最后利用校正后的初至时间［图9-1-5（c）］进行微地震测井的时深解释［图9-1-5（d）］。经过初至时间漂移校正后，MVSP 调查方法能够保证表层调查精度。

由于 MVSP 表层调查方法不涉及炸药，在敏感地区施工不仅安全环保，还能够在炸药储存库房建立前完成表层调查工作及建模工作。特别是在全工区都采用可控震源激发的地震勘探采集项目，采用 MVSP 实施表层调查，减少了炸药的申办手续、押运及储存等诸多环节，不仅节约了材料费用，还实现了绿色勘探。MVSP 表层调查方法最主要的优点是采集成本低、表层调查精度高、采集效率高，可实现高密度表层调查；其缺陷是在砾石山体区以及戈壁砾石区容易塌井，导致井中检波器难以取出，造成经济上的损失。

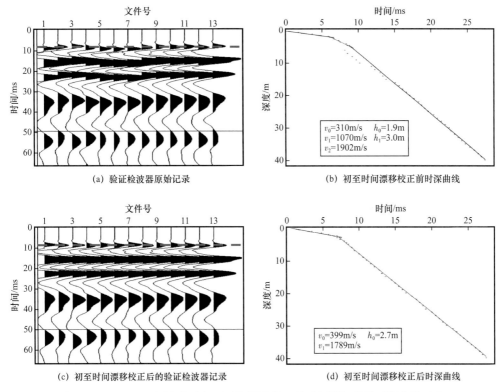

(a) 验证检波器原始记录　　　　(b) 初至时间漂移校正前时深曲线

(c) 初至时间漂移校正后的验证检波器记录　　(d) 初至时间漂移校正后时深曲线

图 9-1-5　MVSP 调查方法初至时间漂移校正前后原始记录及时深曲线对比

所以，在砾石山体区及戈壁砾石区实施 MVSP 表层调查时，应该提高钻井工艺水平，注意固井、护井工作，避免塌井现象地发生。

3. 浅层层析表层调查法

在山前冲积、洪积扇体区，地表多为戈壁砾石，低降速带巨厚，甚至在 200m 以上，且分布范围较为广泛。在这类地区浅层折射法获得的结果精度很低，无法满足勘探精度要求。但是如果全部采用超深微地震测井开展表层调查，则成本居高不下。在这类地表较为平坦、低降速带厚度较大的区域，可以通过浅层层析表层调查方法来查清近地表结构。

通过对比、分析库车山前带巨厚戈壁砾石区二维测线的层析反演结果，确定了浅层层析表层调查方法的各参数：道距 20m，炮距 60m，排列长度 940m，接收道数 48 道，炮数 9 炮，采用滚动放炮的方式［图 9-1-6（a）］。同时在排列中心位置实施超深微地震测井，对浅层层析表层调查结果予以标定和验证。对比微地震测井解释成果［图 9-1-6（b）］和浅层层析表层调查的层析反演结果［图 9-1-6（c）］，发现二者非常吻合，微地震测井解释成果 2200m/s 的速度界面与浅层层析表层调查 2000m/s 的速度面相对应，厚度误差为 -2.37m（-1.77%）。次高速层以上厚度吻合程度更高，微地震测井解释成果 1760m/s 的速度界面与浅层层析表层调查 1550m/s 的速度界面相对应，厚度误差为 0.56m（0.75%）。

可见浅层层析表层调查方法的精度可以满足勘探需求。但同时可以看到，微地震测井调查的速度与浅层层析表层调查层析反演获得的速度不完全一致，因此需要一定数量的深井微地震测井对浅层层析表层调查方法加以约束和标定。

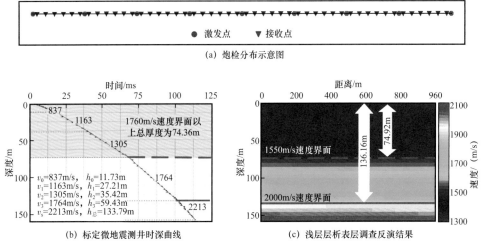

(a) 炮检分布示意图

(b) 标定微地震测井时深曲线　　　　　(c) 浅层层析表层调查反演结果

图 9-1-6　浅层层析表层调查方法

4. 微地震测井与大炮初至联合表层调查法

在地表较为平坦的戈壁砾石区，尤其是冲积扇体及洪积扇体区，往往发育巨厚风化层，而且山前带戈壁的近地表砾石层一般由砾石、碎石、砂和黏土构成，胶结程度较差，成井较为困难。如果出现塌井等原因，不能钻入高速层，通过微地震测井调查无法获得所需要的高速层速度。这种情况下，可以采用微地震测井与大炮初至联合解释的方法，高速层速度通过大炮初至的折射速度获取，降速层的厚度可根据微地震测井获得的地表至降速层顶界面之间的调查结果以及大炮初至中折射层的交叉时计算获得，从而完成该点的近地表结构调查，用于表层建模。

根据多层水平层状介质的折射波时距曲线方程，给定炮检距后，根据微地震测井调查的地表至次高速顶界面之间的厚度和速度，求取出高速层以上的直达波以及折射波的正演初至传播时间。拾取大炮初至的折射层初至时间，能够得到高速层速度及其交叉时 t_{is}（图 9-1-7）。将正演初至时间以及大炮初至时间比较［图 9-1-8（a）］，发现两者存在系统时差［图 9-1-8（b）］，这是由于大炮激发时存在井深以及组合检波等带来的系统时差，将大炮折射层的初至校正后与正演初至时间按照炮检距组成时距曲线［图 9-1-8（c）］，最终按照浅层折射的解释方法完成微地震测井与大炮初至联合表层调查的解释，得到地表至高速层顶界面之间的近地表结构以及高速层的速度。

通过实际的资料来验证微地震测井与大炮初至联合表层调查方法的解释精度。2008年度在地表平坦的库车山前带冲积扇上实施了一口井深为200m的超深微地震测井，该微地震测井的解释成果［图 9-1-9（a）］显示低降速带总厚度为159.4m，高速层速度为2448m/s；同时次高速为1618m/s，地表与次高速顶界面之间的厚度为80.0m。为了验证

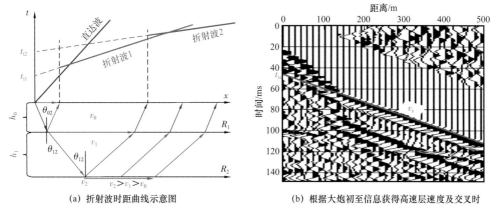

(a) 折射波时距曲线示意图　　　　(b) 根据大炮初至信息获得高速层速度及交叉时

图 9-1-7　多层水平层状介质的折射波时距曲线及大炮初至

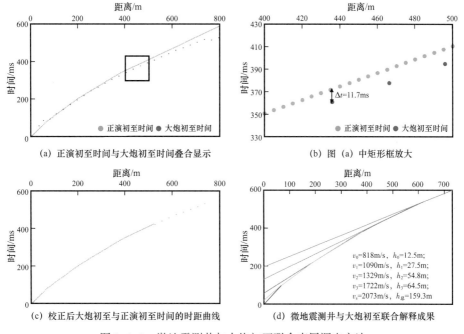

(a) 正演初至时间与大炮初至时间叠合显示　　　(b) 图 (a) 中矩形框放大

(c) 校正后大炮初至与正演初至时间的时距曲线　　　(d) 微地震测井与大炮初至联合解释成果

图 9-1-8　微地震测井与大炮初至联合表层调查方法

微地震测井与大炮初至联合表层调查方法的解释精度，假设微地震测井调查获得了地表至次高速 1618m/s 速度顶界面的近地表结构，根据微地震测井附近的大炮初至联合解释，来预测 1618m/s 速度层的厚度以及高速层的速度。通过微地震测井与大炮初至联合表层调查解释成果［图 9-1-9（b）］及精度对比（表 9-1-1）可知，微地震测井与大炮初至联合解释精度较高，准确预测了 1618m/s 速度顶界面下伏 80m 左右出现 2000m/s 以上的高速。以微地震测井的解释成果为标准，微地震测井与大炮初至联合解释成果的低降速带总厚度误差只有 0.6m，相对误差仅为 0.38%。实际资料表明，微地震测井与大炮初至联合表层调查方法的解释结果可靠，能够满足表层调查精度的需求。

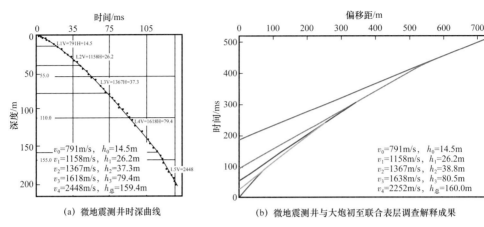

(a) 微地震测井时深曲线　　　　(b) 微地震测井与大炮初至联合表层调查解释成果

图 9-1-9　微地震测井与大炮初至联合表层调查方法解释精度对比

表 9-1-1　微地震测井与大炮初至联合调查方法精度对比

对比项	v_0/ m/s	v_1/ m/s	v_2/ m/s	v_3/ m/s	v_4/ m/s	h_0/ m	h_1/ m	h_2/ m	h_3/ m	$h_总$/ m
微地震测井调查结果	791	1158	1367	1618	2448	14.5	26.2	40.7	78.0	159.4
联合解释结果	791	1158	1367	1638	2252	14.5	26.2	38.8	80.5	160.0
误差	0	0	0	20	-196	0.0	0.0	-1.9	2.5	0.6

注：v_0、v_1、v_2、v_3、v_4 为各层速度；h_0、h_1、h_2、h_3 为各层厚度；$h_总$为总厚度。

三、塔里木库车山地区剖面处理效果

1. 工区概况

工区地势北高南低，海拔高程在 1250～2150m 之间，相对高差多在 100m 内，最大约 500m。工区包含山体区、山前冲积扇区、农田河道村庄三种地形地貌。山体区从岩性上可划分为砂泥岩山体和砾石山体两种，山体区主要分布在工区中南部、中部及北部，约占激发面积的 82%，由于长期的水蚀、风化作用，地形陡峭，断崖陡坎较多；冲积扇区主要分布于工区的西南角及东南角，约占激发面积的 12%；农田村庄区主要分布工区的南部，河道主要为南北向横穿工区中部的喀拉苏河，河宽几十米到 900m，该区域钻井难度大，成井困难，整个农田村庄河道区约占激发面积的 6%，工区地表、典型照片如图 9-1-10、图 9-1-11 所示。

工区地表出露地层主要包括：激发范围内有第四系 Q_{3-4}、Q_1x，新近系库车组 N_2k、康村组 $N_{1-2}k$、吉迪克组 N_1j，古近系苏维依组 $E_{2-3}s$，白垩系 K_1bs；接收范围北部还分布有侏罗系、三叠系等老地层。第四系戈壁砾石区主要分布在工区的南部及河道区，西域组砾石山体（Q_1x）主要分布在工区中南部，古近系—新近系砂泥岩山体（N_2k、$N_{1-2}k$、N_1j、$E_{2-3}s$）主要分布在工区中部和北部，呈东西向条带状分布，工区地表岩性分布如图 9-1-12 所示。

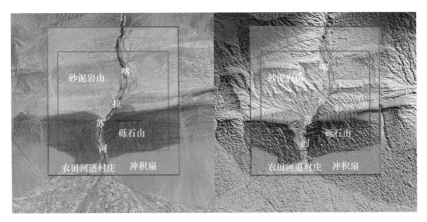

图 9-1-10　工区地表分区图

喀拉苏河道

农田村庄

冲积扇

砾石山

北部砂泥岩山

中部砂泥岩山

图 9-1-11　工区典型照片

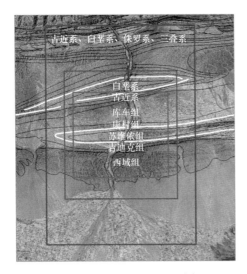

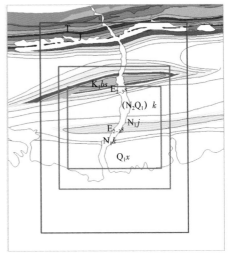

图 9-1-12　工区地质图

2. 近地表结构

为了进一步查清表层结构，在以往表层调查点的基础上新增表层调查点 71 个（含加密点和验证点）及超深微测井 2 个，表层调查点总计 444 个（图 9-1-13）。

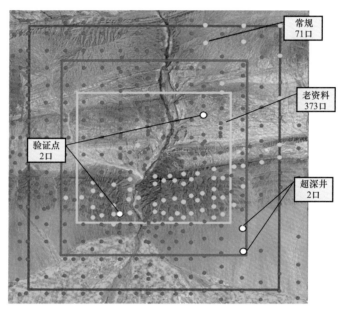

● 以往微测井调查点　● 新增微测井点　　验证点　O 超深微测井点

图 9-1-13　表层调查点平面图

近地表调查表明：工区表层为低速层、降速层、高速层三层结构，高速顶界面相对平缓，与地表有一定相似性，整体呈南低北高的特征。低降速带厚度表现为西南及东南部山前戈壁区（冲积扇）厚度大，农田村庄区位于两冲积扇之间，厚度较大，北部山体区厚度小。工区低降速带厚度及高速顶速度平面图如图 9-1-14 所示。

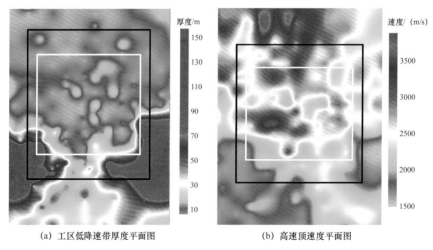

(a) 工区低降速带厚度平面图　　　　　　(b) 高速顶速度平面图

图 9-1-14　工区低降速带厚度平面图与高速顶速度平面图

山前戈壁区位于工区的西南及东南部，高速顶界面变化平缓，低降速带厚度大，一般在 50m 以上，最厚可达 170m，微测井调查的速度在 1500～2500m/s 之间。农田村庄区位于南部冲积扇之间，处于两者过渡段，低降速带厚度在 20～30m 之间。北部山体主要包括西域组砾石山体和砂泥岩山体两种类型，西域组山体主要分布在山体与戈壁过渡区域，该区低降速带厚度位于 10～60m 之间，高速层速度在 2000～3000m/s 之间。砂泥岩山体分布在工区中部和工区北部，低降速层厚度一般在 10m 以内，局部地区低降速带厚度在 20～30m 之间，该区域高速层速度变化大，高速层速度在 2000～4000m/s 之间。

总体上，该区地表风化严重，表层结构复杂，速度纵横向变化大，激发、接收条件相对较差，对地震资料的品质造成较大的影响；同时，多变的岩性和起伏剧烈的地形等不利因素给静校正带来一定的影响。

3. 约束层析反演近地表建模与静校正应用

初至层析反演技术是解决复杂山地区表层速度建模问题的最有效途径之一，且在生产上应用最为广泛。尤其是近年来，高密度三维地震勘探为初至层析反演技术的应用奠定了更加坚实的基础。但由于三维观测系统固有的近炮检距数据少以及正演模型的平滑效应和射线密度不均匀等原因，初至层析反演方法所得反演速度一般大于地层真实速度。针对这种情况，引入微测井资料或近地表调查资料进行约束是一种比较实用和有效的方法。从图 9-1-15 中有或无微测井约束的速度模型及速度曲线的对比可以看出，由于在反演过程中将近地表调查信息作为约束条件，反演的结果很好地反映出表层巨厚的低降速带，与微测井速度吻合度更好，也表明微测井约束层析静校正得到的速度模型精度更高。

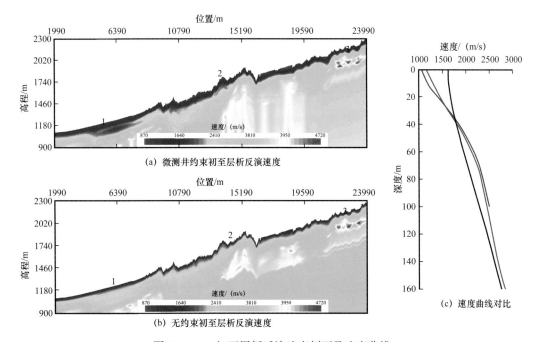

图 9-1-15　初至层析反演速度剖面及速度曲线

蓝线表示微测井，黑线表示初至层析反演，红线表示微测井约束初至层析反演如图9-1-16、图9-1-17所示，二者计算的炮检点静校正量趋势基本相同，局部细节有差异。

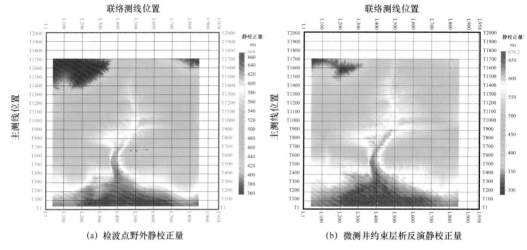

(a) 检波点野外静校正量　　　　　　　(b) 微测井约束层析反演静校正量

图9-1-16　不同方法检波点静校正量对比

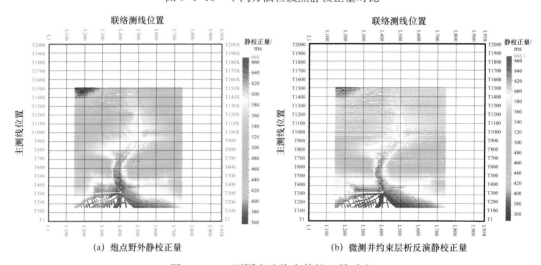

(a) 炮点野外静校正量　　　　　　　(b) 微测井约束层析反演静校正量

图9-1-17　不同方法炮点静校正量对比

从单炮（图9-1-18）、共炮检距初至（图9-1-19）和叠加剖面（图9-1-20）上看，微测井约束层析反演所得静校正量的应用效果都比较好：初至更加平滑，反射同相轴双曲线特征更好，叠加成像更好。

4. 超级道剩余静校正应用

通常层析静校正只能解决长波长静校正问题，数据中仍残存一些短波长静校正时差，这部分高频校正量，主要依靠后续基于反射波的剩余静校正技术解决。常规反射波地表一致性剩余静校正采用单个地震道和模型道互相关的方式获取单道的时差，该方法的优点是效果比较稳健，缺点是在低信噪比地区很难见到效果。为了更好地解决低信噪比区的高频静校正问题，近几年超级道剩余静校正在生产中得到广泛的应用。

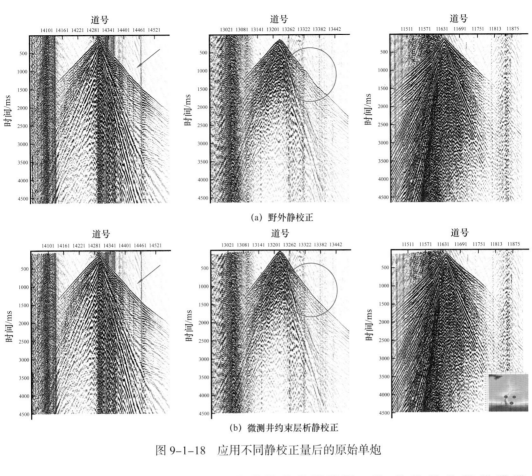

（a）野外静校正

（b）微测井约束层析静校正

图 9-1-18　应用不同静校正量后的原始单炮

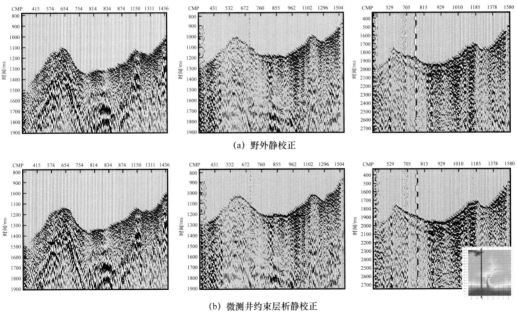

（a）野外静校正

（b）微测井约束层析静校正

图 9-1-19　应用不同静校正量后的共炮检距初至

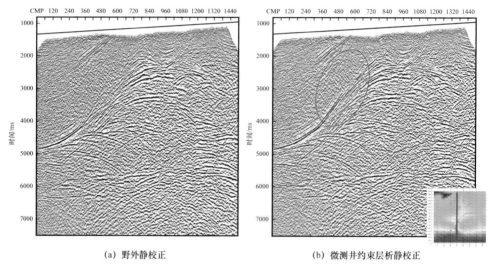

(a) 野外静校正　　　　　　　　　　　　(b) 微测井约束层析静校正

图 9-1-20　应用不同静校正量后的叠加剖面

超级道剩余静校正是在反射波地表一致性剩余静校正的基础上引入超级道的概念。该方法是在给定的拾取时窗内，假定地震数据的子波稳定而不时变，对于拾取时窗内的若干强轴，取其主波峰为中心的子时窗进行叠加，形成地震道，为了与常规的地震道区分，称其为超级道。由于建立超级道的过程中就已用了倾角扫描的方法，可以认为去除了构造项的影响，因此可以将反射波超级道剩余时差分解计算各炮点和检波点的剩余静校正量。

常规的剩余静校正处理技术一般是仅针对模型道进行处理，而超级道是针对地震数据进行处理，且处理方法多种多样，可以通过扫描、组合和相干加强等技术对地震数据提取有效信号。这样形成的超级道可以大幅度增强地震记录的抗噪性能，尤其是对于高密度采集的海量叠前数据，在提高数据信噪比的同时还可以精炼数据。因此具有计算效率高、低信噪比地区处理效果好的特点。从图 9-1-21、图 9-1-22 是应用超级道剩余静校正前后的叠加剖面对比上看，同相轴连续性明显改善，信噪比也得到了大幅提高。

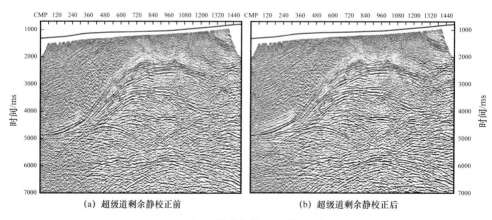

(a) 超级道剩余静校正前　　　　　　　　(b) 超级道剩余静校正后

图 9-1-21　超级道剩余静校正前后的剖面对比

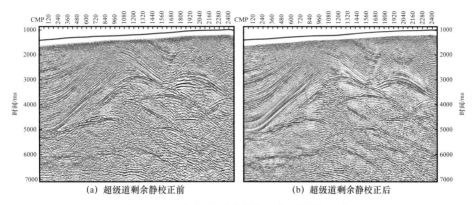

（a）超级道剩余静校正前　　　　　　　　（b）超级道剩余静校正后

图 9-1-22　超级道剩余静校正前后的剖面对比

5. 地表小圆滑面应用效果

　　叠前深度偏移对速度模型精度要求较高，浅层速度精度对下伏地层成像影响较大，且速度异常体越浅，其影响范围越大（图 9-1-23）。在实际地震资料处理中，由于浅层覆盖次数和信噪比较低的原因，难以通过反射波层析反演得到准确的速度模型，进而影响中深层速度迭代的准确性和偏移成像效果。

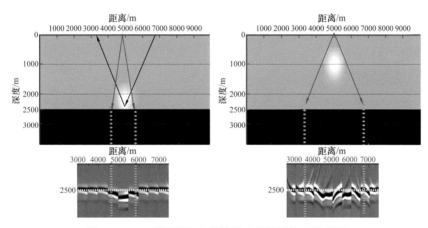

图 9-1-23　不同深度速度异常对成像的影响示意图

　　正是由于以往无法建立精确的表层速度模型，因此普遍采用地表大圆滑面作为偏移基准面，并通过静校正的方式解决浅表层速度剧烈变化的问题。但随着浅表层速度模型精度的不断提高，以地表小圆滑面作为叠前深度偏移基准面的方法得到了广泛的应用。

　　其具体实现方法是使用一个较小的平滑半径计算得到一个近地表平滑面，以此面分离静校正的高频和低频量部分，并以此平滑孔径对浅表层速度模型进行平滑（图 9-1-24）。其中静校正的低频部分反映了速度平滑后的空间变化情况，静校正的高频量则是层析反演无法精确描述的局部速度扰动。通过在叠前深度偏移的道集上仅应用静校正的高频部分解决层析反演无法精确描述的局部速度扰动，并在近地表平滑面以下嵌入平滑后的浅表层速度模型，实现地表平滑面叠前深度偏移，提高偏移成像精度，这种偏移面接近真地表，当嵌入准确的浅表层速度模型后，更有利于后续的叠前深度偏移工作。

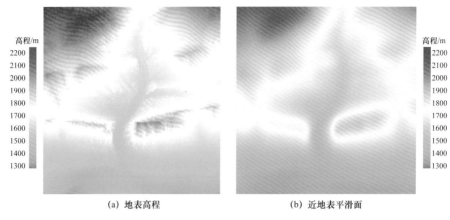

(a) 地表高程　　　　　　　　　　(b) 近地表平滑面

图 9-1-24　地表高程与近地表平滑面

如图 9-1-25、图 9-1-26 所示，嵌入表层速度模型后，山体部位浅层成像明显改善，测线南部的古近系（E）以上连续性更好，构造形态更加自然，白垩系（K）盐下构造形态更加清晰。

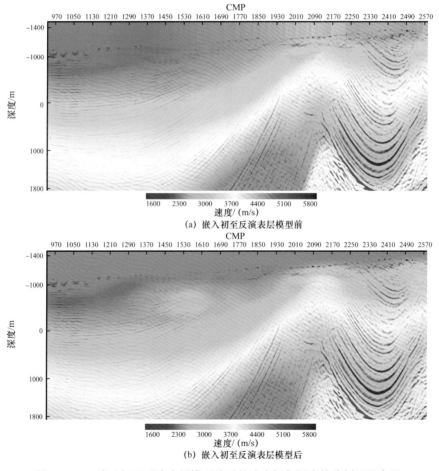

图 9-1-25　嵌入初至反演表层模型前后的速度场与深度偏移剖面叠合图

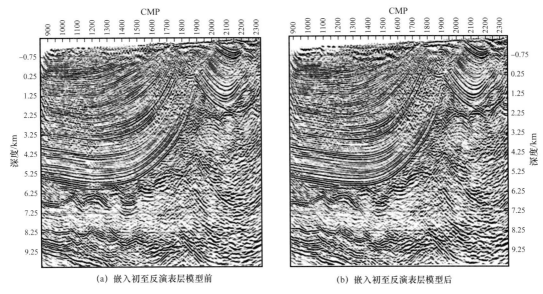

图 9-1-26 嵌入初至反演表层模型前后的深度偏移剖面

地表小圆滑面结合微测井约束层析反演速度建立的浅表层速度模型更加接近地下真实情况，减少了由于浅表层速度模型不准，导致后续速度迭代中下伏地层速度模型畸变的问题，从而改善复杂区成像效果。图 9-1-27 是克深 1 三维区嵌入微测井约束层析反演表层速度模型前后的处理成果，从图中可见，嵌入微测井约束层析反演速度模型后的处理成果浅层速度趋势更合理，还原了下伏地层真实的构造形态。

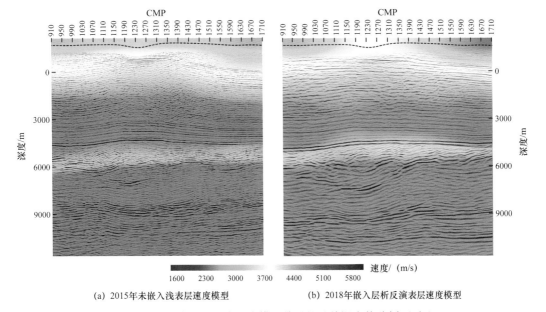

图 9-1-27 嵌入近地表速度模型前后的叠前深度偏移剖面对比

第二节　黄土塬区静校正应用实例

鄂尔多斯盆地黄土塬区表层被巨厚的第四系黄土层所覆盖，峁梁交错、沟壑纵横，近地表速度纵横向变化剧烈，高速层界面埋藏较深，地形剧烈起伏，岩性复杂多变。近年来，随着精细勘探的不断深入，低幅度构造、小断块和复杂储层识别对近地表建模和静校正精度提出了更高的要求，黄土塬的静校正问题已经成为目前陆上复杂地形地震勘探的难点之一。其面临的技术难点是：

（1）黄土塬复杂近地表条件导致折射层不稳定，部分区域主沟内老地层出露，低降速层很薄或没有，支沟表层多为泥、砂或砾石覆盖，低降速层的缺失影响了静校正的精度。

（2）近地表结构复杂区域，表层速度变化剧烈，有些地段为流沙黄土覆盖，山前带因逆冲推覆运动造成大倾角老地层出露、速度反转等现象，静校正难度大。记录中表现为多层折射初至交互出现，并伴有反射波、折射反射波、反射折射波、断面波等，高速夹层对下伏地层的屏蔽作用造成基于折射波原理的静校正方法完全不适用。

（3）强干扰区域常规初至拾取精度较低。塬区地表起伏剧烈，在 1/4 排列范围内高差可达 200m，来自同一层的初至时间跳动剧烈，在近炮检距初至波可连续追踪，而在远炮检距初至波无法识别和拾取；共炮检距初至时间可以看出自动拾取的初至时间无法用于准确静校正量的计算。部分地区采集地震测线受到工业干扰影响，背景噪声发育，初至时间拾取不全，反演深度变化很大，严重影响了静校正精度。

（4）"两宽一高"技术是提高地层成像精度的有效途径和必经之路，该技术的应用同时也开启了地震采集大数据时代。Hawk 采集模式下，数据大批量集中返回；低频可控震源交替扫描大幅提高了采集效率；高密度采集数据炮道密度大；应用了新技术新装备的三维地震采集日数据量可达两千多炮，如何提高海量初至拾取效率，缩短静校正处理周期，是黄土塬地震勘探生产面临的难题。

鄂尔多斯盆地复杂静校正问题作为系统性工程，需要优选静校正方法或者采取多种静校正方法联合攻关。近年来，地球物理工作者不断深入研究，提出长波长和大的剩余静校正量问题在黄土塬地区尤为突出，总结出了在该区开展静校正的主要思路：采用近炮检距、微测井约束三维层析静校正技术解决基础静校正问题，通过折射波和反射波剩余静校正解决残留短波长静校正问题。

通过表层调查求取准确的模型约束反演的参数，建立精确的地表模型，然后应用模型约束初至反演方法解决长波长和大的短波长静校正问题，再用剩余静校正进一步解决短波长静校正问题，获得精确的静校正量，在黄土塬地震资料处理中取得了很好的静校正效果。

一、黄土塬区表层结构精细调查方法

表层结构调查是地震勘探必不可少的一项重要内容，常用到的调查方法包括：浅层岩性取心、微测井、高频顺变电磁测深及大炮初至波折射反演等。鄂尔多斯盆地黄土塬侵蚀地貌沟壑纵横、表层横向变化剧烈，使得高频信号吸收衰减剧烈，干扰严重，静校正问题突出，如何高效且经济地进行精细表层结构调查，成为了影响黄土塬地震勘探效果的重要因素。在多年来对黄土塬地区开展多种综合表层结构调查方法研究的基础上，形成了一套成熟的表层结构精细调查方法，来指导地震波的逐点激发参数设计和资料处理工作（苏海等，2018）。

1.浅井岩性取芯调查

黄土塬地区的第四系黄土层在形成过程中因为受到不同的古气候环境的影响，导致黄土成分在垂向上不断的变化。进行表层黄土高空间密度垂向取心，获取浅层黄土的含水性、岩性等参数，可以为逐点激发参数的设计及处理工作提供依据。

优选激发岩性一般是针对测线上每个激发点进行间隔为1m的取样点进行表层黄土高密度垂向取心，通过分析岩心的岩性成分（胶泥含量等）来优选激发岩层。同时通过对取心段样品进行定性、定量测定含水率，指导激发参数设计并建立静校正模型。图9-2-1是在钻井过程中，通过对每口井的岩性进行及时准确的录井绘制出岩性柱状图，从而绘制出测线的表层岩性结构图，结合黄土含水性调查和胶泥调查结果可以为激发岩性、井深和静校正等提供依据。

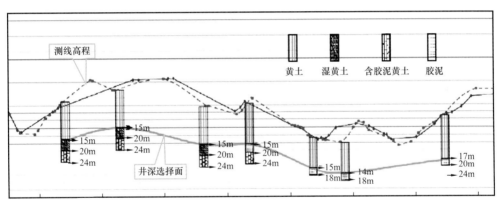

图 9-2-1　测线表层岩性结构图

2.微测井表层结构调查

表层结构调查经常应用到微测井技术，有井中激发地面接收、地面激发井中接收等多种观测方式。因为黄土山地沟壑纵横，应用井中激发地面接收的观测方式无法正常开展工作，通过实践发现，地面激发井中接收这一观测方式适用于黄土山地的表层速度结构调查。通过布设一定密度的微测井来掌握浅表层黄土结构、速度变化情况，为设计逐点激发参数以及静校正提供可靠的依据。

除了要做沿测线的浅井微测井，也需要根据攻关测线的具体情况做深井微测井，对获得的资料进行室内分析处理，可以系统地解剖黄土覆盖层的结构。图9-2-2所示为黄土塬某地区攻关测线上300m的深井微测井解释结果，在近150m深处存在潜水面，其速度梯度明显变大。在潜水面以上，地震波的速度随着深度的增加而增加，速度突变点不明显，具有明显的连续介质特征，因此，这类地区可以基于微测井统计出时深曲线，提高静校正质量。

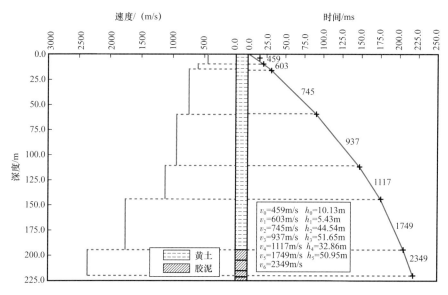

图 9-2-2　微测井解释成果

3. 高频瞬变电磁测深法调查

瞬变电磁法（TEM）主要是利用激发的电流脉冲场形成的二次场来了解异常体的空间分布。利用高频瞬变电磁场调查黄土结构，不仅能够优化激发井深参数，而且可以确定高速层界面位置，指导静校正工作，原则上是依据激发点来开展表层结构调查，一般可以实现中浅层电性结构高分辨率成像。图 9-2-3 为黄土塬某地区高频瞬变电磁获得的某测线表层结构图，将已知的 A、B 两口微测井速度分层曲线绘制在瞬变电磁反演电阻率剖面上可以发现，电性分层与速度分层基本一致。

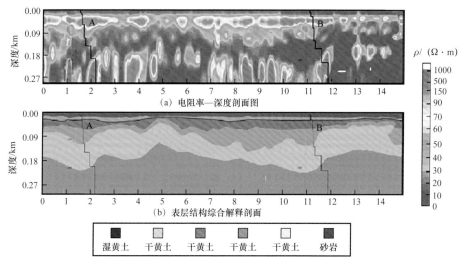

图 9-2-3　高频瞬变电磁法反演表层结构图

4. 大炮初至波折射反演黄土表层结构

在黄土塬地区应用常规小折射表层调查受地形和接收道数等因素限制，分辨能力差。大炮初至波折射反演可以获得黄土层表层结构和静校正量，与小折射相比拥有更多的接收道以及更长的接收排列，处理与解释方法不变。解释得到的成果结合微测井、岩性出露点调查，可以反演得到合理的、精细化的黄土层表层结构，如图 9-2-4 所示，可以用于指导激发参数设计，也可以计算出工区的野外静校正量用于后续的资料处理工作。

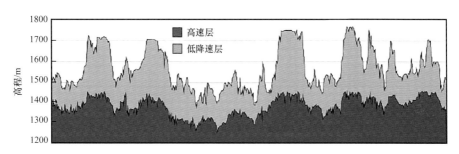

图 9-2-4　黄土山地大炮初至反演表层结构剖面图

5. 稀疏微测井约束的浅层层析表层调查方法

黄土塬区地表总体表现为有较大的起伏，且速度在垂向上表现为连续介质特性，小折射表层调查方法精度很低，因此，在黄土塬区主要采用微测井表层调查方法。由于黄土塬巨厚，微测井的钻井深度往往很大，甚至达到 500m 以上，受钻机钻深能力及生产时效和成本的限制，微测井调查的密度往往不能满足表层建模的需求。在此背景下，稀疏微测井约束的浅层层析表层调查方法可有效缓解巨厚黄土塬区表层调查困难的问题。

2020 年在 KD 地区实施了 2 条浅层层析表层调查线（图 9-2-5），道距 10m、炮距 60m，排列方式为 4015-5-10-5-4015，激发参数：1 口 × 激发深度 10m×12kg 高密硝胺，2 条层析表层调查线共计 690 炮。

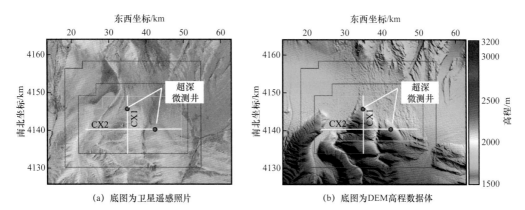

(a) 底图为卫星遥感照片　　　　(b) 底图为DEM高程数据体

图 9-2-5　浅层层析表层调查线位置

在施工过程中，浅层层析表层调查线上实施了井深分别为 160m 和 150m 的超深微测井，以便对浅层层析表层调查线的反演结果进行标定与约束。CX1 的超深微测井表明黄土厚度为 125.4m，黄土的各层厚度、速度分别为 18.8m、620m/s，42.9m、913m/s，63.7m、1235m/s，高速为 2407m/s。CX2 的超深微测井表明黄土厚度为 112.4m，黄土的各层厚度、速度分别为 2.9m、330m/s，14.6m、670m/s，30.2m、902m/s，64.7m、1159m/s，高速为 3886m/s。如果不实施浅层层析表层调查线，根据常规微测井，在巨厚黄土区，只能调查出 1000m/s 左右的速度，此时的低速层厚度在 6.0～58.7m 之间，速度范围是313～1001m/s ［图 9-2-6（a）（b）］。实施浅层层析表层调查线后，沿测线方向采用 10m 的网格尺寸，垂向上采用 5m 的网格尺寸，初至最大炮检距为 3km，通过 20 次迭代层析反演后得到速度场，在微测井的标定下，确定 1800m/s 的速度顶界面为高速顶界面，得到黄土厚度为 6.2～305.0m，黄土速度为 838～1758m/s ［图 9-2-6（c）（d）］。

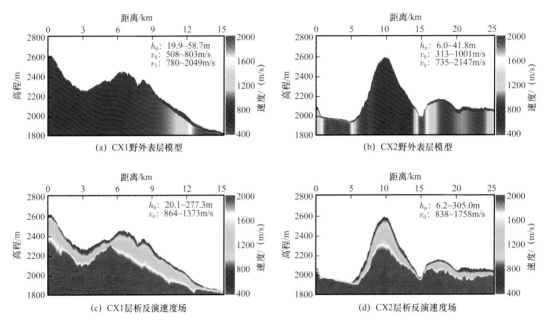

图 9-2-6　浅层层析表层调查线野外表层模型及层析反演速度场

二、巨厚黄土塬区高精度层析反演速度建模技术

虽然层析静校正方法因自身优势在巨厚黄土塬区得到广泛应用，但目前盆地油气勘探目标以古地貌、微小幅度构造控制下的岩性—微幅度构造油气藏为主，简单的等效模型已远远不能满足储层预测地质需求。如何建立真实地表的表层模型成为近年来巨厚黄土塬区静校正发展的瓶颈技术，同时层析反演速度模型的精度同样对叠前深度偏移成像效果及低幅度构造成像精度有着重要影响。建立高精度速度模型直接决定着地震资料处理的成败。

围绕黄土塬微幅度构造反演精度低、中长波长静校正问题等，通过野外现场小折射、超深微测井、超深双井微测井、VSP、地质露头等方法得到控制点高精度表层信息，然后在控制点信息的约束下，进行层析反演得到高精度的近地表结构信息。即利用近炮检距初至建立模型后，将野外表层调查成果信息（时深曲线、网格数据等）内插全区的近地表模型，约束浅层速度场的精度，从而获得精度更高的速度模型（图 9-2-7）。

图 9-2-7　微测井约束近地表建模流程

近年来，黄土塬区的模型反演技术不断进步，从层析反演到微测井约束逐层反演，微测井约束分类逐层反演，逐步发展到目前的微测井约束网格层析技术。强化了微测井资料基础数据分析；由校正量的拼接转为了模型的拼接，解决了层析反演的边值问题；由统一网格反演转变为变网格反演，提高了速度模型精度，解决了长波长问题；通过共炮检距初至分析，加强了静校正质控分析。

1. 微测井约束近偏初至建模

利用小折射、微测井等表层调查资料可获得近地表低降速层精确的速度。受钻井难度和采集成本因素的制约，表层调查资料垂向上深度浅且平面上密度稀疏，无法完整反映低降速层速度纵横向变化。常用的约束层析反演是以大炮初至旅行时为基础，以小折射、微测井资料获得的近地表极浅层速度作为约束，层析反演得到近地表低降速层速度模型，这样可以弥补只用大炮初至进行层析反演时丢失极浅层速度信息的问题。

分析地震数据不同类型初至波在复杂介质中的传播规律，随着炮检距的增大初至时间中包含的深层高速信息就会越多，过多使用大炮检距初至时间反演速度模型时，穿过浅层网格高速射线会使浅层速度明显增高，穿过浅层网格高速射线越多，速度模型与实际近地表低降速层速度误差也越大。这就是层析反演模型速度往往大于近地表低降速层真实速度的原因。为了提高近地表低降速层速度模型的精度，微测井约束近偏初至建模技术是将微测井极浅层速度作为约束条件，在初至够用原则下选取近炮检距初至波建立极浅层速度模型。此时对于输入数据来讲，近炮检距初至旅行时本身所含近地表结构信息更丰富，受深层高速影响小；反演过程中，减少了高速射线对浅层速度模型的影响，浅层网格中穿过的高速射线减少，反演所得近地表速度模型精度提高，有效地发挥了近炮检距初至信息的优势。因此，利用层析反演静校正方法时要求初至拾取必须从最小炮检距开始，并且要求初至拾取精度高。

2. 不同炮检距范围初至分步反演

层析反演中近地表低降速层被网格化为一系列基本速度单元，对射线路径有很强的依赖性，对初至炮检距范围敏感。不同炮检距范围内初至旅行时作为输入数据时反演速度模型会不同。初至分步反演技术就是在已获得高精度极浅层速度模型的基础上，用此速度模型作为约束条件，选取所有满足拾取精度的初至信息再次层析反演近地表低降速层速度模型，精度较高的极浅层速度保持不变，仅反演更新极浅层以下速度。有高精度极浅层速度模型为约束条件，极浅层以下速度模型精度也更高。将传统的层析反演速度建模过程依据炮检距范围拆分为两步完成，分别反演极浅层速度与近地表低降速层速度模型。不同炮检距范围初至分步反演更加合理有效地利用不同炮检距初至波信息来研究近地表的速度结构，可以获得精度更高的速度模型（图 9-2-8）。与常规层析静校正叠加剖面对比（图 9-2-9），分层层析静校正叠加剖面，三叠系同相轴连续性改善明显，同时大的断裂格架更清楚。

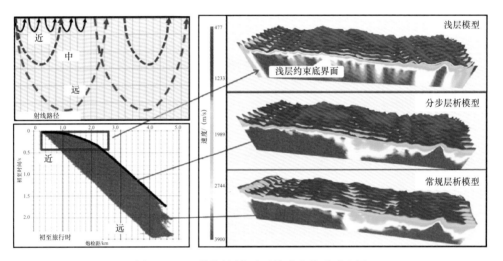

图 9-2-8　不同层析方法反演地表模型对比图

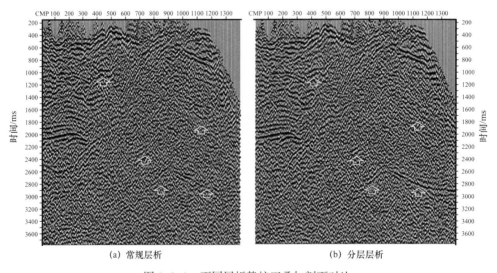

图 9-2-9　不同层析静校正叠加剖面对比

3. 变网格约束反演

层析反演速度建模中关键因素有两个：初至炮检距范围和网格尺寸选取。网格大小直接决定了反演模型的分辨率。网格越小，保留的高频信息越丰富；网格越大，高频成分损失越多。模型的分辨率决定了解决高频静校正问题的能力。

从算法上讲，层析反演就是利用初至波反演近地表模型，构建目标函数，求解约束的目标函数最小二乘解的过程。输入初至时间的多少就是方程组的个数，模型网格数量就是方程组未知数的个数。在输入初至时间一定的前提下，模型网格越小，方程组未知数越多，增加了解的不确定性，稳定性变差，速度模型反演不收敛，影响模型精度；增大模型网格可减少方程组未知数个数，增加解稳定性，模型反演迭代收敛好，但大网格会直接降低反演模型分辨率，降低模型精度。

为了建立高精度层析反演速度模型，变网格约束反演、多尺度层析反演技术被相继提出，其目的就是在保证中长波长静校正的同时，进一步提高高频静校正量，确保剖面的叠加效果。多尺度层析反演技术见第七章第一节，这里仅介绍变网格约束反演方法。该方法就是在微测井约束近炮检距初至波建立极浅层速度模型时，选取与道距同等数量级别的小网格，保证相邻炮点或检波点的静校正量不是由同一个速度单元求取的，保留丰富的高频信息以满足成像精度。在极浅层模型约束下用全炮检距反演近地表低降速层模型时，采用高出道距数量级的大网格，充分发挥低频信息的优势，解决中长波长静校正问题。最后将小网格的微测井约束近炮检距初至极浅层模型与极浅层模型约束下全炮检距初至近地表模型进行拼接，形成高精度的变网格约束反演模型。变网格约束反演在保证反演结果合理的基础上，既迭代收敛又计算高效，在地表起伏剧烈的巨厚黄土塬区，可以较精细刻画出近地表速度模型。图 9-2-10 为无约束层析反演静校正与约束分步变网格层析反演静校正叠加剖面效果（王娟等，2020）。从叠加剖面看约束后反演静校正更好地解决了巨厚黄土塬区的中长波长静校正问题，有效提升了成像质量和低幅度构造成像精度。

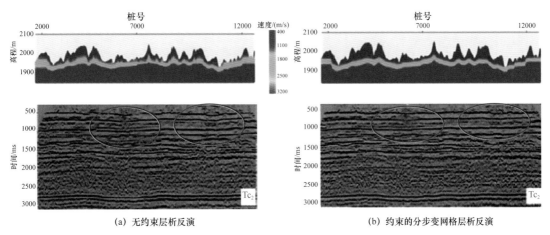

(a) 无约束层析反演　　　　　　　　　　(b) 约束的分步变网格层析反演

图 9-2-10　无约束层析反演与约束的分步变网格层析反演静校正叠加剖面

三、鄂尔多斯庆城三维静校正应用效果

工区位于鄂尔多斯盆地西南部陇东地区，是典型的巨厚黄土塬区，地表悬崖陡坎、沟壑纵横，起伏剧烈，巨厚黄土层一般由浅表层干黄土层、潮湿黄土层、含水黄土层和红土层组成，具有厚度和速度变化大的特征（图 9-2-11）。工区海拔在 1000~1600m 之间，沟塬高差可达 500m。受地表条件的影响，低降速层速度和厚度变化较大，厚度在 0~300m 之间，呈墚带厚、沟中薄的趋势分布，速度在 462~1470m/s 之间变化（图 9-2-12、图 9-2-13）。

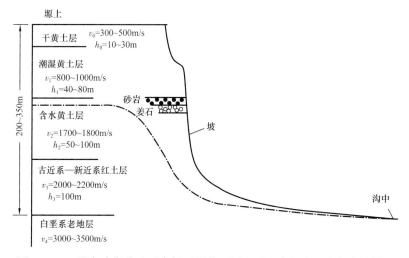

图 9-2-11　鄂尔多斯盆地西南部巨厚黄土塬区近地表组成及速度岩性剖面

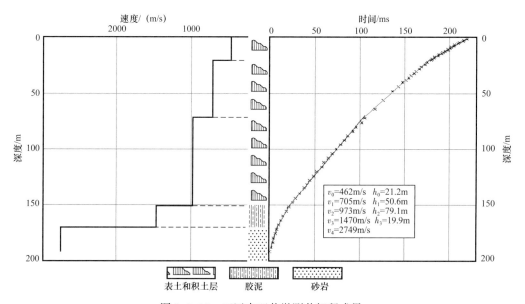

图 9-2-12　工区内双井微测井解释成果

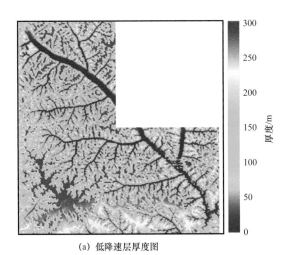

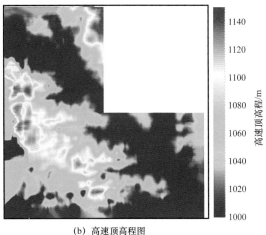

(a) 低降速层厚度图　　　　　　　　　　(b) 高速顶高程图

图 9-2-13　庆城三维工区表层结构图

近几年，随着计算机运算能力的发展及静校正技术的不断攻关，层析静校正逐渐成为解决黄土塬区静校正问题最为有效的办法。在此基础上，创新发展的"近炮检距及微测井双重约束层析静校正"及"变网格约束层析静校正"进一步提高了黄土塬区静校正的成像精度。

"近炮检距及微测井双重约束层析静校正"主要是利用近炮检距初至信息更多反映近地表低降速层速度变化信息的特点，在进行层析反演时加以约束，以此提高表层模型反演的精度，同时结合工区已有的微测井信息，对反演出的近地表速度模型进行验证，确保模型反演精度的可靠性。如图 9-2-14 所示，本区共有微测井资料 82 口，其中单井微测井 73 口，双井微测井 9 口，通过微测井约束与验证，进一步明确了高速层的顶

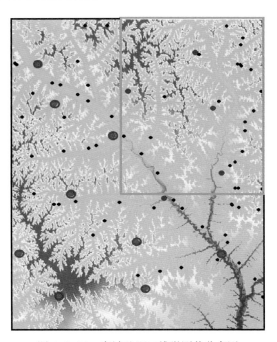

图 9-2-14　庆城地区三维微测井分布图

界面，同时反演的近地表的速度模型与大炮初至的速度更加吻合（图 9-2-15）。

"变网格约束层析反演静校正"方法是在高精度大炮初至拾取的基础上，首先，极浅层用小网格进行反演，提高模型反演的精度，以此更准确地刻画低速层速度和厚度的纵横向变化，提高静校正精度。其次，针对稍深的低降速层用大网格进行反演，克服炮检点观测不规则所带来的网格内射线密度的缺失问题，保证每个网格内都有充分的射线密度，提高反演的准确性（图 9-2-16）。通过对层析静校正技术方法的改进和应用，黄土塬区近地表速度模型得到进一步精细刻画，计算出的静校正量有效解决了折射静校正容易产生的长波长静校正问题。

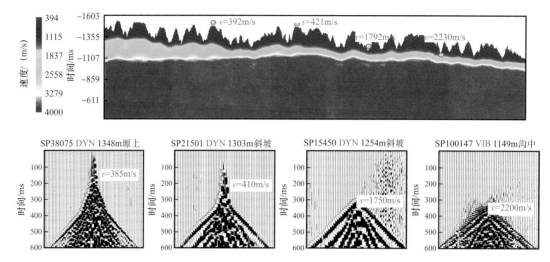

图 9-2-15　庆城三维典型近地表模型及典型单炮记录

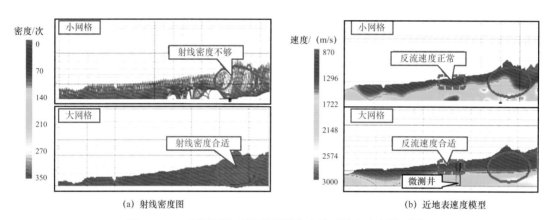

（a）射线密度图　　　　　　　　　　　（b）近地表速度模型

图 9-2-16　不同网格反演的射线密度及近地表速度模型图

如图 9-2-17 所示，变网格约束层析反演静校正得到的速度模型速度变化更加稳定，且沟塬结合处速度刻画精度更高，表明变网格约束层析反演得到的表层速度模型精度明显优于正常网格反演的结果。

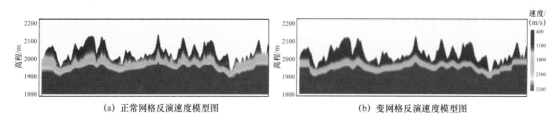

（a）正常网格反演速度模型图　　　　　　　　　（b）变网格反演速度模型图

图 9-2-17　横跨沟塬的变网格前后层析反演静校正速度模型

如图 9-2-18 和图 9-2-19 所示，两种方法检波点校正量值和炮点校正量值平面分布特征基本一致，但细节有差异。

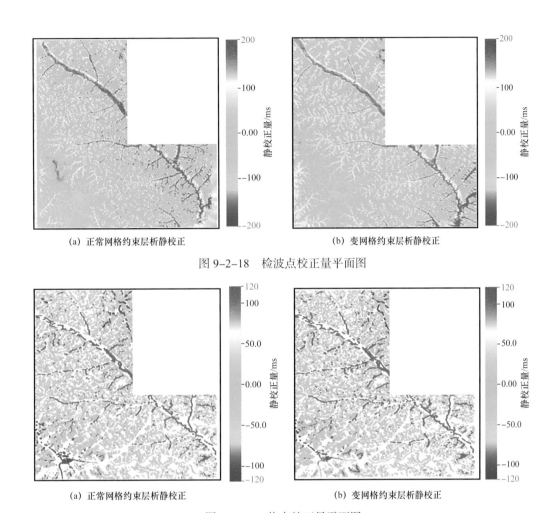

(a) 正常网格约束层析静校正　　　　　　　　(b) 变网格约束层析静校正

图 9-2-18　检波点校正量平面图

(a) 正常网格约束层析静校正　　　　　　　　(b) 变网格约束层析静校正

图 9-2-19　炮点校正量平面图

如图 9-2-20 所示，变网格约束层析静校正的共炮检距初至更为光滑、连续性更好。

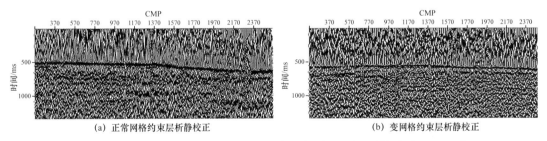

(a) 正常网格约束层析静校正　　　　　　　　(b) 变网格约束层析静校正

图 9-2-20　应用不同方法静校正量的共炮检距初至对比（偏移距 =1000m）

图 9-2-21 是正常网格约束层析静校正和变网格约束层析静校正的叠加对比剖面，从图中可见，正常网格约束层析静校正叠加剖面仍存在长波长静校正问题，局部同相轴存在扭动，而变网格约束层析静校正基本解决了长波长静校正问题，剖面形态自然，同相轴更加连续。

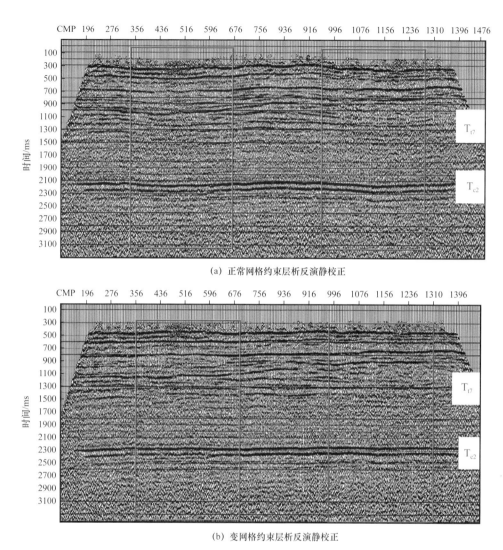

(a) 正常网格约束层析反演静校正

(b) 变网格约束层析反演静校正

图 9-2-21　不同方法层析反演静校正叠加剖面对比

第三节　塔克拉玛干沙漠区静校正应用实例

塔克拉玛干沙漠位于我国西北地区的塔里木盆地腹部，东西跨度约 1000km，南北宽约 400km，总面积约 $33.76 \times 10^4 km^2$，占盆地面积的 60.3%，占全国沙漠面积的 47.3%，是我国第一大、全世界第二大流动沙漠。该区油气资源丰富，历年来，先后发现了塔中、哈得逊、和田河等油气田，油气勘探前景良好，是塔里木盆地找油、找气的重要领域。

一、近地表特征

塔克拉玛干沙漠海拔介于 800～1300m，地势由南向北、由西向东微倾。由于流动性沙漠的特性，其地表呈现为复合型沙山、沙垄以及蜂窝状、新月形等主要形态。整个沙漠区大多都具有一个稳定的潜水面，整体上是一个呈东南高西北低的曲面，该界面即为沙漠区的高速顶界面，在局部范围内表现为较为平直的单斜面，与沙丘的起伏没有对应关系。潜水面以上为沙丘，同时也是风化层。小沙区沙丘厚度相对较小，一般在 2～50m 之间；大沙区沙丘平均厚度为 20～60m，最厚达 80m；复合沙丘峰谷之间相对高差较大，为 50～250m。沙丘表层具有连续速度介质特征，由于压实作用和含水度的不同，表层介质的物性表现为在横向上相对均匀、垂向上速度随着深度增加而逐渐增大的特点，但是速度与深度的变化呈非线性关系。根据塔克拉玛干大沙漠的这种典型特征，可以建立沙丘厚度—速度曲线量板。塔克拉玛干大沙漠垂向表层结构大多可以简单地描述为双层结构：潜水面以上为具有连续速度介质特性的沙丘低速层 + 潜水面以下富含饱和水的高速层。沙丘速度自上至下一般在 200～1100m/s 之间变化，平均速度在 350～750m/s 之间。潜水面以下为富含饱和水砂层，速度分布较为稳定，一般在 1600～1900m/s 之间，在巨厚沙丘区可达 2300m/s。

二、表层调查方法

沙漠区最常用的表层调查方法主要有浅层折射法、微地震测井法（包括井中激发地面接收的常规微测井调查法和地面激发井中接收的 MVSP）及测静水面高程法（推水坑）。这些方法经过在沙漠区的推广应用，已经形成了一套比较成熟的技术和方法。但随着勘探精度要求的不断提高，表层结构调查在地震采集中的作用越来越重要，必须对表层结构调查方法进行优化，才能提高表层调查的精度。因此，应认真论证分析沙漠区常用的表层调查方法使用条件以及局限性，扬长避短，充分发挥不同调查方法的优势，确保表层调查点资料的可靠。

浅层折射法（小折射法）是地震勘探中常用的表层结构调查方法之一，适用于地形起伏不大的地段（一般控制在 1m 之内），一般采用相遇观测系统采集。基于折射理论，对于近地表结构存在薄互夹层或速度反转等情况下，浅层折射解释精度低，存在丢层现象，不能满足勘探精度需求［图 9-3-1（a）（b）和图 9-3-2（a）（b）］。

微地震测井调查法包括井中激发微地震测井和井中接收微地震测井两种调查方式，井中激发微地震测井也就是常规的微地震测井法，井中接收微地震测井法也称作 MVSP。微地震测井法是一种精度较高的表层调查方法之一［图 9-3-1（a）（c）和 9-3-2（a）（c）］，其通常是根据透射波或者直达波的初至时间计算钻井段深度范围内的速度和厚度信息。微地震测井法常常受钻井能力、钻机到位情况的限制，而且成本较高。

测水坑静水面法是沙漠区获得准确潜水面高程的有效手段之一。其方法是：在工区挖掘水坑，测量水坑静水面高程和坐标，得到水坑所在位置的潜水面高程。而沙漠中勘探挖掘水坑工作量大，水坑分布范围广，经过多种手段反复验证，证明水坑的静水面高程就是沙漠区潜水面高程。因此，可以充分地利用沙漠施工过程中挖掘的大量的水坑，获得准确的潜水面位置，既准确又经济（图 9-3-3）。

通过分析沙漠区常用的表层调查方法的优缺点，要获得高精度的表层调查资料，必

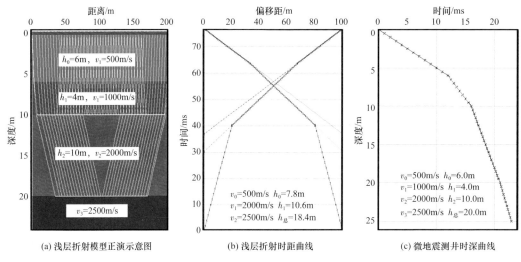

图 9-3-1 近地表结构存在薄夹层情况下浅层折射解释漏层

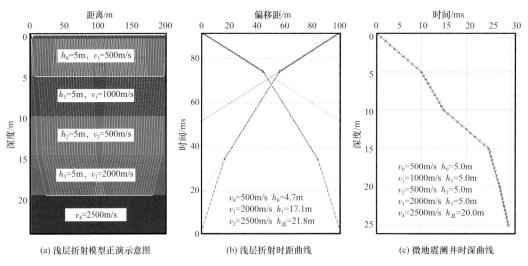

图 9-3-2 近地表结构存在速度反转情况下浅层折射解释精度低

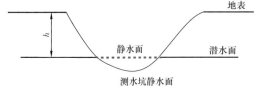

图 9-3-3 测量水坑静水面高程法示意图

须分区分段采用不同的调查方法，并联合使用，相互验证其精度。历年来大量的试验对比数据表明，低速层厚度大于 10m 时，浅层折射法误差较大，沙丘厚度越大则其误差越大，厚度误差一般在 2m 以上（表 9-3-1）。因此，低速层厚度在 10m 以上的地段生产中采用微地震测井法；低速层厚度在 10m 以内的平地采用浅层折射法，经过与水坑静水面对比，误差在 1m 以内（表 9-3-2），浅层折射法的资料精度还是比较高的，同时利用适量微测井进行控制，保证表层调查精度。目前大沙区低速层的厚度误差控制在 ±0.8m，最大误差不超过 2m，外围区低速层的厚度误差控制在 ±0.5m 以内，最大误差不超过 1m。

此外还辅助测量水坑静水面高程法来补充沙漠区的表层结构调查。通过这些调查方法的合理应用，大大地提高了沙漠区表层调查的精度，同时控制了成本。

表 9-3-1　浅层折射法与微地震测井发对比点误差分析表

序号	线号	点号	高程 / m	h_0 / m	h_1 / m	v_0 / m/s	v_1 / m/s	v_2 / m/s	调查方法	厚度差 / m
1	407	529	1068.73	4.0	5.0	262	673	1792	微地震测井	3.3
				12.3		399		1957	浅层折射	
2	371	552	1077.53	4.8	14.8	329	674	1808	微地震测井	−5.5
				14.1		384		1714	浅层折射	
3	371	531	1096.95	6.2	29.0	341	686	1784	微地震测井	−8.9
				24.3		422		1712	浅层折射	

注：h_0、h_1 为低降速层厚度；v_1、v_2、v_3 为各层的速度。

表 9-3-2　地形低洼处浅层折射法与水坑静水面高程对比点误差分析表

序号	北坐标	东坐标	高程 / m	厚度 / m	潜水面 / m	高速 / m/s	调查方法	误差 / m
1	62575.35	284769.37	1029.04	2.20	1026.84	1676	浅层折射	0.18
	62614.23	284730.05	1026.66		1026.66		测水坑	
2	87552.07	296109.31	999.64	1.70	997.94	1613	浅层折射	0.07
	87496.70	296147.06	997.87		997.87		测水坑	
3	93626.11	330888.63	984.90	2.00	982.90	1626	浅层折射	0.40
	93661.71	330868.07	982.50		982.50		测水坑	
4	89043.35	346377.17	987.60	3.50	984.10	1622	浅层折射	0.30
	89038.12	346390.82	983.80		983.80		测水坑	
5	78822.68	359168.48	994.75	2.80	991.95	1749	浅层折射	0.13
	78920.72	359036.22	991.82		991.82		测水坑	
6	73348.11	356399.55	1003.22	2.50	1000.72	1686	浅层折射	0.57
	73353.64	356482.84	1000.15		1000.15		测水坑	

三、近地表建模方法

在野外表层调查工作中，为了取准取全表层调查资料，表层调查点的布设非常关键。在沙漠区由于沙丘地形起伏剧烈，各种表层调查方法又存在一定的适用条件，为了取全表层调查资料，表层调查控制点布设必须覆盖工区的各类地表类型，调查点布设密度应以能控制表层结构变化规律为原则，灵活布设。为了进一步提高表层结构调查控制点资料的精度，应采取适合的调查方法。经过多年的实践与应用，目前已经形成了成熟的表层调查点布设技术。基本布设原则是：地形平坦地段采取浅层折射法为主，密度原则上为 1 点 /（2～3）km，其他地段采取高精度的微地震测井法为主，密度一般控制在 1 点 /（3～4）km，特殊地段根据需要适当加密，同时在全区范围内再辅助测量水坑静水面高程法补充调查点密度（图 9-3-4、图 9-3-5）。

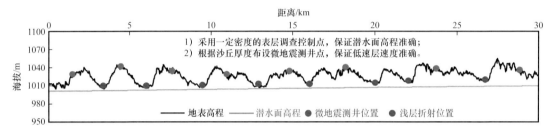

图 9-3-4　分区分段表层调查控制点布设及应用方法示意图（二维）

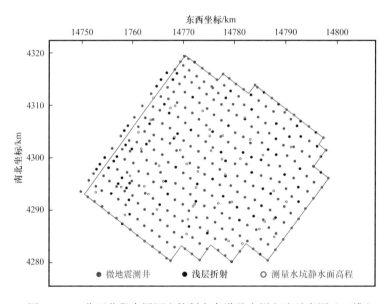

图 9-3-5　分区分段表层调查控制点布设及应用方法示意图（三维）

1. 循环迭代表层建模方法

在沙漠区表层结构建模技术大致可以分为两类：一类是通过野外表层调查控制点数据建模；另一类是通过地震波初至信息反演表层结构模型。主要的方法有表层调查控制点线性内插法、表层模型数据库法和初至波反演模型法。塔里木盆地沙漠地区一般采用精度高的表层结构调查数据就可以建立准确的表层结构模型，也可满足激发井深设计以及静校正精度的要求。特殊情况下才采用基于模型约束下的初至波反演模型的方法。

多年的勘探实践表明，大沙漠区表层结构简单，可以近似看成低速和高速两层，降速带分层不明显，一般不予考虑。低降速带平均速度随其厚度的增加而增大。高速层顶界即为沙漠的潜水面，它是一个非常平缓的界面（图9-3-6），呈现西南高东北低的变化趋势。二维测线表层结构模型主要利用表层调查控制点资料以线性内插潜水面高程方法来建立，同时综合考虑测线交点闭合，用以往测线交点的模型进行约束（图9-3-7）。

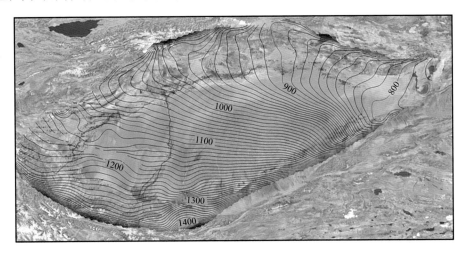

图9-3-6　塔克拉玛干大沙漠潜水面高程变化平面图

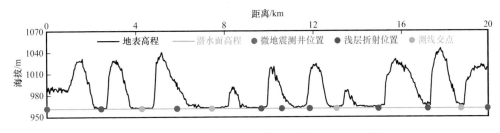

图9-3-7　沙漠区某二维测线表层模型建立示意图

沙漠区三维表层结构模型主要利用表层调查控制点资料以平面网格插值形成数据库方法来建立。一般是前期先建立区域"骨架"表层模型数据库（潜水面高程数据库、厚度数据库等）指导野外表层调查点的布设工作，后续通过加密调查控制点持续提高表层模型数据库的精度（图9-3-8、图9-3-9）。

2. 沙丘曲线表层建模方法

塔里木盆地塔克拉玛干沙漠的潜水面为稳定平面或单斜面，其上覆沙丘为连续介质，由于压实作用和含水度的不同，表层介质的物性表现为在横向上相对均匀、垂向上低降速带速度随着深度增加而逐渐增大的特点。根据这种特性，将沙丘的厚度与速度、垂直传播时间的关系统计为沙丘曲线量板或拟合为经验公式。在获得沙丘厚度的情况下，可以得到对应的速度或垂直传播时间，从而获得沙丘的近地表模型。该方法的关键是获得高精度的沙丘曲线量板，不同区域应该建立不同的沙丘曲线，并划分区域使用，以保证

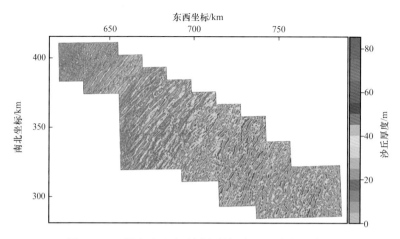

图 9-3-8 塔中地区沙丘厚度数据库平面变化规律图

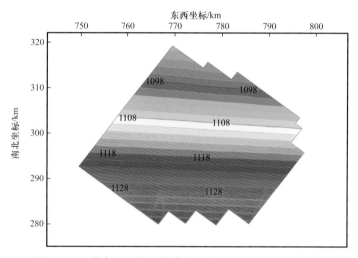

图 9-3-9 塔中地区某三维潜水面数据库平面变化规律图

表层模型精度。建立沙丘曲线量板或经验公式的方法主要有沙丘调查法和微地震测井调查法等。

沙丘调查法采用较短排列横跨一个或者两个典型的沙丘 [图 9-3-10（a）]，两端激发、固定排列接收，检波器间距可适当小一些。实测每个物理点高程，通过微测井调查等方法获得潜水面的高程，地表高程与潜水面高程的差值为沙丘的厚度。

利用第五章第三节的方法可计算得到不同沙丘厚度对应的平均速度（垂直时），将它们放在同一直角坐标系下，从而生成沙丘曲线量板 [图 9-3-10（b）]。只要得到沙丘的厚度，就能够从沙丘曲线量板中读取对应的平均速度（垂直时）。还可以根据其具体分布规律拟合为经验公式，将厚度带入经验公式即可求取出其对应的垂直时（平均速度）。

在沙丘起伏剧烈的大沙区，往往通过微地震测井法开展表层调查，利用微地震测井资料生成沙丘曲线量板。微地震测井的时深曲线中，每一个激发或接收深度都对应着一

个初至时间 t，通过三角校正法可将初至时间 t 转换为垂直时间 t_0。以垂直时为横坐标轴、激发或接收点深度为纵坐标轴，将微地震测井的每一个激发或接收点的深度及其对应的垂直时放到同一直角坐标系中生成时深曲线图，采用线性拟合的方法详细刻画近地表的每一层结构［图 9-3-11（a）］，同时能够获得地表至潜水面的距离（沙丘的厚度）及其对应的垂直时和平均速度。将不同沙丘厚度的微测井所获得的 h、t_0（v）数据放在同一直角坐标系下，就得到了沙丘曲线量板［图 9-3-11（b）］及经验公式。需要注意的是，为了保证沙丘曲线量板的精度，微测井不能只分布在沙丘较薄的地方，需要薄、厚兼顾，不同厚度沙丘位置均有一定数量的采样数据。

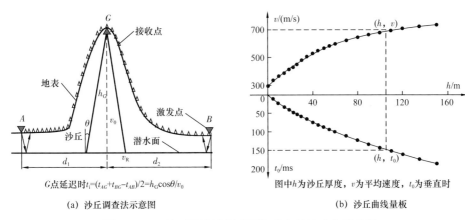

（a）沙丘调查法示意图　　　　（b）沙丘曲线量板

图 9-3-10　沙丘调查法示意图与建立的沙丘曲线量板

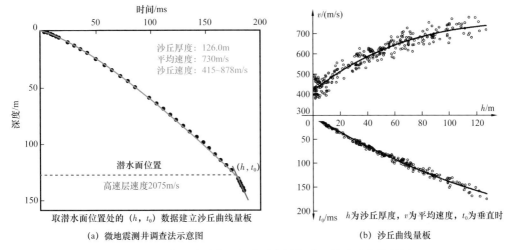

（a）微地震测井调查示意图　　　　（b）沙丘曲线量板

图 9-3-11　微地震测井调查示意图与建立的沙丘曲线量板

根据表层调查控制点的解释成果、测线交点成果以及测量水坑静水面高程法等得到潜水面的高程，将离散的潜水面高程成果通过网格化内插的方法得到潜水面高程（高速顶界面高程）数据库，再根据物理点的实测地表高程计算出沙丘厚度，并建立沙丘厚度数据库。根据所建立的高精度沙丘曲线量板或经验公式，可直接读取或计算出沙丘速度，从而完成大沙丘近地表模型建立工作。

四、塔中中古 43 开发三维剖面处理效果

工区位于塔里木盆地腹地，地表被松散的流动性沙丘所覆盖，沙丘以近南北走向的垄状沙丘为主，最大的沙丘高度可达 70m 以上，垄状沙丘之间是相对平缓的垄间平地。相比于地表起伏剧烈的沙丘，该区高速顶界面稳定，即潜水面。高速层速度一般在 1600~1900m/s 之间，随沙丘厚度有递增趋势，工区低速层具有连续介质性质，平均速度与沙丘厚度具有一定的相关性（图 9-3-12）。

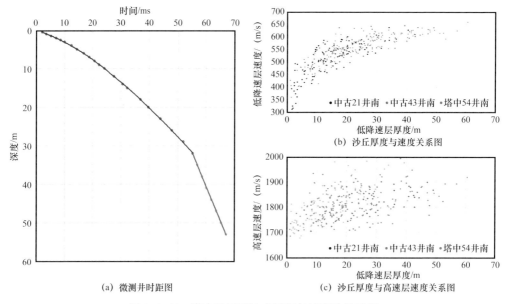

(a) 微测井时距图　　(b) 沙丘厚度与速度关系图　　(c) 沙丘厚度与高速层速度关系图

图 9-3-12　塔中地区近地表厚度与速度的关系图

工区沙丘平均厚度 27.1m，最大厚度 75m。沙丘厚度在 10m 以内约占 14.92%；10m 与 10m 以上、30m 以内的约占 42.51%；30m 与 30m 以上、50m 以内的约占 36.29%；50m 与 50m 以上、70m 以内的约占 6.25%；还有个别点位厚度在 70m 以上（图 9-3-13）。

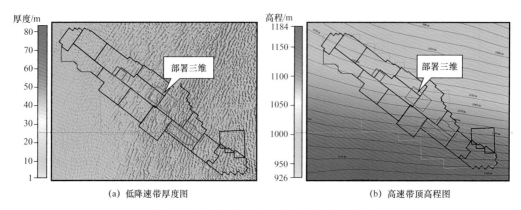

(a) 低降速带厚度图　　　　　　(b) 高速带顶高程图

图 9-3-13　某区块开发三维工区表层结构图

近些年，通过大沙漠区静校正的不断攻关，微测井约束的初至层析反演静校正技术逐步替代了以往的沙丘曲线静校正技术。沙漠区单炮初至及拾取质量较好（图9-3-14），为基于初至的层析静校正奠定了良好的基础。

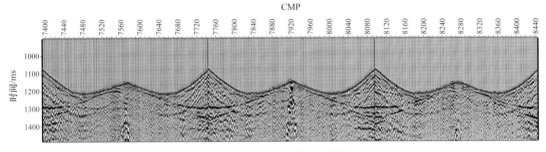

图9-3-14　室内大炮初至拾取

本三维区共有微测井247口，分布较为均匀［图9-3-15（a）］，在初至层析反演过程中，利用这些微测井信息作为层析反演的约束条件，进一步提高了近地表速度模型的反演精度。从图9-3-15（b）微测井约束前后反演的速度曲线上看，无约束层析反演得到的浅层速度偏高，利用微测井约束后，层析反演速度与微测井的速度更为接近。

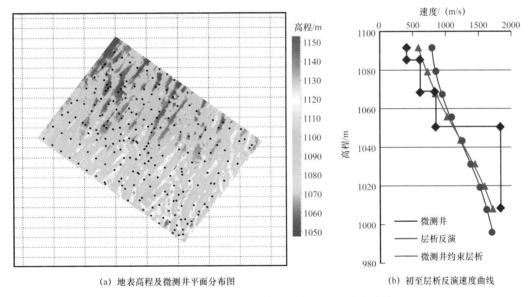

（a）地表高程及微测井平面分布图　　　　（b）初至层析反演速度曲线

图9-3-15　微测井平面分布与层析反演速度曲线

从图9-3-16横跨沙丘的速度剖面上看，微测井约束层析反演得到的速度模型在沙丘底部横向相对稳定，与微测井调查的结果吻合，表明微测井约束层析反演得到的表层速度模型精度优于无约束反演的结果。

如图9-3-17和图9-3-18所示，检波点沙丘曲线静校正和微测井约束层析静校正平面分布特征与地表高程基本一致，细节有差异。但炮点沙丘曲线静校正和微测井约束层析静校正差异较大。

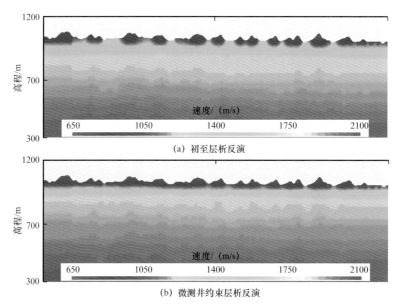

(a) 初至层析反演

(b) 微测井约束层析反演

图 9-3-16 微测井约束前后的初至层析反演速度剖面

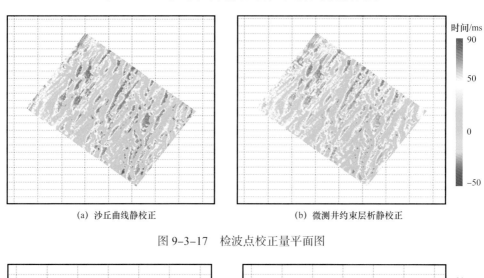

(a) 沙丘曲线静校正

(b) 微测井约束层析静校正

图 9-3-17 检波点校正量平面图

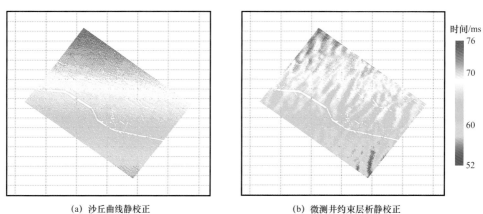

(a) 沙丘曲线静校正

(b) 微测井约束层析静校正

图 9-3-18 炮点校正量平面图

如图 9-3-19 所示，沙丘曲线静校正基本解决了沙丘起伏带来的静校正问题，但在巨厚沙丘处，还存在明显的静校正问题，应用微测井约束层析静校正的共炮检距初至则更为光滑、连续。

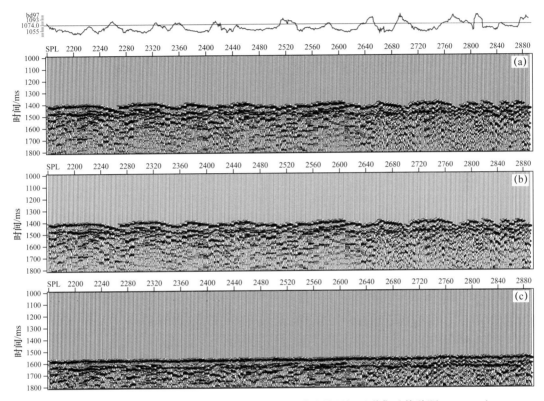

图 9-3-19　横跨沙丘方向应用不同静校正量的共炮检距初至道集（偏移距 =2500m）
（a）高程校正；（b）沙丘曲线静校正；（c）微测井约束层析静校正

图 9-3-20 是应用沙丘曲线静校正和微测井约束层析静校正的叠加对比剖面，从图中可见，在巨厚沙丘处，应用沙丘曲线静校正的叠加剖面反射同相轴畸变明显，局部表现为背斜，微测井约束层析静校正则较好地解决了这些问题，剖面形态自然，同相轴更加连续。

根据以往塔中地区三维处理经验，地表高大沙丘会使叠加速度产生畸变，即沙丘厚度较大的部位，叠加速度相对较低。第一次速度分析时，采取了选点速度分析的方法，即将所有速度分析点选在沙丘下，这样就可以有效地避免沙丘对速度的影响，在此基础上进行第一次剩余静校正。

剩余静校正中一个重要的思路就是分频迭代，即在不同频带范围内进行分频地表一致性剩余静校正处理，在地表一致性反褶积的基础上，利用资料的低频部分做剩余静校正，解决比较大的剩余时差，接着在预测反褶积后再用资料的高频部分做剩余静校正，进一步解决比较小的剩余时差，以提高静校正的精度，通过速度分析与剩余静校正多次迭代，逐步提高静校正精度、改善成像效果（图 9-3-21、图 9-3-22）。

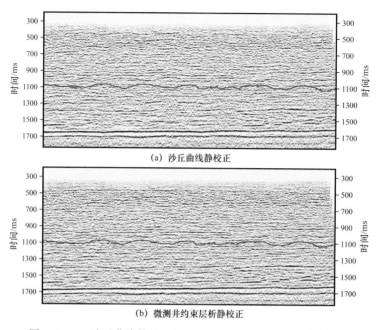

（a）沙丘曲线静校正

（b）微测井约束层析静校正

图 9-3-20　沙丘曲线静校正与微测井约束层析静校正对比剖面

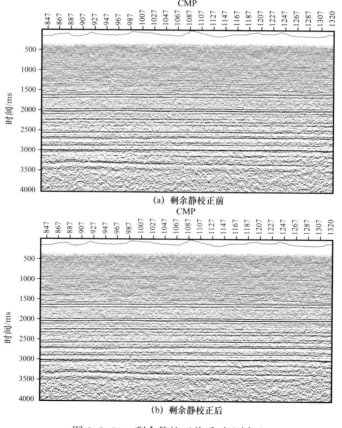

（a）剩余静校正前

（b）剩余静校正后

图 9-3-21　剩余静校正前后对比剖面

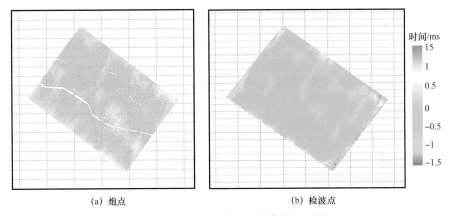

（a）炮点   （b）检波点

图 9-3-22 炮点与检波点剩余静校正量

参考文献

敖瑞德，董良国，迟本鑫，2015.不依赖子波、基于包络的FWI初始模型建立方法研究［J］.地球物理学报，58（6）：1998–2010.

陈启元，王彦春，段云卿，等，2001.复杂山区的静校正方法探讨［J］.石油物探，40（1），73–81.

董良国，迟本鑫，陶纪霞，等，2013.声波全波形反演目标函数性态［J］.地球物理学报，56（10）：3445–3460.

董良国，黄超，迟本鑫，等，2015.基于地震数据子集的波形反演思路、方法与应用［J］.地球物理学报，58（10）：3735–3745.

董良国，张建明，韩佩恩，2021.改进的伴随状态法初至波走时层析成像方法［J］.地球物理学报，64（3）：982–992.

冯泽元，李培明，侯喜长，1992.分步静校正计算方法及应用实例［C］.CPS/SEG国际地球物理会议，105–108.

冯泽元，李培明，唐海忠，等，2005.利用层析反演技术解决山地复杂区静校正问题［J］.石油物探，44（3）：284–287.

宫同举，2010.近地表地震波衰减规律及品质因子提取方法研究［D］.青岛：中国石油大学（华东）.

郭振波，孙鹏远，钱忠平，等，2019.快速回转波近地表速度建模方法［J］.石油地球物理勘探，54（2）：261–267.

韩世勤，张玉芬，1996.小波变换及其在信号分析中的应用［J］.中南民族学院学报，15（4）：86–91.

何汉漪，2001.海上高分辨率地震技术及其应用［M］.北京：地质出版社：23–43.

黄凯，徐群洲，杨晓海，等，1997.地震波能量的衰减及其影响因素［J］.新疆石油地质，18（3）：212–216.

孔凡勇，王正军，魏晨成，等，2020.初至折射剩余静校正方法应用探讨［C］.SPG/SEG南京2020年国际地球物理会议.

李辉峰，邹强，金文昱，2006.基于边缘检测的初至波自动拾取方法［J］.石油地球物理勘探，41（2）：150–155，159.

李宏兵，赵文智，曹宏，等，2004.小波尺度域含气储层地震波衰减特征［J］.地球物理学报，47（5）：892–898.

Mike Cox，2004.反射地震勘探静校正技术［M］.李培明，柯本喜，等译.北京：石油工业出版社.

李培明，李振华，祖云飞，等，2003.模型约束的三维初至折射静校正［J］.石油地球物理勘探，38（2）：199–202，212.

李培明，闫智慧，郭明杰，等，2010.联合应用初至和浅层反射的二维可形变层析静校正［J］.石油地球物理勘探，45（5）：647–654.

李庆忠，1994.走向精确的勘探道路：高分辨率地震勘探系统工程剖析［M］.北京：石油工业出版社.

李生杰，施行觉，忘宝善，等，2001.地层衰减数据体的建立［J］.新疆地质，19（2）：146–149.

李生杰，施行觉，叶林，等，2001.准噶尔盆地岩石品质因子与速度分析［J］.内陆地震，15（3）：224–231.

林伯香，孙晶梅，刘起弘，等，2005.关于浮动基准面概念的讨论［J］.石油物探，44（1）：94–97.

林依华，尹成，周熙襄，等，2000.一种新的求解静校正的全局快速寻优法［J］.石油地球物理勘探，35（1）：1–12.

刘玉柱，丁孔芸，董良国，2010.初至波走时层析成像对初始模型的依赖性［J］.石油地球物理勘探，45（4）：502–511.

刘玉柱，董良国，李培明，2009.初至波菲涅尔体地震层析成像［J］.地球物理学报，52（9）：2310–2320.

刘玉柱, 董良国, 夏建军, 2007. 初至波走时层析成像中的正则化方法 [J]. 石油地球物理勘探, 42 (6): 682–685, 698.

刘玉柱, 谢春, 杨积忠, 2014. 基于 Born 波路径的高斯束初至波波形反演 [J]. 地球物理学报, 57 (9): 2900–2909.

刘志成, 2007. 初至智能拾取 [J]. 石油物探, 46 (4): 521–530.

刘治凡, 毛海波, 邵雨, 等, 2003. 复杂地表区基准面和静校正方法的选择 [J]. 石油物探, 42 (2): 240–247.

罗光, 2012. 高密点地震信号废道自动识别及初至拾取方法研究 [D]. 南京: 南京理工大学.

罗俊松, 唐文榜, 王达远, 2005. 一种 "静校不静" 现象的分析 [J]. 物探与化探, 29 (4), 359–361.

吕雪梅, 安圣培, 胡天跃, 等, 2018. 相似度加权的超虚干涉法加强初至波信号 [J]. 北京大学学报 (自然科学版), 54 (1): 87–93.

潘树林, 高磊, 邹强, 等, 2005. 一种实现初至波自动拾取的方法 [J]. 石油物探, 44 (2): 163–166.

潘树林, 吴波, 高磊, 2010. 自然血亲排斥策略对遗传算法的改进及其在剩余静校正中的应用 [J]. 石油地球物理勘探, 45 (6): 802–806.

钱荣钧, 1999. 复杂地表区时深转换和深度偏移中的基准面问题 [J]. 石油地球物理勘探, 34 (6): 690–695, 734.

钱荣钧, 王尚旭, 2006. 石油地球物理勘探技术进展 [M]. 北京: 石油工业出版社.

乔宝平, 郭平, 王璞, 等, 2014. 基于逆虚折射干涉法有效提取近地表弱地震信号 [J]. 地球物理学报, 57 (6): 1900–1909.

阮爱国, 牛雄伟, 丘学林, 等, 2011. 穿越南沙礼乐滩的海底地震仪广角地震试验 [J]. 地球物理学报, 54 (12): 3139–3149.

沈鸿雁, 王鑫, 李欣欣, 2019. 近地表结构调查及参数反演综述 [J]. 石油地球物理勘探, 48 (4): 471–485.

宋龙龙, 邹志辉, 黄忠来, 2019. 基于相邻虚拟道叠加的超虚折射干涉法及其在广角 OBS 折射波增强中的应用 [J]. 地球物理学报, 62 (3): 993–1006.

宋维琪, 吕世超, 2011. 基于小波分解与 Akaike 信息准则的微地震初至拾取方法 [J]. 石油物探, 50 (1): 14–21.

宋智强, 刘斌, 陈吴金, 等, 2013. 沙漠区表层 Q 值求取及补偿方法研究. 油气藏评价与开发, 3 (4): 8–11.

苏贵仕, 丁成霞, 2009. 替换速度和叠加速度对地震数据处理效果的影响 [J]. 石油地球物理勘探, 44 (增刊 1): 63–66.

苏海, 郑德德, 高棒棒, 等, 2018. 鄂尔多斯盆地黄土塬地震采集技术进展 [J]. 地球物理学进展, 34 (3): 1096–1104.

唐汉平, 2014. 浅层地震静校正技术问题分析与初至静校正方法应用研究 [D]. 西安: 长安大学.

唐进, 2013. 典型地表条件下非一致性静校正影响分析 [J]. 工程地球物理学报, 10 (3): 291–295.

王娟, 高秦, 等, 2020. 巨厚黄土塬区高精度层析反演速度建模技术 [C]. 中国地球科学联合学术年会.

卫小冬, 阮爱国, 赵明辉, 等, 2011. 穿越东沙隆起和潮汕坳陷的 OBS 广角地震剖面 [J]. 地球物理学报, 54 (12): 3325–3335.

王彦春, 苑春芳, 2000. 静校正及神经网路处理技术 [M]. 北京: 地质出版社.

王振国, 李晶, 陈裕明, 2002. 基于小波变换的分频最小光滑滤波去噪 [J]. 物探化探计算技术, 24 (4): 313–317, 366.

吴波, 潘树林, 王荐, 2017. 提高最大能量法剩余静校正中模型道精度的方法 [J]. 石油地球物理勘探, 52 (6): 1146–1149, 1183.

王红落, 陈中州, 常旭, 2004. 波动方程基准面延拓研究进展 [J]. 地球物理学进展, 19 (2): 230–234.

吴振利, 李家彪, 阮爱国, 等, 2011. 南海西北次海盆地壳结构: 海底广角地震实验结果 [J]. 中国科学:

地球科学, 41 (10): 1463-1476.

夏江海, 2015. 高频面波方法 [M]. 武汉: 中国地质大学出版社.

夏竹, 张少华, 王学军, 2003. 中国西部复杂地区近地表特征与表层结构探讨 [J]. 石油地球物理勘探, 38 (4): 414-424.

徐钰, 曾维辉, 宋建国, 等, 2011. 浅层折射波勘探中初至自动拾取新算法 [J]. 石油地球物理勘探, 47 (2): 218-224.

许银坡, 杨海申, 杨剑, 等, 2016. 初至波能量比迭代拾取方法 [J]. 地球物理学进展, 31 (2): 845-850.

严又生, 宜明理, 魏新, 等, 2001. 井间地震速度和 Q 值联合层析成像及应用 [J]. 石油地球物理勘探, 36 (1): 9-17.

杨积忠, 刘玉柱, 董良国, 2014. 变密度声波方程多参数全波形反演策略 [J]. 地球物理学报, 57 (2): 628-643.

杨文采, 1997. 地球物理反演的理论与方法 [M]. 北京: 地质出版社.

姚姚, 2005. 地球物理反演基本理论与应用方法 [J]. 武汉: 中国地质大学出版社.

尹成, 周熙襄, 钟本善, 1997. 一种改进的遗传算法及其在剩余静校正中的应用 [J]. 石油地球物理勘探, 32 (4): 486-491.

于宝华, 刘凤智, 王婷婷, 等, 2015. 柴达木盆地非地表一致性静校正问题探讨 [C]. 2015 年物探技术研讨会.

于倩倩, 2017. 谱比法地震衰减层析反演研究 [D]. 青岛: 中国石油大学 (华东).

于倩倩, 李振春, 张敏, 等, 2017. 谱比法地震衰减层析反演方法研究 [J]. CT 理论与应用研究, 26 (5): 533-541.

詹毅, 唐湘蓉, 钟本善, 2005. 初至拾取预处理 [J]. 石油物探, 44 (2): 160-162.

张福宏, 2008. 复杂山地静校正问题研究 [D]. 成都: 成都理工大学.

张建明, 董良国, 王建华, 2021. 波动方程初至波多信息联合反演方法 [J]. 地球物理学报, 64 (7): 2447-2460.

张建明, 董良国, 王建华, 等, 2022. 声波 VTI 介质初至波非线性走时层析多参数敏感性分析 [J]. 地球物理学报, 65 (10): 4028-4046.

张伟, 王彦春, 李洪臣, 等, 2009. 地震道瞬时强度比法拾取初至波 [J]. 地球物理学进展, 24 (1): 201-204.

赵秋芳, 2018. 近地表地层地震波吸收衰减特征和品质因子 Q 反演方法与应用研究 [D]. 焦作: 河南理工大学.

赵秋芳, 云美厚, 朱丽波, 等, 2019. 近地表 Q 值测试方法研究进展与展望 [J]. 石油地球物理勘探, 54 (6): 1397-1418.

赵伟, 葛艳, 2008. 利用零偏移距 VSP 资料在小波域计算介质 Q 值 [J]. 地球物理学报, 51 (4): 1202-1208.

周翼, 王乃建, 彭更新, 等, 2017. 前陆冲断带超深复杂构造山地地震勘探技术 [M]. 北京: 石油工业出版社.

祖云飞, 李培明, 杨葆军, 等, 2005. 连续速度模型反演静校正技术的改进 [J]. 石油地球物理勘探, 40 (3): 295-299.

Aki K, Richards P G, 2002. Quantitative Seismology [M]. 2nd Edition. University Science Books, Saulsalito, California.

Al-Chalabi M, 1979. Velocity determination from seismic reflection data [M]. Springer Netherlands.

Al-Hagan O, Hanafy S M, Schuster G, 2014. Iterative super virtual refraction interferometry [J].

Geophysics, 79 (3): Q21–Q30.

Alkhalifah T, Plessix R E, 2014. A recipe for practical full waveform inversion in anisotropic media: an analytical parameter resolution study [J]. Geophysics, 79: R91–R101.

An S P, Hu T Y, Liu Y M, et al., 2017a. Automatic first–arrival picking based on extended super–virtual interferometry with quality control procedure [J]. Explor. Geophysics, 48 (2): 124–130.

An S P, Hu T Y, Peng G X, 2017b. Three–dimensional cumulant–based coherent integration method to enhance first–break seismic signals [J]. IEEE Transactions on Geoscience and Remote Sensing, 55 (4): 2089–2096.

Asakawa E, Kawanaka T, 1993. Seismic ray tracing using linear traveltime interpolation [J]. Geophysical Prospecting, 41 (1): 99–111.

Bath M, 1974. Spectral Analysis in Geophysics [M]. New York: Elsevier.

Bharadwaj P, Schuster G T, Mallinson I, 2011. Super–virtual refraction interferometry: Theory //81st SEG Annual Meeting [J]. Expanded Abstracts. SEG, 3809–3813.

Bijwaard H, Spakman W, Engdahl E R, 1998. Closing the gap between regional and global travel time tomography [J]. Geophys. Res., 103: 30055–30078.

Bishop T N, Bube K P, Cutler R T, et al., 1985. Tomographic determination of velocity and depth in lateral varying media [J]. Geophysics, 50 (4): 903–923.

Boschetti F, M Dentith, R. List, 1996. A fractal–based algorithm for detecting first arrivals on seismic traces [J]. Geophysics, 61: 1095–1102.

Bozdağ E, Trampert J, Tromp J, 2011. Misfit functions for full waveform inversion based on instantaneous phase and envelope measurements [J]. Geophysical Journal International, 185: 845–870.

Brenders A, Pratt R, 2007. Full waveform tomography for lithospheric imaging: results from a blind test in a realistic crustal model [J]. Geophysical Journal International, 168: 133–151.

Brossier R, Operto S, Virieux J, 2009. Seismic imaging of complex onshore structures by 2D elastic frequency–domain full–waveform inversion [J]. Geophysics, 74: WCC105–WCC118.

Brown R J S, 1969. Normal–moveout and velocity relations for flat and dipping beds and for long offsets [J]. Geophysics, 34: 180–195.

Backus G, Gilbert F, 1970. Uniqueness in the inversion of inaccurate gross earth data [J]. Phil. Trans. Roy. Soc. London, 266: 123–192.

Bunks C, Saleck F M, Zaleski S, et al., 1995. Multiscale seismic waveform inversion [J]. Geophysics 60: 1457–1473.

Caputo M, 1967. Linear models of dissipation whose Q is almost frequency independent–II [J]. Geophysical Journal International, 13 (5): 529–539.

Carcione J M, 2010. A generalization of the Fourier pseudospectral method [J]. Geophysics, 75 (6), A53–A56.

Carcione J M, Cavallini F, Mainardi F, et al., 2002. Time–domain modeling of constant–Q seismic waves using fractional derivatives [J]. Pure and Applied Geophysics, 159 (7–8): 1719–1736.

Cary P W, Eaton D W S, 1993. Asimple method for resolving large converted–wave (P–SV) statics [J]. Geophysics, 58, 429–433.

Červený V, Soares J E P, 1992. Fresnel volume ray tracing [J]. Geophysics, 57 (7): 902–915.

Chauris H, Donno D, Calandra H, 2012. Velocity estimation with the normalized integration method [C]. 74th EAGE Conference and Exhibition incorporating EUROPEC 2012.

Chi B, Dong L, Liu Y, 2013. Full waveform inversion based on envelope objective function [C]. 75th

EAGE Conference & Exhibition.

Choi Y, Alkhalifah T, 2013. Frequency-domain waveform inversion using the phase derivative [J]. Geophysical Journal International, 195 (3): 1904-1916.

Clapp R G, Biondi B L, Claerbout J F, 2004. Incorporating geologic information into reflection tomography [J]. Geophysics, 69 (2): 533-546.

Clapp R G, Biondi B L, Fomel S, et al., 1998. Regularizing velocity estimation using geologic dip information [C]. Expanded Abstracts of 68th SEG Mtg: 1851-1854.

Coppens F, 1985. First arrivals picking on common-offset trace collections for automatic estimation of static corrections [J]. Geophysical Prospecting, 33: 1212-1231.

Cox M, 1999. Static corrections for seismic reflection surveys [J]. Tulsa, USA: Society of Exploration Geophysicists, 1-546.

Crampin S, 1978. Seismic wave propagation through a cracked solid: polarisation as a possible dilatancy diagnostic [J]. Geophysical Journal International, 53 (3): 467-496.

Dahlen F, Hung S H, Nolet G, 2000. Fréchet kernels for finite-frequency traveltimes—I. Theory [J]. Geophysical Journal International, 141: 157-174.

Colombo D, Miorelli F, Sandoval E, et al., 2016. Fully automated near-surface analysis by surface-consistent refraction method [J]. Geophysics, 81 (4): U39-U49.

Delprat-Jannaud F, Lailly P, 1993. Ill-posed and well-posed formulations of the reflection travel time tomography problem [J]. Journal of Geophysical Research: Solid Earth, 98 (B4): 6589-6605.

Disher D A, Naquin P J, 1970. Statistical automatic statics analysis [J]. Geophysics, 35: 574-585.

Djebbi R, Plessix R É, Alkhalifah T, 2017. Analysis of the traveltime sensitivity kernels for an acoustic transversely isotropic medium with a vertical axis of symmetry [J]. Geophysical prospecting, 65 (1): 22-34.

Dong S Q, Sheng J M, Schuster J T, 2006. Theory and practice of refraction interferometry [C]. 76th SEG Annual Meeting, Expanded Abstracts. New Orleans, Louisiana: SEG, 3021-3025.

Elapavuluri P, Bancroft J, 2004. Estimation of Q using crosscorrelation [J]. CSEG National Convention.

Engelhard L, 1986. Determination of the attenuation of seismic waves from actual field data, as well as considerations to fundamental questions, from model and laboratory measurements [J]. DGMKY or schungsbericht 254, Absorption Seismischer Wellen (ASW), 83-119.

Fichtner A, Kennett B L, Igel H, et al., 2008. Theoretical background for continental and global scale full-waveform inversion in the time-frequency domain [J]. Geophysical Journal International 175, 665-685.

Fichtner A, Kennett B L, Igel H, et al., 2010. Full waveform tomography for radially anisotropic structure: new insights into present and past states of the Australasian upper mantle [J]. Earth and Planetary Science Letters 290, 270-280.

Fichtner A, van Driel M, 2014. Models and Fréchet kernels for frequency-(in)dependent Q [J]. Geophysical Journal International, 198 (3): 1878-1889.

Fomel S, 2005. Shaping regularization in geophysical estimation problems [C]. Expanded Abstracts of 75th SEG Mtg, 1673-1676.

Fomel S, 2004. On anelliptic approximations for qP velocities in VTI media [J]. Geophysical Prospecting, 52 (3): 247-259.

Fomel S, 2007. Shaping regularization in geophysical-estimation problems [J]. Geophysics, 72: R29-R36.

Qin F, Luo Y, Olsen K B, et al., 2012. Finite-difference solution of the eikonal equation along expanding wavefronts [J]. Geophysics, 57 (3): 478-487.

Fukoa Y, Obayashi M, Inoue H, et al., 1992, Subducting slabs stagnant in the mantle transition zone [J]. Geophys. Res., 97, 4809–4822.

Futterman W I, 1962. Dispersive body waves [J]. Journal of Geophysical research, 6（13）: 5279–5291.

Gelius L J, Kullerud A, Rafto J E, 1984. Inversion of refracted data: an automatic procedure [C]. 54th annual international meeting, society exploration geophysics, Expanded Abstracts, 567–570.

Gholami Y, Brossier R, Operto S, et al., 2013. Which parameterization is suitable for acoustic vertical transverse isotropic full waveform inversion? Part 1: sensitivity and trade-off analysis [J]. Geophysics, 78: R81–R105.

Gladwin M T, Stacey F D, 1974. Anelastic degradation of acoustic pulses in rock [J]. Phys. Earth Planet Int., 8（2）: 332–336.

Han P E, Dong L G, 2019. First-Arrival Traveltime Tomography Based on the Adjoint State Method with Independence of Surface Normal Vectors [C]. 81st EAGE Conference and Exhibition.

Hanafy S M, Al-Hagan O, Al-Tawash F, 2011. Super-virtual refraction interferometry: Field data example over a colluvial wedge [C]. 81st SEG Annual Meeting, Expanded Abstracts, San Antonio, Texas: SEG, 3814–3818.

Holland J H, 1975. Adaptation in natural and artificial systems [J]. Univ. of Michigan Press.

Hu W, 2014. FWI without low frequency data – beat tone inversion [C]. SEG Technical Program Expanded Abstracts 2014. pp. 1116–1120.

Huang C, Dong L G, Chi B X, 2015. Elastic envelope inversion using multi-component seismic data with filtered-out low frequencies [J]. Applied Geophysics 12: 362–377.

Huang C, Zhu T, Dong L, et al., 2021. Monitoring dynamic evolution of CO_2 plumes during geological sequestration using data assimilated visco-acoustic full waveform inversion [C]. Journal of Geophysical Research: Solid Earth, in submission.

Jones I F, 2015. Estimating subsurface parameter fields for seismic migration: velocity model building [M]. Encyclopedia of exploration geophysics. Society of Exploration Geophysicists.

Jannane M, Beydoun W, Crase E, et al., 1989. Wavelengths of earth structures that can be resolved from seismic reflection data [J]. Geophysics, 54: 906–910.

Jannsen D, Voss J, Theilen F, 1985. Comparison of methods to determine Q in shallow marine-sediments from vertical reflection seismograms [J]. Geophysical Prospecting, 33（4）: 479–497.

Jiao L, W M Moon, 2000. Detection of seismic refraction signals using a variance fractal dimension technique [J]. Geophysics, 65: 286–292.

Berryhill J R, 1979. Wave-equation datuming [J]. Geophysics, 44（8）: 1329–1344.

Johnston D H, Toksöz M N, 1980. Ultrasonic P and S wave attenuation in dry and saturated rocks under pressure [J]. Journal of Geophysical Research, 85（B2）: 925–936.

Sabbione J I, Velis D, 2010. Automatic first-breaks picking: New strategies and algorithms [J]. Geophysics, 75（4）: V67–V76.

Kennett B, Sambridge M, Williamson P, 1988. Subspace methods for large inverse problems with multiple parameter classes [J]. Geophysical Journal International, 94: 237–247.

Kjartansson E, 1979. Constant Q-wave propagation and attenuation [J]. Journal of Geophysical Research, 84（B9）: 4737–4748.

Kragh J E, Goulty N R, Findlay M J, 1991. Hole-to-surface seismic reflection surveys for shallow coal exploration [J]. First Break, 9: 335–344.

Krohn, Christine E, 1984. Geophone ground coupling [J]. Geophysics, 49（6）: 722–731.

Lailly P, 1983. The seismic inverse problem as a sequence of before stack migrations [C]. Conference on inverse scattering : theory and application. Society for Industrial and Applied Mathematics, Philadelphia, PA, pp. 206–220.

Larner K L, Gibson B, Chambers R, et al., 1979. Simultaneous estimation of residual statics and cross dip time corrections [J]. Geophysics, 44: 1175–1192.

Leung S, Qian J, 2006. An adjoint state method for three–dimensional transmission traveltime tomography using first–arrivals [C]. Communications in Math and Science, 4: 249–266.

Li P, Feng Z, Li Z, et al., 2006. Static correction technology and applications in complex areas of western China [J]. The Leading Edge, 25 (11): 1384–1386.

Li P, Qian R, Feng Z, et al., 2005. An intermediate reference datum static correction technique and its applications [J]. Applied Geophysics, 2 (2): 80–84.

Li P, Zhang K, Zhang Y, et al., 2016. Near–surface shear–wave velocity estimation based on surface–wave inversion [J]. The Leading Edge, 35 (11): 940–945.

Li P, Zhou H, Yan Z, et al., 2009. Deformable layer tomostatics : 2D examples in western China [J]. The Leading Edge, 28 (2): 206–210.

Li P M, Yan Z H, Feng Z Y, et al., 2012. 2D Multi–scale Cell Tomography for Near Surface Velocities [C] //74th EAGE Conference and Exhibition incorporating EUROPEC 2012. European Association of Geoscientists & Engineers, cp–293–00069.

Lions J L, 1968. Controle optimal de systemes gouvernes par des equations derivees partielles [J]. 426 p. Dunod, Gauthier–Villars, Paris.

Liu Y, Yang J, Chi B, et al., 2015. An improved scattering–integral approach for frequency–domain full waveform inversion [J]. Geophysical Journal International, 202 (3): 1827–1842.

Liu Y, Dong L, 2012. Influence of wave front healing on seismic tomography [J]. Science China Earth Sciences, 55 (11): 1891–1900.

Liu Y, Dong L, Wang Y, et al., 2009. Sensitivity kernels for seismic Fresnel volume tomography [J]. Geophysics, 74 (5): U35–U46.

Liu Z, Zhang J, 2017. Joint traveltime, waveform, and waveform envelope inversion for near–surface imaging [J]. Geophysics, 82 (4): R235–R244.

Lu K, Altheyab A, Schuster G T, 2014. 3D super–virtual refraction interferometry [C]. 84th SEG Annual Meeting, Expanded Abstracts. SEG, 4203–4207.

Luo Y, Schuster G T, 1991. Wave–equation traveltime inversion [J]. Geophysics, 56: 645–653.

Luo Y, Ma Y, Wu Y, et al., 2016. Full–traveltime inversion [J]. Geophysics, 81 (5): R261–R274.

Lynn W S, Claerbout J F, 1982. Velocity estimation in laterally varying media [J]. Geophysics, 47 (6): 884–897.

Ma Qingpo, Li Peiming, Feng Zeyuan, et al., 2014. 3D Nonlinear First–arrival Traveltime Tomography and its Application [C]. CPS/SEG Beijing 2014 International Geophysical Conference, 1174–1177.

Mallinson I, Bharadwaj P, Schuster G, et al., 2011. Enhanced refractor imaging by supervirtual interferometry [J]. The Leading Edge, 30 (5): 546–550.

Marquering H, Dahlen F A, Nolet G, 1999. Three–dimensional sensitivity kernels for finite–frequency traveltimes : the banana–doughnut paradox [J]. Geophysical Journal International, 137: 805–815.

Marquering H, Nolet G, Dahlen F A, 1998. Three–dimensional waveform sensitivity kernels [J]. Geophysical Journal International, 132: 521–534.

Martin L A, 1978. Method of determining weathering corrections in seismic operations [J]. United States

Patent 4101867；（abstract）：Geophysics，44：280.

Merland J，1975. Application of seismic modelling to velocity studies［J］. J. Can. Soc. Expl. Geophys.，11：16–33.

Métivier L，Brossier R，Virieux J，et al.，2013. Full waveform inversion and the truncated newton method［J］. SIAM Journal on Scientific Computing，35（2）：B401–B437.

Moser T，1991. Shortest path calculation of seismic rays［J］. Geophysics，56（1）：59–67.

Murat M，A Rudman，1992. Automated first arrival Picking：A neural network approach［J］. Geophysical Prospecting，40（6）：587–604.

Noble M，Thierry P，Taillandier C，et al.，2010. High–performance 3Dfirst–arrival traveltime tomography［J］. The Leading Edge，29（1）：86–93.

Nolet G，1987. Seismic wave propagation and seismic tomography，in Seismic Tomography with Applications in Global Seismology and Exploration Geophysics［D］. Reidel Publishing Co. Dordrecht，Holland.

Olson K B，1989. A stable and flexible procedure for the inverse modeling of seismic first arrivals［J］. Geophysical Prospecting，37：455–465.

Operto S，Brossier R，Gholami Y，et al.，2013. A guided tour of multiparameter full waveform inversion for multicomponent data：from theory to practice［J］. The Leading Edge，September，1040–1054.

Operto S，Virieux J，Dessa J X，et al.，2006. Crustal seismic imaging from multifold ocean bottom seismometer data by frequency domain full waveform tomography：Application to the eastern Nankai trough［J］. Journal of Geophysical Research. 111：B09306.

Paige C C，Saunders M A，1982. LSQR：Analgorithm for sparse linear equations and sparse least squares［C］. ACM Trans. Math. Software，8：43–71，195–209.

Park C B，Miller R D，Xia J，1999. Multichannel analysis of surface waves［J］. Geophysics，64（3）：800–808.

Peraldi R，A Clement，1972. Digital processing of refraction data：Study of first arrivals［J］. Geophysical Prospecting，20：529–548.

Plessix R E，2006. A review of the adjoint–state method for computing the gradient of a functional with geophysical applications［J］. Geophysical Journal International.

Poggiagliolmi E，Berkhout A J，Boone M M. 1982. Phase unwrapping，possibilities and limitations［J］. Geophysical Prospecting，30（3）：281–291.

Pratt R G，Shin C，Hick G J，1998. Gauss–Newton and full Newton methods in frequency–space seismic waveform inversion［J］. Geophysical Journal International，133（2）：341–362.

Pratt R G，Shipp R M，1999. Seismic waveform inversion in the frequency domain；part 2；fault delineation in sediments using crosshole data［J］. Geophysics，64（3）：902–914.

Pratt R G，1999. Seismic waveform inversion in the frequency domain，part 1：theory and verification in a physical scale model［J］. Geophysics，64（3），888–901.

Prieux V，Brossier R，Operto S，et al.，2013. Multiparameter full waveform inversion of multicomponent ocean–bottom–cable data from the Valhall field. Part 1：imaging compressional wave speed，density and attenuation［J］. Geophysical Journal International，194（3）：1640–1664.

Quan Y L，Harrisy J M，1997. Seismic attenuation tomography using the frequency shift method［J］. Geophysics，62（3）：895–905.

Garotta R，Granger P Y，Gresillaud A，2004. About compressional，converted mode，and shear statics［J］. The Leading Edge，23（6）：526–532.

Ronen J，Claerbout J F，1985. Surface–consistent residual statics estimation by stack–power maximization［J］.

Geophysics, 50（12）: 2759–2767.

Rothman D H, 1985. Nonlinear inversion, statistical mechanics, and residual statics estimation [J]. Geophysics, 50: 2784–2796.

Schneider W A, 1971. Developments in seismic data processing and analysis (1968–1970) [J]. Geophysics, 36（6）: 1043–1073.

Schneider W A, Backus M M, 1968. Dynamic correlation analysis [J]. Geophysics, 33: 105–126.

Sei A, Symes W W, 1994. Gradient calculation of the traveltime cost function without ray tracing [C]. 65th Ann. Internat. Mtg., Soc. Expl. Geophys., Expanded Abstracts, 1351–1354.

Sethian J A, 1996. Theory, algorithms, and applications of level set methods for propagating interfaces [J]. Acta Numerica, 5: 309–395.

Sheng J, Leed A, Buddensiek M, et al., 2006. Early arrival waveform tomography on near–surface refraction data [J]. Geophysics, 71（4）: 47–57.

Sheriff R E, 1991. Encyclopedic Dictionary of Exploration Geophysics [M]. Soc. Expl. Geophys.

Shin C, Min D J, 2006. Waveform inversion using a logarithmic wavefield [J]. Geophysics, 71（3）: R31–R42.

Shin C, Cha Y H, 2008. Waveform inversion in the Laplace domain [J]. Geophysical Journal International, 173: 922–931.

Shin C, Cha Y H, 2009. Waveform inversion in the Laplace–Fourier domain [J]. Geophysical Journal International, 177: 1067–1079.

Shin C, Min D J, Marfurt K J, et al., 2002. Traveltime and amplitude calculations using the damped wave solution [J]. Geophysics, 67（5）: 1637–1647.

Shipp R M, Singh S C, 2002. Two–dimensional full wavefield inversion of wide–aperture marine seismic streamer data [J]. Geophysical Journal International, 151: 325–344.

Singh S, West G, Bregman N, et al., 1989. Full waveform inversion of reflection data. Journal of Geophysical Research [J]. Solid Earth, 94: 1777–1794.

Sirgue L, Etgen J, Albertin U, 2008. 3D frequency domain waveform inversion using time domain finite difference methods [C]. 70th EAGE Conference and Exhibition incorporating SPE EUROPEC 2008.

Sirgue L, Pratt R G, 2004. Efficient waveform inversion and imaging : a strategy for selecting temporal frequencies [J]. Geophysics, 69（1）: 231–248.

Slaney M, Kak A C, Larsen L, 1984. Limitations of imaging with first–order diffraction tomography [J]. IEEE Transactions on Microwave Theory and Techniques, MTT–32: 860–873.

Spetzler G, Snieder R, 2001. The effect of small–scale heterogeneity on the arrival time of waves [J]. Geophysical Journal International, 145: 786–796.

Spetzler G, Snieder R, 2004. The Fresnel volume and transmitted waves [J]. Geophysics, 69（3）: 653–663.

Sun M A, Yang J Z, Dong L G, et al., 2017. Density reconstruction in multiparameter elastic full–waveform inversion : Journal of Geophysics and Engineering, 14: 1445–1462.

Taillandier C, Noble M, Chauris H, et al., 2009. First–arrival traveltime tomography based on the adjoint–state method [J]. Geophysics, 74（6）: WCB1–WCB10.

Taner M T, Koehler F, Alhilali K A, 1974. Estimation and correction of near–surface time anomalies [J]. Geophysics, 39: 441–463.

Tarantola A, Valette B, 1982. Generalized non–linear inverse problems solved using the least–squares criterion [J]. Rev. of Geophys and Space Physics, 20: 219–232.

Tarantola A, 1987. Inverse Problem Theory, Methods for Data Fitting and Model Parameter Estimation [M]. New York: Elsevier.

Tarantola A, 1984. Inversion of seismic reflection data in the acoustic approximation[J]. Geophysics, 49(8): 1259–1266.

Thomsen L, 1986. Weak elastic anisotropy [J]. Geophysics, 51: 1954–1966.

Tosi P, S Barba, V D Rubeis, et al., 1999. Seismic signal detection by fractal dimension analysis [J]. Bulletin of the Seismological Society of America, 89: 970–977.

Tromp J, Tape C, Liu Q, 2005. Seismic tomography, adjoint methods, time reversal and banana-doughnut kernels [J]. Geophysical Journal International, 160: 195–216.

Tsvankin I, Chesnokov E M, 1990. Synthesis of body-wave seismograms from point sources in anisotropic media [J]. Journal of Geophysical Research, 95 (B7): 11317–11331.

Tyce R C, 1981. Estimating acoustic attenuation from a quantitative seismic profile [J]. Geophysics, 46 (10): 1364–1378.

Vasco D W, Majer E L, 1993. Wavepath traveltime tomography [J]. Geophysical Journal International, 115: 1055–1069.

Versteeg R, Grau G, 1991. The Marmousi experience [C]. 52nd Mtg., Eur. Assn. Expl. Geophys., 1–194.

Vesnaver A, Böhm G, 2000. Staggered or adapted grids for seismic tomography? [J]. The Leading Edge, 19 (9): 944–950.

Vinje V, Iversen E, Gjøystdal H, 1993. Traveltime and amplitude estimation using wavefront construction[J]. Geophysics, 58 (8): 1157–1166.

Waheed U, Flagg G, Yarman C, 2016. First-arrival traveltime tomography for anisotropic media using the adjoint-state method [J]. Geophysics, 81 (4): R147–R155.

Waheed U, Yarman C, Flagg G, 2014. An efficient eikonal solver for tilted transversely isotropic and tilted orthorhombic media [C]. 76th Annual International Conference and Exhibition, EAGE, Extended Abstracts.

Wail A Mousa, Abdullatif A Al-Shuhail, Ayman Al-Lehyani, 2011. A new technique for first-arrival picking of refracted seismic data based on digital image segmentation [J]. Geophysics, 76 (5): v79–v89.

Wang S, Yang D, Li J, et al., 2015. Q factor estimation based on the method of logarithmic spectral area difference [J]. Geophysics, 80 (6): V157–V171.

Wang T F, Cheng J B, 2017. Elastic full waveform inversion based on mode decomposition: the approach and mechanism [J]. Geophysical Journal International, 209: 606–622.

Wang Y W, Dong L G, Liu Y Z, et al., 2016. 2D frequency-domain elastic full-waveform inversion using the block-diagonal pseudo-Hessian approximation [J]. Geophysics, 81 (5): R247–R259.

Wang Y, Rao Y, 2009. Reflection seismic waveform tomography [J]. Journal of Geophysical research: Solid Earth, 114, B03304.

Wang J, Yang J, Dong L, et al., 2021. Frequency-domain wave equation traveltime inversion with a monofrequency component [J]. Geophysics, 86 (6): 1–111.

Weibull W W, Arntsen B, 2014. Anisotropic migration velocity analysis using reverse-time migration [J]. Geophysics, 79 (1): R13–R25.

Wielandt E, 1987. On the validity of the ray approximation for interpreting delay times. In: Nolet, Seismic Tomography [M]. D. Reidel Publishing Company.

Wiggins R A, Larner K L, Wisecup R D, 1976. Residual statics analysis as a general linear inverse problem[J]. Geophysics, 41 (5): 922–938.

Wiggins J W, 1984. Kirchhoff integral extrapolation and migration of nonplanar data [J] . Geophysics, 49（8）: 1239–1248.

Woodward M J, 1992. Wave–equation tomography [J] . Geophysics, 57（1）: 15–26.

Xia J, Miller R D, Park C B, et al., 2002. Determining Q of near–surface materials from Rayleigh waves [J] . Journal of Applied Geophysics, 51（2–4）: 121–129.

Xia J, Xu Y, Miller R D, et al., 2012. Estimation of near–surface Quality factors by constrained inversion of Rayleigh–wave attenuation coefficients [J] . Journal of Applied Geophysics, 82（4）: 137–144.

Xia J, Yin X, Xu Y, 2013. Feasibility of determining Q of near–surface materials from Love waves [J] . Journal of Applied Geophysics, 95: 47–52.

Xia J, Miller R D, Park C B, 1999. Estimation of near–surface shear–wave velocity by inversion of Rayleigh wave [J] . Geophysics, 64: 691–700.

Xia J, 2014. Estimation of near–surface shear–wave velocities and Quality factors using multichannel analysis of surface–wave methods [J] . Journal of Applied Geophysics, 103（2）: 140–151.

Xing G, Zhu T, 2019. Modeling Frequency–Independent Q Viscoacoustic Wave Propagation in Heterogeneous Media [J] . Journal of Geophysical Research : Solid Earth, 124（11）: 11568–11584.

Xu S, Wang D, Chen F, et al., 2012. Full waveform inversion for reflected seismic data [C] . 74th EAGE Conference & Exhibition.

Jeng Y, Tsai J Y, Chen S H, 1999. An improved method of determining near–surface Q [J] . Geophysics, 64（5）: 1608–1617.

Yilmaz O, Lucas D, 1986. Prestack layer replacement [J] . Geophysics, 51（7）: 1355–1369.

Al–Yahya K, 1989. Velocity analysis by iterative profile migration [J] . Geophysics, 54（6）: 718–729.

Yoon, S, Malallah A H, Datta–Gupta A, et al., 2001, A multiscale approach to production–data integration using streamline models [J] . Soc. Petr. Eng. J., June, 182–192.

Zhang C, Ulrych T J, 2002. Estimation of quality factors from CMP records [J] . Geophysics, 67（5）: 1542–1547.

Zhang J, Toksoz M N, 1998. Nonlinear refraction traveltime tomography [J] . Geophysics, 63: 1726–1737.

Zhao H, 2005. A fast sweeping method for eikonal equations [J] . Mathematics of computation, 74（250）: 603–627.

Zhao Y, Takano K, 1999. An artificial neural network approach for broadband seismic phase picking [J] . Bull. Seism. Soc. Am., 89: 670–680.

Zhou H, 1993. Traveltime tomography with a spatial–coherency filter [J] . Geophysics, 58（5）: 720–726.

Zhou H, 1996. A high–resolution P wave model for top 1200 km of the mantle [J] . Geophys. Res., 101: 27791–27810.

Zhou H, 2003. Multiscale traveltime tomography [J] . Geophysics, 68: 1639–1649.

Zhou H W, 2004. Direct inversion of velocity interfaces [J] . Geophysical research letters, 31（7）.

Zhou H, 2006. Multiscale deformable–layer tomography [J] . Geophysics, 71（3）: R11–R19.

Zhou H, Li P, Yan Z, et al., 2009. Constrained deformable layer tomostatics [J] . Geophysics, 74（6）: WCB35–WCB46.

Zhu T, Harris J M, 2014. Modeling acoustic wave propagation in heterogeneous attenuating media using decoupled fractional Laplacians [J] . Geophysics, 79（3）: T105–T116.

Zou Z H, Liu K, Zhao W N, et al., 2016. Upper crustal structure beneath the northern South Yellow Sea revealed by wide–angle seismic tomography and joint interpretation of geophysical data [J] . Geol. J., 51（S1）: 108–122.